老吕专硕系列

MBA/MPA/MPAcc

主编 ◎ 吕建刚

副主编 ◎ 毋亮　崔二胖　侯雅婷

管理类、经济类联考

老·吕·逻·辑

—— 母题800练 ——

（第6版）

版权专有　侵权必究

图书在版编目（CIP）数据

管理类、经济类联考·老吕逻辑母题800练/吕建刚主编.—6版.—北京：北京理工大学出版社，2020.1
ISBN 978-7-5682-8083-9

Ⅰ.①管… Ⅱ.①吕… Ⅲ.①逻辑-研究生-入学考试-习题集 Ⅳ.①B81-44

中国版本图书馆CIP数据核字（2020）第007271号

出版发行 / 北京理工大学出版社有限责任公司	
社　　址 / 北京市海淀区中关村南大街5号	
邮　　编 / 100081	
电　　话 /（010）68914775（总编室）	
（010）82562903（教材售后服务热线）	
（010）68948351（其他图书服务热线）	
网　　址 / http：//www.bitpress.com.cn	
经　　销 / 全国各地新华书店	
印　　刷 / 保定市中画美凯印刷有限公司	
开　　本 / 787毫米×1092毫米　1/16	
印　　张 / 28	责任编辑 / 多海鹏
字　　数 / 660千字	文案编辑 / 多海鹏
版　　次 / 2020年1月第6版　2020年1月第1次印刷	责任校对 / 刘亚男
定　　价 / 79.80元	责任印制 / 李志强

图书出现印装质量问题，请拨打售后服务热线，本社负责调换

母题的魔法

有同学问我:"老吕,怎样才能快速考上研究生?"我的回答是:研究"母题"。总有人喜欢题海战术,做了很多题,把自己搞得很累,还以为自己很"勤奋",连自己都被自己的"勤奋"感动了。这些同学恰恰忘了"题海无涯、题型有限"。用"母题"搞透题型,任题目千变万化也尽在我掌握之中。所以我说:"母题者,题妈妈也;一生二,二生四,以至无穷。"

1. 数学母题的魔法

以"非负性问题"为例。

我们知道,具有非负性的式子有:$|a|\geq 0$,$a^2\geq 0$,$\sqrt{a}\geq 0$;如果有$|a|+b^2+\sqrt{c}=0$,可得$a=b=c=0$。我们把这个模型称为非负性问题的"母题"。看下面的例子:

例1 若实数a,b,c满足$|a-3|+\sqrt{3b+5}+(5c-4)^2=0$,则$abc=$( ).

(A) -4 (B) $-\dfrac{5}{3}$ (C) $-\dfrac{4}{3}$ (D) $\dfrac{4}{5}$ (E) 3

【解析】根据非负性可知$a-3=0$,$3b+5=0$,$5c-4=0$,所以$a=3$,$b=-\dfrac{5}{3}$,$c=\dfrac{4}{5}$,所以$abc=-4$.

【答案】(A)

这个题目当然很简单,但这个模型是命题的基础,无论题目如何变化,都是在这个模型上衍生出来的。

现在,假定你是命题人,你会如何命题?

$|a|+b^2+\sqrt{c}=0$这个模型中,一共有三个元素:绝对值、平方、根号。

第一个元素:绝对值。我们最常见的解绝对值问题的思路是"去绝对值",但是,如果绝对值没有了,就不满足"非负性"了,所以,非负性问题中,命题人较少在绝对值上做文章。

第二个元素:平方。我们最容易想到的就是"配方法",命题人当然也是这么想的,所以,他会让你去凑平方。这就出现了第一种变式:"配方型非负性问题"。

例2 实数x,y,z满足条件$|x^2+4xy+5y^2|+\sqrt{z+\dfrac{1}{2}}=-2y-1$,则$(4x-10y)^z=$( ).

(A) $\dfrac{\sqrt{6}}{2}$ (B) $-\dfrac{\sqrt{6}}{2}$ (C) $\dfrac{\sqrt{2}}{6}$ (D) $-\dfrac{\sqrt{2}}{6}$ (E) $\dfrac{\sqrt{6}}{6}$

【解析】配方型.

将条件进行化简,有

$$|x^2+4xy+5y^2|+\sqrt{z+\frac{1}{2}}=-2y-1,$$

$$|x^2+4xy+4y^2|+\sqrt{z+\frac{1}{2}}+y^2+2y+1=0,$$

$$|(x+2y)^2|+\sqrt{z+\frac{1}{2}}+(y+1)^2=0,$$

由非负性可得

$$\begin{cases}x+2y=0,\\z+\frac{1}{2}=0,\\y+1=0,\end{cases} 解得 \begin{cases}x=2,\\y=-1,\\z=-\frac{1}{2},\end{cases}$$

所以 $(4x-10y)^z=(8+10)^{-\frac{1}{2}}=\frac{1}{\sqrt{18}}=\frac{\sqrt{2}}{6}.$

【答案】(C)

第三个元素：根号。在联考数学中，根号有两种考法：第一，去根号；第二，定义域。但在非负性问题里，去根号不可行，因为你把根号去掉，就不满足"非负性"了，所以，不可能去根号。那么命题人只能考你根式的定义域了。这就出现了非负性问题的第二个变式："定义域型非负性问题"。

例3 设 x,y,z 满足 $\sqrt{3x+y-z-2}+\sqrt{2x+y-z}=\sqrt{x+y-2\,002}+\sqrt{2\,002-x-y}$，则 $x+y+z=(\quad)$.

(A) 4 000　　　(B) 4 002　　　(C) 4 004　　　(D) 4 006　　　(E) 4 008

【解析】定义域型．

由根号下面的数大于等于 0，可知 $x+y-2\,002\geqslant0$ 且 $2\,002-x-y\geqslant0$，可得
$$x+y=2\,002,\qquad\qquad\qquad\text{①}$$
由此可得等式右边的值为零．那么原方程可化为
$$\sqrt{3x+y-z-2}+\sqrt{2x+y-z}=0,$$
由 $\sqrt{3x+y-z-2}\geqslant0$，$\sqrt{2x+y-z}\geqslant0$，可得
$$3x+y-z-2=0,\qquad\qquad\text{②}$$
$$2x+y-z=0.\qquad\qquad\qquad\text{③}$$

联立①、②、③式可得 $x=2,y=2\,000,z=2\,004$.

故 $x+y+z=2+2\,000+2\,004=4\,006$.

【答案】(D)

当然，命题人还有一种思路，就是在式子的整体上做文章，他们往往把一个具有非负性的式子拆成两个等式，我们只需要逆着命题人的思路，把两个等式相加合并成一个等式，自然就得出答案了。这样就出现了非负性问题的第三个变式："两式型非负性问题"。

例4 已知实数 a,b,x,y 满足 $y+|\sqrt{x}-\sqrt{2}|=1-a^2$ 和 $|x-2|=y-1-b^2$，则 $3^{x+y}+3^{a+b}=(\quad)$.

(A) 25　　　(B) 26　　　(C) 27　　　(D) 28　　　(E) 29

【解析】两式型．

两式相加得 $|\sqrt{x}-\sqrt{2}|+a^2+|x-2|+b^2=0$, 故 $x=2, a=b=0, y=1$, 即 $3^{x+y}+3^{a+b}=28$.

【答案】(D)

综上,"母题"其实是对命题人命题思路的透析,是对题型及题型变化的大总结。因此老吕要说,"母题"是数学考试之母,掌握了"母题",拿下数学不在话下。

2. 逻辑母题的魔法

以假言命题的负命题为例。

我们知道,假言命题"A→B"的矛盾命题是"A∧¬B"。所以,我们要削弱"A→B",只需要说明"A∧¬B"就行了。这就是假言命题的负命题问题的命题模型,即"母题"。一个简单的模型,在2015年真题中就出现了3道!

例5 当企业处于蓬勃上升时期,往往紧张而忙碌,没有时间和精力去设计和修建"琼楼玉宇";当企业所有的重要工作都已经完成,其时间和精力就开始集中在修建办公大楼上。所以,如果一个企业的办公大楼设计得越完美,装饰得越豪华,则该企业离解体的时间就越近;当某个企业的大楼设计和建造趋向完美之际,它的存在就逐渐失去意义。这就是所谓的"办公大楼法则"。

以下哪项如果为真,最能质疑上述观点?

(A)某企业的办公大楼修建得美轮美奂,入住后该企业的事业蒸蒸日上。
(B)一个企业如果将时间和精力都耗费在修建办公大楼上,则对其他重要工作就投入不足了。
(C)建造豪华的办公大楼,往往会加大企业的运营成本,损害其实际利益。
(D)企业办公大楼越破旧,企业就越有活力和生机。
(E)建造豪华的办公大楼并不需要企业投入太多的时间和精力。

【解析】题干:企业的办公大楼设计得越完美,装饰得越豪华→企业离解体的时间就越近。
题干的矛盾命题为:装饰得越豪华∧¬企业离解体的时间就越近,显然选(A)。

【答案】(A)

例6 张教授指出,明清时期科举考试分为四级,即院试、乡试、会试、殿试。院试在县府举行,考中者称为"生员";乡试每三年在各省省城举行一次,生员才有资格参加,考中者称为"举人",举人第一名称为"解元";会试于乡试后第二年在京城礼部举行,举人才有资格参加,考中者称为"贡士",贡士第一名称为"会元";殿试在会试当年举行,由皇帝主持,贡士才有资格参加,录取分为三甲,一甲三名,二甲、三甲各若干名,统称为"进士",一甲第一名称为"状元"。

根据张教授的陈述,以下哪项是不可能的?

(A)未中解元者,不曾中会元。
(B)中举者,不曾中进士。
(C)中状元者曾为生员和举人。
(D)中会元者,不曾中举。
(E)可有连中三元者(解元、会元、状元)。

【解析】题干:中生员,才能中举人;中举人,才能中贡士;中贡士,才能中进士。即:进士→贡士→举人→生员。
(D)项,会元(贡士)∧¬举人,与题干矛盾,不可能为真。

【答案】(D)

3

例7 有人认为，任何一个机构都包括不同的职位等级或层级，每个人都隶属于其中的一个层级。如果某人在原来的级别岗位上干得出色，就会被提拔。而被提拔者得到重用后却碌碌无为，这会造成机构效率低下，人浮于事。

以下哪项如果为真，最能质疑上述观点？
(A)不同岗位的工作方式是不同的，对新岗位要有一个适应过程。
(B)部门经理王先生业绩出众，被提拔为公司总经理后工作依然出色。
(C)个人晋升常常在一定程度上影响所在机构的发展。
(D)李明的体育运动成绩并不理想，但他进入管理层后却干得得心应手。
(E)王副教授教学科研能力都很强，而晋升为正教授后却表现平平。

【解析】题干：出色→提拔→碌碌无为。
(B)项，提拔∧¬碌碌无为，与题干矛盾，削弱题干。
【答案】(B)

综上，你做逻辑题凭感觉，但命题人命题有套路，这个套路就是母题！掌握了"母题"，逻辑自然能得高分！

3. 写作母题的魔法

(1)论证有效性分析

论证有效性分析看起来谬误很多，但归根结底就是十余个种类反复出现，比如"不当归纳（以偏概全）""不当类比""非黑即白""推断不当""偷换概念"，等等。每一类都是一个套路、一种"母题"。

我们来看一下"不当类比"的模型：

类比是根据两个或两类相关对象具有某些相似或相同的属性，从而推断它们在另外的属性上也相同或者相似。只要说明类比对象之间有本质差异，就可以说明类比不当。其论证有效性分析的写作公式为：

材料论述由_____推出_____，有不当类比的嫌疑。二者虽然具有一定的相似性，但是因为二者的_____不同，_____不同，所以，由_____并不必然推出_____的状况，其结论不足为信。

例8 猴群中存在着权威，而权威对于新鲜事物的态度直接影响群体接受新鲜事物的进程。市场营销也是如此，如果希望推动人们接受某种新商品，应当首先影响引领时尚的文体明星。如果位于时尚高端的消费者对于某种新商品不接受，该商品一定会遭遇失败。

【参考范文】

材料从猴群实验类比到市场营销，未必妥当。首先，猴王对猴子的影响模式与文体明星对普通消费者的影响模式并不相同。其次，猴群的需求和消费者的需求也不相同。猴子对糖果的需求是相当简单的，可能仅仅是口味；而消费者对商品的需求则是复杂的，除了时尚外，还有诸如功能、价格、质量、包装、外观等诸多因素。因此，材料犯了不当类比的逻辑错误。

可见，论证有效性分析看起来考的是写作，实际上考的就是逻辑解题套路，即母题。把这些套路套用到各篇文章中即可拿到高分！

(2)论说文

论说文有母题吗？很多人对此持质疑态度。可老吕认为，在这个世界上凡是能作为一个学科供我们研究的,一定有规律,比如物理学、化学、管理学、经济学都有规律。 写作与这些学科相比,固然有其自己的特殊性,但也是有规律可循的。

更重要的是,我们不是在教你成为作家,而是在准备一篇应试作文。 应试作文命题的规律性是很强的,我们把这种规律性总结出来,提炼成一些能够反复使用的题目,就是母题。

从历年真题来看,管理类联考论说文基本考三大类:

第一类,管理者素养。 比如诚信、坚持、执着、责任等。

第二类,企业管理。 比如创新、人才等。

第三类,社会治理。 比如 2017 年考的"多样性与一致性"。

既然命题方向定了,我们要做的就是按照命题方向,把有可能考的题目准备一遍就好了,这就是论说文的母题。

4. 母题的备考逻辑

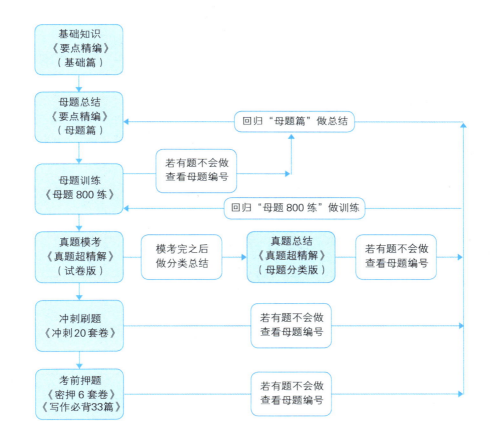

5. 母题的备考规划

如果你认同母题的备考思路,请你按照下述表格,结合自己的实际情况,规划自己的全年备考。

(1) 数学、逻辑全年备考规划

阶段	时间	备考用书	配套课程
零基础阶段	3月前	《老吕数学要点精编》(基础篇) 《老吕逻辑要点精编》(基础篇)	基础班
母题基础阶段	3—6月	《老吕数学要点精编》(母题篇) 《老吕逻辑要点精编》(母题篇)	母题的魔法
母题强化阶段	7—8月	《老吕数学母题800练》 《老吕逻辑母题800练》	母题的魔法训练
真题阶段	9—10月	第1遍模考： 《老吕综合真题超精解》(试卷版) 第2遍总结： 《老吕数学真题超精解》(母题分类版) 《老吕逻辑真题超精解》(母题分类版)	近年真题模考班
冲刺模考阶段	11—12月	《老吕综合冲刺20套卷》 《老吕综合密押6套卷》	冲刺模考班

说明：

①在校考生建议按以上计划学习，时间充分的学员可以把"要点精编"和"母题800练"做2遍。备考启动晚的在校考生可根据自己的备考情况，适当减少部分图书和课程的学习。

②在职考生，尤其是考MBA、MPA、MEM、MTA的考生，可以适当减少部分图书和课程的学习，但应至少保证"要点精编"和"真题"的学习。

③在职考MPAcc的考生，尤其是考全日制MPAcc的考生，由于你要与应届生竞争，所以请你把自己当成应届生那样去备考。

(2) 写作全年备考规划

阶段	时间	备考用书	配套课程
基础阶段	8月前	《老吕写作要点精编》(基础篇)	基础班
母题阶段	9—10月	《老吕写作要点精编》(母题篇)	写作母题的魔法
真题阶段	10—11月	《老吕写作真题超精解》(母题分类版)	
冲刺阶段	12月	写作点题讲义	写作点题班

说明：

①在校考生建议按以上计划学习；在职考生请以《老吕写作要点精编》为主进行写作的复习，并辅以点题课程。

②由于论证有效性分析是基于逻辑知识的，因此，我们建议考生在逻辑有一定基础后再开始备考。但论说文需要时间积累素材，所以，在正式开课前，学员也可自行搜集和背诵一些素材。同时老吕会开专门的素材搜集讲座，详情请关注乐学喵App。

6. 联系老吕

老吕已开通多种方式与各位同学互动。希望与老吕沟通的同学，可以选择以下联系方式：

微博：老吕考研吕建刚

微信公众号：老吕考研　老吕教你考 MBA

微信：miao-lvlv　laolvmba2018

冰心先生有一首小诗《成功的花》，里面有一段话是这样写的："成功的花儿，人们只惊羡她现时的明艳！然而当初她的芽儿，浸透了奋斗的泪泉，洒遍了牺牲的血雨。"现在，让我们开始努力，让我们一起努力，让我们一直努力！

祝你金榜题名！

吕建刚

目 录

第一部分　形式逻辑　/ 3

本部分思维导图　/ 5

第 1 章　复言命题　/ 6

题型 1　充分与必要　/ 6
题型 2　并且、或者、要么　/ 9
题型 3　箭头＋德摩根　/ 12
题型 4　"∨"与"→"的互换　/ 15
题型 5　箭头的串联　/ 18
题型 6　假言命题的负命题　/ 23
题型 7　二难推理　/ 26
题型 8　复言命题的真假话问题　/ 29
微模考 1　复言命题　/ 35
微模考 1　答案详解　/ 43

第 2 章　简单命题及概念　/ 50

题型 9　对当关系　/ 50
题型 10　替换法解简单命题的负命题　/ 58
题型 11　隐含三段论　/ 63
题型 12　简单命题的真假话问题　/ 66
题型 13　定义题　/ 73
题型 14　概念间的关系　/ 76
微模考 2　简单命题及概念　/ 78
微模考 2　答案详解　/ 85

第二部分 论证逻辑 / 93

本部分思维导图 / 95

第3章 削弱题 / 97

题型15 论证型削弱题 / 97
题型16 因果型削弱题 / 112
题型17 措施目的型削弱题 / 128
题型18 数据陷阱型削弱题 / 134
微模考3(上) 削弱题卷1 / 142
微模考3(上) 答案详解 / 151
微模考3(下) 削弱题卷2 / 159
微模考3(下) 答案详解 / 168

第4章 支持题 / 175

题型19 论证型支持题 / 175
题型20 因果型支持题 / 184
题型21 措施目的型支持题 / 191
微模考4 支持题 / 193
微模考4 答案详解 / 202

第5章 假设题 / 209

题型22 论证型假设题 / 209
题型23 因果型假设题 / 219
题型24 措施目的型假设题 / 226
题型25 数字型假设题 / 232
微模考5 假设题 / 236
微模考5 答案详解 / 244

第6章 解释题 / 251

题型26 解释现象 / 251
题型27 解释数量关系 / 257
微模考6 解释题 / 261
微模考6 答案详解 / 270

第7章 推论题 / 277

题型 28　一般推论题　/ 277
题型 29　概括结论题　/ 288
微模考 7　推论题　/ 294
微模考 7　答案详解　/ 302

第8章 评论题 / 309

题型 30　评论逻辑漏洞　/ 309
题型 31　评论逻辑技法　/ 314
题型 32　争论焦点题　/ 319
题型 33　评价题　/ 323
微模考 8　评论题　/ 328
微模考 8　答案详解　/ 336

第9章 结构相似题 / 343

题型 34　形式逻辑型结构相似题　/ 343
题型 35　论证逻辑型结构相似题　/ 346
微模考 9　结构相似题　/ 349
微模考 9　答案详解　/ 355

第三部分　综合推理　/ 359

本部分思维导图　/ 361

第10章 综合推理 / 362

题型 36　排序题　/ 362
题型 37　方位题　/ 366
题型 38　数字推理题　/ 368
题型 39　简单匹配题　/ 378
题型 40　复杂匹配与题组　/ 382
微模考 10（上）　综合推理卷1　/ 390
微模考 10（上）　答案详解　/ 397
微模考 10（下）　综合推理卷2　/ 404
微模考 10（下）　答案详解　/ 412

老吕母题 *800* 练

母题者，题妈妈也。

一生二，二生四，以至无穷。

第一部分 形式逻辑

本部分思维导图

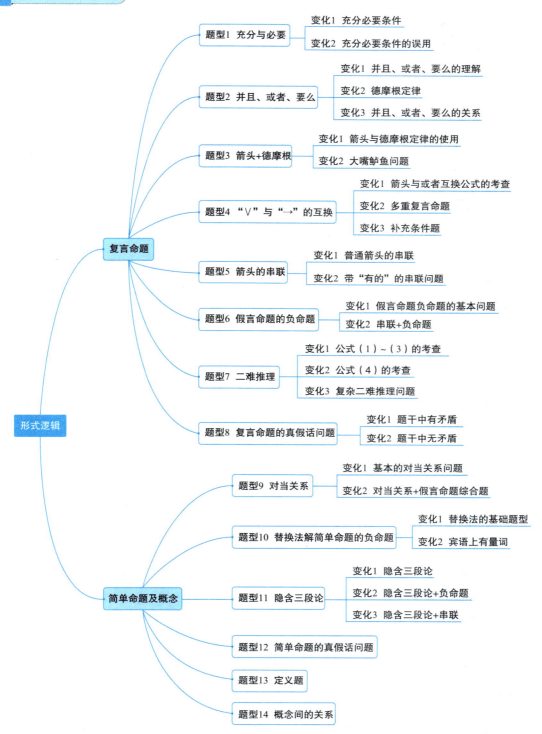

注意： 具体题型变化详见《老吕逻辑要点精编》(母题篇)。

第1章 复言命题

题型 1 充分与必要

母题技巧

(1) 充分条件。

A 是 B 的充分条件,记作 A→B,读作"A 推 B",是指假如事件 A 发生了,事件 B 一定发生。 典型关联词:"如果……那么……"。

(2) 必要条件。

A 是 B 的必要条件,记作 A←B,说明 A 的发生对于 B 的发生是必要的、不可或缺的;若是没有 A,则一定没有 B,即¬A→¬B。 典型关联词:"只有……才……"。

(3) 充分必要条件。

A 是 B 的充分必要条件,记作 A↔B,读作"A 当且仅当 B"或者"A 等价于 B",指前提 A 对于 B 这个结论既是充分的又是必要的。 若 A 发生,则 B 一定发生;若 A 不发生,则 B 也不发生。 反之,若 B 发生,则 A 一定发生;若 B 不发生,则 A 也不发生。

(4) "¬A→B"公式。

① (除非 A,否则 B) = (¬A→B)。

② (A,否则 B) = (¬A→B)。

③ (B,除非 A) = (¬A→B)。

(5) 逆否原则。

逆否命题等价于原命题。 即:"A→B"等价于"¬A←¬B"。

(6) 箭头指向原则。

已知一个假言命题为真,判断另外一个假言命题的真假时,遵守箭头指向原则:有箭头指向则为真,没有箭头指向则可能为真、可能为假。

母题精练

1. 理智的人不会暴力抗法,除非抗法的后果不比服法更差,由此孤注一掷。

   以下哪一项表达的意思与题干所表达的意思不一致?

A. 只有暴力抗法的后果不比服法更差，理智的人才会孤注一掷而暴力抗法。
B. 如果暴力抗法的后果比服法更差，理智的人就不会孤注一掷而暴力抗法。
C. 如果服法的后果比暴力抗法要好，理智的人就不会孤注一掷而暴力抗法。
D. 只有暴力抗法的后果比服法更差，理智的人才不会孤注一掷而暴力抗法。
E. 或者抗法的后果不比服法差，或者理智的人不会孤注一掷而暴力抗法。

2. 老师："不完成作业就不能出去做游戏。"
   学生："老师，我完成作业了，我可以去外边做游戏了！"
   老师："不对。我只是说，你们如果不完成作业就不能出去做游戏。"
   以下除了哪项，其余各项都能从上面的对话中推出？
   A. 学生完成作业后，老师就一定会准许他们出去做游戏。
   B. 老师的意思是没有完成作业的肯定不能出去做游戏。
   C. 学生的意思是只要完成了作业，就可以出去做游戏。
   D. 老师的意思是只有完成了作业才可能出去做游戏。
   E. 老师的意思是即使完成了作业，也不一定被准许出去做游戏。

3. 环境污染已经成为全世界普遍关注的问题。科学家和环境保护组织不断发出警告：如果我们不从现在起就重视环境保护，那么人类总有一天将无法在地球上生存。
   以下哪项解释最符合以上警告的含义？
   A. 如果从后天而不是从明天起就重视环境保护，人类的厄运就要早一天到来。
   B. 如果我们从现在起开始重视环境保护，人类就可以在地球上永久地生存下去。
   C. 只要我们从现在起就重视环境保护，人类就不至于在这个地球上无法生存下去。
   D. 由于科学技术发展迅速，在厄运到来之前人类就可能移居到别的星球上去了。
   E. 对污染问题的严重性要有高度的认识，并且要尽快采取行动做好环保工作。

4. 唐三藏一行西天取经，遇到火焰山。八戒说："只拣无火处走便罢。"唐三藏道："我只欲往有经处去。"沙僧道："有经处有火。"
   如果沙僧的话为真，则以下哪一项陈述必然为真？
   A. 有些无火处有经。　　　　B. 有些有经处无火。　　　　C. 凡有火处皆有经。
   D. 凡无火处皆无经。　　　　E. 凡无经处皆无火。

5. 如果风很大，我们就会放飞风筝。如果天空不晴朗，我们就不会放飞风筝。如果天气很暖和，我们就会放飞风筝。
   假定上面的陈述属实，如果我们现在正在放飞风筝，则下面的哪项必定是真的？
   Ⅰ. 风很大。
   Ⅱ. 天空晴朗。
   Ⅲ. 天气暖和。
   A. 仅Ⅰ。　　　　　　　　　B. 仅Ⅰ、Ⅲ。　　　　　　　　C. 仅Ⅲ。
   D. 仅Ⅱ。　　　　　　　　　E. 仅Ⅱ、Ⅲ。

6. 甲型H1N1流感是一种因甲型流感病毒引起的人畜共患的呼吸系统疾病，H1N1流感病毒的群间传播主要是以感染者的咳嗽和喷嚏为媒介，在人群密集的环境中更容易发生感染，而越来越多的证据显示，微量病毒可留存在桌面、电话机或其他平面上，再通过手指与眼、鼻、口的接触来传播。因此，所有甲型H1N1流感患者都需要被隔离。与甲型H1N1流感患者接触的人也需要被隔离。隔壁老王被隔离了。

如果以上命题是真的，则以下哪个命题也是真的？

A. 老王是甲型H1N1流感患者。

B. 老王与甲型H1N1流感患者接触了。

C. 所有甲型H1N1流感患者都被隔离了。

D. 或者老王是甲型H1N1流感患者，或者老王与甲型H1N1流感患者接触了。

E. 老王可能不是甲型H1N1流感患者，也可能没有与甲型H1N1流感患者接触。

7. 如果未来的父母在孩子出生前确实想要这个孩子，那么，孩子出生后肯定不会受虐待。

以下哪一项如果成立，以上的结论才会为真？

A. 未来的父母一旦有了自己的孩子，就会改变原本只是想传宗接代的观念。

B. 爱孩子的人不会虐待下一代。

C. 不想要孩子的人通常也会抚养孩子。

D. 不爱自己孩子的人通常会虐待孩子。

E. 虐待孩子的人都是不想要孩子的。

答案详解

1. D

【解析】将题干符号化：抗法的后果比服法差→理智的人不会暴力抗法，等价于：理智的人暴力抗法→抗法的后果不比服法差。

A项，理智的人暴力抗法→抗法的后果不比服法差，是题干的逆否命题，为真。

B项，抗法的后果比服法差→理智的人不会暴力抗法，为真。

C项，服法的后果比抗法好→理智的人不会暴力抗法，即抗法的后果比服法差→理智的人不会暴力抗法，为真。

D项，理智的人不会暴力抗法→抗法的后果比服法差，与题干不同，可真可假。

E项，抗法的后果不比服法差∨理智的人不会暴力抗法，等价于：抗法的后果比服法差→理智的人不会暴力抗法，为真。

2. A

【解析】老师：¬作业→¬游戏＝游戏→作业。

学生：作业→游戏。

A项，作业→游戏，可真可假。

B项，老师：¬作业→¬游戏，为真。

C项，学生：作业→游戏，为真。

D项，老师：游戏→作业，为真。

E项，老师：完成了作业可能不会被准许出去做游戏，为真。

第1章 复言命题

3. E

【解析】题干：<u>不从现在起就重视环境保护→人类总有一天将无法在地球上生存</u>，等价于：人类要想长久地在地球上生存→从现在起就要重视环境保护。

E 项，对污染问题的严重性要有高度的认识（重视），并且要尽快采取行动（从现在起）做好环保工作，符合题干的意思，故 E 项正确。

4. D

【解析】<u>沙僧：有经→有火</u>，等价于：<u>无火→无经</u>，即：凡无火处皆无经，故 D 项为真。

A 项，有的无火处有经，与"无火→无经"矛盾，故为假。

B 项，与沙僧的原话矛盾，故为假。

C 项，"有火"后面无箭头指向，故可真可假。

E 项，"无经"后面无箭头指向，故可真可假。

5. D

【解析】题干有以下断定：

<u>①风大→放飞风筝；②￢晴朗→￢放飞风筝；③暖和→放飞风筝。</u>

由②知：放飞风筝→晴朗，故Ⅱ项必定为真。

根据箭头指向原则，风很大、天气暖和均可真可假，即Ⅰ项、Ⅲ项可真可假。

综上可知，D 项正确。

6. E

【解析】将题干信息形式化可得：

①甲型 H1N1 流感患者→需要被隔离。

②与甲型 H1N1 流感患者接触的人→需要被隔离。

③隔壁老王被隔离了。

由箭头指向原则可知，<u>由"被隔离"推不出任何结论</u>，故 E 项为真。

C 项，由题干，所有甲型 H1N1 流感患者都"需要被隔离"，<u>不代表他们都"被隔离了"</u>。

7. E

【解析】题干信息可形式化为：<u>想要孩子→￢虐待</u>，等价于：<u>虐待→￢想要孩子</u>，即 E 项为真。

题型 2 并且、或者、要么

🔹 母题技巧

（1）并且。

$A \wedge B$，读作"A 并且 B"，是指<u>事件 A 和事件 B 都发生。</u>

（2）或者。

相容选言命题 $A \vee B$，读作"A 或者 B"，是指<u>事件 A 和事件 B 至少发生一个，也可能都发生。</u>

（3）要么。

不相容选言命题 A∀B，读作"A 要么 B"，是指事件 A 和事件 B 发生且仅发生一个。

（4）德摩根定律。

① ¬（A∧B）= ¬A∨¬B。

② ¬（A∨B）= ¬A∧¬B。

③ ¬（A∀B）=（¬A∧¬B）∀（A∧B）=（¬A∧¬B）∨（A∧B）。

母题精练

1. 京东商城拟寻求一名或数名明星做代言人。在讨论方案时，东哥提出："要么聘用李现，要么聘用刘昊然。李现自从《亲爱的，热爱的》一剧播出后，人气居高不下，但代言费用较高；刘昊然形象阳光，有大男孩气质，代言费用尚不确定。"

   从东哥的提议中，不可能推出的结论是：

   A. 如果聘用李现，那么就不聘用刘昊然。

   B. 或者聘用李现，或者聘用刘昊然，两者必居其一。

   C. 如果不聘用李现，那么就聘用刘昊然。

   D. 李现比刘昊然好，应该优先考虑聘用李现。

   E. 李现和刘昊然是两类不同的代言人，不要同时聘用。

2. 张珊：鱼和熊掌不可兼得。

   以下哪项与张珊的意思相同？

   A. 鱼和熊掌皆可得。

   B. 可得鱼，不可得熊掌。

   C. 不可得鱼，可得熊掌。

   D. 要么不可得鱼，要么不可得熊掌。

   E. 除非不可得鱼，否则不可得熊掌。

3. 并非冬雨不漂亮或者不温柔。

   以下哪项陈述最符合以上断定？

   A. 冬雨既漂亮又温柔。

   B. 冬雨不温柔但漂亮。

   C. 冬雨不漂亮但温柔。

   D. 如果冬雨温柔，那么她不漂亮。

   E. 如果冬雨不温柔，那么她漂亮。

4. 散文家：智慧与聪明是令人渴望的品质。但是，一个人聪明并不意味着他很有智慧，而一个人有智慧也不意味着他很聪明。在我所遇到的人中，有的人聪明，有的人有智慧。但是，却没有人同时具备这两种品质。

   若散文家的陈述为真，关于他所遇到的人的以下哪一项陈述不可能为真？

   A. 大部分人既不聪明，也没有智慧。

   B. 大部分人既聪明，又有智慧。

   C. 所有的人都是或者不聪明，或者无智慧。

第 1 章　复言命题

D. 有人聪明但无智慧，也有人有智慧却不聪明。

E. 有的人既不聪明也无智慧。

5. 由于硼是唯一和碳一样具有可以无限延伸自身的能力（连接能力仅略弱于碳），同时氢化物稳定性不受原子数目制约的元素，并拥有比碳更高的成键多样性，因此有人认为可能存在以硼为核心元素的硼基生命。与此同时，也有人认为存在硅基生命，这种生命是以含有硅以及硅的化合物为主的物质构成的生命。两位研究人员对这两种生命作出了如下断定：

①要么存在硼基生命，要么存在硅基生命。

②或者不存在硼基生命，或者不存在硅基生命。

如果上述两种断定中只有一种为真，则可以推出以下哪项结论？

A. 存在硼基生命，并且存在硅基生命。

B. 不存在硼基生命，但是存在硅基生命。

C. 存在硼基生命，但是不存在硅基生命。

D. 既不存在硼基生命，也不存在硅基生命。

E. 如果存在硼基生命，就不存在硅基生命。

答案详解

1. D

【解析】东哥：李现∀刘昊然，可知李现和刘昊然两人中，聘用且仅聘用一位。

A 项，李现和刘昊然两人中，聘用且仅聘用一位，故如果聘用李现，就不聘用刘昊然，为真。

B 项，李现∀刘昊然，为真。

C 项，李现和刘昊然两人中，聘用且仅聘用一位，故如果不聘用李现，则一定聘用刘昊然，为真。

D 项，东哥对于两位代言人，只是给了一个客观评价，并没有给出倾向聘用哪一位，故 D 项不正确。

E 项，李现和刘昊然两人中，聘用且仅聘用一位，故不能同时聘用两人，为真。

2. E

【解析】张珊：¬（鱼∧熊掌）＝¬鱼∨¬熊掌。

A 项，鱼∧熊掌，与张珊的意思不同。

B 项，鱼∧¬熊掌，与张珊的意思不同。

C 项，¬鱼∧熊掌，与张珊的意思不同。

D 项，¬鱼∀¬熊掌，与张珊的意思不同。

E 项，¬不鱼→¬熊掌，等价于：鱼→¬熊掌，又等价于：¬鱼∨¬熊掌，与张珊的意思相同。

3. A

【解析】题干：¬（¬漂亮∨¬温柔）＝漂亮∧温柔。

因此，冬雨既漂亮又温柔。

4. B

【解析】散文家：¬（聪明∧智慧）。

故，"聪明∧智慧"为假，B项不可能为真。

5. D

【解析】题干中有两个断定：

①存在硼基生命∀存在硅基生命。

②不存在硼基生命∨不存在硅基生命。

假设断定①为真，则硼基生命与硅基生命存在且仅存在一种，故必有一种不存在，可以推出断定②为真，与题干中"两种断定中只有一种为真"矛盾，故断定①为假。

由断定①为假可推出：存在硼基生命∧存在硅基生命，或者，¬存在硼基生命∧¬存在硅基生命。

又由于断定②为真，说明两种生命中至少有一种不存在。

综上所述，必有：不存在硼基生命∧不存在硅基生命，D项正确。

题型 3 箭头＋德摩根

母题技巧

此类题型是对充分、必要条件和德摩根定律的综合考查，解题的一般步骤是：

①将题干符号化。

②写出题干的逆否命题。

③使用德摩根定律对逆否命题进行等价转换。

④判断各选项是否符合题干。

例如：

A∧B→C，等价于：¬C→¬（A∧B），又等价于：¬C→¬A∨¬B。

A∨B→C，等价于：¬C→¬（A∨B），又等价于：¬C→¬A∧¬B。

A→B∧C，等价于：¬（B∧C）→¬A，又等价于：¬B∨¬C→¬A。

A→B∨C，等价于：¬（B∨C）→¬A，又等价于：¬B∧¬C→¬A。

母题精练

1. 要使中国足球队真正跻身世界强队之列，至少必须解决两个关键问题：一是提高队员的基本体能，二是讲究科学训练。不切实解决这两点，即使临战时拼搏精神发挥得再好，也不可能取得突破性的进展。

下列各项都表达了上述议论的原意，除了：

A. 只有提高队员的基本体能和讲究科学训练，才能取得突破性的进展。

B. 除非提高队员的基本体能和讲究科学训练，否则不能取得突破性的进展。

C. 如果取得了突破性的进展，说明一定提高了队员的基本体能并且讲究了科学训练。

D. 如果不能提高队员的基本体能，即使讲究了科学训练，也不可能取得突破性的进展。

E. 只要提高了队员的基本体能并且讲究了科学训练，再加上临战时拼搏精神发挥得好，就一定能取得突破性的进展。

2. 如果有谁没有读过此份报告，那么或者是他对报告的主题不感兴趣，或者是他对报告的结论持反对态度。

如果上述断定是真的，则以下哪项也一定是真的？

Ⅰ．一个读过此份报告的人，一定既对报告的主题感兴趣，也对报告的结论持赞成态度。

Ⅱ．一个对报告的主题感兴趣，并对报告的结论持赞成态度的人，一定读过此份报告。

Ⅲ．一个对报告的主题不感兴趣，并且对报告的结论持反对态度的人，一定没有读过此份报告。

A. 只有Ⅰ。
B. 只有Ⅱ。
C. 只有Ⅲ。
D. 只有Ⅰ和Ⅲ。
E. Ⅰ、Ⅱ和Ⅲ。

3. 如果张珊参加某学术会议，那么李思、王伍和赵陆将一起参加。

如果上述断定是真的，那么以下哪项也是真的？

A. 如果张珊没参加该学术会议，那么李思、王伍、赵陆三人中至少有一人没参加该学术会议。

B. 如果张珊没参加该学术会议，那么李思、王伍、赵陆三人都没参加该学术会议。

C. 如果李思、王伍、赵陆都参加了该学术会议，那么张珊也参加了该学术会议。

D. 如果赵陆没参加该学术会议，那么李思和王伍不会都参加该学术会议。

E. 如果王伍没参加该学术会议，那么张珊和赵陆不会都参加该学术会议。

4. 如果郑玲选修法语，那么，吴小东、李明和赵雄也将选修法语。

如果以上断定为真，则以下哪项也一定为真？

A. 如果李明不选修法语，那么吴小东也不选修法语。

B. 如果赵雄不选修法语，那么郑玲也不选修法语。

C. 如果郑玲和吴小东选修法语，那么李明和赵雄不选修法语。

D. 如果吴小东、李明和赵雄选修法语，那么郑玲也选修法语。

E. 如果郑玲不选修法语，那么吴小东也不选修法语。

5. 大多数人都熟悉安徒生童话《皇帝的新衣》，故事中有两个裁缝告诉皇帝，他们缝制出的衣服有一种奇异的功能：凡是不称职的人或者愚蠢的人都看不见这衣服。

以下各项陈述都可以从裁缝的断言中合乎逻辑地推出，除了：

A. 凡是不称职的人都看不见这衣服。

B. 有些称职的人能够看见这衣服。

C. 凡是能看见这衣服的人都是称职的人或者不愚蠢的人。

D. 凡是看不见这衣服的人都是不称职的人或者愚蠢的人。

E. 凡是愚蠢的人都看不见这衣服。

6. 在某地，每逢假日，市区主干道 A 和主干道 B 就会发生堵车现象。

如果上述情况属实，则下列哪项也是正确的？

Ⅰ. 如果主干道 A 和 B 在堵车，那么这天就是假日。

Ⅱ. 如果主干道 A 发生堵车，但主干道 B 没有堵车，那么这天就不是假日。

Ⅲ. 如果这一天不是假日，那么主干道 A 和 B 都不会堵车。

A. 只有Ⅰ。　　　　　　　　B. 只有Ⅱ。　　　　　　　　C. 只有Ⅲ。

D. 只有Ⅱ和Ⅲ。　　　　　　E. Ⅰ、Ⅱ、Ⅲ都不正确。

7. 提高生活水准和平衡国际贸易，这两者自身都不足以建立一个国家在国际市场上的竞争能力。事实上二者必须同时兼得。因为生活水准的提高可以是由于付出了增加贸易赤字的代价，而贸易平衡也可能是靠降低生活水准来维持的。

如果上述论证成立，则欲知一个国家在国际市场上是否有竞争能力，最需检验它的以下哪种能力？

A. 生活水准提高时平衡国际贸易的能力。

B. 生活水准下降时平衡国际贸易的能力。

C. 生活水准提高时增加贸易赤字的能力。

D. 生活水准下降时减低贸易赤字的能力。

E. 贸易赤字增加时保持生活水准不变的能力。

答案详解

1. E

【解析】题干：¬（基本体能∧科学训练）→¬突破性进展，即：¬基本体能∨¬科学训练→¬突破性进展。

A 项，突破性进展→基本体能∧科学训练，符合题干。

B 项，¬（基本体能∧科学训练）→¬突破性进展，符合题干。

C 项，突破性进展→基本体能∧科学训练，符合题干。

D 项，¬基本体能∧科学训练→¬突破性进展，符合题干。

E 项，基本体能∧科学训练∧拼搏→突破性进展，不符合题干。

2. B

【解析】将题干形式化可得：¬读过→¬感兴趣∨反对，其逆否命题：感兴趣∧赞成→读过。

Ⅰ项，读过→感兴趣∧赞成，无法由题干推出，故可真可假。

Ⅱ项，感兴趣∧赞成→读过，是题干的逆否命题，故必然为真。

Ⅲ项，¬感兴趣∧反对→¬读过，无法由题干推出，故可真可假。

综上，仅Ⅱ项为真，故 B 项正确。

3. E

【解析】题干：张珊→李思∧王伍∧赵陆＝¬李思∨¬王伍∨¬赵陆→¬张珊。

A、B 项，"¬张珊"后无箭头指向，故可真可假。

C 项，"李思∧王伍∧赵陆"后无箭头指向，故可真可假。

第1章　复言命题

D项，由题干无法判断"¬赵陆"与"李思和王伍"是否参加该学术会议的关系，故可真可假。

E项，因为"¬王伍→¬张珊"，故若王伍没参加该学术会议，则张珊也没参加该学术会议，故"张珊和赵陆不会都参加该学术会议＝¬张珊∨¬赵陆"为真。

4. B

【解析】题干：郑→吴∧李∧赵，等价于：¬吴∨¬李∨¬赵→¬郑。

故：¬赵→¬郑，为真，B项正确。

5. D

【解析】题干：①¬称职∨愚蠢→看不见，逆否得：②看见→称职∧¬愚蠢。

A项，¬称职→看不见，由题干①可以推出。

B项，有的称职→看见，互换得：有的看见→称职，由题干②可以推出。

C项，看见→称职∨¬愚蠢，由题干②可以推出。

D项，看不见→¬称职∨愚蠢，不能推出。

E项，愚蠢→看不见，由题干①可以推出。

6. B

【解析】题干：假日→A堵∧B堵，等价于：¬(A堵∧B堵)→¬假日，即：¬A堵∨¬B堵→¬假日。

Ⅰ项，A堵∧B堵→假日，无箭头指向，可真可假。

Ⅱ项，A堵∧¬B堵→¬假日，为真。

Ⅲ项，¬假日→¬A堵∧¬B堵，无箭头指向，可真可假。

7. A

【解析】题干认为，要建立国际竞争力，"提高生活水准"和"平衡国际贸易"必须同时兼得，即：建立国际竞争力→提高生活水准∧平衡国际贸易，等价于：¬提高生活水准∨¬平衡国际贸易→¬建立国际竞争力。

A项，兼顾了两个方面。

B项，生活水准下降时，"提高生活水准"没有达到，不可能有国际竞争力。

C项，增加了贸易赤字，即"平衡国际贸易"没有达到，不可能有国际竞争力。

D项，生活水准下降时，"提高生活水准"没有达到，不可能有国际竞争力。

E项，增加了贸易赤字，即"平衡国际贸易"没有达到，不可能有国际竞争力。

题型 4 "∨"与"→"的互换

母题技巧

（1）掌握以下两组公式：

①箭头变或者：(A→B) = (¬A∨B)。

②或者变箭头：(A∨B) = (¬A→B) = (¬B→A)。

15

（2）常考题型。

题干：A∧B→C，通过什么条件，可得¬A？

解析：(A∧B→C) = (¬C→¬A∨¬B)；

又有(¬A∨B) = (B→A)；

故有，C不发生，可知，¬A和¬B至少发生一个，如果已知B发生了，则可得¬A。

即，已知¬C∧B，可得¬A。

（3）正确答案的形式。

如果题干的运算结果为"A∨B"，答案的正确形式常见有四种：

① 如果，那么。

② 或者，或者。

③ 至少。

④ 除非，否则。

母题精练

1. 有人说，单身狗之所以是单身狗，或者是因为穷，或者是因为丑，或者是因为矮。

   如果李思是单身狗，则能推出以下哪项？

   A. 李思穷。

   B. 李思丑。

   C. 李思矮。

   D. 如果李思不穷，那么他或者丑，或者矮。

   E. 李思又穷、又丑、又矮。

2. 东山市威达建材广场每家商店的门边都设有垃圾桶。这些垃圾桶的颜色是绿色或红色。

   如果上述断定为真，则以下哪项也一定为真？

   Ⅰ．东山市有一些垃圾桶是绿色的。

   Ⅱ．如果东山市的一家商店门边没有垃圾桶，那么这家商店不在威达建材广场。

   Ⅲ．如果东山市的一家商店门边有一个红色垃圾桶，那么这家商店是在威达建材广场。

   A. 仅Ⅰ。　　　　　　　　B. 仅Ⅱ。　　　　　　　　C. 仅Ⅰ和Ⅱ。

   D. 仅Ⅰ和Ⅲ。　　　　　　E. Ⅰ、Ⅱ和Ⅲ。

3. 如果甲和乙都没有考上研究生，那么丙一定考上了研究生。

   上述前提再增加以下哪项，就可以推出"甲考上了研究生"的结论？

   A. 丙考上了研究生。　　　　　　　　B. 丙没有考上研究生。

   C. 乙没有考上研究生。　　　　　　　D. 乙和丙都没有考上研究生。

   E. 乙和丙都考上了研究生。

4. 根据诺贝尔经济学奖获得者、欧元之父蒙代尔的理论，在开放的经济条件下，一国的独立货币政策、国际资本流动、货币相对稳定的汇率，不能三者都得到，即存在所谓的"不可能三角关系"。

我国经济已经对外开放，如果蒙代尔的理论正确，则以下哪项陈述一定为真？

A. 我国坚持独立的货币政策并保持人民币相对稳定的汇率，同时不让国际资本流入中国。

B. 我国坚持独立的货币政策并保持人民币相对稳定的汇率，但无法阻止国际资本流入中国。

C. 虽然国际资本流动的趋势不可逆转，我国仍坚持独立的货币政策，但无法保持人民币相对稳定的汇率。

D. 如果我国坚持独立的货币政策并且国际资本流动的趋势不可逆转，则无法保持人民币相对稳定的汇率。

E. 如果我国没有坚持独立的货币政策并保持人民币相对稳定的汇率，则无法阻止国际资本流入中国。

5. 酝酿已久的赋税改革计划由于在议会中没有被通过而宣告破产了，而提出这一项改革计划的首相在开始时曾说过："只要这项计划有利于经济发展并且议员都以国家利益为重，那么该计划在议会中通过是没有问题的。"

假设首相的话成立，那么可以得出以下哪项结论？

A. 该计划不利于经济发展并且议员也不以国家利益为重。

B. 该计划是有利于经济发展的，但议员不以国家利益为重。

C. 议员是以国家利益为重的，但该计划不利于经济的发展。

D. 如果议员们不以国家利益为重，那么该计划是有利于经济发展的。

E. 如果该计划有利于经济发展，那么有的议员不以国家利益为重。

📋 答案详解

1. D

【解析】题干：单身狗→穷∨丑∨矮。

又知李思是单身狗，可知他：穷∨丑∨矮＝¬穷→丑∨矮。

故 D 项为真。

2. B

【解析】题干：①威达建材广场的商店→垃圾桶；②威达建材广场的商店→绿色垃圾桶∨红色垃圾桶。

Ⅰ项，不一定为真，可能都是红色的。

Ⅱ项，一定为真，威达建材广场的商店→垃圾桶，等价于：¬垃圾桶→¬威达建材广场的商店。

Ⅲ项，不一定为真，威达建材广场的商店→绿色垃圾桶∨红色垃圾桶，由此不能推出：只有威达建材广场的商店门边才设有红色垃圾桶，充分必要条件混用。

3. D

【解析】题干：¬甲∧¬乙→丙＝¬丙→甲∨乙。

故由丙没有考上研究生，可知甲或者乙考上了研究生。

又由：甲∨乙＝¬乙→甲。

故再加上条件：乙没有考上研究生，可得甲考上了研究生。

4. D

【解析】蒙代尔的理论：¬（独立的货币政策∧国际资本流动∧货币相对稳定的汇率）

＝¬独立的货币政策∨¬国际资本流动∨¬货币相对稳定的汇率

＝（独立的货币政策∧国际资本流动）→¬货币相对稳定的汇率。

故 D 项为真。

5. E

【解析】将首相的话形式化：

①有利于经济发展∧议员都以国家利益为重→通过

＝¬通过→¬利于经济发展∨¬议员都以国家利益为重。

②¬利于经济发展∨¬议员都以国家利益为重

＝利于经济发展→¬议员都以国家利益为重

＝利于经济发展→有的议员不以国家利益为重。

故 E 项正确。

题型 5 箭头的串联

母题技巧

1. 普通串联题的解题步骤如下：

①符号化。

用箭头表达题干中的每个判断。

②串联。

将箭头统一成右箭头"→"并串联成"A→B→C→D"的形式（注意：不能串联的箭头就不需要串联）。

③逆否。

如有必要，写出逆否命题：¬D→¬C→¬B→¬A。

④判断选项真假。

根据箭头指向原则，判断选项的真假。

2. 带"有的"的串联题的解题步骤如下：

①符号化。

用箭头表达题干中的每个判断。

②串联。

将箭头统一成右箭头"→"并串联成"有的 A→B→C→D"的形式（注意："有的"放开头）。

③逆否。

如有必要，写出逆否命题：¬D→¬C→¬B（注意：带"有的"的项不逆否）。

④判断选项真假。

根据箭头指向原则和有的互换原则，判断选项的真假。

3. 注意：

① (有的 A→B) = (有的 B→A)。

② (所有 A→B) → (有的 A→B) = (有的 B→A)。

③ 有的 A 不是 B = (有的 A→¬B) = (有的 ¬B→A)。

母题精练

1. 某公司员工都具有理财观念。有些购买基金的员工买了股票，凡是购买地方债券的员工都买了国债，但所有购买股票的员工都不买国债。

   根据以上前提，以下哪项一定为真？

   A. 有些购买了基金的员工没有买地方债券。

   B. 有些购买了地方债券的员工没有买基金。

   C. 有些购买了地方债券的员工买了基金。

   D. 有些购买了基金的员工买了国债。

   E. 有些购买了基金的员工没有购买股票。

2. 在选举社会，每一位政客为了当选都要迎合选民。程扁是一位超级政客，特别想当选，因此，他会想尽办法迎合选民。在很多时候，不开出许多空头支票，就无法迎合选民。而事实上，程扁当选了。

   从题干中推出以下哪一个结论最为合适？

   A. 程扁肯定向选民开出了许多空头支票。

   B. 程扁肯定没有向选民开出许多空头支票。

   C. 程扁很可能向选民开出了许多空头支票。

   D. 程扁很可能没有向选民开出许多空头支票。

   E. 程扁得到了绝大多数选民的选票。

3. 如果李凯拿到钥匙，他就会把门打开并且保留钥匙。如果杨林拿到钥匙，他会把钥匙交到失物招领处。要么李凯拿到钥匙，要么杨林拿到钥匙。

   如果上述信息正确，那么下列哪项也一定正确？

   A. 失物招领处没有钥匙。   B. 失物招领处有钥匙。

   C. 门打开了。   D. 李凯拿到了钥匙。

   E. 如果李凯没有拿到钥匙，那么钥匙会在失物招领处。

4. 某班为了准备茶话会，分别派了甲、乙、丙、丁四位同学去采买糖果、点心和小纪念品等。甲买回来的东西，乙全都买了，丙买回来的东西包括了乙买的全部，丁买回来的东西里也有丙买的东西。

如果以上信息为真，则下列哪项必然为假？

A. 丁所买的东西里面一定有甲所买的东西。

B. 丁所买的东西里面一定有乙所买的东西。

C. 甲所买的东西里面一定没有丙所买的东西。

D. 丁所买的东西里面一定没有乙所买的东西。

E. 丙所买的东西里面一定有丁所没有买的东西。

5. 一个热力站有 5 个阀门控制对外送蒸汽。使用这些阀门必须遵守以下操作规则：

(1)如果开启 1 号阀门，那么必须同时打开 2 号阀门并且关闭 5 号阀门。

(2)如果开启 2 号阀门或者 5 号阀门，则要关闭 4 号阀门。

(3)不能同时关闭 3 号阀门和 4 号阀门。

现在要打开 1 号阀门，则同时要打开的阀门是哪两个？

A. 2 号阀门和 4 号阀门。 B. 2 号阀门和 3 号阀门。

C. 3 号阀门和 5 号阀门。 D. 4 号阀门和 5 号阀门。

E. 3 号阀门和 4 号阀门。

6. 古时候的一场大地震几乎毁灭了整个人类，只有两个部落死里逃生。最初在这两个部落中，神帝部落所有的人都坚信人性本恶，圣地部落所有的人都坚信人性本善，并且没有人既相信人性本善又相信人性本恶。后来两个部落繁衍生息，信仰追随和部落划分也遵循着一定的规律。部落内通婚，所生的孩子追随父母的信仰，归属原来的部落；部落间通婚，所生的孩子追随母亲的信仰，归属母亲的部落。我们发现神圣子是相信人性本善的。

在以下各项对神圣子身份的判断中，不可能为真的是：

A. 神圣子的父亲是神帝部落的人。 B. 神圣子的母亲是神帝部落的人。

C. 神圣子的父母都是圣地部落的人。 D. 神圣子的母亲是圣地部落的人。

E. 神圣子的姥姥是圣地部落的人。

7~8 题基于以下题干：

本问题发生在一所学校内。学校的教授中有一些是足球迷。学校预算委员会的成员们一致要求把学校的足球场改建为一个科贸写字楼，以改善学校的收入状况。所有的足球迷都反对将学校的足球场改建为科贸写字楼。

7. 如果以上各句陈述均为真，则下列哪项也必为真？

A. 学校所有的教授都是学校预算委员会的成员。

B. 学校有的教授不是学校预算委员会的成员。

C. 学校预算委员会中有的成员是足球迷。

D. 并不是所有的学校预算委员会的成员都是学校的教授。

E. 有的足球迷是学校预算委员会的成员。

8. 如果作为上面陈述的补充，明确以下条件：学校所有的教授都是足球迷，那么下列哪项一定不可能是真的？

A. 学校有的教授不是学校预算委员会的成员。

B. 学校预算委员会的成员中有的是学校教授。

C. 并不是所有的足球迷都是学校教授。

D. 学校所有的教授都反对将学校的足球场改建为科贸写字楼。

E. 有的足球迷不是学校预算委员会的成员。

9～10 题基于以下题干：

如果"新龙门"餐馆在同一天供应红焖羊肉和什锦火锅，那么它也一定供应烤乳猪。该餐馆星期二不供应烤乳猪。贾女士只有当供应红焖羊肉时才去"新龙门"餐馆吃饭。

9. 如果上述断定是真的，那么以下哪项也一定是真的？

    A. 星期二贾女士不会去"新龙门"吃饭。

    B. 贾女士不会同一天在"新龙门"既吃红焖羊肉又吃什锦火锅。

    C. "新龙门"在星期二不供应什锦火锅。

    D. "新龙门"只在星期二不供应红焖羊肉。

    E. 如果"新龙门"在星期二供应红焖羊肉，那么这天它一定不供应什锦火锅。

10. 如果题干的断定是真的，并且事实上贾女士星期二去"新龙门"餐馆吃了饭，则以下哪项一定是真的？

    A. "新龙门"在贾女士吃饭的那天没供应什锦火锅。

    B. "新龙门"在贾女士吃饭的那天没供应红焖羊肉。

    C. "新龙门"在贾女士吃饭的那天供应了烤乳猪。

    D. "新龙门"在贾女士吃饭的那天既供应红焖羊肉，又供应什锦火锅。

    E. "新龙门"在贾女士吃饭的那天既没供应红焖羊肉，又没供应什锦火锅。

答案详解

1. A

【解析】将题干信息整理如下：

①有的基金→股票。

②地方债券→国债，等价于：￢国债→￢地方债券。

③股票→￢国债。

将题干信息①、③、②串联可得：有的基金→股票→￢国债→￢地方债券。

故 A 项"有些购买了基金的员工没有买地方债券"为真。

2. C

【解析】将题干信息形式化：

①当选→迎合选民。

②迎合选民→很可能开出许多空头支票。

将题干信息①、②串联可得：当选→迎合选民→很可能开出许多空头支票。

事实上，程扁当选了，所以他很可能开出许多空头支票，故 C 项正确。

其余选项均不正确。

3. E

【解析】题干：①李凯拿到钥匙→开门∧保留钥匙。

②杨林拿到钥匙→将钥匙交到失物招领处。

③李凯拿到钥匙∀杨林拿到钥匙。

显然由题干③可以得到：李凯没拿到钥匙→杨林拿到钥匙。

再与题干②串联可得：李凯没拿到钥匙→杨林拿到钥匙→钥匙交到失物招领处，故 E 项正确。

4. C

【解析】将题干信息形式化：①甲买→乙买；②乙买→丙买；③有的丁买→丙买。

将题干信息①、②串联得：甲买→丙买。故 C 项必然为假。

5. B

【解析】将题干信息符号化：

①1→2∧¬5。

②2∨5→¬4。

③¬(¬3∧¬4)=3∨4。

④1。

由题干信息④、①可知，2∧¬5。

再由题干信息②可知，¬4。

再由题干信息③可知，3∨4=¬4→3。

故同时要打开的阀门是 2 号和 3 号，即 B 项正确。

6. B

【解析】题干中有以下判断：

①神帝部落→相信人性本恶=¬相信人性本恶→¬神帝部落。

②圣地部落→相信人性本善。

③¬(相信人性本善∧相信人性本恶)=¬相信人性本善∨¬相信人性本恶=相信人性本善→¬相信人性本恶。

④部落内通婚→孩子追随父母的信仰∧归属原来的部落。

⑤部落间通婚→孩子追随母亲的信仰∧归属母亲的部落。

⑥神圣子→相信人性本善。

由⑥、③、①串联得：神圣子→相信人性本善→¬相信人性本恶→¬神帝部落，故神圣子来自圣地部落。

由④、⑤知，无论部落内通婚还是部落间通婚，孩子和母亲归属的部落都是相同的，故神圣子的母亲来自圣地部落，故 B 项必为假，A、C 项可真可假，D、E 项必为真。

7. B

【解析】题干存在如下判断：

①有的教授→足球迷；②委员→改建，等价于：¬改建→¬委员；③足球迷→¬改建。

将①、③、②串联得：有的教授→足球迷→¬改建→¬委员，逆否得：委员→改建→¬足球迷（注意：带"有的"的项不能逆否）。

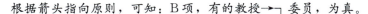

根据箭头指向原则，可知：B项，有的教授→¬委员，为真。

8. B

【解析】题干中的判断①被修改为：④教授→足球迷。

将④、③、②串联得：教授→足球迷→¬改建→¬委员。

可知：所有的教授都不是委员。

B项等价于：有的教授是委员，与以上结论矛盾，必为假。

9. E

【解析】将题干信息形式化：

①红焖羊肉∧什锦火锅→烤乳猪，等价于：¬烤乳猪→(¬红焖羊肉∨¬什锦火锅)。

②星期二→¬烤乳猪。

③贾女士去该餐馆→红焖羊肉。

将题干信息②、①串联得：④星期二→(¬红焖羊肉∨¬什锦火锅)。

⑤¬红焖羊肉∨¬什锦火锅＝红焖羊肉→¬什锦火锅。

故有：⑥星期二∧红焖羊肉→什锦火锅，故E项必为真。

A项，可真可假。因为星期二可能供应红焖羊肉也可能不供应。

B项，可真可假。倘若贾女士星期二去该餐馆，则必然无法吃到什锦火锅。但是若贾女士其他日期去该餐馆，则可能会同时吃到这两样菜。

C项，可真可假。由题干信息④知，星期二该餐馆不会同时供应红焖羊肉和什锦火锅，但是可能单独供应其中一种。

D项，可真可假。题干并未提及除星期二之外的情况。

10. A

【解析】联立题干信息③、⑥知，星期二该餐厅并未供应什锦火锅。故A项为真。

题型 6 假言命题的负命题

母题技巧

（1）假言命题的负命题是重点题型，常以削弱题的形式出现。题干常用如下方式提问：

①以下哪项如果为真，说明上述断定不成立？

②以下哪项如果为真，最能质疑题干的论述？

③如果上述命题为真，则以下哪项不可能为真？

（2）假言命题的负命题公式：¬(A→B) = (A∧¬B)。

（3）【易错点】A→B的负命题是A∧¬B，不是A→¬B。

因为：(A→B) = (¬A∨B)，(A→¬B) = (¬A∨¬B)。所以，当出现¬A时，A→B和A→¬B均为真，所以二者并非矛盾关系。

母题精练

1. 在评价一个企业管理者的素质时，有人说："只要企业能获得利润，其管理者的素质就是好的。"

   以下各项都是对上述看法的质疑，除了：

   A. 有时管理者会用牺牲企业长远利益的办法获得近期利润。

   B. 有的管理者采取不正当竞争的办法，损害其他企业，获得本企业的利益。

   C. 某地的卷烟厂连年利润可观，但在领导层中挖出了一个贪污集团。

   D. 某电视机厂的领导任人唯亲，工厂越办越糟，群众意见很大。

   E. 某计算机销售公司近几年的利润在同行业中名列前茅，但有逃避关税的问题。

2. 世界级的马拉松选手每天跑步不少于两小时，除非是元旦、星期天或得了较严重的疾病。

   若以上论述为真，则以下哪项所描述的人不可能是世界级的马拉松选手？

   A. 某人连续三天每天跑步仅一个半小时，并且没有任何身体不适。

   B. 某运动员几乎每天都要练习吊环。

   C. 某人在脚伤痊愈的一周里每天跑步至多一小时。

   D. 某运动员在某个星期三没有跑步。

   E. 某运动员身体瘦高，别人都说他像跳高运动员，他的跳高成绩相当不错。

3. 近来东南亚局势不稳定，是由于禽流感的影响。但假如没有经济形势的动荡不安，禽流感对局势的影响将不明显。因此，为了阻止局势不稳定，必须稳定经济形势。

   以下哪项如果为真，则最能削弱上述结论？

   A. 经济形势的动荡不安与禽流感没有关系。

   B. 在禽流感之前，东南亚局势已经不稳定。

   C. 东南亚没有尝试预防禽流感。

   D. 在经济形势动荡之前，类似禽流感之类的疫情已多次造成东南亚的不稳定。

   E. 经济形势稳定也可能出现局势不稳定。

4. 甲、乙、丙共同经营一家理发店。在任何时候，必须至少有一人留守店内。也就是说，如果丙外出，那么，如果甲也外出，则乙必须留在店内。但问题是，只有在乙陪伴时，甲才会外出。

   如果以上信息为真，则以下哪项不可能为真？

   A. 甲能够外出。
   B. 甲留在店内，乙和丙外出。
   C. 乙能够外出。
   D. 丙总留在店内。
   E. 乙留在店内，甲和丙外出。

5. 正是因为有了第二味觉，哺乳动物才能够边吃边呼吸。很明显，边吃边呼吸对保持哺乳动物高效率的新陈代谢是必要的。

   以下哪种哺乳动物的发现，最能削弱以上断言？

   A. 有高效率的新陈代谢和边吃边呼吸的能力的哺乳动物。

   B. 有低效率的新陈代谢和边吃边呼吸的能力的哺乳动物。

   C. 有低效率的新陈代谢但没有边吃边呼吸的能力的哺乳动物。

D. 有高效率的新陈代谢但没有第二味觉的哺乳动物。

E. 有低效率的新陈代谢和第二味觉的哺乳动物。

答案详解

1. D

【解析】题干：企业能获得利润→管理者的素质就是好的。

其负命题为：企业能获得利润∧管理者的素质不好。

A、B、C、E项都能说明上述负命题。

D项，没提到企业是否获得利润，不能质疑题干。

2. A

【解析】世界级的马拉松选手：¬(元旦∨星期天∨得病)→每天跑步不少于两小时，等价于：¬元旦∧¬星期天∧¬得病→每天跑步不少于两小时。

A项，元旦和星期天相连最多两天，所以这三天中至少有一天既不是元旦，也不是星期天。他又没有身体不适，所以如果他是世界级的马拉松选手，他应该跑步不少于两小时。但他只跑了一个半小时，说明他不可能是世界级的马拉松选手。

B项，题干没有涉及吊环训练，可真可假。

C项，由于他有身体不适，所以没有跑两小时也可能是世界级的马拉松选手。

D项，有可能这一天是元旦，或者他身体不适，所以仍有可能是世界级的马拉松选手。

E项，题干没有涉及跳高，可真可假。

3. D

【解析】题干中的前提：没有经济形势的动荡不安→禽流感对局势的影响将不明显。

题干中的结论：局势稳定→稳定经济形势。

D项，没有经济形势的动荡∧禽流感造成局势不稳定，与题干中的前提矛盾，故最能削弱题干。

4. E

【解析】将题干信息形式化：

①¬甲∨¬乙∨¬丙。

②丙∧甲→¬乙。

③甲→乙。

E项，甲∧¬乙，是题干信息③的负命题，不可能为真。

其余各项都可能为真。

5. D

【解析】题干有两个必要条件：①第二味觉←边吃边呼吸；②边吃边呼吸←高效率的新陈代谢。

将题干条件②、①串联得：高效率的新陈代谢→边吃边呼吸→第二味觉。

故有：高效率的新陈代谢→第二味觉。

其矛盾命题为：高效率的新陈代谢∧¬第二味觉，所以D项最能削弱题干。

题型 7　二难推理

母题技巧

公式：

公式（1）
$$A \vee \neg A;$$
$$A \to B;$$
$$\neg A \to B;$$
所以，B。

公式（2）
$$A \to B,\ 等价于：\neg B \to \neg A;$$
$$A \to \neg B,\ 等价于：B \to \neg A;$$
所以，$\neg A$。

公式（3）
$$A \vee B;$$
$$A \to C;$$
$$B \to D;$$
所以，$C \vee D$。

公式（4）
$$A \wedge B;$$
$$A \to C;$$
$$B \to D;$$
所以，$C \wedge D$。

公式（2）也可以理解为归谬法：
$$A \to B;$$
$$(A \to \neg B) = (B \to \neg A);$$
串联得：$A \to B \to \neg A$，所以，必有$\neg A$。

母题精练

1. 关于确定商务谈判代表的人选，甲、乙、丙三位公司老总的意见分别是：

   甲：如果不选派李经理，那么也不选派王经理。

乙：如果不选派王经理，那么选派李经理。

丙：要么选派李经理，要么选派王经理。

以下选项中，同时满足甲、乙、丙三人意见的方案是：

A. 选派李经理，不选派王经理。　　B. 选派王经理，不选派李经理。

C. 两人都选派。　　D. 两人都不选派。

E. 不存在这样的方案。

2. 第二次世界大战期间，法国海外流亡政府委派约瑟夫、汤姆、杰克和刘易斯四位特工，返回巴黎，获取情报。这四人分别选择了飞机、汽车、轮船和火车四种不同的出行方式，已知：

(1)明天或者刮风或者下雨。

(2)如果明天刮风，那么约瑟夫就选择火车出行。

(3)假设明天下雨，那么汤姆就选择火车出行。

(4)假设杰克、刘易斯不选择火车出行，那么杰克、汤姆也不会选择飞机或者汽车出行。

根据以上陈述，可以得出以下哪项结论？

A. 刘易斯选择汽车出行。　　B. 刘易斯不选择汽车出行。

C. 杰克选择轮船出行。　　D. 约瑟夫选择飞机出行。

E. 汤姆选择轮船出行。

3. 2013年7月16日，美国"棱镜门"事件的揭秘者斯诺登正式向俄罗斯提出避难申请。美国一直在追捕斯诺登。如果俄罗斯接受斯诺登的申请，必将导致俄美两国关系恶化。但俄罗斯国内乃至世界各国有很高呼声认为斯诺登是全球民众权利的捍卫者，如果拒绝他的申请，俄罗斯在道义和国家尊严方面都会受损。

如果以上陈述为真，则以下哪项也一定为真？

A. 俄罗斯不希望斯诺登事件损害俄美两国关系。

B. 俄罗斯不会将斯诺登交给美国，而可能将他送往第三国。

C. 如果接受斯诺登的避难申请，俄罗斯在道义或国家尊严方面就不会受损。

D. 如果俄罗斯不想使俄美两国关系恶化，它在道义和国家尊严方面就会受损。

E. 俄罗斯不应该接受斯诺登的避难申请。

4. 小赵："最近几个月股票和基金市场很活跃，你有没有成为股民或基民？"小王："我只能告诉你，股票和基金我至少买了其中之一；如果我不买基金，那么我也不买股票。"

如果小王告诉小赵的都是实话，则以下哪项一定为真？

A. 小王买了基金。　　B. 小王买了股票。

C. 小王没买基金。　　D. 小王没买股票。

E. 小王既没有买基金，也没有买股票。

5. 国内以三国历史为背景的游戏《三国杀》《三国斩》《三国斗》《三国梦》等，都借鉴了美国西部牛仔游戏《bang!》。中国网络游戏的龙头企业盛大公司状告一家小公司，认为后者的《三国斩》抄袭了自己的《三国杀》。如果盛大公司败诉，则《三国斩》必定知名度大增，这等于培养了自己的竞争对手；如果盛大公司胜诉，则为《bang!》将来状告《三国杀》抄袭提供了一个非常好的案例。

如果以上陈述为真，则以下哪项也一定为真？

A. 著名的大公司与默默无闻的小公司打官司，可以提高小公司的知名度。

B. 如果盛大公司胜诉，那么它会继续打击以三国历史为背景的其他游戏。

C. 盛大公司不愿意培养自己的竞争对手，也不愿意为《bang!》将来状告自己抄袭提供好的案例。

D. 国内以三国历史为背景的游戏都将面临美国西部牛仔游戏《bang!》的侵权诉讼。

E. 盛大公司在培养自己的竞争对手，或者在为《bang!》将来状告自己抄袭提供好的案例。

答案详解

1. A

【解析】将题干信息形式化：

甲：¬李经理→¬王经理＝王经理→李经理。

乙：¬王经理→李经理。

丙：李经理∀王经理。

由二难推理，结合甲、乙的意见可知：选派李经理。

由丙知，李经理和王经理只能选派一人，故不选派王经理。

2. C

【解析】将题干信息形式化：

①刮风∨下雨。

②刮风→约瑟夫火车。

③下雨→汤姆火车。

④¬杰克火车∧¬刘易斯火车→杰克、汤姆不会选择飞机或者汽车出行。

根据二难推理，由题干信息①、②、③可知：⑤约瑟夫火车∨汤姆火车。

而四人选择的出行方式不同，故：¬杰克火车∧¬刘易斯火车。

由题干信息④可知：杰克和汤姆都不选择飞机或汽车出行。

故，杰克和汤姆只能选择火车或轮船出行。

又由题干信息⑤知：汤姆选择火车出行，故杰克选择轮船出行。

3. D

【解析】题干有两个论断：

①接受申请→俄美关系恶化。

②¬接受申请→道义和国家尊严方面受损。

方法一：①等价于：¬俄美关系恶化→¬接受申请，与②串联可得：¬俄美关系恶化→¬接受申请→道义和国家尊严方面受损。

故有：¬俄美关系恶化→道义和国家尊严方面受损。

方法二：由二难推理公式可得：俄美关系恶化∨道义和国家尊严方面受损，等价于：¬俄美关系恶化→道义和国家尊严方面受损。

故 D 项正确。

4. A

【解析】将小王的话整理如下：

①股票∨基金，等价于：¬股票→基金。

②¬基金→¬股票，等价于：股票→基金。

根据二难推理公式，可知：必然购买基金，故 A 项正确。

5. E

【解析】题干有以下信息：

①败诉→培养竞争对手。

②胜诉→为《bang!》将来状告自己抄袭提供好的案例。

③败诉∨胜诉。

由二难推理公式可得：培养竞争对手∨为《bang!》将来状告自己抄袭提供好的案例，故 E 项正确。

题型 8 复言命题的真假话问题

母题技巧

1. 真假话问题的分类

真假话问题有两类：一类是复言命题的真假话问题，一类是简单命题的真假话问题（见本书第 2 章），本部分内容讲的是第一类。

2. 真假话问题的命题形式

给出几个人说的几句话，然后告知这些话里面有几个为真、几个为假，由此判断选项的真假。

3. 复言命题的真假话问题的解题技巧

（1）找矛盾法。

第一步：符号化。

第二步：找矛盾。

①A 与 ¬A。

②A→B 与 A∧¬B。

③A∧B 与 ¬A∨¬B。

④A∨B 与 ¬A∧¬B。

⑤A∀B 与 (A∧B)∨(¬A∧¬B)。

第三步：矛盾关系必有一真、必有一假，可根据真命题的个数，推知其他命题的真假。

第四步：根据命题的真假，判断真实情况，即可判断各选项的真假。

（2）找"至少一真"或"至少一假"。

有的题目中没有矛盾关系，则可根据以下知识解题：

①A 与 A→B（等价于：¬A∨B），至少一真。

②A 与 ¬A∧B，至少一假。

（3）假设法。

如果以上两种思路都无法解题，则可以使用假设法。假设其中一个命题为真，看能否推出与题干矛盾的结论，如果能推出矛盾，则说明此命题为假。

（4）选项排除法。

母题精练

1. 判断命题②、③、④、⑤与①的关系。

命题\命题	②A∧B	③A∨B	④¬A∧B	⑤¬A∨B
①A				

2. 判断下列命题之间的关系。

命题①	命题②	关系
A∧B	A∨B	
A∧B	¬A∨B	
A∧B	¬A∨¬B	
A∀B	A∨B	
A∨B	¬A∨B	
A∧B	¬A∧B	

3. 某金凤凰电影节正在进行最佳女主角的评选，对于最佳女主角的候选名单，四位影迷进行了预测。

张山说："如果冬雨能入选，那么思纯也能入选。"

李寺说："我看没人能入选。"

王伍说："我看冬雨不能入选。"

赵陆说："我看思纯不能入选，但冬雨能入选。"

结果证明，四位影迷中只有一人的推测成立。

如果上述断定是真的，则以下哪项也一定是真的？

A. 张山的推测成立。

B. 李寺的推测成立。

C. 赵陆的推测成立。

D. 如果思纯不能入选，则赵陆的推测成立。

E. 如果思纯不能入选，则张山的推测成立。

4. 红星中学的四位老师在高考前对某理科毕业班学生的前景进行推测，他们特别关注班里的两个尖子生。张老师说："如果余涌能考上清华，那么方宁也能考上清华。"李老师说："依我看这个班没人能考上清华。"王老师说："不管方宁能否考上清华，余涌都考不上清华。"赵老师说："我看方宁考不上清华，但余涌能考上清华。"高考的结果证明，四位老师中只有一人的推测成立。

    如果上述断定是真的，则以下哪项也一定是真的？

    A. 李老师的推测成立。

    B. 王老师的推测成立。

    C. 赵老师的推测成立。

    D. 如果方宁考不上清华，则张老师的推测成立。

    E. 如果方宁考上了清华，则张老师的推测成立。

5. 某市的红光大厦工程建设任务正在进行招标。有四个建筑公司投标。为简便起见，称它们为公司甲、乙、丙、丁。在标底公布之前，各公司经理分别作出预测。甲公司经理说："我们公司最有可能中标，其他公司不可能。"乙公司经理说："中标的公司一定出自乙和丙两个公司之中。"丙公司经理说："中标的若不是甲公司就是我们公司。"丁公司经理说："如果四个公司中必有一个中标，那就非我们莫属了！"当标底公布后发现，四人中只有一个人的预测成真了。

    以下哪项判断最可能为真？

    A. 甲公司经理猜对了，甲公司中标了。　　B. 乙公司经理猜对了，丙公司中标了。

    C. 甲公司和乙公司的经理都说错了。　　　D. 乙公司和丁公司的经理都说错了。

    E. 乙公司、丙公司和丁公司的经理都说错了。

6. 甲、乙、丙三人一起参加了物理和化学两门考试。三个人中，只有一个人在考试中发挥正常。考试前，甲说："如果我在考试中发挥不正常，我将不能通过物理考试。如果我在考试中发挥正常，我将能通过化学考试。"乙说："如果我在考试中发挥不正常，我将不能通过化学考试。如果我在考试中发挥正常，我将能通过物理考试。"丙说："如果我在考试中发挥不正常，我将不能通过物理考试。如果我在考试中发挥正常，我将能通过物理考试。"

    考试结束后，证明这三个人说的都是真话，并且发挥正常的人是三人中唯一的一个通过这两门科目中某门考试的人；发挥正常的人也是三人中唯一的一个没有通过另一门考试的人。

    从上述断定中能推出以下哪项结论？

    A. 甲是发挥正常的人。

    B. 乙是发挥正常的人。

    C. 丙是发挥正常的人。

    D. 题干中缺乏足够的条件来确定谁是发挥正常的人。

    E. 题干中包含互相矛盾的信息。

7. 赛马场上，三匹马的夺冠呼声最高，它们分别是赤兔、的卢和乌骓。

    观众甲说："我认为冠军不会是赤兔，也不会是的卢。"

    观众乙说："我觉得冠军不会是赤兔，而乌骓一定是冠军。"

    观众丙说："可我认为冠军不会是乌骓，而是赤兔。"

比赛结果很快出来了，他们中有一个人的两个判断都对；另一个人的两个判断都错了；还有一个人的判断是一对一错。

则以下说法正确的是哪一项？

A. 冠军是赤兔。　　　　　　B. 冠军是的卢。　　　　　　C. 冠军是乌骓。

D. 甲的话均为假。　　　　　E. 丙的话均为假。

8. 全国运动会举行女子5 000米比赛，辽宁、山东、河北各派了三名运动员参加。比赛前，四名体育爱好者在一起预测比赛结果。甲说："辽宁队训练就是有一套，这次的前三名非他们莫属。"乙说："今年与去年可不同了，金、银、铜牌辽宁队顶多拿一个。"丙说："据我估计，山东队或者河北队会拿牌的。"丁说："第一名如果不是辽宁队，就应该是山东队。"

比赛结束后，发现以上四人只有一人言中。

以下哪项最可能是该项比赛的结果？

A. 第一名辽宁队，第二名辽宁队，第三名辽宁队。

B. 第一名辽宁队，第二名河北队，第三名山东队。

C. 第一名山东队，第二名辽宁队，第三名河北队。

D. 第一名河北队，第二名辽宁队，第三名辽宁队。

E. 第一名河北队，第二名辽宁队，第三名山东队。

答案详解

1. 【解析】

命题＼命题	②A∧B	③A∨B	④¬A∧B	⑤¬A∨B
①A	②真则①真	①真则③真	①、④至少一假	①、⑤至少一真

2. 【解析】

命题①	命题②	关系
A∧B	A∨B	①真则②真
A∧B	¬A∨B	①真则②真
A∧B	¬A∨¬B	矛盾
A∨B	A∨B	①真则②真
A∨B	¬A∨B	①、②至少一真
A∧B	¬A∧B	①、②至少一假

3. D

【解析】将四人所说的话形式化可得：

①张山：冬雨→思纯。

②李寺：所有人都没入选。

③王伍：¬冬雨。

第 1 章　复言命题

④赵陆：￢思纯∧冬雨。

①、④矛盾，必有一真一假。又因四人所说的话中只有一句话为真，故②、③均为假。

根据②为假可知，有人能入选；根据③为假可知，冬雨能入选。

若思纯能入选，则①真④假；若思纯未入选，则①假④真，故 D 项正确。

4. E

【解析】题干有以下断定（其中只有一真）：

张老师：余涌→方宁＝￢余涌∨方宁。

李老师：没有人考上清华。

王老师：￢余涌。

赵老师：￢方宁∧余涌。

张老师和赵老师的话矛盾，必有一真一假，但哪个为真、哪个为假不能判断，排除 C 项。

故李老师和王老师的话为假，排除 A、B 项。

由李老师的话为假可知，有人考上了清华。

由王老师的话为假可知，余涌考上了清华。

D 项，若方宁考不上清华，又由余涌考上了清华，得：￢方宁∧余涌，故"￢余涌∨方宁"必为假，即张老师的话为假，排除 D 项。

E 项，若方宁考上了清华，则"￢余涌∨方宁"为真，即张老师的话为真，E 项正确。

5. C

【解析】题干中有以下判断：

①甲：甲。

②乙：乙∨丙。

③丙：￢甲→丙＝甲∨丙。

④丁：丁。

⑤只有一个人的话是真的。

假设甲中标，则甲、丙的话均为真，与⑤矛盾，故甲一定没中标，甲的话是假的，排除 A 项。

假设乙中标，则乙的话是真的，其余三人的话是假的，无矛盾，有可能成立。

假设丙中标，则乙、丙的话都是真的，与⑤矛盾，故丙不可能中标，排除 B 项。

假设丁中标，则丁的话是真的，其余三人的话是假的，无矛盾，有可能成立。

由以上分析知，乙和丁的话必有一真，排除 D、E 项，C 项正确。

6. B

【解析】题干有以下判断：

①三个人中，只有一个人在考试中发挥正常。

②甲：￢甲正常→￢甲通过物理考试；甲正常→甲通过化学考试。

③乙：￢乙正常→￢乙通过化学考试；乙正常→乙通过物理考试。

④丙：￢丙正常→￢丙通过物理考试；丙正常→丙通过化学考试。

⑤这三个人说的都是真话。

⑥发挥正常的人是三人中唯一的一个通过这两门科目中某门考试的人。

⑦发挥正常的人也是三人中唯一的一个没有通过另一门考试的人。

使用假设法：

假设甲考试发挥正常，则甲能通过化学考试，由⑦知，甲没通过物理考试。由①知，丙发挥不正常，由④知，丙没通过物理考试，与⑦矛盾；故假设不正确，甲考试发挥不正常。

假设乙考试发挥正常，则由③知，乙能通过物理考试，由⑦知，乙没通过化学考试，甲、丙能通过化学考试；又由①知，甲与丙发挥不正常，故由②知，甲没通过物理考试，由④知，丙没通过物理考试。即考试情况为：甲没通过物理考试、能通过化学考试，乙能通过物理考试、没通过化学考试，丙没通过物理考试、能通过化学考试。不能推出矛盾，故假设正确，乙考试发挥正常。

假设丙考试发挥正常，则丙能通过物理考试，由⑦知，丙没通过化学考试，甲、乙能通过化学考试；由①知，乙发挥不正常，由③知，乙没通过化学考试，与⑦矛盾；故假设不正确，丙考试发挥不正常。

7. A

【解析】如果冠军是的卢，则甲一对一错；乙一对一错；丙一对一错，不符合题意。

如果冠军是乌骓，则甲两个都对；乙两个都对；丙两个都错，不符合题意。

如果冠军是赤兔，则甲一对一错；乙两个都错；丙两个都对，符合题意。

故，冠军是赤兔，即 A 项正确。

8. D

【解析】题干中有以下判断（其中只有一真）：

甲：辽宁队取得全部前三名。

乙：辽宁队前三名中最多拿一个。

丙：山东队或者河北队会拿牌的。

丁：¬辽宁队第一→山东队第一＝辽宁队第一∨山东队第一。

甲和丙的话矛盾，必有一真一假，故乙、丁的话为假。由丁的话为假，可知辽宁队不是第一，山东队也不是第一，故河北队是第一，故丙的话为真，甲的话为假。

由甲、乙的话为假，可知辽宁队前三名中占了2个，故辽宁队取得了第二名和第三名，D 项正确。

微模考 1 ▶ 复言命题

（共 30 题，每题 2 分，限时 60 分钟）　　　你的得分是＿＿＿＿＿＿＿＿

1. 中周公司准备在全市范围内开展一次证券投资竞赛。在竞赛报名事宜里规定有"没有证券投资实际经验的人不能参加本次比赛"这一条。张全力曾经在很多大的投资公司中实际从事过证券买卖操作。
   关于张全力，以下哪项是根据上文能够推出的结论？
   A. 他一定可以参加本次比赛，并获得优异成绩。
   B. 他参加比赛的资格将取决于他证券投资经验的丰富程度。
   C. 他一定不能参加本次比赛。
   D. 他可能具有参加本次比赛的资格。
   E. 他参加比赛的资格将取决于他以往证券投资的业绩。

2. 如果你的笔记本电脑是 2015 年以后制造的，那么它就带有蓝牙。
   上述断定可由以下哪个选项得出？
   A. 只有 2015 年以后制造的笔记本电脑才带有蓝牙。
   B. 所有 2015 年以后制造的笔记本电脑都带有蓝牙。
   C. 有些 2015 年以前制造的笔记本电脑也带有蓝牙。
   D. 所有 2015 年以前制造的笔记本电脑都不带有蓝牙。
   E. 笔记本电脑的蓝牙技术是在 2015 年以后才发展起来的。

3. 如果"忠孝不能两全"为真，则以下哪项也一定为真？
   A. 忠可得但孝不可得。　　　　　　　　B. 孝可得但忠不可得。
   C. 忠和孝皆不可得。　　　　　　　　　D. 如果忠不可得，则孝可得。
   E. 如果忠可得，则孝不可得。

4. 只要天上有太阳并且气温在零度以下，街上总有很多人穿着皮夹克。只要天下着雨并且气温在零度以上，街上总有人穿着雨衣。有时，天上有太阳却同时下着雨。
   如果上述断定为真，则以下哪项也一定为真？
   A. 有时街上会有人在皮夹克外面套着雨衣。
   B. 如果街上有很多人穿着皮夹克但天没下雨，则天上一定有太阳。
   C. 如果气温在零度以下并且街上没有多少人穿着皮夹克，则天一定下着雨。
   D. 如果气温在零度以上并且街上有人穿着雨衣，则天一定下着雨。
   E. 如果气温在零度以上但街上没人穿雨衣，则天一定没下雨。

5. 如果一个社会是公正的，则必须满足以下两个条件：第一，有健全的法律；第二，贫富差异是允许的，但必须同时确保消灭绝对贫困和每个公民事实上都有公平竞争的机会。
   根据题干的条件，最能够得出以下哪项结论？
   A. S 社会有健全的法律，同时又在消灭了绝对贫困的条件下，允许贫富差异的存在，并且绝大多数公民事实上都有公平竞争的机会。因此，S社会是公正的。

B. S社会有健全的法律，但这是以贫富差异为代价的。因此，S社会是不公正的。

C. S社会允许贫富差异，但所有人都由此获益，并且事实上每个公民都有公平竞争的权利。因此，S社会是公正的。

D. S社会虽然不存在贫富差异，但这是以法律不健全为代价的。因此，S社会是不公正的。

E. S社会法律健全，虽然存在贫富差异，但消灭了绝对贫困。因此，S社会是公正的。

6. 如果小李报考MBA，那么，小孙、小王和小张也都报考MBA。

如果以上断定为真，则以下哪项也一定为真？

A. 如果小王不报考MBA，那么小孙也不报考MBA。

B. 如果小张不报考MBA，那么小李也不报考MBA。

C. 如果小李和小孙报考MBA，那么小王和小张不报考MBA。

D. 如果小孙、小王和小张报考MBA，那么小李也报考MBA。

E. 如果小李不报考MBA，那么小孙、小王和小张三人中至少有一人不报考MBA。

7. 某矿山发生了一起严重的安全事故。关于事故原因，甲、乙、丙、丁四位负责人有如下断定：

甲：如果造成事故的直接原因是设备故障，那么肯定有人违反操作规程。

乙：确实有人违反操作规程，但造成事故的直接原因不是设备故障。

丙：造成事故的直接原因确实是设备故障，但并没有人违反操作规程。

丁：造成事故的直接原因是设备故障。

如果上述断定中只有一个人的断定为真，则以下断定都不可能为真，除了：

A. 甲的断定为真，有人违反了操作规程。

B. 甲的断定为真，但没有人违反操作规程。

C. 乙的断定为真。

D. 丙的断定为真。

E. 丁的断定为真。

8. 所有安徽来京打工人员都办理了居住证；所有办理了居住证的人员都获得了就业许可证；有些安徽来京打工人员当上了门卫；有些业余武术学校的学员也当上了门卫；所有的业余武术学校的学员都未获得就业许可证。

以下哪个人的身份，不可能符合上述题干所做的断定？

A. 一个获得了就业许可证的人，但并非是业余武术学校的学员。

B. 一个获得了就业许可证的人，但没有办理居住证。

C. 一个办理了居住证的人，但并非是安徽来京打工人员。

D. 一个办理了居住证的业余武术学校的学员。

E. 一个门卫，他既没有办理居住证，又不是业余武术学校的学员。

9. 只有住在广江市的人才能够不理睬通货膨胀的影响；住在广江市的每一个人都要付税；每一个付税的人都发牢骚。

根据上面的这些句子，判断下列各项哪项一定是真的？

Ⅰ. 每一个不理睬通货膨胀影响的人都要付税。

Ⅱ. 不发牢骚的人中没有一个能够不理睬通货膨胀的影响。
Ⅲ. 每一个发牢骚的人都能够不理睬通货膨胀的影响。

A. 仅Ⅰ。　　　　　　　　B. 仅Ⅰ和Ⅱ。　　　　　　　　C. 仅Ⅱ。
D. 仅Ⅱ和Ⅲ。　　　　　　E. Ⅰ、Ⅱ和Ⅲ。

10. 如果新产品打开了销路，则本企业今年就能实现转亏为盈。只有引进新的生产线或者对现有设备实行有效的改造，新产品才能打开销路。本企业今年没能实现转亏为盈。

　　如果上述断定是真的，则以下哪项也一定是真的？

Ⅰ. 新产品没能打开销路。
Ⅱ. 没引进新的生产线。
Ⅲ. 对现有设备没实行有效的改造。

A. 仅Ⅰ。　　　　　　　　B. 仅Ⅱ。　　　　　　　　C. 仅Ⅲ。
D. Ⅰ、Ⅱ和Ⅲ。　　　　　E. Ⅰ、Ⅱ和Ⅲ都不必定是真的。

11~12题基于以下题干：

　　八个博士C、D、L、M、N、S、W、Z正在争取获得某项科研基金。按规定只有一人能获得该项基金。谁能获得该项基金，由学校评委的投票数决定。评委分成不同的投票小组。如果D获得的票数比W多，那么M将获得该项基金；如果Z获得的票数比L多，或者M获得的票数比N多，那么S将获得该项基金；如果L获得的票数比Z多，同时W获得的票数比D多，那么C将获得该项基金。

11. 如果S获得了该项基金，那么下面哪个结论一定是正确的？

A. L获得的票数比Z多。　　　　　　B. Z获得的票数比L多。
C. D获得的票数不比W多。　　　　　D. M获得的票数比N多。
E. W获得的票数比D多。

12. 如果W获得的票数比D多，但C并没有获得该项基金，那么下面哪一个结论必然正确？

A. M获得了该项基金。　　　　　　　B. S获得了该项基金。
C. M获得的票数比N多。　　　　　　D. L获得的票数不比Z多。
E. Z获得的票数不比M多。

13. 从赵、张、孙、李、周、吴六个工程技术人员中选出三位组成一个特别攻关小组，集中力量研制开发公司下一步准备推出的高技术拳头产品。为了使工作更有成效，我们了解到以下情况：

(1)赵、孙两个人中至少选上一位。
(2)张、周两个人中至少选上一位。
(3)孙、周两个人中的每一个都绝对不要与张共同入选。

　　根据以上条件，若周未被选上，则以下哪两位必同时入选？

A. 赵、吴。　　B. 张、李。　　C. 张、吴。　　D. 赵、李。　　E. 赵、张。

14. 在微波炉清洁剂中加入漂白剂，就会释放出氯气；在浴盆清洁剂中加入漂白剂，也会释放出氯气；在排烟机清洁剂中加入漂白剂，没有释放出任何气体。现有一种未知类型的清洁剂，加入漂白剂后，没有释放出氯气。

根据上述实验，以下哪项关于这种未知类型的清洁剂的断定一定为真？

Ⅰ. 它是排烟机清洁剂。

Ⅱ. 它既不是微波炉清洁剂，也不是浴盆清洁剂。

Ⅲ. 它要么是排烟机清洁剂，要么是微波炉清洁剂或浴盆清洁剂。

A. 仅Ⅰ。　　　　　　　　B. 仅Ⅱ。　　　　　　　　C. 仅Ⅲ。

D. 仅Ⅰ和Ⅱ。　　　　　　E. Ⅰ、Ⅱ和Ⅲ。

15. 张珊是红星中学的学生，对篮球感兴趣。该校学生或者对排球感兴趣，或者对足球感兴趣；如果对篮球感兴趣，则对足球不感兴趣。因此，张珊对乒乓球感兴趣。

以下哪项最可能是上述论证的假设？

A. 红星中学所有学生都对乒乓球感兴趣。

B. 对排球感兴趣的学生都对乒乓球感兴趣。

C. 红星中学对排球感兴趣的学生都对乒乓球感兴趣。

D. 红星中学学生感兴趣的球类只限于篮球、排球、足球和乒乓球。

E. 篮球和乒乓球比足球更具挑战性。

16. 某商店失窃，四位职工涉嫌被拘审。

甲：只有乙作案，丙才会作案。

乙：甲和丙两人中至少有一人作案。

丙：乙没作案，作案的是我。

丁：是乙作的案。

四人中只有一人说假话，可推出以下哪项成立？

A. 甲说假话，丙作案。　　　　　　B. 乙说假话，乙作案。

C. 丙说假话，乙作案。　　　　　　D. 丁说假话，丙作案。

E. 丙说假话，丙没作案。

17. 当我们接受他人太多恩惠时，我们的自尊心就会受到伤害。如果你过分地帮助他人，就会让他觉得自己软弱无能。如果让他觉得自己软弱无能，就会使他陷入自卑的苦恼之中。一旦他陷入这种苦恼之中，他就会把自己苦恼的原因归罪于帮助他的人，反而对帮助他的人心生怨恨。

如果以上陈述为真，则以下哪一个选项也一定为真？

A. 你不要过分地帮助他人，或者使他陷入自卑的苦恼之中。

B. 如果他的自尊心受到了伤害，他一定接受了别人的太多恩惠。

C. 如果不让他觉得自己软弱无能，就不要去帮助他。

D. 只有你过分地帮助他人，才会使他觉得自己软弱无能。

E. 你有时过分地帮助他人不会让他对你心生怨恨。

18. 如果秦川考试及格了，那么钱华、孙旭和沈捕肯定也及格了。

如果上述断定是真的，那么以下哪项也是真的？

A. 如果秦川考试没有及格，那么钱、孙、沈三人中至少有一人没有及格。

B. 如果秦川考试没有及格，那么钱、孙、沈三人都没有及格。

C. 如果钱、孙、沈考试都及格了，那么秦川的成绩也肯定及格了。

D. 如果沈捕的成绩没有及格，那么钱华和孙旭不会都考及格。

E. 如果孙旭的成绩没有及格，那么秦川和沈捕不会都考及格。

19. 在"你最喜欢哪种宠物"的问卷调查中，波斯猫几乎名列榜首。众所周知，波斯猫价格昂贵且都非常高傲。而高傲的宠物都是很难与人亲近的。

如果上述断定为真，则以下哪项也一定为真？

Ⅰ．人们喜欢的宠物中，有些难以与人亲近。

Ⅱ．人们喜欢的宠物中，并非只有波斯猫难以亲近。

Ⅲ．人们喜欢的宠物中，不难以与人亲近的就不是波斯猫。

Ⅳ．与人亲近的宠物价格都不昂贵。

A. 只有Ⅰ和Ⅱ。　　　　　　　B. 只有Ⅰ和Ⅲ。　　　　　　　C. 只有Ⅰ、Ⅲ和Ⅳ。

D. 只有Ⅰ、Ⅱ和Ⅲ。　　　　　E. Ⅰ、Ⅱ、Ⅲ和Ⅳ。

20. 以下是一个西方经济学家陈述的观点：一个国家如果能有效率地运作经济，就一定能创造财富而变得富有；而这样的一个国家想保持政治稳定，它所创造的财富就必须得到公正的分配；而财富的公正分配将结束经济风险；但是，风险的存在正是经济有效率运作的不可或缺的先决条件。

从这个经济学家的上述观点中可以得出以下哪项结论？

A. 一个国家政治上的稳定和经济上的富有不可能并存。

B. 一个国家政治上的稳定和经济上的有效率运作不可能并存。

C. 一个富有国家的经济运作一定是有效率的。

D. 在一个经济运作无效率的国家中，财富一定得到了公正的分配。

E. 一个政治不稳定的国家，一定同时充满了经济风险。

21~22题基于以下题干：

以下是某市体委对该市业余体育运动爱好者一项调查中的若干结论：所有的桥牌爱好者都爱好围棋；有的围棋爱好者爱好武术；所有的武术爱好者都不爱好健身操；有的桥牌爱好者同时爱好健身操。

21. 如果上述结论都是真实的，则以下哪项不可能为真？

A. 所有的围棋爱好者也都爱好桥牌。　　　　B. 有的桥牌爱好者爱好武术。

C. 健身操爱好者都爱好围棋。　　　　　　　D. 有的桥牌爱好者不爱好健身操。

E. 围棋爱好者都爱好健身操。

22. 如果在题干中再增加一个结论：每个围棋爱好者爱好武术或者健身操，则以下哪个人的业余体育爱好和题干断定的条件矛盾？

A. 一个桥牌爱好者，既不爱好武术，也不爱好健身操。

B. 一个健身操爱好者，既不爱好围棋，也不爱好桥牌。

C. 一个武术爱好者，爱好围棋，但不爱好桥牌。

D. 一个武术爱好者，既不爱好围棋，也不爱好桥牌。

E. 一个围棋爱好者，爱好武术，但不爱好桥牌。

23～24题基于以下题干：

某花店只有从花农那里购得低于正常价格的花，才能以低于市场的价格卖花而获利；除非是该花店的销售量很大，否则不能从花农那里购得低于正常价格的花；要想有大的销售量，该花店就要满足消费者的兴趣或者拥有特定品种的独家销售权。

23. 如果上述断定为真，则以下哪项也必定为真？

    A. 如果该花店从花农那里购得低于正常价格的花，那么就会以低于市场的价格卖花而获利。

    B. 如果该花店没有以低于市场的价格卖花而获利，则一定没有从花农那里购得低于正常价格的花。

    C. 该花店不仅满足了消费者的个人兴趣，而且拥有特定品种的独家销售权，但仍然不能以低于市场的价格卖花而获利。

    D. 如果该花店广泛满足了消费者的个人兴趣或者拥有特定品种的独家销售权，那么就会有大的销售量。

    E. 如果该花店以低于市场的价格卖花而获利，那么一定是从花农那里购得了低于正常价格的花。

24. 如果上述断定为真，并且事实上该花店没有满足广大消费者的个人兴趣，则以下哪项不可能为真？

    A. 如果该花店不拥有特定品种的独家销售权，就不能从花农那里购得低于正常价格的花。

    B. 即使该花店拥有特定品种的独家销售权，也不能从花农那里购得低于正常价格的花。

    C. 该花店虽然不拥有特定品种的独家销售权，但仍以低于市场的价格卖花而获利。

    D. 该花店通过广告促销的方法获利。

    E. 花店以低于市场的价格卖花获利是花市的普遍现象。

25. 环宇公司规定，其所属的各营业分公司，如果年营业额超过 800 万元，其职员可获得优秀奖；只有年营业额超过 600 万元的，其职员才能获得激励奖。年终统计显示，该公司所属的 12 个分公司中，6 个年营业额超过了 1 000 万元，其余的则不足 600 万元。

    如果上述断定为真，则以下哪项关于该公司今年获奖的断定也一定为真？

    Ⅰ. 获得激励奖的职员，一定获得优秀奖。

    Ⅱ. 获得优秀奖的职员，一定获得激励奖。

    Ⅲ. 半数职员获得了优秀奖。

    A. 仅Ⅰ。　　　　　　　B. 仅Ⅱ。　　　　　　　C. 仅Ⅲ。

    D. 仅Ⅰ和Ⅲ。　　　　　E. Ⅰ、Ⅱ和Ⅲ。

26. 语言在人类的交流中起重要的作用。如果一种语言是完全有效的，那么，其基本语音的每一种可能的组合都能够表达有独立意义和可以理解的词。但是，如果人类的听觉系统接收声音信号的功能有问题，那么，并非基本语音的每一种可能的组合都能够表达有独立意义和可以理解的词。

    如果上述断定为真，则以下哪项也一定为真？

    A. 如果人类的听觉系统接收声音信号的功能正常，那么一种语言的基本语音的每一种可能的组合都能够表达有独立意义和可以理解的词。

B. 如果人类的听觉系统接收声音信号的功能有问题，那么语言就不可能完全有效。

C. 语言的有效性导致了人类交流的实用性。

D. 人体的听觉系统是人类交流最重要的部分。

E. 如果基本语音的每一种可能的组合都能够表达有独立意义和可以理解的词，则该语言完全有效。

27. 如果鸿图公司的亏损进一步加大，那么是胡经理不称职；如果没有丝毫撤换胡经理的意向，那么胡经理就是称职的；如果公司的领导班子不能团结一心，那么是胡经理不称职。

如果上述断定为真，并且事实上胡经理不称职，那么以下哪项一定为真？

A. 公司的亏损进一步加大了。

B. 出现了撤换胡经理的意向。

C. 公司的领导班子仍不能团结一心。

D. 公司的亏损进一步加大，并且出现撤换胡经理的意向。

E. 领导班子不能团结一心，并且出现撤换胡经理的意向。

28. 欧几里得几何系统的第五条公理判定：在同一平面上，过直线外一点可以并且只可以作一条直线与该直线平行。在数学发展史上，有许多数学家对这条公理是否具有无可争议的真理性表示怀疑和担心。

要使数学家的上述怀疑成立，以下哪项必须成立？

Ⅰ. 在同一平面上，过直线外一点可能无法作一条直线与该直线平行。

Ⅱ. 在同一平面上，过直线外一点作多条直线与该直线平行是可能的。

Ⅲ. 在同一平面上，如果过直线外一点不可能作多条直线与该直线平行，那么，也可能无法只作一条直线与该直线平行。

A. 仅Ⅰ。　　　　　　　　B. 仅Ⅱ。　　　　　　　　C. 仅Ⅲ。

D. 仅Ⅰ和Ⅱ。　　　　　　E. Ⅰ、Ⅱ和Ⅲ。

29. 对于北京这样的大都市，如果继续发展汽车工业，则会加剧目前城市交通的拥堵；除非能有效缓解目前的城市交通拥堵，否则，就无法维护正常的工作和生活秩序。如果不继续发展汽车工业，则会导致一系列相关产业的萎缩，一个直接的后果是增加社会失业率。

从以上断定能推出以下哪项结论？

A. 对于北京来说，增加社会失业率是维护城市正常工作和生活秩序所不得不付出的代价。

B. 对于北京来说，正确的选择是继续发展汽车工业。

C. 对于北京来说，正确的选择是不继续发展汽车工业。

D. 对于北京来说，增加社会失业率就会缓解城市的交通拥堵。

E. 对于北京来说，如果不发展汽车工业，就能维护正常的工作和生活秩序。

30. 老吕的师妹病了，老吕带了一位老中医前去看望，老中医拟开一副药方，已知：

(1) 如果有雪蚕，那么也要有夏冰。

(2) 如果没有落葵，那么必须有忍冬。

(3) 冬青和南星不能都有。

(4) 如果没有雪蚕而有落葵，则需要有冬青。

如果药方中有南星，则以下哪项为真？

A. 药方中有雪蚕。

B. 药方中有忍冬。

C. 药方中没有落葵。

D. 药方中没有夏冰和忍冬。

E. 药方中如果没有夏冰，则一定有忍冬。

微模考 1 ▶ 答案详解

1. D

【解析】充分必要条件。

题干中的规定：￢经验→￢参加。

由以上规定和箭头指向原则知，"经验→参加"可真可假，故他可能具有参加本次比赛的资格，D 项正确。

2. B

【解析】充分必要条件。

题干：2015 年以后制造→有蓝牙。

等价于：所有 2015 年以后制造的笔记本电脑都带有蓝牙，故 B 项正确。

3. E

【解析】德摩根定律。

题干：￢（忠∧孝）＝￢忠∨￢孝＝忠→￢孝，故 E 项为真。

4. E

【解析】箭头＋德摩根定律。

题干有以下断定：

①太阳∧零度以下→皮夹克。

②下雨∧零度以上→雨衣。

由②得：③￢雨衣→（￢下雨∨零度以上）。

再由：④￢下雨∨￢零度以上＝零度以上→下雨。

由③、④知，￢雨衣∧零度以上→￢下雨，故 E 项为真。

5. D

【解析】箭头＋德摩根定律。

题干：公正→健全的法律∧贫富差异允许∧消灭绝对贫困∧公平竞争机会。

等价于：￢健全的法律∨贫富差异允许∨绝对贫困∨￢公平竞争机会→￢公正。

由箭头指向原则可知：A、B、C、E 项可真可假，D 项必然为真。

6. B

【解析】箭头＋德摩根定律。

题干：李→孙∧王∧张＝￢孙∨￢王∨￢张→￢李，故 B 项为真。

7. B

【解析】真假话问题。

题干（只有一个人的断定为真）：

①甲：故障→违规＝￢故障∨违规。

②乙：违规∧￢故障。

43

③丙：故障∧¬违规。

④丁：故障。

甲、丙矛盾，必有一真一假。故⑤乙、丁为假，即C、E项为假。

由丁为假，可得：⑥¬故障。

若丙为真，则丁为真，故丙为假，即D项为假，所以甲为真。

若有人违规，结合⑥得，违规∧¬故障，则乙为真，与⑤中乙为假矛盾，所以，没有人违规，故A项为假，B项为真。

8. D

【解析】箭头的串联＋负命题。

题干存在如下判断：

①打工→居住，逆否得：¬居住→¬打工。

②居住→就业，逆否得：¬就业→¬居住。

③有的打工→门卫，互换得：有的门卫→打工。

④有的武校学员→门卫，互换得：有的门卫→武校学员。

⑤武校学员→¬就业，逆否得：就业→¬武校学员。

③、①、②、⑤串联得：⑥有的门卫→打工→居住→就业→¬武校学员。

④、⑤、②、①串联得：⑦有的门卫→武校学员→¬就业→¬居住→¬打工。

由⑥知，居住→¬武校学员，与"居住∧武校学员"矛盾，故D项必为假。

其余各项都可能为真。

9. B

【解析】箭头的串联。

题干有以下断定：

①广江市←不理睬。

②广江市→付税。

③付税→牢骚。

①、②、③串联得：不理睬→广江市→付税→牢骚，逆否得：¬牢骚→¬付税→¬广江市→理睬。

Ⅰ项，不理睬→付税，为真。

Ⅱ项，¬牢骚→理睬，为真。

Ⅲ项，牢骚→不理睬，可真可假。

10. A

【解析】箭头的串联。

题干有以下断定：

①打开销路→转亏为盈＝¬转亏为盈→¬打开销路。

②打开销路→新生产线∨改造现有设备。

③¬转亏为盈。

由③、①可知，Ⅰ项为真。

"¬打开销路"后面无箭头指向，推不出来任何结论，故Ⅱ、Ⅲ项可真可假。

微模考1 答案详解

11. C

【解析】箭头的串联。

题干有以下判断：

①D>W→M。

②(Z>L)∨(M>N)→S。

③(L>Z)∧(W>D)→C。

④只有一人能获得该项基金。

S获得了该项基金，又由④知，M没有获得该项基金。

由①知：¬M→¬(D>W)，故D获得的票数不比W多。

12. D

【解析】箭头的串联。

由③得：¬C→¬[(L>Z)∧(W>D)]，等价于：¬C→¬(L>Z)∨¬(W>D)。

¬(L>Z)∨¬(W>D)=(W>D)→¬(L>Z)。故L获得的票数不比Z多。

13. E

【解析】箭头的串联。

题干中有以下判断：

①赵∨孙=¬孙→赵。

②张∨周=¬周→张。

③¬(孙∧张)∧¬(周∧张)。

④¬周。

⑤六人中有三人入选。

由④、②知，张入选。又由③知，孙没有入选。又由①知，赵入选。

14. B

【解析】箭头的串联。

题干中有以下断定：

①微波炉清洁剂→氯气=¬氯气→¬微波炉清洁剂。

②浴盆清洁剂→氯气=¬氯气→¬浴盆清洁剂。

③排烟机清洁剂→无气体。

④未知类型清洁剂→¬氯气。

由①、④知，未知类型清洁剂→¬氯气→¬微波炉清洁剂，该清洁剂不是微波炉清洁剂。

由②、④知，未知类型清洁剂→¬氯气→¬浴盆清洁剂，该清洁剂不是浴盆清洁剂。

故Ⅱ项为真。

从题干信息无法判断此清洁剂是否为排烟机清洁剂，故Ⅰ项和Ⅲ项可真可假。

15. C

【解析】箭头的串联＋隐含三段论。

题干中的前提：

①张珊是红星中学学生，对篮球感兴趣。

②红星中学学生→对排球感兴趣∨对足球感兴趣。

③对篮球感兴趣→对足球不感兴趣。

题干中的结论：张珊对乒乓球感兴趣。

由①、③得：张珊对篮球感兴趣→张珊对足球不感兴趣。

由①、②得：张珊是红星中学学生→对排球感兴趣∨对足球感兴趣，又因为张珊对足球不感兴趣，故④张珊必然对排球感兴趣。

要由④推出题干中的结论，必须有：对排球感兴趣→对乒乓球感兴趣，即C项正确。

注意：此题不能选B项，因为B项的主体是"所有人"，而我们只要假设"红星中学的学生对排球感兴趣的，也对乒乓球感兴趣"，就能得到题干结论，不需要"所有人"。另外，A项错误的原因与B项错误的原因相同。

16. C

【解析】真假话问题。

题干有以下断定：

①甲：丙→乙。

②乙：甲∨丙。

③丙：¬乙∧丙。

④丁：乙。

甲和丙的断定互相矛盾，必有一真一假。

又由题干可知，四人中只有一人说假话，故乙和丁说真话。

由丁说真话，可知：乙作案。故说假话的是丙。

17. A

【解析】箭头的串联。

将题干信息符号化：

①接受他人太多恩惠→自尊心受到伤害。

②过分助人→他人自觉软弱无能。

③他人自觉软弱无能→陷入自卑的苦恼。

④陷入自卑的苦恼→心生怨恨。

由题干信息②、③、④串联可得：⑤过分助人→他人自觉软弱无能→陷入自卑的苦恼→心生怨恨。

A项，¬过分助人∨陷入自卑的苦恼，等价于：过分助人→陷入自卑的苦恼。由题干信息⑤知，为真。

B项，自尊心受到伤害→接受他人太多恩惠，由题干信息①知，可真可假。

C项，¬他人自觉软弱无能→¬帮助他人，由题干信息②知，可真可假。

D项，他人自觉软弱无能→过分助人，由题干信息②知，可真可假。

E项，过分助人∧¬心生怨恨，由题干信息⑤知，为假。

18. E

【解析】箭头＋德摩根定律。

题干：秦川→钱华∧孙旭∧沈捕，等价于：¬钱华∨¬孙旭∨¬沈捕→¬秦川。

故有：¬孙旭→¬秦川。

"¬秦川"为真，则"¬秦川∨¬沈捕"必为真。

故：E 项，¬孙旭→¬秦川∨¬沈捕，为真。

19. B

【解析】箭头的串联。

题干已知下列信息：

①波斯猫→人们喜欢的宠物。

②波斯猫→价格昂贵∧高傲。

③高傲→难与人亲近。

由题干信息②、③串联可得：④波斯猫→高傲→难与人亲近＝¬难与人亲近→¬高傲→¬波斯猫。

Ⅰ项，由题干信息④可知，波斯猫→难与人亲近，又由题干信息①可知，此项为真。

Ⅱ项，题干没有涉及其他人们喜欢的宠物，此项不一定为真。

Ⅲ项，¬难以与人亲近→¬波斯猫，由题干信息④可知，此项为真。

Ⅳ项，由题干可知，有的难以与人亲近的宠物价格昂贵，但此项无法得出。

故 B 项为正确选项。

20. B

【解析】箭头的串联。

题干中有以下判断：

①有效率→富有。

②稳定→公正。

③公正→¬风险。

④效率→风险，等价于：¬风险→¬效率。

②、③、④串联得：稳定→公正→¬风险→¬效率。

可得：稳定→¬效率，等价于：效率→¬稳定。

所以，稳定和效率不可能并存，B 项为真。

21. E

【解析】箭头的串联。

题干有以下判断：

①桥牌→围棋。

②有的围棋→武术。

③武术→¬健身操，等价于：健身操→¬武术。

④有的桥牌∧健身操。

②、③串联得：有的围棋→武术→¬健身操。

故：有的围棋爱好者不爱好健身操，与 E 项矛盾，故 E 项不可能为真。

22. A

【解析】箭头的串联。

题干增加一个判断：⑤围棋→武术∨健身操。

①、⑤串联得：桥牌→围棋→武术∨健身操。

故必有：桥牌爱好者，一定爱好武术或者健身操，A 项与此矛盾，必为假。

23. E

【解析】箭头的串联。

题干中有以下论断：

①购得低于正常价格的花←低于市场价格卖花。

②¬销量大→¬购得低于正常价格的花，等价于：购得低于正常价格的花→销量大。

③销量大→满足消费者的兴趣∨独家销售权。

①、②、③串联得：④低于市场价格卖花→购得低于正常价格的花→销量大→满足消费者的兴趣∨独家销售权，故 E 项正确。

24. C

【解析】假言命题的负命题。

由④逆否，得：¬满足消费者的兴趣∧¬独家销售权→¬销量大→¬购得低于正常价格的花→¬低于市场价格卖花。

故：如果事实上该花店没有满足广大消费者的个人兴趣，且不拥有特定品种的独家销售权，则必然不能以低于市场的价格卖花而获利，即 C 项必为假。

25. A

【解析】推论题。

题干存在以下论断：

①年营业额超过 800 万元→优秀奖。

②激励奖→年营业额超过 600 万元。

③6 个分公司年营业额超过 1 000 万元，其余 6 个分公司年营业额不足 600 万元。

Ⅰ项，一定为真，因为：由②知，获得激励奖，则年营业额一定超过 600 万元；由③知，12 个分公司中，年营业额超过 600 万元的都超过了 1 000 万元；由①知，一定能得优秀奖。

Ⅱ项，不一定为真，由①知，获得优秀奖后面无箭头指向，无法推出任何断定。

Ⅲ项，不一定为真，因为分公司数量的半数和职员数量的半数不是同一个概念。

26. B

【解析】箭头的串联。

题干存在以下论断：

①语言是完全有效的→基本语音的每一种可能的组合都能够表达有独立意义和可以理解的词。

②听觉系统接收声音信号的功能有问题→¬基本语音的每一种可能的组合都能够表达有独立意义和可以理解的词。

由①逆否得：③¬基本语音的每一种可能的组合都能够表达有独立意义和可以理解的词→¬语言是完全有效的。

②、③串联得：听觉系统接收声音信号的功能有问题→¬语言是完全有效的，即 B 项为真。

27. B

【解析】充分必要条件。

题干存在以下论断：

①亏损加大→¬胡经理称职。

②¬撤换胡经理的意向→胡经理称职＝¬胡经理称职→撤换胡经理的意向。

③¬团结→¬胡经理称职。

由②可知，B项必然为真。

由"¬胡经理称职"，无法确定亏损是否加大，也无法确定是否团结，其余各项可真可假。

28. C

【解析】德摩根定律。

第五条公理：可以作平行线∧只可以作一条平行线。

要使怀疑成立，需要有：

¬（可以作平行线∧只可以作一条平行线）

=¬可以作平行线∨¬只可以作一条平行线

=不能作平行线∨可以作多条平行线

=¬可以作多条平行线→不能作平行线①。

Ⅰ项，不必然成立，由A∨B无法判断A的真假。

Ⅱ项，不必然成立，由A∨B无法判断B的真假。

Ⅲ项，由①知，Ⅲ项必然成立。

29. A

【解析】二难推理。

题干信息：

①发展汽车工业→加剧拥堵。

②¬缓解拥堵→无法维护正常秩序。

③¬发展汽车工业→增加社会失业率。

将题干信息①、②串联得：发展汽车工业→加剧拥堵→无法维护正常秩序。

由二难推理知：无法维护正常秩序∨增加社会失业率，等价于：维护正常秩序→增加社会失业率，故A项为真。

30. E

【解析】二难推理。

题干中有以下信息：

(1)雪蚕→夏冰。

(2)¬落葵→忍冬。

(3)¬冬青∨¬南星，等价于：南星→¬冬青。

(4)雪蚕∧落葵→冬青，等价于：¬冬青→¬雪蚕∨¬落葵。

将题干信息(3)、(4)串联得：(5)南星→¬冬青→¬雪蚕∨¬落葵。

因为药方中有南星，根据二难推理，由题干信息(5)、(1)、(2)得：夏冰∨忍冬，等价于：¬夏冰→忍冬。

故E项为真。

第 2 章　简单命题及概念

题型 9　对当关系

母题技巧

(1) 性质命题的对当关系图。

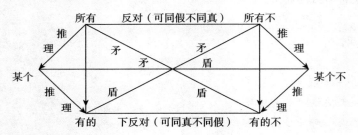

(2) 模态命题的对当关系图。

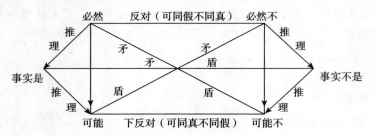

(3) 四种关系。

①矛盾关系：一真一假。

"所有"与"有的不"；
"所有不"与"有的"；
"必然"与"可能不"；
"可能"与"必然不"。

②反对关系：可同假，不同真。

"所有"与"所有不"；
"必然"与"必然不"。

两个所有，至少一假；一真另必假，一假另不定。
两个必然，至少一假；一真另必假，一假另不定。

③下反对关系：可同真，不同假。

"有的"与"有的不"；

"可能"与"可能不"。

两个有的，至少一真；一假另必真，一真另不定。

两个可能，至少一真；一假另必真，一真另不定。

④推理关系：上真下必真，下假上必假，反之则不定。

所有→某个→有的；

所有不→某个不→有的不；

必然→事实→可能；

必然不→事实不→可能不。

母题精练

1. 已知"所有爱老吕的学生都长得萌萌的"为真，判断以下命题的真假。
   (1)所有爱老吕的学生不是长得萌萌的。
   (2)有的爱老吕的学生长得萌萌的。
   (3)有的爱老吕的学生不是长得萌萌的。
   (4)冬雨这个爱老吕的学生长得萌萌的。
   (5)爽妹子爱老吕，但不是长得萌萌的。
   (6)并非所有爱老吕的学生不是长得萌萌的。
   (7)有的长得萌萌的人是爱老吕的学生。
   (8)有的长得萌萌的人不是爱老吕的学生。
   (9)所有长得萌萌的人都是爱老吕的学生。
   (10)所有长得萌萌的人都不是爱老吕的学生。
   (11)baby是爱老吕的学生，但不是长得萌萌的。

2. 已知"所有颜值高的人都不是正义者"为真，判断以下命题的真假。
   (1)有的颜值高的人不是正义者。
   (2)有的颜值高的人是正义者。
   (3)有的正义者不是颜值高的人。
   (4)有的正义者是颜值高的人。
   (5)冬雨这个正义者是颜值高的人。
   (6)冬雨这个颜值高的人不是正义者。
   (7)所有颜值高的人都是正义者。
   (8)所有正义者都是颜值高的人。
   (9)并非所有颜值高的人都不是正义者。
   (10)并非颜值高的人不都是正义者。

3. 已知"有的熟读老吕逻辑者是天才"为真，判断以下命题的真假。

   (1)有的天才是熟读老吕逻辑者。

   (2)有的天才不是熟读老吕逻辑者。

   (3)有的没有熟读老吕逻辑者是天才。

   (4)有的熟读老吕逻辑者不是天才。

   (5)所有熟读老吕逻辑者都是天才。

   (6)所有熟读老吕逻辑者都不是天才。

   (7)所有天才都是熟读老吕逻辑者。

   (8)所有天才都不是熟读老吕逻辑者。

   (9)冬雨这个天才是熟读老吕逻辑者。

   (10)爽妹子这个熟读老吕逻辑者不是天才。

4. 已知"所有教授都是知名学者"为假，判断以下命题的真假。

   (1)有的教授是知名学者。

   (2)有的教授不是知名学者。

   (3)有的不知名学者是教授。

   (4)有的知名学者不是教授。

   (5)所有知名学者都是教授。

   (6)所有知名学者都不是教授。

   (7)所有教授都是知名学者。

   (8)所有教授都不是知名学者。

   (9)冬雨这个教授是知名学者。

   (10)爽妹子这个知名学者不是教授。

5. 你可以随时爱上别人。

   如果以上论述为真，则以下哪些判断也必然为真？

   Ⅰ．李思随时有可能被你爱上。

   Ⅱ．你随时都想爱上别人。

   Ⅲ．你随时都可能爱上别人。

   Ⅳ．你只能在某些时候爱上别人。

   Ⅴ．你每时每刻都在爱别人。

   A. 只有Ⅲ。 B. 只有Ⅱ。 C. 只有Ⅰ和Ⅲ。

   D. 只有Ⅱ、Ⅲ和Ⅳ。 E. 只有Ⅰ、Ⅲ和Ⅴ。

6. 所有的超市都被检查过了，没有发现假冒伪劣产品。

   如果上述断定为真，则在下面四个断定中可确定为假的是：

   Ⅰ．没有超市被检查过。

   Ⅱ．有的超市被检查过。

   Ⅲ．有的超市没有被检查过。

Ⅳ．售卖假冒伪劣产品的超市已被检查过。

A. 仅Ⅰ、Ⅱ。 B. 仅Ⅰ、Ⅲ。 C. 仅Ⅱ、Ⅲ。

D. 仅Ⅰ、Ⅲ和Ⅳ。 E. Ⅰ、Ⅱ、Ⅲ和Ⅳ。

7. 在中国，从冬雨、岩岩、志玲到每个人，没有人爱所有的人。老吕爱康哥。志玲不爱老吕。康哥爱所有爱老吕的人。

如果上述断定为真，则以下哪项不可能为真？

Ⅰ．康哥不爱老吕。

Ⅱ．康哥爱志玲。

Ⅲ．所有的人都爱老吕。

A. 仅Ⅰ。 B. 仅Ⅱ。 C. 仅Ⅲ。

D. 仅Ⅱ和Ⅲ。 E. Ⅰ、Ⅱ和Ⅲ。

8. 某餐馆对顾客口味的一项调查发现，所有喜欢川菜的顾客都喜欢徽菜，但都不喜欢粤菜；有些喜欢粤菜的顾客也喜欢徽菜。

如果上述断定为真，以下各项都一定为真，除了：

A. 有的喜欢徽菜的顾客喜欢川菜。

B. 有的喜欢徽菜的顾客喜欢粤菜。

C. 有的喜欢徽菜的顾客既喜欢川菜又喜欢粤菜。

D. 有的喜欢徽菜的顾客不喜欢川菜。

E. 有的喜欢徽菜的顾客不喜欢粤菜。

9. 某小区所有的未经驯化的大型犬都被扑杀了。

如果上述断定为真，则在下述断定中不能确定真假的是：

Ⅰ．该小区经过驯化的大型犬没被扑杀。

Ⅱ．该小区未经驯化的小型犬没被扑杀。

Ⅲ．该小区有的被扑杀的大型犬是未经驯化的。

A. 仅Ⅰ。 B. 仅Ⅱ。 C. 仅Ⅰ、Ⅱ。

D. 仅Ⅰ、Ⅲ。 E. Ⅰ、Ⅱ、Ⅲ。

10. 某校所有男生不都喜欢火箭队，女生都不喜欢火箭队。

如果已知上述第一个断定为真，第二个断定为假，则以下哪项关于该校的断定不能确定真假？

Ⅰ．男生都喜欢火箭队，有的女生也喜欢火箭队。

Ⅱ．有的男生喜欢火箭队，有的女生不喜欢火箭队。

Ⅲ．有的男生不喜欢火箭队，女生都喜欢火箭队。

A. 只有Ⅰ。 B. 只有Ⅱ。 C. 只有Ⅲ。

D. 只有Ⅰ和Ⅱ。 E. 只有Ⅱ和Ⅲ。

11. 所有的山东人都是黄种人。所有的山东人都喜欢吃煎饼卷大葱。有些黄种人喜欢吃北京烤鸭。

如果以上断定为真，则以下哪项也一定为真？

Ⅰ．有些黄种人不是山东人。

Ⅱ. 有些黄种人不喜欢吃北京烤鸭。

Ⅲ. 有些黄种人喜欢吃煎饼卷大葱。

A. Ⅰ。　　　　　　　　B. Ⅱ。　　　　　　　　C. Ⅲ。

D. Ⅰ和Ⅲ。　　　　　　E. Ⅰ、Ⅱ和Ⅲ。

12. 某综艺节目中发现有演员作弊。

如果上述断定是真的，则在下述三个断定中不能确定真假的是：

Ⅰ. 这个节目中没有演员不作弊。

Ⅱ. 这个节目中有的演员没作弊。

Ⅲ. 这个节目中所有的演员都没作弊。

A. 只有Ⅰ和Ⅱ。　　　　B. Ⅰ、Ⅱ和Ⅲ。　　　　C. 只有Ⅰ和Ⅲ。

D. 只有Ⅱ。　　　　　　E. 只有Ⅰ。

答案详解

1.【解析】题干的主语（判断对象）为"爱老吕的学生"，所以，先判断主语为"爱老吕的学生"的命题。

题干：已知"所有爱老吕的学生都长得萌萌的"为真。

画一个六边形（如下图），代表对当关系图。命题为真，画"√"；命题为假，画"×"；命题真假不定，画"?"。

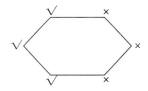

故：(1)为假，(2)为真，(3)为假，(4)为真。

(5)爽妹子是不是学生不知道，所以此命题可真可假。

(6)等价于：有的爱老吕的学生长得萌萌的，为真。

(7)等价于：有的爱老吕的学生长得萌萌的，为真。

(8)等价于：有的"不爱老吕的学生"长得萌萌的，可真可假。

(9)等价于："不爱老吕的学生"不是长得萌萌的，可真可假。

(10)等价于：爱老吕的学生不是长得萌萌的，与题干为反对关系，为假。

(11)显然为假。

2.【解析】题干的主语（判断对象）为"颜值高的人"，所以，先判断主语为"颜值高的人"的命题。

题干：已知"所有颜值高的人都不是正义者"为真。

画一个六边形（如下图），代表对当关系图。命题为真，画"√"；命题为假，画"×"；命题真假不定，画"?"。

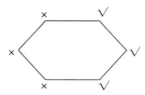

故：(1)为真，(2)为假，(6)为真，(7)为假。

(9)等价于：有的颜值高的人是正义者，即左下角，为假。

(10)等价于：颜值高的人都是正义者，即左上角，为假。

由题干可知：所有颜值高的人都不是正义者，逆否可得：正义者→颜值不高，即所有正义者颜值不高。**此时判断对象为"正义者"，可得下列六边形：**

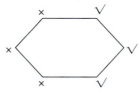

故：(3)为真，(4)为假，(5)为假，(8)为假。

综上所述：(1)真，(2)假，(3)真，(4)假，(5)假，(6)真，(7)假，(8)假，(9)假，(10)假。

3. 【解析】题干的主语(判断对象)为"熟读老吕逻辑者"，所以，**先判断主语为"熟读老吕逻辑者"的命题。**

题干：已知"有的熟读老吕逻辑者是天才"为真。

画一个六边形(如下图)，代表对当关系图。命题为真，画"√"；命题为假，画"×"；命题真假不定，画"?"。

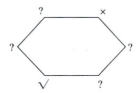

故：(4)可真可假，(5)可真可假，(6)为假，(10)可真可假。

题干等价于：有的天才是熟读老吕逻辑者。此时判断对象为"天才"，得下列六边形：

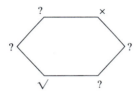

故：(1)为真，(2)可真可假，(7)可真可假，(8)为假，(9)可真可假。

(3)等价于：有的天才不是熟读老吕逻辑者，可真可假。

综上所述：(1)真，(2)可真可假，(3)可真可假，(4)可真可假，(5)可真可假，(6)假，(7)可真可假，(8)假，(9)可真可假，(10)可真可假。

4. 【解析】题干的主语(判断对象)为"教授"，所以，**先判断主语为"教授"的命题。**

题干：已知"所有教授都是知名学者"为假，等价于：有的教授不是知名学者。

画一个六边形(如下图)，代表对当关系图。命题为真，画"√"；命题为假，画"×"；命题真假不定，画"?"。

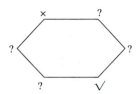

故：(1)可真可假，(2)为真，(7)为假，(8)可真可假，(9)可真可假。

(3)等价于：有的教授不是知名学者，为真。

题干又等价于：有的"不知名学者"是教授，"知名学者"是不是教授无法判断，故(4)、(5)、(6)、(10)均可真可假。

综上所述：(1)可真可假，(2)真，(3)真，(4)可真可假，(5)可真可假，(6)可真可假，(7)假，(8)可真可假，(9)可真可假，(10)可真可假。

5. A

【解析】题干：你可以随时爱上别人。

Ⅰ项，不一定为真，无法确定题干中的"别人"是不是李思。

Ⅱ项，你随时都"想"爱上别人，与题干你随时"可以"爱上别人，意思不同。

Ⅲ项，由题干，你可以随时爱上别人，意味着你爱上别人的行为，随时"可能发生"，为真。

Ⅳ项，题干说"随时"可以，此项说"只能在某些时候"，与题干矛盾，为假。

Ⅴ项，不一定为真，因为你随时"可以"爱上别人，不代表你随时"都在"爱别人。

6. B

【解析】题干：①所有的超市都被检查过了∧②没有发现假冒伪劣产品。

Ⅰ项，没有超市被检查过＝所有的超市都没被检查过，与①是反对关系，必为假。

Ⅱ项，根据"所有→有的"可知，此项为真。

Ⅲ项，与①是矛盾关系，必为假。

Ⅳ项，根据"所有→某个"可知，此项为真。注意：售卖假冒伪劣产品的超市已被检查过，与"没有发现假冒伪劣产品"并不矛盾，因为"检查了"不代表"能发现"。

7. C

【解析】题干有以下断定：

①没有人爱所有的人。

②老吕爱康哥。

③志玲不爱老吕。

④康哥爱所有爱老吕的人。

Ⅰ项，康哥是否爱老吕，题干没有断定，可能为真、可能为假。

Ⅱ项，由④可知，爱老吕→被康哥爱，即：不被康哥爱的人→不爱老吕；再由③可知，志玲不爱老吕,"不爱老吕"后面没有箭头指向,所以,"康哥爱志玲"可真可假。

Ⅲ项,由③可知,此项为假。

8. C

【解析】将题干信息符号化:

①川菜→徽菜∧¬粤菜。

②有的粤菜→徽菜。

A项,由题干信息①可知,川菜→徽菜,可知,有的川菜→徽菜,根据"有的互换原则",可知有的徽菜→川菜,此项为真。

B项,由题干信息②可知,有的粤菜→徽菜,根据"有的互换原则",可知有的徽菜→粤菜,此项为真。

C项,由题干信息①可知,川菜→¬粤菜,此项为假。

D项,由"有的粤菜→徽菜"和"川菜→¬粤菜"可得,有的徽菜→粤菜→¬川菜,此项为真。

E项,由"川菜→徽菜"和"川菜→¬粤菜"可得,有的徽菜→川菜→¬粤菜,此项为真。

9. C

【解析】题干:某小区所有的未经驯化的大型犬都被扑杀了。

Ⅰ项,题干不涉及"经过驯化的大型犬"的情况,可真可假。

Ⅱ项,题干不涉及"小型犬"的情况,可真可假。

Ⅲ项,由题干可知,有的未经驯化的大型犬被扑杀了,根据"有的互换原则",可知此项为真。

10. E

【解析】第一个断定为真,等价于:有的男生不喜欢火箭队。

第二个断定为假,等价于:并非所有女生都不喜欢火箭队=有的女生喜欢火箭队。

Ⅰ项,前半句必然为假,后半句为真,故整个命题为假。

Ⅱ项,前半句和后半句均真假不定,故整个命题真假不定。

Ⅲ项,前半句为真,后半句真假不定,故整个命题真假不定。

11. C

【解析】将题干信息形式化:

①山东人→黄种人。

②山东人→喜欢吃煎饼卷大葱。

③有的黄种人→喜欢吃北京烤鸭。

由题干信息①可知:有的山东人→黄种人=有的黄种人→山东人,与题干信息②串联得:有的黄种人→山东人→喜欢吃煎饼卷大葱,故Ⅲ项为真。

由对当关系可知:Ⅰ、Ⅱ项无法判断真假。

12. A

【解析】题干:有的演员作弊。

Ⅰ项,等价于:所有的演员都作弊,可真可假。

Ⅱ项,"有的"与"有的不"是下反对关系,一真另不定,故此项可真可假。

Ⅲ项,"有的"与"所有不"矛盾,故此项必为假。

题型 10 替换法解简单命题的负命题

> **母题技巧**
>
> （1）求简单命题的负命题的等价命题，使用关键词替换法即可迅速求解。具体口诀如下：
>
> "不"＋"原命题"，等价于：去掉原命题前面的"不"，再将"原命题"进行如下变化：
>
> 肯定变否定，否定变肯定；
> 并且变或者，或者变并且；
> 所有变有的，有的变所有；
> 必然变可能，可能变必然。
>
> （2）注意。
> 否定词"不"后面的上述关键词需要变，否定词之前的不能变。
> （3）"都"＝"所有"，"不都"＝"不是所有"＝"有的不"，"都不"＝"所有不"。
> （4）出现连续的两个否定词，直接约掉即可，双重否定表示肯定。
> （5）若出现两个否定词中间还有别的内容，则通过上述口诀替换两个否定词中间的"所有""有的""必然""可能"，并且第二个否定词后的内容不变。
> （6）替换法口诀针对的是特称命题和全称命题，根据特称命题和全称命题的定义，量词"所有"和"有的"应该修饰主语，当量词修饰的是宾语时，替换法口诀未必适用，这时需要根据句子的意思进行判断，或者将句子变成被动句，这时宾语将变成主语。

母题精练

1. 写出下列命题的等价命题。
    (1)并非所有的鸟都会飞。
    (2)并非有的鸟会飞。
    (3)并非所有的鸟都不会飞。
    (4)并非有的鸟不会飞。
    (5)有的鸟不可能会飞。
    (6)有的鸟不必然会飞。
    (7)不可能所有的鸟都会飞。
    (8)鸟不可能都会飞。
    (9)鸟都会飞是不可能的。

（10）鸟可能不都会飞。

（11）鸟都不可能会飞。

（12）并非不可能鸟都会飞。

（13）并非不必然有的鸟会飞。

（14）并非有的鸟不可能会飞。

（15）并非所有的鸟不必然会飞。

2. 有人说："鸟类都是卵生的。"

以下哪项如果为真，最能驳斥以上判断？

A. 也许有的非鸟类是卵生的。
B. 可能有的鸟类不是卵生的。
C. 没有见到过非卵生的鸟类。
D. 非卵生的动物不大可能是鸟类。
E. 鸵鸟是鸟类，但不是卵生的。

3. 考试成绩出来后，班主任说："这次考试没有人不及格。"

如果以上不是事实，下面哪项必为事实？

A. 大家都不及格。
B. 有少数人不及格。
C. 有些人及格，有些人不及格。
D. 至少有人是及格的。
E. 至少有人是不及格的。

4. 英国牛津大学充满了一种自由讨论、自由辩论的气氛，质疑、挑战成为学术研究之常态。以至于有这样的夸张说法：你若到过牛津大学，你就永远不可能再相信任何人所说的任何一句话了。

如果上面的陈述为真，则以下哪项陈述必定为假？

A. 你若到过牛津大学，你就永远不可能再相信爱因斯坦所说的任何一句话。

B. 你到过牛津大学，但你有时仍可能相信有些人所说的有些话。

C. 你若到过牛津大学，你必然不再相信任何人所说的任何一句话。

D. 你若到过牛津大学，你就必然不再相信有些人所说的有些话。

E. 你若到过牛津大学，你可能不会相信有些人所说的有些话。

5. 并非火箭少女不都是女神。

以下哪项最接近于上述断定的含义？

A. 所有的火箭少女不是女神。
B. 所有的火箭少女是女神。
C. 杨超越这个火箭少女是女神。
D. 有的火箭少女是女神。
E. 不是所有的火箭少女都是女神。

6. 并非有的演员不可能有演技。

以下哪项最接近于上述断定的含义？

A. 所有的演员可能有演技。
B. 所有的演员必然没有演技。
C. 有的演员可能有演技。
D. 有的演员可能没有演技。
E. 所有的演员可能没有演技。

7. 若"并非无毒不丈夫"为真，则以下哪项一定为真？

A. 所有的大丈夫都毒。
B. 所有的大丈夫都不毒。

C. 并非有的大丈夫不毒。					D. 并非有的大丈夫毒。

E. 有的大丈夫不毒。

8. 老吕说："眼睛比我大的鼻孔没我大，鼻孔比我大的嘴巴没我大，嘴巴比我大的牙齿没我大。总之，没有人能同时具备我的所有优点。"

   如果老吕的上述断定为真，则能得出以下哪项结论？

   A. 所有人中，老吕的牙齿最大。

   B. 老吕具有其他人都不具备的某些优点。

   C. 老吕具有其他人的所有优点。

   D. 老吕的任一优点都有其他人不具备。

   E. 任何其他人都有不及老吕之处。

9. 不可能有某种制度适用于所有不同的国家。

   以下哪项与上述断定的含义最为接近？

   A. 有某种制度可能不适用于世界上所有不同的国家。

   B. 有某种制度必然不适用于世界上所有不同的国家。

   C. 任何制度都必然有它所适用的国家。

   D. 任何制度都必然有它不适用的国家。

   E. 任何制度都可能有它不适用的国家。

10. 有一个学生能解出天下所有的题目。这样的学生是不可能存在的。

    以下哪项最接近于上述断定的含义？

    A. 任何学生必然有题目解不出。

    B. 至少有学生可能解出天下所有的题目。

    C. 有的学生可能能解出一些题目。

    D. 有的学生必然能解出一些题目。

    E. 任何学生必然能解出天下所有的题目。

11. 有粉丝喜欢所有火箭少女。

    如果上述断定为真，则以下哪项不可能为真？

    A. 所有火箭少女都有粉丝喜欢。					B. 有粉丝不喜欢所有火箭少女。

    C. 所有粉丝都不喜欢某个火箭少女。					D. 有粉丝不喜欢某个火箭少女。

    E. 每个火箭少女都有粉丝不喜欢。

12. 对所有不道德的行为而言，以下两个说法成立：其一，如果它们是公开实施的，它们就伤害了公众的感情；其二，它们会伴有内疚感。

    如果以上陈述为真，则以下哪一项陈述一定为假？

    A. 每一个公开实施的伴有内疚感的行为者都是不道德的。

    B. 某些非公开实施的不道德的行为不会伴有内疚感。

    C. 不道德的行为是错误的，仅仅是因为有内疚感伴随。

    D. 某些伤害公众感情的行为如果是公开实施的，它们就不会伴有内疚感。

    E. 所有不道德的行为都会伤害公众的感情。

第 2 章 简单命题及概念

答案详解

1. 【解析】

(1)并非所有的鸟都会飞＝有的鸟不会飞。

(2)并非有的鸟会飞＝所有的鸟都不会飞。

(3)并非所有的鸟都不会飞＝有的鸟会飞。

(4)并非有的鸟不会飞＝所有的鸟都会飞。

(5)有的鸟不可能会飞＝有的鸟必然不会飞。

(6)有的鸟不必然会飞＝有的鸟可能不会飞。

(7)不可能所有的鸟都会飞＝必然有的鸟不会飞。

(8)鸟不可能都会飞＝不可能所有的鸟都会飞＝必然有的鸟不会飞。

(9)鸟都会飞是不可能的＝不可能所有的鸟都会飞＝必然有的鸟不会飞。

(10)鸟可能不都会飞＝可能不是所有的鸟都会飞＝可能有的鸟不会飞。

(11)鸟都不可能会飞＝所有的鸟不可能会飞＝所有的鸟必然都不会飞。

(12)并非不可能鸟都会飞＝可能鸟都会飞。

(13)并非不必然有的鸟会飞＝必然有的鸟会飞。

(14)并非有的鸟不可能会飞＝所有的鸟可能都会飞。

(15)并非所有的鸟不必然会飞＝有的鸟必然会飞。

2. E

【解析】题干：所有的鸟类都是卵生的。

E项，鸵鸟是鸟类，但不是卵生的(举反例)，可得：有的鸟类不是卵生的，与题干矛盾，故最能驳斥题干。

注意：此题假设了选项为真，故无须考虑现实生活中鸵鸟是卵生的。

3. E

【解析】班主任：没有人不及格，等价于：所有人都及格。

其矛盾命题为：有人不及格。故 E 项正确。

4. B

【解析】假言命题的负命题＋简单命题的负命题。

题干：你到过牛津大学→不可能相信任何人所说的任何一句话。

等价于：你到过牛津大学→任何人说的任何话你都不可能相信。

其矛盾命题为：你到过牛津大学∧¬任何人说的任何话你都不可能相信。

矛盾命题等价于：你到过牛津大学∧有些人说的有些话你可能相信。

B项等价于题干的矛盾命题，故 B 项必定为假。

5. B

【解析】方法一：双重否定表示肯定，故"并非火箭少女不都是女神"＝"火箭少女都是女神"＝"所有的火箭少女是女神"。

方法二："火箭少女不都是女神"＝"不是所有的火箭少女是女神"＝"有的火箭少女不是女神"。

故：并非"火箭少女不都是女神"＝并非"有的火箭少女不是女神"＝"所有的火箭少女是女神"。

6. A

【解析】"有的演员不可能有演技"＝"有的演员必然没有演技"。

所以，并非"有的演员不可能有演技"＝并非"有的演员必然没有演技"＝"所有的演员可能有演技"。

规律：如果出现两个否定词，则把两个否定词中间的部分按照替换法口诀替换，第二个否定词后面的句子不变即可。如本题中，可以把"并非"和"不"中间的"有的"变为"所有"，第二个否定词"不"后面的部分不变即可，即："并非有的演员不可能有演技"＝"所有的演员可能有演技"。

7. E

【解析】无毒不丈夫＝¬毒→¬丈夫＝丈夫→毒，即：所有的大丈夫都毒。

并非"无毒不丈夫"＝并非"所有的大丈夫都毒"＝有的大丈夫不毒。故 E 项正确。

8. E

【解析】题干：没有人能同时具备老吕的所有优点。

即：任何其他人都不能具备老吕的所有优点。

即：任何其他人都有不及老吕之处。故 E 项正确。

9. D

【解析】不可能有某种制度适用于所有不同的国家

＝¬（可能有的制度适用于所有国家）

＝必然任何制度不适用于有的国家

＝任何制度必然有国家不适用。

10. A

【解析】

11. C

【解析】选不可能为真的，即选题干的矛盾命题。

题干：有粉丝喜欢所有火箭少女，等价于：所有火箭少女都有粉丝喜欢。

题干的矛盾命题为：并非 所有 火箭少女都 有 粉丝喜欢。

故 C 项为假。

12. B

【解析】将题干信息形式化：

①不道德的行为 ∧ 公开实施→伤害公众感情。

②所有不道德的行为会伴有内疚感。

B项，有的不道德的行为不会伴有内疚感，与题干信息②矛盾，一定为假。

其余各项均不必然为假。

题型 11 隐含三段论

母题技巧

（1）隐含三段论有三种命题形式。

①A→B，因此，A→C。 要求补充一个条件，使上述结论成立。

显然需要补充：B→C，串联得：A→B→C。

②有的 A→B，因此，有的 A→C。 要求补充一个条件，使上述结论成立。

显然需要补充：B→C，串联得：有的 A→B→C。

③有的 A→B，因此，有的 B→C。 要求补充一个条件，使上述结论成立。

由"有的 A→B" = "有的 B→A"，需要补充：A→C，串联得：有的 B→A→C。

（2）观察上述三种命题方式，可发现以下共同规律。

①如果出现"有的"，则一定只出现 2 次，一次在前提中，一次在结论中。

②A、B、C 三个词各出现 2 次。

母题精练

1. 请补充下表中的条件(2)，使表格中的结论成立。

已知条件(1)	补充条件(2)	结论
A→B		A→C
A→B		¬C→¬A
有的 A→B		有的 A→C
有的 B→A		有的 C→A
A→B		有的 B→C
A→B		有的 C→¬A

2. 老吕班上的学生中，所有喜欢数学的同学也都喜欢逻辑。因此，有些喜欢冬雨的同学不喜欢数学。

   以下哪项如果为真，则最能保证上述论证的成立？

   A. 有些喜欢冬雨的同学也喜欢逻辑。
   B. 有些喜欢数学的同学不喜欢冬雨。
   C. 有些不喜欢逻辑的同学喜欢冬雨。
   D. 有些不喜欢冬雨的同学喜欢逻辑。
   E. 所有喜欢冬雨的同学都喜欢数学。

3. 没有鸟类是爬行动物，所有的蛇都是爬行动物，所以，没有蛇属于游禽家族。

   以下哪项陈述是上述推理所必须假设的？

   A. 所有游禽都是爬行动物。
   B. 所有游禽都是鸟类。
   C. 没有游禽是鸟类。
   D. 没有鸟类是蛇。
   E. 有的游禽是爬行动物。

4. 第一机械厂的有些管理人员取得了 MBA 学位。因此，有些工科背景的大学毕业生取得了 MBA 学位。

   以下哪项如果为真，则最能保证上述论证的成立？

   A. 有些管理人员是工科背景的大学毕业生。
   B. 有些取得 MBA 学位的管理人员不是工科背景的大学毕业生。
   C. 第一机械厂所有的管理人员都是工科背景的大学毕业生。
   D. 第一机械厂的有些管理人员还没有取得 MBA 学位。
   E. 第一机械厂所有工科背景的大学毕业生都是管理人员。

5. 所有关心员工福利的经理人，都被证明是卓有成效的经理人；而关心员工福利的经理人，都把注意力放在解决中青年员工的待遇问题上。因此，那些不把注意力放在解决中青年员工待遇问题上的经理人，都不是卓有成效的经理人。

   为使上述论证成立，以下哪项必须为真？

   A. 中青年员工的待遇问题，是员工的福利中最为突出的问题。
   B. 所有卓有成效的经理人，都是关心员工福利的经理人。
   C. 中青年员工的比例，近年来普遍有了大的增长。
   D. 所有把注意力放在解决中青年员工待遇问题上的经理人，都是卓有成效的经理人。
   E. 老年员工普遍对自己的待遇状况比较满意。

6. 有以下几个条件成立：

   ①如果王伍是学士，那么张珊不是博士。
   ②或者李思是学士，或者王伍是学士。
   ③如果张珊不是博士，那么赵陆不是硕士。
   ④或者赵陆是硕士，或者周琪不是教授。

   以下哪项如果为真，可得出"李思是学士"的结论？

   A. 周琪不是教授。
   B. 王伍是学士。
   C. 赵陆不是硕士。
   D. 周琪是教授。
   E. 张珊不是硕士。

第 2 章 简单命题及概念

7. 某些工程师爱抽烟。因此,某些爱抽烟的人有肺部问题。

下述哪项如果为真,则足以佐证上述论断的正确性?

A. 某些工程师没有肺部问题。　　　　　　B. 某些有肺部问题的工程师不爱抽烟。

C. 所有工程师都有肺部问题。　　　　　　D. 某些工程师不爱抽烟。

E. 所有有肺部问题的人都是工程师。

答案详解

1. 【解析】

已知条件(1)	补充条件(2)	结论
A→B	B→C	A→C
A→B=¬B→¬A	¬C→B	¬C→¬A
有的 A→B	B→C	有的 A→C=有的 C→A
有的 B→A=有的 A→B	B→C	有的 C→A=有的 A→C
A→B	有的 C→A	有的 B→C=有的 C→B
A→B=¬B→¬A	有的 C→¬B	有的 C→¬A

2. C

【解析】题干中的前提:喜欢数学→喜欢逻辑,等价于:不喜欢逻辑→不喜欢数学。

题干中的结论:有的喜欢冬雨→不喜欢数学。

只需要补充一个条件:有的喜欢冬雨→不喜欢逻辑,与题干中的前提串联可得:有的喜欢冬雨→不喜欢逻辑→不喜欢数学。

故需要补充的条件为:有的喜欢冬雨的同学不喜欢逻辑,等价于:有的不喜欢逻辑的同学喜欢冬雨,故 C 项正确。

3. B

【解析】将题干信息形式化:

①鸟类→¬爬行动物,等价于:爬行动物→¬鸟类。

②蛇→爬行动物。

将题干信息②、①串联得:③蛇→爬行动物→¬鸟类。

要推出的结论是:④蛇→¬游禽。

需补充的条件为:¬鸟类→¬游禽,等价于:游禽→鸟类。

故 B 项正确。

4. C

【解析】题干中的前提:有些管理人员→MBA=有的 MBA→管理人员。

题干中的结论:有的工科→MBA。

补充一个条件:管理人员→工科,所以,有的 MBA→管理人员→工科,即:有的 MBA→工科,等价于:有的工科→MBA,故 C 项正确。

5. B

【解析】题干中的前提：

①关心员工福利→卓有成效。

②关心员工福利→解决中青年员工的待遇。

前提②等价于：③¬解决中青年员工的待遇→¬关心员工福利。

题干中的结论：④¬解决中青年员工的待遇→¬卓有成效。

要得出题干中的结论，必须有：⑤¬关心员工福利→¬卓有成效，③、⑤串联，可得结论④。

⑤等价于：卓有成效→关心员工福利，因此 B 项正确。

6. D

【解析】将题干信息整理如下：

①王伍是学士→¬张珊是博士，等价于：张珊是博士→¬王伍是学士。

②李思是学士∨王伍是学士，等价于：¬王伍是学士→李思是学士。

③¬张珊是博士→¬赵陆是硕士，等价于：赵陆是硕士→张珊是博士。

④赵陆是硕士∨¬周琪是教授，等价于：周琪是教授→赵陆是硕士。

将题干信息④、③、①、②串联可得：周琪是教授→赵陆是硕士→张珊是博士→¬王伍是学士→李思是学士。

故，若周琪是教授，则李思是学士，即 D 项正确。

7. C

【解析】题干中的前提：有的工程师→爱抽烟，等价于：有的爱抽烟→工程师。

题干中的结论：有的爱抽烟→有肺部问题。

只需要补充一个条件：工程师→有肺部问题，即可得到：有的爱抽烟→工程师→有肺部问题，故 C 项正确。

题型 12 简单命题的真假话问题

母题技巧

简单命题的真假话问题有以下两种解题技巧：

（1）找矛盾法。

第一步：找矛盾。

①A 与¬A。

②"所有"与"有的不"。

③"所有不"与"有的"。

④"必然"与"可能不"。

⑤"必然不"与"可能"。

第 2 章　简单命题及概念

> 没有矛盾关系时，找反对关系：
> ①反对关系（至少一假）："所有"与"所有不"。
> ②下反对关系（至少一真）："有的"与"有的不"。
> 　　第二步：由题干信息对所有命题真假的界定（如"以上判断只有一句为真"），推知其他命题的真假。
> 　　第三步：根据命题的真假，判断真实情况，即可判断各选项的真假。
> （2）假设法。
> 　　假设某种情况为真，看能否推出矛盾。若能推出矛盾，则此假设为假；若不能推出矛盾，则此假设为真。

母题精练

1. 请写出下列命题的矛盾命题。

序号	原命题	矛盾命题
(1)	所有 A 都是 B	
(2)	所有 A 都不是 B	
(3)	有的 A 是 B	
(4)	有的 A 不是 B	
(5)	A 必然是 B	
(6)	A 必然不是 B	
(7)	A 可能是 B	
(8)	A 可能不是 B	
(9)	A∧B	
(10)	A∨B	
(11)	A∀B	
(12)	A→B	

2. 请补充完下列表格。

序号	关系	特点	命题
（1）	反对关系	至少一假	① ② ③ ④
（2）	下反对关系	至少一真	① ② ③ ④
（3）	推理关系	一真另必真	① ② ③ ④ ⑤ ⑥ ⑦ ⑧

3. 关于某次足球世界杯比赛，甲、乙、丙和丁四人有如下预测：

甲：冠军由南美洲国家的足球队夺得。

乙：冠军由欧洲国家的足球队夺得。

丙：冠军是巴西队。

丁：冠军不是德国队。

事后证明，四人的预测只有一个错了，则以下哪项能从题干的条件推出？

A. 甲的预测错了。　　　　B. 乙的预测错了。　　　　C. 丙的预测错了。

D. 丁的预测错了。　　　　E. 无法断定谁的预测错了。

4. 黄某说张某胖，张某说范某胖，范某和李某都说自己不胖。

如果四人的陈述只有一个是错的，那么谁一定胖？

A. 黄某。　　　　　　　　B. 张某。　　　　　　　　C. 范某。

D. 张某和范某。　　　　　E. 张某和黄某。

5. 在某次考试结束后，四个老师各有如下结论：

甲：所有学生都没有及格。

乙：一年级学生王某没有及格。

丙：学生不都没有及格。

丁：有的学生没有及格。

如果四个老师中只有一人的断定属实，那么以下哪项是真的？

A. 甲的断定属实，王某没有及格。　　　　B. 丙的断定属实，王某及格了。

C. 丙的断定属实，王某没有及格。　　　　　D. 丁的断定属实，王某未及格。

E. 丁的断定属实，王某及格了。

6. 甲、乙、丙、丁四人在一起议论本班同学奖学金的获得情况。

甲说："我班所有同学都得了奖学金。"

乙说："除非班长得奖学金，否则学习委员没得奖学金。"

丙说："班长没有得奖学金。"

丁说："我班有人没得奖学金。"

已知四人中只有一人说假话，则可推出以下哪项结论？

A. 甲说假话，班长得了奖学金。　　　　　B. 乙说假话，学习委员没得奖学金。

C. 丙说假话，班长没得奖学金。　　　　　D. 甲说假话，学习委员没得奖学金。

E. 丁说假话，学习委员得了奖学金。

7. 三男二女参加打靶游戏。规定每人只打一枪，中十环者获大奖。枪声齐鸣，现场报靶区举旗通报有人获大奖。五人兴奋地作了如下猜测：

男1号：大奖得主或者是我，或者是男3号。

男2号：不是女2号。

男3号：如果不是女1号，那么就是男2号。

女1号：既不是我，也不是男2号。

女2号：既不是男3号，也不是男1号。

公布获大奖人员的名单以后，结果，五人中只有两个人没猜错。由此可以推知：

A. 男1号获得大奖。　　　　B. 男2号获得大奖。　　　　C. 男3号获得大奖。

D. 女1号获得大奖。　　　　E. 女2号获得大奖。

8. 相传古时候某国的国民分别居住在两座城中，一座"真城"，一座"假城"。凡真城里的人个个说真话，假城里的人个个说假话。一位知晓这一情况的国外游客来到其中一座城，他只向遇到的该国国民提了一个是非问题，就明白了自己所到的是真城还是假城。

下列哪个问句是最恰当的？

A. 你是真城的人吗？　　　　　　　　　　B. 你是假城的人吗？

C. 你是说真话的人吗？　　　　　　　　　D. 你是说假话的人吗？

E. 你是这座城的人吗？

9. 一对夫妻带着他们的一个孩子在路上碰到一个朋友。朋友问孩子："你是男孩还是女孩?"朋友没听清孩子的回答。孩子父母中的某一个说："我孩子回答的是'我是男孩'。"另一个接着说："这孩子撒谎，她是女孩。"这家人中男性从不说谎，而女性从来不连续说两句真话，也不连续说两句假话。

如果以上陈述为真，那么以下哪项也一定为真？

Ⅰ. 父母俩第一个说话的是母亲。

Ⅱ. 父母俩第一个说话的是父亲。

Ⅲ. 孩子是男孩。

A. 仅Ⅰ。　　　　　　　　　B. 仅Ⅱ。　　　　　　　　　C. 仅Ⅰ和Ⅲ。

D. 仅Ⅱ和Ⅲ。　　　　　　　　　　　E. 不确定。

10. 某地住着甲、乙两个部落，甲部落总是讲真话，乙部落总是讲假话。一天，一个旅行者来到这里，碰到一个土著人A。旅行者就问他："你是哪一个部落的人？"A回答说："我是甲部落的人。"这时，又过来一个土著人B，旅行者就请A去问B属于哪一个部落。A问过B后，回来对旅行者说："他说他是甲部落的人。"

根据这种情况，对A、B所属的部落，旅行者所做出的正确判断应是下列的哪一项？

A. A是甲部落，B是乙部落。　　　　　B. A是乙部落，B是甲部落。

C. A是甲部落，B所属部落不明。　　　D. A所属部落不明，B是乙部落。

E. A、B所属部落均不明。

11. 桌子上有4个杯子，每个杯子上都写着一句话。第一个杯子："所有的杯子中都有水果糖。"第二个杯子："本杯中有苹果。"第三个杯子："本杯中没有巧克力。"第四个杯子："有些杯子中没有水果糖。"

如果其中只有一句真话，那么以下哪项为真？

A. 所有的杯子中都有水果糖。　　　　B. 所有的杯子中都没有水果糖。

C. 所有的杯子中都没有苹果。　　　　D. 第三个杯子中有巧克力。

E. 第二个杯子中有苹果。

答案详解

1. 【解析】

序号	原命题	矛盾命题
(1)	所有A都是B	有的A不是B
(2)	所有A都不是B	有的A是B
(3)	有的A是B	所有A不是B
(4)	有的A不是B	所有A是B
(5)	A必然是B	A可能不是B
(6)	A必然不是B	A可能是B
(7)	A可能是B	A必然不是B
(8)	A可能不是B	A必然是B
(9)	A∧B	¬A∨¬B=A→¬B=B→¬A
(10)	A∨B	¬A∧¬B
(11)	A∀B	(A∧B)∨(¬A∧¬B)
(12)	A→B	A∧¬B

第2章　简单命题及概念

2.【解析】

序号	关系	特点	命题
（1）	反对关系	至少一假	①"所有A是B"与"所有A不是B" ②"A必然是B"与"A必然不是B" ③"A"与"¬A∧B" ④"A∧B"与"¬A∧B"
（2）	下反对关系	至少一真	①"有的A是B"与"有的A不是B" ②"A可能是B"与"A可能不是B" ③"A"与"¬A∨B" ④"A∨B"与"¬A∨B"
（3）	推理关系	一真另必真	①所有→某个→有的 ②必然→事实→可能 ③"A"与"A∨B" ④"A∧B"与"A" ⑤"A∀B"与"A∨B" ⑥"A∧B"与"A∨B" ⑦"女教师"与"教师" ⑧"$x>7$"与"$x>5$"

3. B

【解析】由题干可知，甲与乙的预测是反对关系，至少一假；又由"四人的预测只有一个错了"可知，丙和丁的预测是正确的。因此，冠军是巴西队，由此可得乙的预测错误，甲、丙、丁的预测正确。

4. B

【解析】题干有如下信息：

黄某：张某胖。

张某：范某胖。

范某：¬范某胖。

李某：¬李某胖。

由"范某胖"和"范某不胖"矛盾可知，张某和范某的话必有一真一假，又已知四人的陈述中只有一个是错的，故黄某和李某的话均为真话，即张某胖、李某不胖，所以B项正确。

5. B

【解析】丙：学生不都没有及格＝有的学生及格了。

故，甲与丙的话矛盾，必然一真一假。又已知四个老师中只有一人的断定属实，故乙和丁的话都为假。

由丁的话为假可知，所有学生均及格了，故王某也及格了。

由"所有学生均及格了"可知，丙的话为真。

故正确答案为B项。

6. D

【解析】将题干信息符号化：

甲：所有人都得了奖学金。

乙：¬班长→¬学委。

丙：¬班长。

丁：有的没得奖学金。

甲与丁的话矛盾，必有一真一假，又由题干"四人中只有一人说假话"可知，乙和丙说的都是真话。

由丙说真话可知，班长没得奖学金，又由乙说真话可知，学委也没得奖学金，故甲说的是假话，丁说的是真话。

所以，正确答案为D项。

7. E

【解析】将题干信息形式化：

男1号：男1号∨男3号。

男2号：¬女2号。

男3号：¬女1号→男2号。

女1号：¬女1号∧¬男2号。

女2号：¬男3号∧¬男1号。

男1号与女2号的话矛盾，必然为一真一假。

男3号与女1号的话也矛盾，必然为一真一假。

由于五人中只有两个人没猜错，故男2号的话为假，所以获得大奖的是女2号，即E项正确。

8. E

【解析】A项，真城和假城的人都会回答"是的"，无法判断是真城还是假城。

B项，真城和假城的人都会回答"不是"，无法判断是真城还是假城。

C项，真城和假城的人都会回答"是的"，无法判断是真城还是假城。

D项，真城和假城的人都会回答"不是"，无法判断是真城还是假城。

E项，若此游客到的是真城，住在此城的该国国民会说："是"，不住在此城的该国国民（住在假城）也会说："是"，因为他要说假话。当游客听到"是"的回答，就知道此城是真城。若游客到的是假城，住在此城的该国国民会说："不是"，因为他说假话；不住在此城的该国国民（住在真城）也会说："不是"，因为他要说真话。当游客听到"不是"的回答，就知道此城是假城。

9. A

【解析】假设父母俩第一个说话的是父亲，则第二个说话的是母亲。

由于这家人中男性从不说谎，因此，由父亲说的话可推知，孩子的回答确实是"我是男孩"。如果孩子是男孩，则母亲连续说了两句假话；如果孩子是女孩，则母亲连续说了两句真话。这与题干的断定矛盾。因此，假设不成立，即父母俩第一个说话的是母亲。

所以，Ⅰ项为真，Ⅱ项为假；因为父母俩第二个说话的是父亲，男性都说真话，因此事实上孩子是女孩，故Ⅲ项为假。

第 2 章 简单命题及概念

10. C

【解析】若 B 是甲部落的人，则他会说真话，因此他会说"我是甲部落的人"；若 B 是乙部落的人，则他会说假话，也会说"我是甲部落的人"，故 B 的回答一定是"我是甲部落的人"。A 说的"B 说他是甲部落的人"为真话，故 A 是甲部落的人。而无论 B 是哪一个部落的人，他都可以说"我是甲部落的人"，所以，B 所属部落不明。

11. D

【解析】题干中有以下判断：
① 所有的杯子中都有水果糖。
② 本杯中有苹果。
③ 本杯中没有巧克力。
④ 有些杯子中没有水果糖。
①、④矛盾，必有一真一假。又已知题干中只有一句真话，故②、③均为假，故第二个杯子中没有苹果，第三个杯子中有巧克力。

题型 13 定义题

母题技巧

（1）概念。

概念是反映对象物本质属性的思维形式。概念包括内涵和外延。内涵是指概念所反映的事物的本质属性。外延是指具有概念的内涵所具有的那些属性的事物的范围。

（2）定义。

定义是对概念的描述。它包含被定义项、联项和定义项。

为了使定义下得正确，必须遵守以下规则：
① 定义项的外延和被定义项的外延必须完全相等。
② 定义项中不得直接或间接地包含被定义项，否则就会犯"循环定义"的错误。
③ 定义不应包括含混的概念，不能用隐喻，这样的定义才是明确清晰的。
④ 定义不应当是否定的，特别是不能用否定形式去给正概念下定义。

（3）定义题的解法。

定义题在近年的真题中出现较少，一般将选项和题干中的定义要素一一对应即可。

母题精练

1. 某计算机销售部向顾客承诺："本部销售的计算机在一个月内包换、一年内免费维修、三年内上门服务免收劳务费，因使用不当造成的故障除外。"

以下哪项所讲的是该销售部应该提供的服务？

A. 某人购买了一台计算机，三个月后软驱出现问题，要求销售部修理，销售部给免费更换了软驱。

B. 计算机实验室从该销售部购买了 30 台计算机，50 天后才拆箱安装。在安装时发现有一台显示器不能显示彩色，要求更换。

C. 某学校购买了 10 台计算机。不到一个月，计算机的鼠标丢失了三个，要求销售部无偿补齐。

D. 李明买了一台计算机，不小心感染了计算机病毒，造成存储的文件丢失，要求销售部赔偿损失。

E. 某人购买了一台计算机，一年后键盘出现故障，要求销售部按半价更换一个新键盘。

2. 如果能有效地利用互联网，能快速方便地查询世界各地的信息，对科学研究、商业往来乃至寻医求药都能带来很大的好处。然而，如果上网成瘾，就会有许多弊端，还可能带来严重的危害。尤其是青少年，上网成瘾可能荒废学业、影响工作。为了解决这一问题，某个网点上登载了"互联网瘾"自我测试办法。

以下各项提问，除了哪项，都与"互联网瘾"的表现形式有关？

A. 你是否有时上网到深夜并为链接某个网站时间过长而着急？

B. 你是否曾一再试图限制、减少或停止上网而无果？

C. 你试图减少或停止上网时，是否会感到烦躁、压抑或容易动怒？

D. 你是否曾因上网而危及一段重要关系或一份工作机会？

E. 你是否曾向家人、治疗师或其他人谎称你并未沉迷互联网？

3. "香蕉人"是指出国之后，黄色的皮肤不变，但内心已经被外国同化，"变成"白色的人。"芒果人"是指出国之后，黄色的皮肤不变，而内心还是中国人应有的，与皮肤一样颜色的人。

根据上述定义，下列属于"芒果人"的是：

A. 小王的孩子出国两年后就不愿意回国了，而且每次回国后总觉得周围的人不理解自己。

B. 丽丽虽然父母都是中国人，但是从小在美国养父母家长大，不会说汉语，结婚后和丈夫一起来中国旅游，觉得中国是个很不错的地方。

C. 佩佩出生在美国的一条唐人街，从小就学习汉语和中国文化，能用汉语交流，但是觉得自己和中国人的思维差异太大，无法交流。

D. 雯雯出国后经常回国，觉得还是家乡的伙伴更能明白她，国外也没有什么很吸引人的。

E. 强强没有出过国，也不屑于出国，他觉得哪里都不如自己的家乡好。

4. "经济人"就是完全以追求物质利益为目的而进行经济活动的主体。"生态人"是与"经济人"相对应的，指具备生态意识，并在经济与社会活动中能够做到尊重自然生态规律、约束个人与集体行为、实现人与自然共生的个人或群体。

根据上述定义，下列符合"生态人"假设的是：

A. 在一个企业里，只有金钱和地位才能鼓励其员工努力工作。

B. 随着经济发展，农村能源需求量不断增加，森林资源的保护直接受到威胁。

第 2 章 简单命题及概念

C. 企业管理中不仅要给予员工物质激励，同时要给予精神激励，使员工对企业产生归属感。
D. 我国实行可持续发展，既要发展经济，又要保护好人类赖以生存的大气、淡水、海洋、土地和森林等自然资源和环境。
E. 金钱不是万能的，但没钱是万万不能的。

答案详解

1. A

【解析】售后承诺：一个月内包换、一年内免费维修、三年内上门服务免收劳务费，因使用不当造成的故障除外。

A 项，符合承诺，该情况属于一年内免费维修的服务项目，在软驱不能修时，销售部免费更换软驱是应该的。

B 项，包换是从出售之日起算，该产品过了包换期限，要求包换不符合承诺。

C 项，丢失三个，是人为原因，不在售后承诺范围。

D 项，感染计算机病毒，是由于防范不当或使用不当，属于人为原因，不在售后承诺范围。

E 项，超过了保修期且要求半价，不属于"劳务费"，不在售后承诺范围。

2. A

【解析】A 项，"有时上网"的字样，有时上网应该不是"互联网瘾"的表现形式，因链接某网站时间过长而着急，是正常的，这里并没有荒废学业、影响工作、欲罢不能等成"瘾"的表现，故选 A 项。

B、C 项，讲的是欲罢不能的现象，D 项讲的是影响工作等的现象，E 项提到"谎称你并未沉迷互联网"，这意味着"你"正沉迷于互联网中，故 B、C、D、E 项均与"互联网瘾"的表现形式有关。

3. D

【解析】"芒果人"的定义：①出国；②内心仍然认同中国文化。

A、B、C 三项中的人都不认同中国文化，不符合"芒果人"的定义。

D 项，符合"芒果人"的定义。

E 项中的强强没有出过国，不符合"芒果人"的定义。

4. D

【解析】"生态人"的定义：具备生态意识，并在经济与社会活动中能够做到尊重自然生态规律、约束个人与集体行为、实现人与自然共生的个人或群体。

A、B、E 项强调的都是人的经济属性，不符合"生态人"的定义。

C 项，强调的是人的精神属性，不符合"生态人"的定义。

D 项，符合"生态人"的定义。

题型 14 概念间的关系

> **母题技巧**

（1）概念间的关系。

①全同：两个概念的外延完全相同称为全同关系。

②种属：一个概念A（种）的外延包含于另外一个概念B（属）的外延，称为种属关系，也称为从属关系或者包含于关系。

③交叉：两个概念在外延上有且只有一部分是重合的，称为交叉关系。

④全异：全异关系是指两个概念的外延没有重合。它包括两种：矛盾关系和反对关系。

（2）概念的划分。

将概念进行分类称为概念的划分。概念的划分要遵守以下原则：

①每次划分只能根据一个标准。

②各子类外延之和与原概念的外延全同。

③各子类的外延应是全异关系。

（3）偷换概念。

①在同一思维过程中，同一个概念的含义必须是前后一致的，否则就会犯偷换概念的逻辑错误。

②概念可以分为集合概念与类概念。类概念中，组成类的各个事物具有类的属性。集合概念中，此概念是一个整体，可能由不同的部分组成，但是部分并不一定具有整体的属性。

> **母题精练**

1. 概念A和概念B是种属关系，当且仅当：(1)A中的所有对象均属于B；(2)存在对象 x，x 属于B但不属于A。

根据上述定义，以下哪项中打下划线的两个概念之间是种属关系？

A. 国画按题材分主要有<u>人物画</u>、花鸟画、山水画等，按技法分主要有<u>工笔画</u>和写意画等。

B. 《<u>盗梦空间</u>》除了是<u>最佳影片</u>的有力争夺者外，它在技术类奖项的争夺中也将有所斩获。

C. 洛邑小学30岁的<u>食堂总经理</u>为了改善伙食，在食堂放了几个意见本，征求<u>学生们</u>的意见。

D. 在微波炉清洁剂中加入<u>漂白剂</u>，就会释放出<u>氯气</u>。

E. <u>高校教师</u>包括<u>教授</u>、副教授、讲师和助教等。

2. 我国的文化中十分尊重弱势群体，比如说给老、弱、病、残、孕让座。
   上述陈述在逻辑上犯了哪项错误？
   A. 划分标准混乱，既按年龄划分，又按身体状态、是否怀孕等标准划分。
   B. 没有指出尊重弱势群体的其他论据。
   C. 没有指出尊重弱势群体的法律法规。
   D. 没有指出尊重弱势群体的具体行动。
   E. 没有指出有怀孕的残疾人。
3. 某个会议的与会人员的情况如下：
   (1) 3 人是由基层提升上来的。
   (2) 4 人是北方人。
   (3) 2 人是黑龙江人。
   (4) 5 人具有博士学位。
   (5) 上述情况包含了与会的所有人员。
   那么，与会人员的人数是：
   A. 最少 9 人，最多 14 人。
   B. 最少 5 人，最多 14 人。
   C. 最少 7 人，最多 12 人。
   D. 最少 7 人，最多 14 人。
   E. 最少 5 人，最多 12 人。

答案详解

1. E

【解析】概念间的关系。

A 项中的两个概念的外延有且只有一部分重合，是交叉关系。

B 项，《盗梦空间》和最佳影片关系不定，比如，《盗梦空间》最终是唯一的最佳影片，二者就是全同关系，如果不是最佳影片，二者就是全异关系。

C、D 项中的两个概念是全异关系。

E 项是种属关系，教授包含于高校教师。

2. A

【解析】概念的划分。

题干划分标准混乱，"老"是年龄划分，"弱、病、残"是按身体状态划分，"孕"是按是否怀孕划分，故 A 项正确。

3. E

【解析】概念间的关系。

题干中，黑龙江人是北方人。

最少的情况是由基层提升上来的都是北方人，而北方人都具有博士学位，因此最少 5 人。

最多的情况是由基层提升上来的人都不是北方人，而由基层提升上来的人和北方人都没有博士学位，因此最多应是 3＋4＋5＝12(人)。

微模考 2 ▶ 简单命题及概念

（共 30 题，每题 2 分，限时 60 分钟）　　　　你的得分是 _____

1. 某大学某寝室中住着若干个学生。其中，一个是哈尔滨人，两个是北方人，一个是广东人，两个在法律系，三个是进修生。因此，该寝室中恰好有 8 人。
   以下各项关于该寝室的断定如果是真的，都有可能加强上述论证，除了：
   A. 题干中的介绍涉及寝室中所有的人。
   B. 广东学生在法律系。
   C. 哈尔滨学生在财金系。
   D. 进修生都是南方人。
   E. 该校法律系不招收进修生。

2. 目前以人体艺术的名义充斥网络的裸体画面，究竟是艺术还是色情，从法律角度很难界定。但是，并非任何依据法律不能明确禁止的事都是应当做的。当然，在网络出现以前，色情早就存在，但是，网络画面无疑具有作用于人的心理和行为的重要影响力。
   如果题干的陈述为真，则以下哪项也一定为真？
   A. 以网络方式制作或传播裸体画面是违法的。
   B. 有些冠以人体艺术名义的裸体画面不应当在网络上传播。
   C. 有些依据法律不能明确禁止的事是不应当做的。
   D. 网络已经成为目前传播色情的主要方式。
   E. 所有依据法律明确禁止的事是不应当做的。

3. 某珠宝店失窃，五个职员涉嫌被拘审。假设这五个职员中，参与作案的人说的都是假话，无辜者说的都是真话。这五个职员分别有以下供述：
   张说："王是作案者。王说过他作的案。"
   王说："李是作案者。"
   李说："是赵作的案。"
   赵说："是孙作的案。"
   孙没说一句话。
   依据以上叙述，能推断出以下哪项结论？
   A. 张作案，王没作案，李作案，赵没作案，孙作案。
   B. 张没作案，王作案，李没作案，赵作案，孙没作案。
   C. 五个职员都参与作案。
   D. 五个职员都没作案。
   E. 题干中缺乏足够的信息来确定每个职员是否作案。

4. 张经理在公司大会结束后宣布："此次提出的方案得到一致赞同，全体通过。"会后，小陈就此事进行了调查，发现张经理所言并非是事实。
   如果小陈的发现为真，则以下哪项也必然为真？
   A. 有少数人未发表意见。
   B. 有些人赞同，有些人反对。

C. 至少有人不赞同。   D. 至少有人赞同。

E. 大家都不赞同。

5. 在 MBA 的"财务管理"课期中考试后，班长想从老师那里打听成绩。班长说："老师，这次考试不太难，我估计我们班同学们的成绩都大于等于 70 分吧。"老师说："你的前半句话不错，后半句话不对。"

   根据老师的意思，请判断下列哪项必为事实？

   A. 多数同学的成绩在 70 分以上，有少数同学的成绩在 60 分以下。

   B. 有些同学的成绩在 70 分以上，有些同学的成绩在 70 分以下。

   C. 若研究生的课程 70 分才算及格，肯定有的同学成绩不及格。

   D. 这次考试太难，多数同学的考试成绩不理想。

   E. 这次考试太容易，全班同学的考试成绩都在 80 分以上。

6. 通过调查得知，并非所有个体商贩都有偷税、逃税行为。

   如果上述调查的结论是真实的，则以下哪项一定为真？

   A. 所有的个体商贩都没有偷税、逃税行为。

   B. 多数个体商贩都有偷税、逃税行为。

   C. 并非有的个体商贩没有偷税、逃税行为。

   D. 并非有的个体商贩有偷税、逃税行为。

   E. 有的个体商贩确实没有偷税、逃税行为。

7. 据卫星提供的最新气象资料表明，原先预报的明年北方地区的持续干旱不一定出现。

   以下哪项最接近于上文中气象资料所表明的含义？

   A. 明年北方地区的持续干旱一定不出现。

   B. 明年北方地区的持续干旱可能出现。

   C. 明年北方地区的持续干旱可能不出现。

   D. 明年北方地区的持续干旱出现的可能性比不出现的可能性大。

   E. 明年北方地区的持续干旱不可能出现。

8. 学校在为失学儿童义捐活动中收到两笔没有署真名的捐款，经过多方查找，可以断定是周、吴、郑、王中的某两位捐的。经询问，周说："不是我捐的。"吴说："是王捐的。"郑说："是吴捐的。"王说："我肯定没有捐。"最后，经过详细调查证实四个人中只有两个人说的是真话。

   根据已知条件，请你判断下列哪项可能为真？

   A. 是吴和王捐的。   B. 是周和王捐的。   C. 是郑和王捐的。

   D. 是郑和吴捐的。   E. 是郑和周捐的。

9. 某仓库失窃，四个保管员因涉嫌而被传讯。四人的供述如下：

   甲：我们四人都没作案。

   乙：我们中有人作案。

   丙：乙和丁至少有一人没作案。

   丁：我没作案。

   如果四人中有两人说的是真话，有两人说的是假话，则以下哪项断定成立？

A. 说真话的是甲和丙。　　　　　　　　　　B. 说真话的是甲和丁。

C. 说真话的是乙和丙。　　　　　　　　　　D. 说真话的是乙和丁。

E. 说真话的是丙和丁。

10. 一群在海滩边嬉戏的孩子的口袋中，共装有25块卵石。他们的老师对此说了以下两句话：

第一句话："至多有5个孩子口袋里装有卵石。"

第二句话："每个孩子的口袋中，或者没有卵石，或者至少有5块卵石。"

如果上述断定为真，则以下哪项关于老师两句话关系的断定一定成立？

Ⅰ. 如果第一句话为真，则第二句话为真。

Ⅱ. 如果第二句话为真，则第一句话为真。

Ⅲ. 两句话可以都是真的，但不会都是假的。

A. 仅Ⅰ。　　　　　　　B. 仅Ⅱ。　　　　　　　C. 仅Ⅲ。

D. 仅Ⅰ和Ⅱ。　　　　　E. Ⅰ、Ⅱ和Ⅲ。

11. 甲、乙、丙和丁是同班同学。

甲说："我班同学都是团员。"

乙说："丁不是团员。"

丙说："我班有人不是团员。"

丁说："乙也不是团员。"

已知只有一人说假话，则可推出以下哪项断定是真的？

A. 说假话的是甲，乙不是团员。　　　　　　B. 说假话的是乙，丙不是团员。

C. 说假话的是丙，丁不是团员。　　　　　　D. 说假话的是丁，乙是团员。

E. 说假话的是甲，丙不是团员。

12. 某宿舍住着若干个研究生。其中，一个是大连人，两个是北方人，一个是云南人，两个人这学期只选修了逻辑哲学，三个人这学期选修了古典音乐欣赏。

假设以上的介绍涉及这寝室中所有的人，那么，这寝室中最少可能是几个人？最多可能是几个人？

A. 最少可能是3人，最多可能是8人。　　　B. 最少可能是5人，最多可能是8人。

C. 最少可能是5人，最多可能是9人。　　　D. 最少可能是3人，最多可能是9人。

E. 无法确定。

13. 不可能所有的错误都能避免。

以下哪项最接近于上述断定的含义？

A. 所有的错误必然都不能避免。　　　　　　B. 所有的错误可能都不能避免。

C. 有的错误可能不能避免。　　　　　　　　D. 有的错误必然能避免。

E. 有的错误必然不能避免。

14. 学校的抗洪赈灾义捐活动收到一大笔没有署真名的捐款，经过多方查找，可以断定是周、吴、郑、王中的某一位捐的。经询问，周说："不是我捐的。"吴说："是王捐的。"郑说："是吴捐的。"王说："我肯定没有捐。"最后，经过详细调查证实四个人中只有一个人说的是真话。根据已知条件，请你判断下列哪项为真？

A. 周说的是真话，是吴捐的。　　　　　　B. 周说的是假话，是周捐的。
C. 吴说的是真话，是王捐的。　　　　　　D. 郑说的是假话，是郑捐的。
E. 王说的是真话，是郑捐的。

15. 不是所有人不必然不爱老吕。
    以下哪项与上面的句子意思相同？
    A. 有的人可能爱老吕。　　　　　　　　B. 有的人必然不爱老吕。
    C. 有的人可能不爱老吕。　　　　　　　D. 所有人可能不爱老吕。
    E. 有的人必然爱老吕。

16. NBA 总决赛前，勇士队主教练科尔通知队员参加赛前训练，关于训练情况有以下几项陈述：
    ①勇士队有的队员参加了训练。
    ②勇士队有的队员没有参加训练。
    ③并非勇士队有的队员没有参加训练。
    ④勇士队的库里参加了训练。
    如果以上陈述中有两个是假的，则以下哪项必然为假？
    A. 勇士队的有些队员参加了训练。
    B. 勇士队所有队员都参加了训练。
    C. 勇士队的杜兰特没有参加训练。
    D. 在勇士队所有队员中，场上表现优秀的人都参加了训练。
    E. 勇士队有些队员没有参加训练。

17. 不必然任何经济发展都导致生态恶化，但不可能有不阻碍经济发展的生态恶化。
    以下哪项最为准确地表达了题干的含义？
    A. 任何经济发展都不必然导致生态恶化，但任何生态恶化都必然阻碍经济发展。
    B. 有的经济发展可能导致生态恶化，而任何生态恶化都可能阻碍经济发展。
    C. 有的经济发展可能不导致生态恶化，但任何生态恶化都可能阻碍经济发展。
    D. 有的经济发展可能不导致生态恶化，但任何生态恶化都必然阻碍经济发展。
    E. 任何经济发展都可能不导致生态恶化，但有的生态恶化必然阻碍经济发展。

18. 某商场失窃，员工甲、乙、丙、丁涉嫌被拘审。
    甲说："是丙作的案。"
    乙说："我和甲、丁三人中至少有一人作案。"
    丙说："我没作案。"
    丁说："我们四人都没作案。"
    如果四人中只有一人说真话，则可推出以下哪项结论？
    A. 甲说真话，作案的是丙。　　　　　　B. 乙说真话，作案的是乙。
    C. 丙说真话，作案的是甲。　　　　　　D. 丙说真话，作案的是丁。
    E. 丁说真话，四人中无人作案。

19. 李老师给数学兴趣小组的同学出了一套数学趣味试题，他说，这些试题不都有解。
    如果李老师的这一断定为真，则有关这套试题的以下断定，哪项能确定真假？

Ⅰ. 所有试题都有解。

Ⅱ. 所有试题都没有解。

Ⅲ. 有的试题有解。

Ⅳ. 有的试题没有解。

A. 只有Ⅰ。　　　　　　B. 只有Ⅱ和Ⅳ。　　　　　　C. 只有Ⅰ和Ⅳ。

D. 只有Ⅱ和Ⅲ。　　　　E. Ⅰ、Ⅱ和Ⅲ。

20. 鸵鸟是鸟，但鸵鸟不会飞。

根据以上事实，可以推断以下哪项一定为假？

Ⅰ. 不会飞的鸟一定是鸵鸟。

Ⅱ. 有人认为鸵鸟会飞。

Ⅲ. 不存在不会飞的鸟。

A. 仅仅Ⅰ。　　　　　　B. 仅仅Ⅱ。　　　　　　　　C. 仅仅Ⅲ。

D. 仅仅Ⅰ和Ⅱ。　　　　E. 仅仅Ⅱ和Ⅲ。

21. 没有人爱每一个人；张生爱莺莺；莺莺爱每一个爱张生的人。

如果以上陈述为真，则下列哪项不可能为真？

Ⅰ. 每一个人都爱张生。

Ⅱ. 每一个人都爱一些人。

Ⅲ. 莺莺不爱张生。

A. 仅仅Ⅰ。　　　　　　B. 仅仅Ⅱ。　　　　　　　　C. 仅仅Ⅲ。

D. 仅仅Ⅰ和Ⅲ。　　　　E. Ⅰ、Ⅱ和Ⅲ。

22. 有些大众对绝大多数新的立法都没有觉察，但不是所有大众对现存立法都必然不了解。

如果以上陈述为真，则以下哪项不一定是真的？

Ⅰ. 有些大众对现存立法可能不了解。

Ⅱ. 有些大众对现存立法可能了解。

Ⅲ. 有些大众对绝大多数新的立法是有觉察的。

A. 仅仅Ⅰ。　　　　　　B. 仅仅Ⅱ。　　　　　　　　C. 仅仅Ⅲ。

D. 仅仅Ⅰ和Ⅲ。　　　　E. Ⅰ、Ⅱ和Ⅲ。

23. 很多快乐的人并不幸福，但是没有一个幸福的人是不快乐的。

以下各项都可以从上述论述中推出，除了：

A. 有些不幸福的人是快乐的。　　　　　　B. 有些幸福的人不快乐。

C. 有些快乐的人是幸福的。　　　　　　　D. 没有一个不快乐的人是幸福的。

E. 不可能幸福但是不快乐。

24. 培光中学有受到希望工程捐助的学生不努力学习，这使该校所有的教师感到痛心。

已知上述断定为真，那么以下哪些断定不能确定真假？

Ⅰ. 不是所有受到希望工程捐助的学生都努力学习，使该校所有的教师感到痛心。

Ⅱ. 有些未受到希望工程捐助的学生不努力学习，并不使该校有些教师感到痛心。

Ⅲ. 有些受到希望工程捐助的学生不努力学习，并不使该校有些教师感到痛心。

A. Ⅰ、Ⅱ和Ⅲ。 B. Ⅰ和Ⅱ。 C. 仅Ⅰ。
D. 仅Ⅱ。 E. 仅Ⅲ。

25. 即使是天下最勤奋的人，也不可能读完天下所有的书。

    以下哪项是以上陈述的逻辑推论？

    A. 天下最勤奋的人必定读不完天下所有的书。
    B. 天下最勤奋的人不一定能读完天下所有的书。
    C. 天下最勤奋的人有可能读完天下所有的书。
    D. 读完天下所有书的人必定是天下最勤奋的人。
    E. 不勤奋的人连很少的书都读不完。

26. 在国际大赛中，即使是优秀的运动员，也有人不必然不失误，当然，并非所有的优秀运动员都可能失误。

    以下哪项与上述意思最接近？

    A. 优秀运动员都可能失误，其中有的优秀运动员不可能不失误。
    B. 有的优秀运动员可能失误，有的优秀运动员可能不失误。
    C. 有的优秀运动员可能失误，有的优秀运动员不可能失误。
    D. 有的优秀运动员可能不失误，有的优秀运动员不可能失误。
    E. 有的优秀运动员一定失误，有的优秀运动员一定不失误。

27. 某企业工会在对本单位职工的一项调查中发现，所有喜欢交响乐的职工都喜欢欣赏油画，但都不喜欢京剧；有些喜欢京剧的职工也喜欢欣赏油画。

    如果上述断定为真，则以下各项都一定为真，除了：

    A. 有的喜欢欣赏油画的职工喜欢交响乐。
    B. 有的喜欢欣赏油画的职工喜欢京剧。
    C. 有的喜欢欣赏油画的职工既喜欢交响乐又喜欢京剧。
    D. 有的喜欢欣赏油画的职工不喜欢交响乐。
    E. 有的不喜欢京剧的职工喜欢交响乐。

28. 林园小区有住户家中发现了白蚁。除非小区中有住户家中发现白蚁，否则任何小区都不能免费领取高效杀蚁灵。静园小区可以免费领取高效杀蚁灵。

    如果上述断定为真，则以下哪项据此不能断定真假？

    Ⅰ. 林园小区有的住户家中没有发现白蚁。
    Ⅱ. 林园小区能免费领取高效杀蚁灵。
    Ⅲ. 静园小区的住户家中都发现了白蚁。

    A. 仅Ⅰ。 B. 仅Ⅱ。 C. 仅Ⅲ。
    D. 仅Ⅱ和Ⅲ。 E. Ⅰ、Ⅱ和Ⅲ。

29. 没有人想死。即使是想上天堂的人，也不想搭乘死亡的列车到达那里。然而，死亡是我们共同的宿命，没有人能逃过这个宿命，而且也理应如此。因为死亡很可能是生命独一无二的最棒发明，它是生命改变的原动力，它清除老一代的生命，为新一代开道。

    如果以上陈述为真，则下面哪一项陈述必定为假？

A. 所有人都不能逃过死亡的宿命。 B. 人并不都能逃过死亡的宿命。
C. 并非人都不能逃过死亡的宿命。 D. 张博不能逃过死亡的宿命。
E. 并非所有人能逃过死亡的宿命。

30. "中国人仇富，居然有那么多人为骗子说话，只因为他们骗的是富人，我敢断定，那些骂富人的人，每天都在梦想成为富人。如果他们有机会成为富人，未必就比他们所骂的人干净。况且，并非所有的富人都为富不仁，至少我周围有的富人不是，我看到他们辛勤工作且有慈悲心怀。"有网友对达芬奇家具造假事件的网上评论如是说。

根据该网友的说法，不能合逻辑地确定以下哪项论述的真假？

A. 有的仇富者是中国人。

B. 有的富人并非为富不仁。

C. 那些每天都在梦想成为富人的人却在骂富人。

D. 有的辛勤工作且有慈悲心怀的人是富人。

E. 有的中国人仇富。

微模考2 ▶ 答案详解

1. B

【解析】概念间的关系。

题干中,"哈尔滨人"包含于"北方人"。假定其他概念间的关系不交叉,则最多可能介绍8个人。所以,要保证介绍到8个人,其他概念间的关系不能交叉。

B项,"广东人"与"法律系学生"为交叉关系,与题干矛盾。

2. C

【解析】简单命题的负命题。

题干:并非任何依据法律不能明确禁止的事都是应当做的。

等价于:有的法律不能明确禁止的事是不应当做的。

注意:B项是题干试图表达的论点,但是题干的论据不足以使其论点一定成立,故B项不能选。

3. A

【解析】复言命题的真假话问题。

题干中有关键信息:①作案者→撒谎=真话→无辜者;②无辜者→真话=撒谎→作案者。

由①知,若王是作案者,必然不会说自己作案,故张说假话,张是作案者,王不是作案者。

又由②知,王说的是真话,故李是作案者,又由①知,李说假话,故赵不是作案者,又由②知,赵说的是真话,故孙是作案者。

综上所述,张作案,王没作案,李作案,赵没作案,孙作案,A项正确。

4. C

【解析】简单命题的负命题。

题干:并非全体赞同=有的人不赞同,故C项正确。

5. C

【解析】简单命题的负命题。

由老师的话可知:并非"所有同学成绩都不低于70分"=有的同学成绩低于70分。

所以,若研究生的课程70分才算及格,肯定有的同学成绩不及格,C项为真。

(注:本题是一道真题,原题是"我估计我们班同学们的成绩都大于70分",如果是这样,则可能所有同学都是70分,即所有同学都及格了,C项可能为真可能为假。所以,此题的原题是一道错题。)

6. E

【解析】简单命题的负命题。

题干:并非所有个体商贩都有偷税、逃税行为=有的个体商贩没有偷税、逃税行为。

7. C

【解析】简单命题的负命题。

不一定＝可能不。故 C 项正确。

8. C

【解析】真假话问题。

题干有以下断定：

①¬周；②王；③吴；④¬王。四个断定中有两真两假。

A 项若为真，则①、②、③均为真，与两真两假矛盾，故 A 项为假。

B 项若为真，则只有②为真，与两真两假矛盾，故 B 项为假。

C 项若为真，则①、②为真，③、④为假，可能成立。

D 项若为真，则①、③、④均为真，与两真两假矛盾，故 D 项为假。

E 项若为真，则只有④为真，与两真两假矛盾，故 E 项为假。

9. C

【解析】真假话问题。

题干有以下判断（两真两假）：

①甲：都没作案。

②乙：有人作案。

③丙：¬乙∨¬丁。

④丁：¬丁。

找矛盾：甲和乙的话是矛盾的，二者必有一真一假；可知：⑤丙和丁的话必有一真一假。

若丁的话为真，则丙的话也为真，与⑤矛盾，故丁的话为假、丙的话为真，可知丁作案；

所以，四人中有人作案为真，故乙的话为真、甲的话为假。

10. B

【解析】真假话问题。

Ⅰ项，不一定成立。例如，当只有两个孩子口袋里装有卵石，其中一个装有 24 块，另一个装有 1 块时，第一句话为真，而第二句话为假。

Ⅱ项，一定成立。因为，如果每个孩子的口袋中，或者没有卵石，或者至少有 5 块卵石，那么装有卵石的孩子数目不可能超过 5 个，否则卵石的总数就会超出 25 块。

Ⅲ项，不一定成立。例如，当有 25 个孩子，每人口袋里装有 1 块卵石时，两句话都是假的。

11. A

【解析】真假话问题。

由题干可知，甲的话与丙的话矛盾，必有一真一假。

又知只有一人说假话，故乙的话和丁的话均为真，故乙和丁不是团员。

由乙和丁不是团员，可知：我班有人不是团员为真，即丙的话为真，故甲的话为假。

12. B

【解析】概念间的关系。

大连人属于北方人，统计总人数时必有重合，若其他概念均无重合，则最多有 2＋1＋2＋3＝8(人)。

又由"两个人只选修了逻辑哲学"，故这两个人和三个人选修"古典音乐欣赏"一定没有重合，故最少有 5 人。

13. E

【解析】简单命题的负命题。

题干：不可能所有的错误都能避免＝必然有的错误不能避免，故 E 项正确。

14. B

【解析】真假话问题。

题干中有以下判断：

①周：¬周。

②吴：王。

③郑：吴。

④王：¬王。

⑤四人中只有一人捐款。

⑥四人中只有一个人说的是真话。

吴和王的话矛盾，必有一真一假，由⑥知，周的话和郑的话必为假。

由周的话为假，可知款是周捐的；故王的话为真，吴的话为假。

15. B

【解析】简单命题的负命题。

方法一："所有人不必然不爱老吕"＝"所有人可能爱老吕"。

故：不是"所有人不必然不爱老吕"＝不是"所有人可能爱老吕"＝"有的人必然不爱老吕"。

方法二：如果出现两个否定词，则把两个否定词中间的部分按照替换法口诀替换，第二个否定词后面的句子不变即可。

故此题中"不是所有人不必然不爱老吕"＝"有的人必然不爱老吕"。

16. B

【解析】简单命题的真假话问题。

题干已知下列信息：

①有的队员参加了训练。

②有的队员没有参加训练。

③并非有的队员没有参加训练＝所有队员都参加了训练。

④库里参加了训练。

由题干信息可知，②和③矛盾，必有一真一假。

由于四个陈述中有两个是假的，故①和④一真一假。若④为真，那么①一定为真，所以④为假、①为真，故库里没有参加训练。

综上，B 项"所有队员都参加了训练"为假。

17. D

【解析】简单命题的负命题。

题干：不必然任何经济发展都导致生态恶化，但不可能有不阻碍经济发展的生态恶化。

等价于：可能有的经济发展不导致生态恶化，但必然所有生态恶化都阻碍经济发展。

18. A

【解析】真假话问题。

题干有以下断定：

甲：丙。

乙：甲∨乙∨丁。

丙：￢丙。

丁：都没作案。

甲和丙的话是矛盾的，故二者必有一真一假。又因四人中只有一人说真话，故乙和丁的话均为假。

由乙的话为假可知：￢（甲∨乙∨丁），等价于：￢甲∧￢乙∧￢丁；

由丁的话为假可知：有人作案，即：甲∨乙∨丙∨丁；

可得：￢甲∧￢乙∧￢丁→丙。

所以，作案者必为丙；故甲说的是真话，丙说的是假话，A项正确。

19. C

【解析】对当关系。

题干：试题不都有解＝有的试题没有解。

Ⅰ项，与"有的试题没有解"矛盾，为假。

Ⅱ项，由口诀"下真上不定"，可知此项真假不定。

Ⅲ项，"有的"和"有的不"为下反对关系，"一真另不定"，可知此项真假不定。

Ⅳ项，显然为真。

20. C

【解析】对当关系。

题干：鸵鸟是鸟，但鸵鸟不会飞。

Ⅰ项，鸵鸟不会飞，但不会飞的鸟不一定是鸵鸟，此项可真可假。

Ⅱ项，虽然事实上鸵鸟不会飞，但不排除有人不了解这一事实，他们认为鸵鸟会飞，故此项可真可假。

Ⅲ项，等价于：所有鸟都会飞，必为假。

故C项正确。

21. A

【解析】对当关系。

题干信息：

①没有人爱每一个人。

②张生爱莺莺。

③莺莺爱每一个爱张生的人＝爱张生的人→被莺莺爱。

Ⅰ项，每一个人→爱张生的人，根据题干信息③可得，每一个人→爱张生的人→被莺莺爱，即莺莺爱每一个人，与题干信息①矛盾，为假。

Ⅱ项，与题干信息不矛盾，可能为真。

Ⅲ项，莺莺→¬爱张生，与题干信息不矛盾，可能为真。

故 A 项正确。

22. D

【解析】对当关系。

题干等价于：①有些大众对绝大多数新的立法都没有觉察，②有些大众对现存立法可能了解。

Ⅰ项，与②为下反对关系，可真可假。

Ⅱ项，与②等价，为真。

Ⅲ项，与①为下反对关系，可真可假。

23. B

【解析】对当关系。

将题干信息整理如下：

①很多快乐的人并不幸福，即有的快乐的人不幸福。

②没有一个幸福的人是不快乐的，即所有幸福的人都是快乐的。

A 项，由题干信息①知：有的快乐的人不幸福＝有的不幸福的人快乐，为真。

B 项，与题干信息②矛盾，为假。

C 项，由题干信息②知：所有→有的，即有的幸福的人是快乐的。根据有的互换原则，可知有的快乐的人是幸福的，为真。

D 项，由题干信息②知：幸福→快乐，等价于：¬快乐→¬幸福，为真。

E 项，¬（幸福∧¬快乐）=¬幸福∨快乐＝幸福→快乐，由题干信息②知为真。

24. D

【解析】简单命题的负命题。

Ⅰ项，等价于：有的受到希望工程捐助的学生不努力学习，使该校所有的教师感到痛心，与题干等价，为真。

Ⅱ项，题干并未提及"未受到希望工程捐助的学生"的状况，故真假不定。

Ⅲ项，"并不使有些教师感到痛心"与题干中"所有的教师都感到痛心"矛盾，故必然为假。

综上，Ⅱ项不能确定真假，选 D。

25. A

【解析】简单命题的负命题。

题干：即使是天下最勤奋的人，也不可能读完天下所有的书，等价于：天下最勤奋的人也必然有书读不完。

即，最勤奋的人必然读不完所有的书，A 项为真。

26. C

【解析】简单命题的负命题。

题干：有的优秀运动员不必然不失误，并非所有的优秀运动员都可能失误。

等价于：有的优秀运动员可能失误，有的优秀运动员不可能失误。

故 C 项正确。

27. C

【解析】箭头的串联＋对当关系。

题干有以下信息：

①交响乐→油画∧¬京剧。

②交响乐→油画。

③交响乐→¬京剧＝京剧→¬交响乐。

④有的京剧→油画，等价于：有的油画→京剧。

A项，由题干信息②知，喜欢交响乐的职工都喜欢欣赏油画，可知，有的喜欢交响乐的职工喜欢欣赏油画，等价于：有的喜欢欣赏油画的职工喜欢交响乐，为真。

B项，由题干信息④知，为真。

C项，由题干信息③知，为假。

D项，由题干信息④、③串联得：有的油画→京剧→¬交响乐，为真。

E项，由题干信息③可得：有的喜欢交响乐的职工不喜欢京剧＝有的不喜欢京剧的职工喜欢交响乐，为真。

28. E

【解析】箭头的串联＋对当关系。

题干有以下断定：

①有的林园→白蚁。

②¬白蚁→¬免费领取杀蚁灵＝免费领取杀蚁灵→白蚁。

③静园小区可以免费领取杀蚁灵。

Ⅰ项，根据"两个有的，至少一真，一假另必真，一真另不定"，可知此项可真可假。

Ⅱ项，白蚁后无箭头指向，故可真可假。

Ⅲ项，由③知静园小区可以免费领取杀蚁灵，但是无法判断是否所有住户都可以领取杀蚁灵，故可真可假。

29. C

【解析】简单命题的负命题。

题干：死亡是我们共同的宿命，没有人能逃过这个宿命，即所有人都不能逃过死亡的宿命。

A项，与题干相同，为真。

B项，等价于"有的人不能逃过死亡的宿命"，根据对当关系知，为真。

C项，等价于"有的人能逃过死亡的宿命"，根据对当关系知，"所有不"和"有的"是矛盾关系，为假。

D项，根据对当关系知，"所有不"推"某个不"，为真。

E项，等价于"有的人不能逃过死亡的宿命"，根据对当关系知，为真。

30. C

【解析】箭头的串联＋简单命题的负命题。

题干有以下判断：

①中国人仇富。

②那些骂富人的人，每天都在梦想成为富人。
③并非所有的富人都为富不仁。
④有的富人辛勤工作且有慈悲心怀。

A项，为真，"中国人仇富"可以推出"有的中国人仇富"，等价于"有的仇富者是中国人"。

B项，为真，并非所有的富人都为富不仁＝有的富人不为富不仁。

C项，可真可假，骂富人的人→每天都在梦想成为富人，不能推出：每天都在梦想成为富人→骂富人的人。

D项，为真，有的富人→辛勤工作且有慈悲心怀＝有的辛勤工作且有慈悲心怀→富人。

E项，由A项分析可知，为真。

第二部分 论证逻辑

本部分思维导图

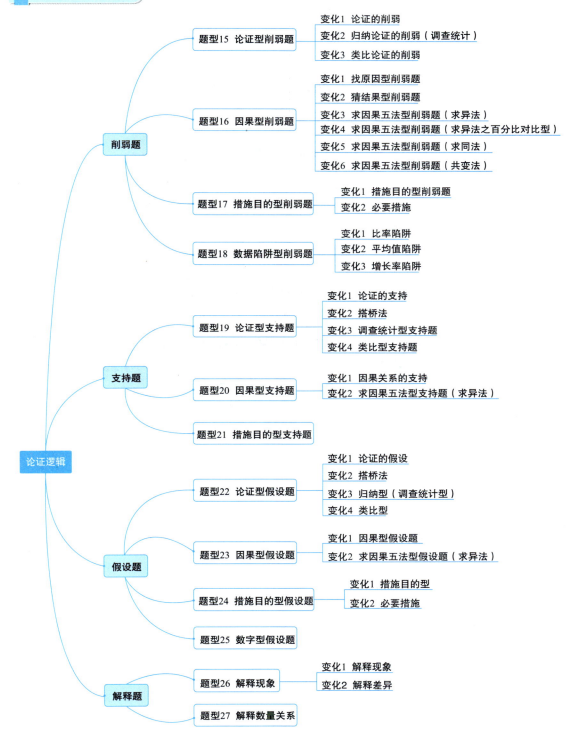

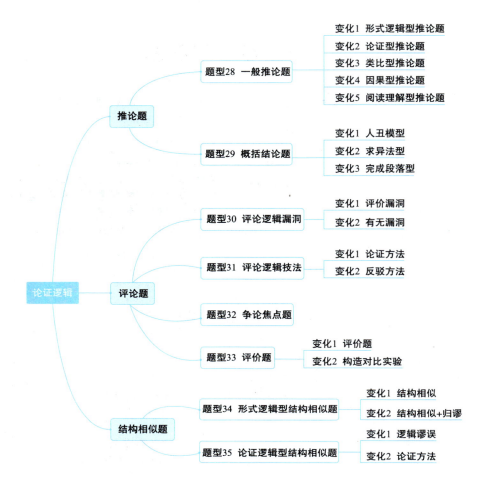

注意：具体题型变化详见《老吕逻辑要点精编》(母题篇)。

第 3 章 削弱题

削弱题概述

削弱题是论证逻辑中最重要的题型。题干给出一个论证或者表达某种观点,要求从选项中找出最能(或不能)削弱题干的选项。

削弱题的常见提问方式如下:
"以下哪项如果为真,最能(或不能)削弱上述结论?"
"以下哪项如果为真,最能(或不能)对上述结论提出质疑?"
"以下哪项如果为真,最能反驳上述结论?"
"以下哪项如果为真,最能说明上述结论不成立?"
"以下选项都是对上述论点的质疑,除了哪项?"

对于削弱题,我们常采取以下解题步骤:
(1)读题目要求,判断此题属于削弱题。
(2)读题干,写出题干的逻辑主线,并判断题目属于哪种命题模型。
(3)依据解题模型及常见削弱方法,找出正确选项。

题型 15 论证型削弱题

母题技巧

论证型削弱题方法总结

(题干结构:论据 A $\xrightarrow{\text{证明}}$ 结论 B)

1. 论证的基本削弱方法

(1)削弱论点。

直接说明对方论点的虚假性。

(2)削弱论据。

说明对方所使用的论据是虚假的,从而论证他的论点是虚假的。

(3)提出反面论据。

提出能够证明对方论点虚假的反面论据。

（4）削弱隐含假设。

隐含假设就是对方在论述中虽未言明，但是其结论要想成立，必须具有的一个前提。反驳隐含假设就是指出题干的论证蕴含的假设不成立。

（5）指出论据不充分。

论据虽然成立，但不足以支持结论成立。

（6）举反例。

要说明一个命题是假命题，通常可以举出一个例子，使之具备命题的条件，而不具有命题的结论，这种例子称为反例。

2. 归纳论证的削弱

归纳论证，又可称为调查统计型题目，题干一般是通过调查、抽样统计、某个人的所见所闻，总结出一个结论。调查统计型题目的论据是某个或某些样本的情况，结论却是全体的情况，所以其结论不一定成立。常见的有以下削弱方式：

（1）样本没有代表性。

调查统计的结论要有效，样本必须能够代表全体的情况。样本的代表性从样本的数量、广度、随机性等方面判断。

需要注意的是，对于多大数量的样本才是有代表性的样本，在统计学领域并没有统一规定。同样，这一问题在逻辑题里也没有具体规定，需要同学们根据题意进行判断。

从统计学的角度讲，样本应该是呈正态分布的，但是对于逻辑考试，我们只需要了解样本应该具有一定的广度、样本的选取应该是随机的。

如果样本没有代表性，我们就可以说这个抽样统计是以偏概全的。

（2）调查机构不中立。

调查机构必须持中立态度，具有独立性。

3. 类比论证的削弱

（1）类比。

类比，简单来说，就是以此物比它物，通过两种对象在一些性质上的相似性，得出它们在其他性质上也是相似的。

（2）类比的典型结构。

对象1：有性质 A、B；

对象2：有性质 A；

所以，对象2也有性质 B。

（3）类比的削弱。

①类比对象存在本质差异，使得类比不成立。

②前提属性与结论属性不相关，使得类比不成立。

母题精练

1. 北极地区蕴藏着丰富的石油、天然气、矿物和渔业资源，其油气储量占世界未开发油气资源的 1/4。全球变暖使北极地区的冰面以每 10 年 9％的速度融化，穿过北冰洋沿俄罗斯北部海岸线连通大西洋和太平洋的航线可以使从亚洲到欧洲比走巴拿马运河近上万公里。因此，北极的开发和利用将为人类带来巨大的好处。

   如果以下陈述为真，除哪一项外，都能削弱上述论证？

   A. 穿越北极的航船会带来入侵生物，破坏北极的生态系统。

   B. 国际社会因北极开发问题发生过许多严重冲突，但当事国做了冷静搁置或低调处理。

   C. 开发北极会使永久冻土融化，释放温室气体甲烷，导致极端天气增多。

   D. 开发北极会加速冰雪融化，使海平面上升，淹没沿海低地。

   E. 冰川消融会使海水入侵沿海地下淡水层，从而给人类带来灾难。

2. 我国多数软件开发工作者的"版权意识"十分淡漠，不懂得通过版权来保护自己的合法权益。最近对 500 多位软件开发者的调查表明，在制订开发计划时也同时制订了版权申请计划的仅占 20％。

   以下哪项如果为真，最能削弱上述结论？

   A. 制订了版权申请计划并不代表有很强的"版权意识"，是否有"版权意识"要看实践。

   B. 有许多软件开发者事先没有制订版权申请计划，但在软件完成后申请了版权。

   C. 有些软件开发者不知道应该到什么地方去申请版权。有些版权受理机构的服务态度也很差。

   D. 版权意识的培养需要有一个好的法制环境。人们既要保护自己的版权，也要尊重他人的版权。

   E. 在被调查的 500 名软件开发者以外还有上万名计算机软件开发者，他们的"版权意识"如何，有待进一步调查。

3. 过去，大多数航空公司都尽量减轻飞机的重量，从而达到节省燃油的目的。那时最安全的飞机座椅是非常重的，因此只安装很少的这类座椅。今年，最安全的座椅卖得最好。这非常明显地证明，现在的航空公司在安全和省油这两方面更倾向重视安全了。

   以下哪项如果为真，能够最有力地削弱上述结论？

   A. 去年销售量最大的飞机座椅并不是最安全的座椅。

   B. 所有航空公司总是宣称他们比其他公司更加重视安全。

   C. 与安全座椅销量不好的那些年比，今年的油价有所提高。

   D. 由于原材料成本提高，今年的座椅价格比以往都贵。

   E. 由于技术创新，今年最安全的座椅反而比一般座椅的重量轻。

4. 甲省的省报发行量是乙省的省报发行量的 10 倍，可见，甲省的群众比乙省的群众更关心时事新闻。

   以下哪项如果属实，最能削弱上述论证？

   A. 甲省的人口是乙省人口的 5 倍。　　　　　B. 甲省的人口是乙省人口的 10 倍。

   C. 甲省的省报在全国发行。　　　　　　　　D. 甲省的省报主要在乙省销售。

   E. 乙省的省报在全国发行。

5. 为了祛除脸上的黄褐斑，李小姐在今年夏秋之交开始严格按照使用说明去使用艾利雅祛斑霜。但经过整个秋季三个月的疗程，她脸上的黄褐斑毫不见少。由此可见，艾利雅祛斑霜是完全无效的。

以下哪项如果是真的，最能削弱上述结论？

A. 艾利雅祛斑霜价格昂贵。

B. 艾利雅祛斑霜获得了国家专利。

C. 艾利雅祛斑霜有技术合格证书。

D. 艾利雅祛斑霜是中外合资生产的，生产质量是信得过的。

E. 如果不使用艾利雅祛斑霜，李小姐脸上的黄褐斑会更多。

6. 一种外表类似苹果的水果被培育出来，我们称它为皮果。皮果的果皮里面会包含少量杀虫剂的残余物。然而，专家建议我们吃皮果之前不应该削皮，因为这种皮果的果皮里面含有一种特殊的维生素，这种维生素在其他水果里面含量很少，对人体健康很有益处，弃之可惜。

以下哪项如果为真，最能对专家的上述建议构成质疑？

A. 皮果皮上的杀虫剂残余物不能被洗掉。

B. 皮果皮中的那种维生素不能被人体充分消化吸收。

C. 吸收皮果皮上的杀虫剂残余物对人体的危害超过了吸收皮果皮中的维生素对人体的益处。

D. 皮果皮上杀虫剂残余物的数量太少，不会对人体造成危害。

E. 皮果皮上的这种维生素未来也可能用人工的方式合成，有关研究成果已经公布。

7. 被疟原虫寄生的红细胞在人体内的存在时间不会超过 120 天。因为疟原虫不可能从一个它所寄生衰亡的红细胞进入一个新生的红细胞，因此，如果一个疟疾患者在进入了一个绝对不会再被疟蚊叮咬的地方 120 天后仍然周期性高烧不退，那么，这种高烧不会是由疟原虫引起的。

以下哪项如果为真，最能削弱上述结论？

A. 由疟原虫引起的高烧和由感冒病毒引起的高烧有时不容易区别。

B. 携带疟原虫的疟蚊和普通的蚊子很难区别。

C. 引起周期性高烧的疟原虫有时会进入人的脾脏细胞，这种细胞在人体内的存在时间要长于红细胞。

D. 除了周期性的高烧只有到疟疾治愈后才会消失外，疟疾的其他某些症状也会随着药物治疗而缓解乃至消失，但在 120 天内仍会再次出现。

E. 疟原虫只有在疟蚊体内和人的细胞内才能生存与繁殖。

8. 我国正常婴儿在 3 个月时的平均体重在 5~6 公斤。因此，如果一个 3 个月的婴儿的体重只有 4 公斤，则说明其间他（她）的体重增长低于平均水平。

以下哪项如果为真，最有助于说明上述论证存在漏洞？

A. 婴儿的体重增长低于平均水平不意味着发育不正常。

B. 上述婴儿在 6 个月时的体重高于平均水平。

C. 上述婴儿出生时的体重低于平均水平。

D. 母乳喂养的婴儿体重增长较快。

E. 我国婴儿的平均体重较 20 年前有了显著的增加。

9. 一个医生在进行健康检查时，如果检查得足够彻底，就会使那些本没有疾病的被检查者无谓地饱经折腾，并白白地支付了昂贵的检查费用；如果检查得不够彻底，又可能错过一些严重的疾病，给病人一种虚假的安全感而延误治疗。问题在于，一个医生往往很难确定该把一个检查进行到何种程度。因此，对普通人来说，没有感觉不适就去接受医疗检查是不明智的。

    以下各项如果为真，都能削弱上述论证，除了：

    A. 有些严重疾病早期就有病人自己能察觉的明显症状。

    B. 有些严重疾病早期虽无病人能察觉的明显症状，但这些症状并不难被医生发现。

    C. 有些严重疾病只有经过彻底检查才能被发现。

    D. 有些经验丰富的医生可以恰如其分地把握检查的彻底程度。

    E. 有些严重疾病发展到病人有明显不适时，已错过了治疗的最佳时机。

10. 语言学家多年来一直在指责英语短语"between you and I"的用法是不合乎语法的，他们坚持认为正确的用法是"between you and me"，即在介词后接宾格。然而，这样的批评显然是没有根据的，因为莎士比亚自己在《威尼斯商人》中写道"All debts are cleared between you and I"。

    下面哪项如果成立，最能严重地削弱以上论述？

    A. 在莎士比亚的戏剧中，他有意让一些角色使用他认为不合语法的短语。

    B. "between you and I"这样的短语很少出现在莎士比亚的作品中。

    C. 越是现代的英语词组或短语，现代的语言学家越认为它们不适合在正式场合使用。

    D. 现代说英语的人有时说"between you and I"，有时说"between you and me"。

    E. 许多把英语作为母语的人选择说"between you and I"是因为他们知道莎士比亚也用这个短语。

11. 正确评价服务行业的劳动生产率是很复杂的。以邮递员为例，通常如果每个邮递员投递的信件越多，人们就认为其劳动生产率越高。但事实果真如此吗？如果他在投递较多信件的同时，又遗失或者延误了更多的信件呢？

    以上对劳动生产率的反对意见，是建立在对以下哪项论断正确性的疑问基础上的？

    A. 邮递员是服务行业人员中最具普遍代表性的。

    B. 投递信件是邮政服务的主要业务。

    C. 劳动生产率应该按群体类别衡量而不是按个人。

    D. 在计算劳动生产率时，服务质量是可以适当忽略的。

    E. 投递信件的数量与评估邮递员的劳动生产率有关。

12. 或者当你的孩子变坏时你严厉地惩罚他，或者他长大后将成为罪犯。你的孩子已经学坏了，因此，你必须严厉地惩罚他。

    除了哪项，以下各项都能构成对上述论证的质疑？

    A. 什么是你看来可以称之为严厉的惩罚？

    B. 什么是你所说的"学坏"的确切含义？

    C. 你的第一个前提是否过于简单化了？

    D. 你的第二个前提的断定有什么事实根据？

    E. 你的孩子是怎么学坏的？

13. 一般人认为，广告商为了吸引顾客会不择手段。但广告商并不都是这样的。最近，为了扩大销路，一家名为《港湾》的家庭类杂志改名为《炼狱》，主要刊登暴力与色情内容。结果原先《港湾》杂志的一些常年广告客户拒绝续签合同，转向其他刊物。这说明这些广告商不仅要考虑经济效益，还要顾及道德责任。

    以下各项如果为真，都能削弱上述论证，除了：

    A. 《炼狱》杂志所登载的暴力与色情内容在同类杂志中较为节制。

    B. 刊登暴力与色情内容的杂志通常销量较高，但信誉度较低。

    C. 上述拒绝续签合同的广告商主要推销家具商品。

    D. 改名后的《炼狱》杂志的广告费比改名前提高了数倍。

    E. 《炼狱》因登载虚假广告被媒体曝光，一度成为新闻热点。

14. 妇女适合当警察的想法是荒唐的。妇女毕竟比男子平均矮15公分、轻15公斤。很显然，在遇到暴力事件时，妇女没有男子有效。

    以下哪项如果为真，最能削弱以上论证？

    A. 有些申请当警察的妇女比在职的男警察长得高大。

    B. 警察必须经过18个月的强化训练。

    C. 在许多情况下，罪犯或受害者是妇女。

    D. 警察要求携带和使用枪支，而妇女通常胆小怕枪。

    E. 有许多警察部门的办公室工作妇女可以做。

15. 许多消费者在超级市场挑选食品时，往往喜欢挑选那些用透明材料包装的食品，其理由是通过透明包装可以直接看到包装内的食品，这样心里有一种安全感。

    以下哪项如果为真，最能对上述心理感受构成质疑？

    A. 光线对食品营养所造成的破坏，引起了科学家和营养专家的高度重视。

    B. 食品的包装与食品内部的卫生程度并没有直接的关系。

    C. 美国宾州州立大学的研究结果表明：牛奶暴露于光线之下，无论是何种光线，都会引起风味上的变化。

    D. 有些透明材料包装的食品，有时候让人看了会倒胃口，特别是不新鲜的蔬菜和水果。

    E. 世界上许多国家在食品包装上大量采用阻光包装。

16. 在目前财政拮据的情况下，在本市增加警力的动议不可取。在计算增加警力所需的经费开支时，仅考虑到支付新增警员的工资是不够的，同时还要考虑到支付法庭和监狱新雇员的工资。由于警力的增加带来的逮捕、宣判和监管任务的增加，势必需要相关部门同时增员。

    以下哪项如果为真，将最有力地削弱上述论证？

    A. 增加警力所需的费用，将由中央和地方财政共同负担。

    B. 目前的财政状况，绝不至于拮据到连维护社会治安的费用都难以支付的地步。

    C. 湖州市与本市毗邻，去年警力增加19%，逮捕个案增加40%，判决个案增加13%。

    D. 并非所有侦察都导致逮捕，并非所有逮捕都导致宣判，并非所有宣判都导致监禁。

    E. 当警力增加到与市民的数量达到一个恰当的比例时，将减少犯罪。

17. 目前的大学生普遍缺乏中国传统文化的学习和积累。国家教委有关部门及部分高等院校最近做的一次调查表明，大学生中喜欢和比较喜欢京剧艺术的只占到被调查人数的14％。

    下列陈述中的哪一项最能削弱上述观点？

    A. 大学生缺乏对京剧艺术欣赏方面的指导，不懂得怎样去欣赏。

    B. 喜欢京剧艺术与学习中国传统文化不是一回事，不要以偏概全。

    C. 14％的比例正说明培养大学生对传统文化的学习大有潜力可挖。

    D. 有一些大学生既喜欢京剧，又对中国传统文化的其他方面有兴趣。

    E. 调查的比例太小，恐怕不能反映当代大学生的真实情况。

18. 某国对吸烟情况进行了调查，结果表明，最近三年，中学生吸烟人数在逐年下降。于是，调查组得出结论：吸烟的青少年人数在逐年减少。

    下述哪项如果为真，则调查组的结论将受到怀疑？

    A. 由于经费紧张，下一年不再对中学生做此调查。

    B. 国际上的香烟打进国内市场，香烟的价格在下降。

    C. 许多吸烟的青少年不是中学生。

    D. 近三年来，反对吸烟的中学生人数在增加。

    E. 近三年来，帮助吸烟者的戒烟协会数量在增加。

19. 某校报受校学生会委托，在全校师生中进行抽样调查，推选最受欢迎的学生会干部，结果姚军得到65％以上的支持，得票最多。据此，学生会认为最受欢迎的学生会干部是姚军。

    以下哪项如果为真，最能削弱学生会的结论？

    A. 这次调查在设计上把姚军放在了候选人的首位。

    B. 该校所有人都参加了此次调查。

    C. 多数被调查者并不关注学生会成员及其工作。

    D. 该校师生中有部分人没有在调查中发表自己的意见。

    E. 这次的调查对象大部分来自姚军所在的院系。

20. 电脑尽管在许多方面具有很强的功能，但有实验表明，在运算加减乘除时，操作电脑还比不上使用算盘来得更快、更准确。

    以下哪项如果为真，能够使上述实验的说服力大为削弱？

    A. 实验中操作电脑与使用算盘的人必定是不同的人。

    B. 使用算盘的人可以运用口诀。

    C. 使用算盘的时候能够借助于心算，而操作电脑者不能。

    D. 用电脑做运算，不在乎数字的大小，而算盘则不然。实验中运算的只是较小的数字。

    E. 使用电脑时需要键入诸如"＋－×÷"等运算符号。

21. 在举办奥运会之前的几年里，奥运会主办国要进行大量的基础设施建设和投资，从而带动经济增长。奥运会当年，居民消费和旅游明显上升，也会拉动经济增长。但这些因素在奥运会后消失，使得主办国的经济衰退。韩国、西班牙、希腊等国家在奥运会后都出现经济下滑现象。因此，2008年奥运会后中国也会出现经济衰退。

    如果以下陈述为真，除哪项陈述外，都能对上述论证的结论提出质疑？

A. 专家预测，即使奥运会结束后，它对中国经济增长的推动作用也有0.2%～0.4%。

B. 1984年洛杉矶奥运会和1996年亚特兰大奥运会都没有造成美国经济下滑。

C. 中国城市化进程处于加速阶段，城镇建设在今后几十年内将有力地推动中国经济发展。

D. 为奥运会兴建的体育场馆在奥运会后将成为普通市民健身和娱乐的场所。

E. 2008年北京奥运会带动了中国体育事业的发展，而这种发展在奥运会后仍有很强的延续性。

22. 毫无疑问，未成年人吸烟应该被加以禁止。但是，我们不能为了防止给未成年人吸烟以可乘之机，就明令禁止自动售烟机的使用。马路边上不是到处有避孕套自动销售机吗？为什么不担心有人从中买了避孕套去嫖娼呢？

以下哪项如果为真，最能削弱题干的论证？

A. 嫖娼是触犯法律的，但未成年人吸烟并不触犯法律。

B. 公众场合是否适合放置避孕套自动销售机，一直是一个有争议的问题。

C. 人工售烟营业点明令禁止向未成年人售烟。

D. 在司法部门的严厉打击下，卖淫嫖娼等社会丑恶现象逐年减少。

E. 据统计，近年来未成年吸烟者的比例有所上升。

23. 高脂肪、高含糖量的食物有害人的健康。因此，既然越来越多的国家明令禁止未成年人吸烟和喝含酒精的饮料，那么，为什么不能用同样的方法对待那些有害健康的食品呢？应该明令禁止18岁以下的人食用高脂肪、高糖食品。

以下哪一项如果为真，则最能削弱上述建议？

A. 许多国家已经把未成年人的标准定为16岁以下。

B. 烟、酒对人体的危害比高脂肪、高糖食物的危害要大。

C. 并非所有的国家都禁止未成年人吸烟、喝酒。

D. 禁止有害健康食品的生产，要比禁止有害健康食品的食用更有效。

E. 高脂肪、高糖食品主要危害中老年人的健康。

24. 据交通部去年对全国十个大城市的统计，S市的汽车交通事故率最低。S市在前年实施了汽车特殊安检制度，提高了安检的标准和力度。为了有效降低汽车交通事故率，其他大城市也应当像S市那样，对本市的汽车实施特殊安检。

以下哪项如果为真，最能削弱题干的论证？

A. 在上述十个大城市中，在S市行驶的汽车中外地汽车所占的比率最低。

B. 在上述十个大城市中，在S市行驶的汽车交通事故中外地汽车肇事所占的比率最低。

C. 在上述十个大城市中，在S市行驶的汽车的总量最少。

D. S市去年的汽车交通事故的数量少于前年。

E. 在上述十个大城市中，H市也实施了和S市同样的特殊安检制度，但去年其交通事故率要高于S市。

25. 科学研究证明，非饱和脂肪酸含量高和饱和脂肪酸含量低的食物有利于预防心脏病。鱼通过食用浮游生物中的绿色植物使得体内含有丰富的非饱和脂肪酸"奥米加·3"，而牛和其他反刍动物通过食用青草同样获得丰富的非饱和脂肪酸"奥米加·3"。因此，多食用牛肉和多食用鱼肉对于预防心脏病都是有效的。

以下哪项如果为真，最能削弱题干的论证？

A. 在单位数量的牛肉和鱼肉中，前者非饱和脂肪酸"奥米加·3"的含量要少于后者。

B. 欧洲疯牛病的风波在全球范围内大大减少了牛肉的消费者，增加了鱼肉的消费者。

C. 牛和其他反刍动物在反刍消化的过程中，把大量的非饱和脂肪酸转化为饱和脂肪酸。

D. 实验证明，鱼肉中含有的非饱和脂肪酸"奥米加·3"比牛肉中含有的非饱和脂肪酸更易被人吸收。

E. 统计表明，在欧洲内陆大量食用牛肉和奶制品的居民中患心脏病的比例，要高于在欧洲沿海大量食用鱼肉的居民中患心脏病的比例。

26. 一个部落或种族在历史的发展中灭绝了，但它的文字会留传下来。"亚里洛"就是这样一种文字。考古学家是在内陆发现这种文字的。经研究"亚里洛"中没有表示"海"的文字，但有表示"冬""雪""狼"的文字。因此，专家们推测，使用"亚里洛"文字的部落或种族在历史上生活在远离海洋的寒冷地带。

以下哪项如果为真，最能削弱上述专家的推测？

A. 蒙古语中有表示"海"的文字，尽管古代蒙古人从没见过海。

B. "亚里洛"中有表示"鱼"的文字。

C. "亚里洛"中有表示"热"的文字。

D. "亚里洛"中没有表示"山"的文字。

E. "亚里洛"中没有表示"云"的文字。

答案详解

1. B

【解析】论证型削弱题。

题干：①北极地区蕴藏着丰富的石油、天然气、矿物和渔业资源；②全球变暖使北极地区的冰面融化，使航线缩短上万公里 —证明→ 北极的开发和利用将为人类带来巨大的好处。

A、C、D、E项都指出了北极的开发和利用给人类带来了恶果，削弱题干。

B项，无法削弱北极的开发和利用是有利的。

2. B

【解析】调查统计型削弱题。

题干：对500多位软件开发者的调查表明，在制订开发计划时也同时制订了版权申请计划的仅占20% —证明→ 我国多数软件开发工作者的"版权意识"十分淡漠，不懂得通过版权来保护自己的合法权益。

A项，说明20%制订了版权申请计划的软件开发者，也未必有版权意识，加强了题干。

B项，许多软件开发者在软件完成后申请了版权，仍然是有版权意识的，削弱题干。

C项，只说明了版权申请计划的软件开发者很少的原因，无法削弱题干。

D项，无关选项。

E项，诉诸未知。现在的调查已经是个大样本。另外，进一步的调查，也可能得出进一步加强题干论点的结论。

3. E

【解析】论证型削弱题。

题干：今年，最安全的座椅卖得最好 —证明→ 航空公司在安全和省油这两方面更倾向重视安全。

A项，无法断定去年卖得最好的座椅是否更轻，削弱力度小。

B、C、D项，无关选项。

E项，削弱题干，最安全的座椅恰好是重量轻的座椅，说明航空公司仍然重视省油。

4. D

【解析】论证型削弱题。

题干：甲省的省报发行量是乙省的省报发行量的10倍 —证明→ 甲省的群众比乙省的群众更关心时事新闻。

A项，按平均人口来算，甲省的人均报纸量仍然是乙省的2倍，不能削弱。

B项，按平均人口来算，甲省的人均报纸量和乙省相同，可以削弱。

C项，甲省的省报在全国发行，当然销量会大，可以削弱。

D项，甲省的省报主要在乙省销售，那么甲省的报纸卖得越多，说明乙省的群众更爱看报纸，更关心时事新闻，削弱力度最大。

E项，乙省的省报在全国发行，发行量还不如甲省，说明乙省群众购买的报纸量小，支持题干。

5. E

【解析】论证型削弱题。

题干：使用艾利雅祛斑霜三个月，李小姐脸上的黄褐斑毫不见少 —证明→ 艾利雅祛斑霜是完全无效的。

A项，无关选项。

B、C、D项，诉诸权威。

E项，说明艾利雅祛斑霜还是有效的，削弱题干的结论。

6. C

【解析】论证型削弱题。

皮果有害处：皮果的果皮里面会包含少量杀虫剂的残余物；皮果也有益处：皮果的果皮里面含有一种特殊的对人体健康有益的维生素 —证明→ 吃皮果之前不应该削皮。

A项，皮果皮上的杀虫剂残余物不能被洗掉，但如果这种残余物的危害小于食用果皮的益处，则专家的建议仍然成立，故此项削弱力度弱。

B项，皮果皮中的那种维生素不能被人体充分消化吸收，不代表无法吸收或者吸收效果不好，削弱力度弱。

C项，题干指出皮果的果皮有害也有益，如果利大于弊则食用果皮更好；如果弊大于利，则食用前应该削皮。此项说明，食用皮果皮弊大于利，削弱题干。

第3章 削弱题

D项，说明食用皮果不用削皮，支持专家的建议。

E项，无关选项，将来是否可以使用人工方式合成这种维生素，与是否食用皮果的果皮无关。

7. C

【解析】论证型削弱题。

题干：①被疟原虫寄生的红细胞在人体内的存在时间不会超过120天；②疟原虫不可能从一个它所寄生衰亡的红细胞进入一个新生的红细胞——证明→一个疟疾患者在进入了一个绝对不会再被疟蚊叮咬的地方120天后仍然周期性高烧不退，则这种高烧不会是由疟原虫引起的。

A、B项，与题干无关的新比较。

C项，说明如果一个疟疾患者在进入了一个绝对不会再被疟蚊叮咬的地方120天后仍然周期性高烧不退，那么，这种高烧仍然可能是由进入人的脾脏细胞的疟原虫引起的，削弱题干结论。

D项，无关选项，题干只涉及"周期性高烧"，不涉及其他症状。

E项，无关选项，题干不涉及疟原虫是否只能在人的细胞内及疟蚊体内生存。

8. C

【解析】论证型削弱题。

题干：我国正常婴儿在3个月时的平均体重在5~6公斤——证明→如果一个3个月的婴儿的体重只有4公斤，则他(她)的体重增长低于平均水平。

前提中比较的是"体重"，结论是"体重增长"，指出二者的差异即可削弱题干。

A项，无关选项，题干没有涉及如何判断发育是否正常。

B项，无关选项，题干讨论的是婴儿在3个月时的情况，与6个月时的情况无关。

C项，若上述婴儿出生时的体重低于平均水平，则这3个月内此婴儿的体重增长不一定低于平均水平，削弱题干的结论。

D项，无关选项，题干没有涉及母乳喂养问题。

E项，无关选项，题干的论证与我国婴儿的平均体重无关。

9. A

【解析】论证型削弱题。

题干的论据：

①如果检查得足够彻底，就会使那些本没有疾病的被检查者无谓地饱经折腾，并白白地支付了昂贵的检查费用。

②如果检查得不够彻底，又可能错过一些严重的疾病，给病人一种虚假的安全感而延误治疗。

③一个医生往往很难确定该把一个检查进行到何种程度。

题干的结论：

对普通人来说，没有感觉不适就去接受医疗检查是不明智的。

A项，支持题干，说明病人确实可以在感觉到不适之后再去医院检查。

其余各选项均提供新论据，说明即使没有感觉到不适，也应该去医院接受医疗检查。

10. A

【解析】论证型削弱题。

题干：莎士比亚戏剧中使用了短语"between you and I"——证明→该短语用法正确。

107

题干中的隐含假设：莎士比亚戏剧中所使用的短语用法正确。

A项，削弱题干的隐含假设，说明莎士比亚戏剧中所使用的短语未必正确。

B项，无关选项，题干的论证不涉及此短语出现的频率。

C项，无关选项，题干并未提及正式场合或者非正式场合。

D项，诉诸众人，是否有人用此短语，与该短语的正确性无关。

E项，无关选项，人们是否知道莎士比亚使用该短语与该短语的正确性无关。

11. D

【解析】论证型削弱题。

注意：此题问的是题干能质疑哪个选项，而一般的削弱题是用选项质疑题干。

题干认为，在计算劳动生产率时，必须考虑服务质量（遗失或者延误的比例）。

D项认为，在计算劳动生产率时，服务质量可以适当忽略。因此，题干对此项有质疑。

其余各选项均不能被题干质疑。

12. E

【解析】论证型削弱题。

题干：①变坏时严厉惩罚∨长大后成为罪犯，②孩子已经学坏 —证明→ 必须严厉地惩罚他。

A项，对前提①提出质疑，即对"严厉惩罚"的定义不够清晰。

B项，同理，指出未对"学坏"进行准确定义。

C项，质疑前提①过于简单，除了所列示的两种可能外，或许还存在其他可能。

D项，质疑了前提②的准确性。

E项，无关选项，不能构成质疑，题干只涉及孩子变坏后如何，不涉及孩子如何变坏。

13. A

【解析】论证型削弱题。

题干：杂志转为刊登暴力与色情内容后，广告商转向其他刊物 —证明→ 广告商不仅要考虑经济效益，还要顾及道德责任。

A项，无关选项，与题干无关的新比较。

B项，因为信誉度低而拒绝续签合同，另有他因。

C项，因为杂志受众变化而拒绝续签合同，另有他因。

D项，因为广告费用上涨而拒绝续签合同，另有他因。

E项，因为被曝光登载虚假广告而拒绝续签合同，另有他因。

14. E

【解析】论证型削弱题。

题干：妇女毕竟比男子平均矮15公分、轻15公斤 —导致→ 在遇到暴力事件时，妇女没有男子有效 —证明→ 妇女适合当警察的想法是荒唐的。

A项，不能削弱，"有些"妇女身材高大不能削弱妇女"整体"比男子矮、比男子轻的论证。

B项，无关选项，此项不涉及男、女性的比较。

C项，无关选项，"罪犯或受害者是妇女"不能说明妇女适合当警察。

D项，支持题干，说明妇女不适合当警察。

E项，提出反面论据，说明有适合妇女的警察职位，削弱题干。

15. A

【解析】削弱题。

题干：消费者往往喜欢挑选那些用透明材料包装的食品。

A项，光线会对食品营养造成破坏，说明消费者的选择有坏处，削弱消费者的选择。

B项，食品包装与食品卫生没有关系，说明消费者的选择没有某种好处，可以削弱，但与A项消费者的选择有坏处相比，削弱力度弱。

C项，削弱消费者的选择，但个例的削弱力度弱。

D项，说明透明包装有利于消费者在挑选产品时排除不新鲜的食品，支持消费者的选择。

E项，诉诸众人。

16. E

【解析】论证型削弱题。

题干：增加警员需要支付新增警员的工资，还需支付法庭和监狱新雇员的工资 —证明→ 在本市增加警力的动议不可取。

A项，由谁承担费用和题干的论证无关。

B项，说明建议可行，但削弱力度很小。

C项，支持题干，举一个类似的例子，说明增加警员的确会加大法庭、监狱的负担。

D项，此项等价于：有的侦察不导致逮捕，有的逮捕不导致宣判，有的宣判不导致监禁，这并不排斥有的侦察会导致逮捕，有的逮捕会导致宣判，有的宣判会导致监禁，因此削弱力度弱。

E项，说明警力增加到一定程度时，反而会减轻法庭、监狱的负担，削弱论据。

17. B

【解析】调查统计型削弱题。

题干：调查表明，大学生中喜欢和比较喜欢京剧艺术的只占到被调查人数的14% —证明→ 大学生普遍缺乏中国传统文化的学习和积累。

题干中的调查只针对"京剧艺术"，得到的结论却是"中国传统文化"，扩大了范围，犯了以偏概全的逻辑错误，B项指出了这一点，正确。

18. C

【解析】调查统计型削弱题。

题干：调查结果表明，中学生吸烟人数在逐年下降 —证明→ 吸烟的青少年人数在逐年减少。

调查对象是"中学生"，结论是"青少年"，二者显然有区别，C项指出了这一区别，最能削弱题干的结论。

19. E

【解析】调查统计型削弱题。

题干：在抽样调查中，姚军得到65%以上的支持，得票最多 —证明→ 最受欢迎的学生会干部是姚军。

A项，候选人的排放位置不影响调查结果，不能削弱。

B项，支持题干。

C项，不影响姚军得票最多的事实，所以削弱力度不大。

D项，调查统计只要求样本有代表性，不要求所有人必须参与调查，故此项无法削弱题干。

E项，指出样本没有代表性，削弱题干。

20. D

【解析】论证型削弱题。

题干：实验表明，在运算加减乘除时，电脑不如算盘。

A项，说明实验中的操作者不同，可以削弱，但此处的"必定"相当于英文中的"must be"，表达了一种猜测的语气，削弱力度较小。

B、C项，说明了为什么算盘算得更快，支持题干。

D项，说明实验的数据没有代表性，削弱题干。

E项，说明了电脑为什么更慢，支持题干。

21. D

【解析】类比型削弱题。

题干：奥运会结束后，韩国、西班牙、希腊等国家都出现经济下滑现象 —证明→ 2008年奥运会后中国也会出现经济衰退。

D项，无关选项，"娱乐健身"和经济发展不直接相关。

B项，可以削弱，举反例削弱题干。

A、C、E项均说明奥运会后中国经济仍会有所发展，削弱题干。

22. C

【解析】类比型削弱题。

题干采用类比论证：不能因为担心有些人买避孕套去嫖娼而禁止避孕套自动销售机的使用 —证明→ 不能为了防止给未成年人吸烟以可乘之机，就明令禁止自动售烟机的使用。

A项，干扰项，虽然此项也指出了类比对象的差异，但这种差异并不能削弱题干结论的成立。试想，嫖娼是违法的，都无须禁止避孕套自动销售机，那么吸烟并不违法，就更不需要禁止自动售烟机了。故，此项支持题干。

B项，诉诸无知。

C项，指出类比对象有差异，避孕套有多种购买方式，避孕套自动销售机对于嫖娼者来说，可有可无，故无须禁止。而对于未成年人来说，烟草只能通过自动售烟机购买，故为了减少未成年人吸烟，应禁止自动售烟机的使用。

D、E项，显然是无关选项。

23. E

【解析】类比型削弱题。

题干：越来越多的国家禁止未成年人吸烟和喝含酒精的饮料 —证明→ 应禁止18岁以下的人食用高脂肪、高糖食品。

A项，无关选项。

B项，有一定的削弱作用，但是力度不大，高脂肪、高糖食物的危害比烟、酒的危害小，不代表没有危害，甚至有可能这样的危害很严重，只是不如烟、酒的危害更大而已。

C项，等价于：有的国家不禁止未成年人吸烟、喝酒，不排斥题干中"烟、酒对人体的危害，禁止未成年人吸烟、喝酒"，不能削弱题干。

D项，无关选项，有其他措施不代表题干中的措施无效。

E项，指出类比对象的差异，烟、酒会对未成年人带来危害，但高脂肪、高糖食品主要危害中老年人的健康，削弱题干。

24. B

【解析】类比型削弱题。

题干：S市实施了汽车特殊安检制度，汽车交通事故率最低 ——证明——→ 其他城市也应该实施汽车特殊安检制度。

B项，最强的削弱，说明S市汽车交通事故率最低，是因为外地汽车肇事的比率低，而不是因为本市的汽车更安全。

A项与B项的区别在于，A项的论证主体是"外地汽车"，B项的论证主体是"外地肇事汽车"，如果"外地汽车"的事故率与本地汽车相同，则无论"外地汽车"的比率是高还是低，都不影响整体事故率的高低。

C项，"量"的多少不能削弱或支持"率"的大小。

D项，支持题干，说明实施特殊安检制度后汽车交通事故率下降了。

E项，削弱力度很小，因为造成H市交通事故率高的原因可能是多种多样的，未必是特殊安检制度无效。

25. C

【解析】类比型削弱题。

题干中的论据：

①非饱和脂肪酸含量高和饱和脂肪酸含量低的食物有利于预防心脏病。

②鱼通过食用浮游生物中的绿色植物使得体内含有丰富的非饱和脂肪酸"奥米加·3"。

③牛和其他反刍动物通过食用青草同样获得丰富的非饱和脂肪酸"奥米加·3"。

题干中的论点：

多食用牛肉和多食用鱼肉对于预防心脏病都是有效的。

注意题干中的论据，鱼的"体内"含有丰富的"奥米加·3"，而牛和其他反刍动物通过食用青草"获得"丰富的"奥米加·3"。那么，牛"获得"的"奥米加·3"成为牛"体内"的"奥米加·3"了吗？如果没有，则不能说明食用牛肉对于预防心脏病是有效的。

C项，说明牛获得的非饱和脂肪酸在反刍消化的过程中被消耗了，削弱题干。

A项和D项，最多说明牛肉对于预防心脏病的作用不如鱼肉好，但无法说明牛肉无法预防心脏病。

其余各项均为无关选项。

26. E

【解析】论证型削弱题。

题干:"亚里洛"中没有表示"海"的文字 —证明→ 使用"亚里洛"文字的部落或种族在历史上生活在远离海洋的寒冷地带。

题干中隐含一个假设:没有表示某种事物的文字,则一定没有某种事物。

E项,没有表示"云"的文字,根据隐含假设,此地区一定没有云;但是一个地区不可能没有云,所以,题干的隐含假设不成立。

E项的削弱也可以认为构造和题干类似的论证(类比),而此论证的结论显然是荒谬的。即,一个地区没有表示"海"的文字就能证明这里没有海吗?依你这么说,没有表示"云"的文字,也就没有云了,而一个地区没有云显然是荒谬的。

题型 16 因果型削弱题

母题技巧

1. "猜结果"型削弱题

如果题干是基于某个事件,推测这个事件引发的结果,就称为"猜结果"型题目。题干的基本结构为:

原因 —推测→ 结果。

削弱方法最常见的有两种:一是指出这个事件并未发生(否因),二是指出由于某种原因,使得题干推测的这个结果并不会出现(结果推断不当)。

2. "找原因"型削弱题

如果题干是已知发现了某种现象,推测这个事件产生的原因,就称为"找原因"型题目。题干的基本结构为:

结果 —猜测→ 原因,或者,现象 ←导致— 原因。

削弱方法有以下几种:

(1)否因削弱。

指出对方的原因没有发生。

(2)否果削弱。

指出对方的结果没有发生。

(3)另有他因。

其他原因导致了结果 B 的发生,而不是原因 A。另有他因是万能命题法,所有因果关系都可以用"另有他因"来削弱。

(4)有因无果。

出现了原因 A,却没有出现结果 B。

（5）无因有果。

没有原因 A，也出现了结果 B。

（6）因果倒置。

B 是造成 A 的原因，而非 A 是造成 B 的原因。

（7）因果无关。

题干中的因和果并不存在因果关系。

【注意】

如果一个选项的内容不涉及题干中的论证，对题干论证成立与否起不到作用，我们称之为无关选项。

无关选项是最常见的错误选项。因为无关选项一般不涉及题干中的关键词，所以使用关键词定位法一般可以迅速排除无关选项。

需要注意的是，"另有他因"和"无关选项"都是在选项中出现了题干中没有提及的新内容。如果这个新内容可以造成题干中的结果，则称为另有他因。但是如果这个新内容和题干中的论据不相关，也不能造成题干中的结果，则称为无关选项。

3. "找原因"的方法——求因果五法

对穆勒求因果五法的考查，是真题的重点。在削弱题中，求异法考的次数最多，共变法次之，求同法偶尔考查。所以我们将这三种方法的模型总结如下：

（1）求异法。

求异法题目的题干，一般是两组对象进行比较（横向对比），或者同一组对象前后比较（纵向对比）的形式。

横向对比：

$$第一组对象：有 A，有 B；$$
$$第二组对象：无 A，无 B；$$
$$故有：A \xrightarrow{导致} B。$$

纵向对比：

$$同一对象有因素 A 前：没有 B；$$
$$同一对象有因素 A 后：有 B；$$
$$故有：A \xrightarrow{导致} B。$$

削弱方法：

使用求异法，要保证只能有一个差异因素；所以，最常用的削弱方式是"还有其他差异因素"对结果产生影响（另有他因）。常见的差异因素有：比较的对象本身有差异、比较的起点不一致、比较的对象所处环境不一致，等等。因果倒置也常在选项中出现。

（2）求异法的一种类型：百分比对比型削弱方法总结。

百分比对比型题目的本质是求异法，一般分为三种场合：正面场合（如吸烟的人）、反面场合（如不吸烟的人）、全体场合（所有人）。

根据求异法，如果正面场合和反面场合、全体场合的百分比有差异，则支持因果关系；如果正面场合和反面场合、全体场合的百分比没有差异，则削弱因果关系。

例如：

正面场合：得糖尿病的人，60%肥胖；
反面场合：不得糖尿病的人，40%肥胖；

支持：肥胖引发糖尿病。

再如：

正面场合：得糖尿病的人，60%肥胖；
全体场合：所有人，40%肥胖；

支持：肥胖引发糖尿病。

再如：

正面场合：得糖尿病的人，60%肥胖；
全体场合：所有人，60%肥胖；

削弱：肥胖引发糖尿病。

口诀：同比削弱，差比加强。

（3）求同法。

题干结构：

第一组对象：有A，有B；
第二组对象：有A，有B；

故有：A —导致→ B。

削弱方法：

使用求同法，要保证只能有一个相同因素。因此，可以用"还有其他相同因素"对结果产生影响来削弱（另有他因）。因果倒置也常在选项中出现。

（4）共变法。

共变法，是指两个现象存在共生共变的关系，则把其中一个现象作为另外一个现象的原因。使用共变法，最常犯的错误是因果倒置。

另外，两个共变的现象很可能是由另外一个共同的原因导致的，所以共变法的因果关系可以用另有他因来削弱，此时，也称为共因削弱。

【注意】

①穆勒五法是求因果的方法，因此，这类题型本质上还是因果型的题目，以上所有关于因果关系的削弱方法也适用于求因果五法型题目。

②求因果五法的作用是探求某个现象的原因，所以题干一般先写结果、后写原因，且原因常常是题干的结论。

第3章 削弱题

> 母题精练

1. 在某国的总统竞选中，争取连任的现任总统声言："本届政府执政期间，失业率降低了两个百分点，可见本届政府的施政纲领是正确的。"

   下列哪项如果为真，则能有力地削弱以上的申辩？

   A. 政府用调低利率的办法来刺激工商业的发展，使通货膨胀率上升了40%。

   B. 由于减轻了失业压力，从而减少了犯罪率。

   C. 就业人数增加，减轻了政府福利开支。

   D. 就业人数增加，刺激了人们学习职业技能的积极性。

   E. 失业率下降，新毕业的大学生就业容易了。

2. 因偷盗、抢劫或流氓罪入狱的刑满释放人员的重新犯罪率，要远远高于因索贿、受贿等职务犯罪入狱的刑满释放人员。这说明，在狱中对上述前一类罪犯教育改造的效果，远不如对后一类罪犯。

   以下哪项如果为真，则最能削弱上述论证？

   A. 与其他类型的罪犯相比，职务犯罪者往往有较高的文化水平。

   B. 对贪污、受贿的刑事打击，并没能有效地遏制腐败，有些地方的腐败反而愈演愈烈。

   C. 刑满释放人员很难再得到官职。

   D. 职务犯罪的罪犯在整个服刑犯中只占很小的比例。

   E. 统计显示，职务犯罪者很少有前科。

3. 2009年12月初，两院院士新增选名单相继公布，继而有统计数据披露：中国科学院新增的35名院士中，80%是高校或研究机构的现任官员；中国工程院新增的48名院士中，超过85%是现任官员；工程院60岁以下新当选的院士，均有校长、院长、副院长、董事长等职务。所以，有人认为，"官员身份"在院士评选中起到了非常大的作用。

   以下哪一项如果正确，最能对上述结论构成反驳？

   A. 院士评选没有规定官员不能当选。

   B. 许多非常优秀的学者担任了行政职务。

   C. 有官员身份的学者占学者整体的比例不大。

   D. 优秀的官员可以兼任学者。

   E. 不应该因为官员身份的敏感性而剥夺官员当选院士的权利。

4. 通常人们总认为，赞助人向博物馆赠送展品，是对博物馆的一种财政上的支持。事实上，对捐赠品的日常保管和维护是一笔昂贵的开支。这笔开支的累计，甚至很快就会超过该捐赠品的市场价。因此，这些捐赠品事实上加剧而并非减轻了博物馆的财政负担。

   以下哪项如果为真，最能削弱上述论证？

   A. 捐赠品中包括珍贵的历史文物。

   B. 博物馆的开支主要由国家财政负担。

   C. 博物馆一般只接受允许并易于出售的赠品。

   D. 博物馆对藏品的保管和维护费用因藏品的等级而异。

E. 博物馆对藏品的保管和维护费用，近年来有下降的趋势。

5. 经过对最近十年统计资料的分析，我们发现，某省因肺结核死亡的人数比例比全国的平均值要高两倍，而在历史上该省并不是肺结核的高发地区。看来，该省最近这十年的肺结核防治水平降低了。

   以下哪项如果为真，最能削弱上述论断？

   A. 该省十年前的人口数量只是现在的五分之一。

   B. 该省的气候适合肺结核病疗养，很多肺结核患者在此地走过最后一段人生之路。

   C. 该省最近几年建设的步子迈得很大，到处都在修路盖楼。

   D. 该省的人均病床数量仅达到了全国的平均水平。

   E. 该省盛产椰子，椰子的产量比起十年前翻了一番。

6. 经过长时间的统计研究，人们发现了一个极为有趣的现象：大部分的数学家都是长子。可见，长子天生的数学才华相对而言更强些。

   以下哪项如果为真，能有效地削弱上述推论？

   Ⅰ．女性才能普遍受到压抑，很难表现出她们的数学才华。

   Ⅱ．长子的人数比起次子的人数要多得多。

   Ⅲ．长子能够接受更多的来自父母的数学能力的遗传。

   A. 仅Ⅰ。　　　　　　　B. 仅Ⅱ。　　　　　　　C. 仅Ⅰ和Ⅱ。
   D. 仅Ⅱ和Ⅲ。　　　　　E. Ⅰ、Ⅱ和Ⅲ。

7. 地壳中的沉积岩随着层状物质的聚集以及上层物质的压力使下层的物质变为岩石而硬化。某一特定沉积岩层中含有异常数量的钇元素被认为是6 000万年前一陨石撞击地球的理论的有力证据。与地壳相比，陨石中富含钇元素。地质学家创立的理论认为，当陨石与地球相撞时，会升起巨大的富钇灰尘云。他们认为那些灰尘将最终落到地球上，并与其他的物质相混，当新层在上面沉积时，就形成了富含钇的岩石层。

   以下哪项如果为真，能反对短文中所声称的富含钇的岩石是陨石撞击地球的证据？

   A. 短文中所描述的巨大的灰尘云将会阻碍太阳光的传播，从而使地球的温度降低。

   B. 一层沉积岩的硬化要花上几千万年的时间。

   C. 不管沉积岩层中是否含有钇元素，它们都被用来确定史前时代事件发生的日期。

   D. 6 000万年前，地球上发生了非常剧烈的火山爆发，这些火山喷发物形成了巨大的钇灰尘云。

   E. 大约在钇沉积的同时，许多种类的动物灭绝了。所以一些科学家提出了庞大恐龙的灭绝起因于陨石与地球相撞的理论。

8. 最近由于在蜜橘成熟季节出现了持续干旱，四川蜜橘的价格比平时同期上涨了三倍，这就大大提高了橘汁酿造业的成本，估计橘汁的价格将有大幅度的提高。

   以下哪项如果为真，最能削弱上述结论？

   A. 去年橘汁的价格是历年最低的。

   B. 其他替代原料可以用来生产仿橘汁。

   C. 最近的干旱并不如专家们估计的那么严重。

D. 除了四川外，其他省份也可以提供蜜橘。

E. 近年来橘汁生产工艺有了很大改进。

9. 一项调查统计显示，肥胖者参加体育锻炼的月平均量，只占正常体重者的不到一半。而肥胖者的食物摄入的月平均量，基本和正常体重者持平。专家由此得出结论，导致肥胖的主要原因是缺乏锻炼，而不是摄入过多的热量。

以下哪项如果为真，将严重削弱上述论证？

A. 肥胖者的食物摄入平均量总体上和正常体重者基本持平，但肥胖者中有人是在节食。

B. 肥胖者由于体重的负担，比正常体重者更不乐意参加体育锻炼。

C. 某些肥胖者体育锻炼的平均量，要大于正常体重者。

D. 体育锻炼通常会刺激食欲，从而增加食物摄入量。

E. 通过节食减肥有损健康。

10. 认为大学的附属医院比社区医院或私立医院要好，是一种误解。事实上，大学的附属医院抢救病人的成功率比其他医院要小。这说明大学的附属医院的医疗护理水平比其他医院要低。

以下哪项如果为真，最能驳斥上述论证？

A. 很多医生既在大学工作又在私立医院工作。

B. 大学，特别是医科大学的附属医院拥有其他医院所缺少的精密设备。

C. 大学的附属医院的主要任务是科学研究，而不是治疗和护理病人。

D. 去大学的附属医院就诊的病人的病情，通常比去私立医院或社区医院的病人的病情重。

E. 抢救病人的成功率只是评价医院的标准之一，而不是唯一的标准。

11. 最近十年间，地震、火山爆发和异常天气对人类造成的灾害比数十年前明显增多，这说明，地球正变得对人类越来越充满敌意和危险。这是人类在追求经济高速发展中因破坏生态环境而付出的代价。

以下哪项如果为真，最能削弱上述论证？

A. 经济发展使人类有可能运用高科技手段来减轻自然灾害的危害。

B. 经济发展并不必然导致全球生态环境的恶化。

C. W国和H国是两个毗邻的小国，W国经济发达，H国经济落后，地震、火山爆发和异常天气所造成的灾害，在H国显然比W国严重。

D. 自然灾害对人类造成的危害，远低于战争、恐怖主义等人为灾害。

E. 全球经济发展的不平衡所造成的人口膨胀和相对贫困，使得越来越多的人不得不居住在生态环境恶劣甚至危险的地区。

12. 在疟疾流行的地区，很多孩子在感染疟疾几次后才对疟疾具有免疫力。显然，孩子的免疫系统在受到疟原虫的一次攻击后只能产生微弱的反应，而必须被攻击多次后才能产生有效的免疫反应。

以下哪项如果为真，最能严重地削弱上述论证？

A. 在一个孩子一旦感染疟疾后，孩子的监护人提高了避免使孩子再次感染疟疾的警惕，但是这种警惕过不了多久就降低了。

B. 疟疾是通过蚊子从一个人传播到另一个人的，而蚊子已经对控制它们的杀虫剂产生了越来越大的抵抗性。

C. 某一种基因如果可以从孩子的父母之一那里遗传下来，则可以使孩子对疟疾产生免疫力。
D. 治疗疟疾的疫苗都是通过激发人体的免疫力来发挥作用的。
E. 疟疾有几种截然不同的类型，人体对某一类型疟疾的免疫力并不能保护人免受其他类型疟疾的攻击。

13. 北大西洋海域的鳕鱼数量锐减，但几乎同时海豹的数量却明显增加。有人说是海豹导致了鳕鱼的减少。但这种说法难以成立，因为海豹很少以鳕鱼为食。
以下哪项如果为真，最能削弱上述论证？
A. 海水污染对鳕鱼造成的伤害比对海豹造成的伤害严重。
B. 尽管鳕鱼数量锐减、海豹数量明显增加，但在北大西洋海域，海豹的数量仍少于鳕鱼。
C. 在海豹的数量增加以前，北大西洋海域的鳕鱼数量就已经减少了。
D. 海豹生活在鳕鱼无法生存的冰冷海域。
E. 鳕鱼只吃毛鳞鱼，而毛鳞鱼也是海豹的主要食物。

14. 某保险公司近来的一项研究表明，那些在舒适环境里工作的人比在不舒适环境里工作的人生产效率高25%。评价工作绩效的客观标准包括承办案件数和案件的复杂性。这表明：日益改善的工作环境可以提高工人的生产率。
以下哪项如果为真，最能削弱上述论证？
A. 平均来说，生产率低的员工每天在工作场所的时间比生产率高的员工要少。
B. 生产率高的员工通常以得到舒适的工作环境作为酬劳。
C. 舒适的环境比不舒适的环境更能激励员工努力工作。
D. 生产率高的员工不会比生产率低的员工工作时间长。
E. 在拥挤、不舒适的环境中，同事的压力妨碍员工的工作。

15. 一项对某高校教员的健康普查表明，80%的胃溃疡患者都有夜间工作的习惯。因此，夜间工作易造成的自主神经功能紊乱是诱发胃溃疡的重要原因。
以下哪项如果为真，最能严重地削弱上述论证？
A. 医学研究尚不能清楚地揭示消化系统的疾病和神经系统的内在联系。
B. 该校的胃溃疡患者主要集中在中老年教师中。
C. 该校的胃溃疡患者近年来有上升的趋势。
D. 该校教员中只有近五分之一的教员没有夜间工作的习惯。
E. 该校胃溃疡患者中近60%患有不同程度的失眠症。

16. 不仅人上了年纪会难以集中注意力，就连蜘蛛也有类似的情况。年轻蜘蛛结的网整齐均匀，角度完美；年老蜘蛛结的网可能出现缺口，形状怪异。蜘蛛越老，结的网就越没有章法。科学家由此认为，随着时间的流逝，这种动物的大脑也会像人脑一样退化。
以下哪项如果为真，最能质疑科学家的上述论证？
A. 优美的蛛网更容易受到异性蜘蛛的青睐。
B. 年老蜘蛛的大脑较之年轻蜘蛛，其脑容量明显偏小。
C. 运动器官的老化会导致年老蜘蛛结网能力下降。
D. 蜘蛛结网只是一种本能的行为，并不受大脑控制。
E. 形状怪异的蛛网较之整齐均匀的蛛网，其功能没有大的差别。

17. 据医学资料记载，全球癌症的发病率在 20 世纪下半叶比上半叶增长了近 10 倍，成为威胁人类生命的第一杀手。这说明，20 世纪下半叶以高科技为标志的经济迅猛发展所造成的全球性生态失衡是诱发癌症的重要原因。

    以下哪项如果为真，最不能削弱上述论证？

    A. 人类的平均寿命，20 世纪初约为 30 岁，20 世纪中叶约为 40 岁，目前约为 65 岁，癌症发病率高的发达国家的人均寿命普遍超过 70 岁。

    B. 20 世纪上半叶，人类经历了两次世界大战，大量的青壮年死于战争；而 20 世纪下半叶，世界基本处于和平发展时期。

    C. 高科技极大地提高了医疗诊断的准确率和这种准确的医疗诊断在世界范围内的覆盖率。

    D. 高科技极大地提高了人类预防、早期发现和诊治癌症的能力，有效地延长了癌症病人的生命时间。

    E. 从世界范围来看，医学资料的覆盖率和保存完好率，20 世纪上半叶大约分别只有 20 世纪下半叶的 50％和 70％。

18. 小儿神经性皮炎一直被认为是由母乳过敏引起的。但是，如果我们让患儿停止进食母乳而改用牛乳，他们的神经性皮炎并不能因此而消失。因此，显然存在别的某种原因引起小儿神经性皮炎。

    下列哪项如果为真，最能削弱上述论证？

    A. 牛乳有时也会引起过敏。

    B. 小儿神经性皮炎属顽症，一旦发生，很难在短期内治愈。

    C. 小儿神经性皮炎的患者大多有家族史。

    D. 母乳比牛乳更易于被婴儿吸收。

    E. 小儿神经性皮炎大多发生在有过敏体质的婴儿中。

19. 越来越多有说服力的统计数据表明，具有某种性格特征的人易患高血压，而另一种性格特征的人易患心脏病，如此等等。因此，随着对性格特征的进一步分类了解，通过主动修正行为和调整性格特征以达到防治疾病的可能性将大大提高。

    以下哪项最能反驳上述观点？

    A. 一个人可能会患有与各种不同性格特征均有关系的多种疾病。

    B. 某种性格与其相关的疾病可能由相同的生理因素导致。

    C. 某一种性格特征与某一种疾病的联系可能只是数据上的巧合，并不具有一般性意义。

    D. 人们往往是在病情已难以扭转的情况下，才愿意修正自己的行为，但已为时太晚。

    E. 用心理手段医治与性格特征相关疾病的这一研究，导致心理疗法遭到淘汰。

20. 一位研究人员希望了解他所在社区的人们喜欢的口味是可口可乐还是百事可乐。他找了一些喜欢可乐的人，要他们在一杯可口可乐和一杯百事可乐中，通过品尝指出喜好。杯子上不贴标签，以免商标引发明显的偏见，只是将可口可乐的杯子标志为"M"，将百事可乐的杯子标志为"Q"。结果显示，超过一半的人更喜欢百事可乐，而非可口可乐。

    以下哪项如果为真，最可能削弱上述论证的结论？

A. 参加者受到了一定的暗示，觉得自己的回答会被认真对待。

B. 参加的实验者中很多人从来都没有同时喝过这两种可乐，甚至其中 30％参加的实验者只喝过其中一种可乐。

C. 多数参加者对可口可乐和百事可乐的市场占有情况是了解的，并且经过研究证明，他们普遍有一种同情弱者的心态。

D. 在对参加实验的人所进行的另外一个对照实验中，发现了一个有趣的结果：这些实验者中的大部分人更喜欢英文字母 Q，而不太喜欢 M。

E. 在参加实验前的一个星期中，百事可乐的形象代表正在举行大规模的演唱会，演唱会的场地中有百事可乐的大幅宣传画，并且在电视转播中反复出现。

21. 在疟疾流行的地区，许多人多次感染疟疾后，会对此病产生免疫力。很明显，感染一次疟疾后，人的免疫系统仅受到轻微的激活；而多次感染疟疾，与疟原虫接触，可产生有效的免疫反应，使人免于患疟疾。

    以下哪项如果为真，最能削弱上述结论？

    A. 疟疾病人由于体质的严重消耗，极易同时感染其他疾病。

    B. 有几种不同类型的疟疾，身体对某一种疟原虫的免疫反应并不能保护其免于其他类型的疟疾感染。

    C. 疟疾只通过蚊子传播，现在的蚊子对杀蚊剂已产生抵抗力。

    D. 将疟疾患者隔离不能阻止此病的流行。

    E. 对疟疾的免疫力可通过遗传的方法获得。

22. 据统计资料显示，美国的人均寿命是 73.9 岁，而在夏威夷出生的人的平均寿命是 77 岁，在路易斯安那州出生的人的平均寿命是 71.7 岁。因此，一对来自路易斯安那州的新婚夫妇，如果选择定居夏威夷，那么，他们的孩子的寿命，可以比在路易斯安那州出生要长。

    以下哪项如果为真，将最有力地削弱题干的结论？

    A. 在路易斯安那州首府巴吞鲁日出生的人的平均寿命是 78 岁。

    B. 路易斯安那州的居民中 1/3 以上是黑人，是美国黑人比例最高的州；美国黑人的平均寿命要低于白人 3~5 个百分点。

    C. 美国人寿保险公司的专家并不认为移居夏威夷会使路易斯安那州人的平均寿命明显提高。

    D. 夏威夷群岛的大部分岛屿的空气污染程度要大大低于全美的平均水平。

    E. 和环境相比，遗传是人的寿命长短的更为重要的决定性因素。

23. 宏达山钢铁公司由 5 个子公司组成。去年，其子公司火龙公司试行与利润挂钩的工资制度，其他子公司则维持原有的工资制度。结果，火龙公司的劳动生产率比其他子公司的平均劳动生产率高出 13％。因此，在宏达山钢铁公司实行与利润挂钩的工资制度有利于提高该公司的劳动生产率。

    以下哪项如果为真，最能削弱上述论证？

    A. 实行了与利润挂钩的工资制度后，火龙公司从其他子公司挖走了不少人才。

    B. 宏达山钢铁公司去年从国外购进的先进技术装备，主要用于火龙公司。

C. 火龙公司是三年前组建的，而其他子公司都有 10 年以上的历史了。

D. 红塔钢铁公司去年也实行了与利润挂钩的工资制度，但劳动生产率没有明显提高。

E. 宏达山钢铁公司的子公司金龙公司去年没有实行与利润挂钩的工资制度，但它的劳动生产率比火龙公司略高。

24. 某学校最近进行的一项关于奖学金对学习效率起促进作用的调查表明：获得奖学金的学生比那些没有获得奖学金的学生的学习效率平均要高出 25%。调查的内容包括自习的出勤率、完成作业所需要的时间、日阅读量等许多指标。这充分说明，奖学金对帮助学生提高学习效率的作用是很明显的。

以下哪项如果为真，最能削弱以上论证？

A. 获得奖学金通常是因为那些同学有好的学习习惯和高的学习效率。

B. 获得奖学金的同学可以更容易改善学习环境来提高学习效率。

C. 学习效率低的同学通常学习时间长而缺少正常的休息。

D. 学习效率的高低与奖学金多少的研究应当采用定量方法进行。

E. 没有获得奖学金的同学的学习压力重，很难提高学习效率。

25. 加拿大的一位运动医学研究人员报告说，利用放松体操和机能反馈疗法，有助于对头痛进行治疗。研究人员抽选出 95 名慢性牵张性头痛患者和 75 名周期性偏头痛患者，教他们放松头部、颈部和肩部的肌肉，以及用机能反馈疗法对压力和紧张程度加以控制。其结果，前者中有四分之三、后者中有一半人报告说，他们头痛的次数和剧烈程度有所下降。

以下哪项如果为真，最不能削弱上述论证的结论？

A. 参加者接受了高度的治疗有效的暗示，同时，对病情改善的希望亦起到了一定的作用。

B. 参加者有意迎合研究人员，即使不合事实，也会说感觉变好。

C. 多数参加者自愿合作，虽然他们在生活中承受着巨大的压力。在研究过程中，他们会感觉到生活压力有所减轻。

D. 参加实验的人中，慢性牵张性头痛患者和周期性偏头痛患者人数选择不等，实验设计需要进行调整。

E. 放松体操和机能反馈疗法的锻炼，减少了这些头痛患者的工作时间，使得他们对自己病情的感觉有所改善。

26. 近年来，立氏化妆品的销量有了明显的增长，同时，该品牌用于广告的费用也有同样明显的增长。业内人士认为，立氏化妆品销量的增长，得益于其广告的促销作用。

以下哪项如果为真，最能削弱上述结论？

A. 立氏化妆品的广告费用，并不多于其他化妆品。

B. 立氏化妆品的购买者中，很少有人注意到该品牌的广告。

C. 注意到立氏化妆品广告的人中，很少有人购买该产品。

D. 消协收到的对立氏化妆品的质量投诉，多于其他化妆品。

E. 近年来，化妆品的销售总量有明显增长。

答案详解

1. A

【解析】找原因型削弱题。

总统的论据：本届政府执政期间，失业率降低了两个百分点(结果)。

总统的结论：本届政府的施政纲领是正确的(原因)。

A项，说明本届政府的施政纲领导致了通货膨胀的恶果，因此，施政纲领未必正确，削弱了题干的结论。

B、C、D、E项均支持现任总统的结论。

2. C

【解析】找原因型削弱题。

题干：因偷盗、抢劫或流氓罪入狱的刑满释放人员的重新犯罪率，要远远高于因索贿、受贿等职务犯罪入狱的刑满释放人员(结果)——证明→在狱中对上述前一类罪犯教育改造的效果，远不如对后一类罪犯(原因)。

A项，与题干无关的新比较。

B项，无关选项，题干讨论的是职务犯罪的"重新犯罪率"，此项讨论的是一般意义上的职务犯罪。

C项，索贿、受贿等职务犯罪必须以有一定的职位为前提，但是刑满释放人员很难再得到官职，因此不再具备重新犯罪的条件，另有他因，削弱题干。

D项，与题干无关的新比较。

E项，无关选项，题干讨论的是刑满释放后会不会再次犯罪，而不是犯罪之前有没有前科。

3. B

【解析】找原因型削弱题。

题干："官员身份"——导致→被评为两院院士。

B项，因果倒置，并非因为官员身份对院士评选有非常大的作用，而是优秀的学者对获得行政职务有帮助。

其余各项均不能削弱题干。

4. C

【解析】猜结果型削弱题。

题干：对捐赠品的日常保管和维护是一笔昂贵的开支，甚至会超过该捐赠品的市场价——推测→捐赠品事实上加剧而并非减轻了博物馆的财政负担。

A项，无关选项，是不是珍贵的历史文物，与是否增大了博物馆的开支无关。

B项，无关选项，由谁支付博物馆的开支，与是否增大了博物馆的开支无关。

C项，由于博物馆一般只接受允许并易于出售的赠品，因此，只要及时出售这些赠品，就不需要支出昂贵的开支来保管和维护它们，削弱题干。

D项，无关选项，即使保管和维护费用因藏品的等级而异，费用也一样有可能超过藏品的市场价。

E 项，无关选项，与题干无关的新比较，题干中不存在现在和过去的保管和维护费用的比较。

5. B

【解析】找原因型削弱题。

题干：该省肺结核防治水平降低 ——导致—→ 因肺结核死亡的人数比例高。

A 项，题干说的是因肺结核死亡的人数比例高，而不是因肺结核死亡的人数多，所以与人口总数量没有关系。

B 项，另有他因，削弱题干。

C、D、E 项，无关选项。

6. C

【解析】找原因型削弱题。

题干：长子天生的数学才华相对而言更强 ——导致—→ 大部分的数学家都是长子。

Ⅰ项，另有他因，女性的数学才华普遍受到压抑，才导致没有成为数学家，使得大部分数学家是男性，因为题干中的"长子"指的是年龄最大的儿子(非女儿)，故可以削弱题干。

Ⅱ项，另有他因，是因为长子的人数多而导致大部分数学家是长子。

Ⅲ项，支持题干，说明长子的确更有数学才华。

7. D

【解析】找原因型削弱题。

题干：陨石撞击地球导致钇灰尘云；钇灰尘云降落到地面上 ——导致—→ 形成了富含钇的岩石层。

D 项，另有他因，是火山爆发而不是陨石撞击地球导致了钇灰尘云的形成。

其余各项均为无关选项。

8. D

【解析】猜结果型削弱题。

题干：由于干旱，四川蜜橘的价格上涨 ——推测—→ 橘汁酿造业的成本上涨 ——推测—→ 橘汁价格大幅度提高。

A 项，无关选项，与去年橘汁的价格无关。

B 项，无关选项，题干讨论的是橘汁，与"仿橘汁"无关。

C 项，不能削弱，与专家估计的干旱严重程度无关。

D 项，可以削弱，指出四川蜜橘的价格上涨不一定能导致橘汁酿造业的成本上涨。

E 项，无关选项，题干并未提及生产工艺和价格的关系。

9. B

【解析】找原因型削弱题。

题干：导致肥胖的主要原因是缺乏锻炼，而不是摄入过多的热量。

B 项，指出题干因果倒置，不是缺乏锻炼导致肥胖，而是肥胖导致缺乏锻炼。

A、C 项，"有些人"的状况，不能削弱整体的状况。

D 项，体育锻炼会刺激食欲，不代表会让人饮食过量从而导致肥胖，因此，此项为无关选项。

E 项，无关选项。

10. D

【解析】找原因型削弱题。

题干：大学的附属医院的医疗护理水平比其他医院要低 —导致→ 大学的附属医院抢救病人的成功率比其他医院要小。

A项，不能削弱题干。

B项，说明大学的附属医院设备更先进，可以削弱题干。

C项，说明了大学的附属医院医疗护理水平低的原因，不能削弱题干。

D项，另有他因，是因为去大学的附属医院的病人的病情更严重导致这些医院抢救病人的成功率低，而不是因为他们的医疗护理水平低，削弱力度最大。

E项，既然抢救病人的成功率是衡量医疗护理水平的标准之一，那么此标准不如其他医院，也可以说明其医疗护理水平比其他医院低，因此，此项不能削弱题干。

11. E

【解析】找原因型削弱题。

题干：人类在追求经济高速发展中破坏了生态环境 —导致→ 最近十年间，地震、火山爆发和异常天气对人类造成的灾害比数十年前明显增多。

A项，无关选项，能不能用高科技手段来减轻自然灾害的危害，与这样的灾害是不是追求经济发展造成的没有关系。

B项，"不必然"＝"可能不"，一般在题目里面只能削弱"必然"。

C项，例证法，削弱力度弱。

D项，无关选项，题干不涉及此项中的比较。

E项，另有他因，削弱题干，说明不是人类破坏了生态环境，而是人口太多导致越来越多的人居住在生态环境更恶劣的地区，从而人们受灾害的影响变大了。

12. E

【解析】找原因型削弱题。

题干：孩子的免疫系统必须被攻击多次后才能产生有效的免疫反应 —导致→ 很多孩子在感染疟疾几次后才对疟疾具有免疫力。

E项，孩子在感染疟疾几次后才对疟疾具有免疫力，不是因为免疫系统必须被攻击多次后才能产生有效的免疫反应，而是因为疟疾有不同的类型，另有他因。

其余各项均与题干的论证无关。

13. E

【解析】找原因型削弱题。

题干：海豹很少以鳕鱼为食 —证明→ 不是海豹导致了鳕鱼的减少。

要削弱题干，需要指出，确实是海豹导致了鳕鱼的减少。

A项，是海水污染的原因，另有他因，支持题干。

B项，无关选项。

C项，在海豹数量增加以前，鳕鱼数量就已经减少了，无因有果，说明确实不是海豹的原因。

D项，海豹和鳕鱼生活在不同的海域，支持题干。

E项，海豹和鳕鱼之间存在食物竞争关系，那么海豹数量的明显增加，可能会导致鳕鱼的食物变少，从而引起鳕鱼数量的减少，建立了海豹和鳕鱼数量减少的因果关系，故削弱题干。

14. B

【解析】求异法型削弱题。

题干：

舒适环境：工作效率高；
不舒适环境：工作效率低；
日益改善的工作环境 ——导致→ 工人的生产率提高。

B项，因果倒置，说明并非是舒适的环境提高了生产效率，而是因为生产效率高才有舒适的工作环境。

A、D项，不能削弱，题干讨论的是工作效率，单独比较工作时间无法削弱。

C、E项，支持题干，说明舒适的环境对提高工作效率有帮助。

15. D

【解析】百分比对比型削弱题（求异法）。

（题干）胃溃疡患者：80％夜间工作；
（选项D）该校所有教员：近五分之一不夜间工作（超过80％夜间工作）；
削弱：夜间工作导致胃溃疡。

A项，诉诸无知。

B项，无关选项。

C项，无关选项，出现与题干无关的比较。

E项，无关选项，题干讨论的是"胃溃疡"与"夜间工作"的关系，此项讨论的是"胃溃疡"与"失眠"的关系。

16. D

【解析】共变法型削弱题。

题干中的前提：蜘蛛越老，结的网就越没有章法。根据共变法，应该得到的结论是："老"是"结网差"的原因。

但是题干的结论却是：随着时间的流逝，这种动物的大脑也会像人脑一样退化，即"老"是"大脑退化"的原因。

所以，只需要说明"结网"和"大脑"不相关，就能削弱题干。

D项，说明结网与大脑不相关，即因果无关，是必然的削弱。

C项，另有他因，可以削弱，但削弱力度不如D项。

17. D

【解析】求异法型削弱题。

题干采用纵向对比：

20世纪上半叶：医学记载中的癌症发病率低；

20世纪下半叶：医学记载中的癌症发病率增长了近10倍；

所以，经济迅猛发展所造成的全球性生态失衡是诱发癌症的重要原因。

D项，不能削弱，因为题干论证的是癌症的"发病率"，此项论证的是"发病以后的存活时间"，无关选项。

其余各项均为另有他因，可以削弱题干。

18. B

【解析】找原因型削弱题。

题干：<u>让患儿停止进食母乳而改用牛乳，他们的神经性皮炎并不能因此而消失</u> —证明→ <u>存在别的某种原因（而不是母乳）引起小儿神经性皮炎</u>。

由题干中的前提"停止进食母乳而改用牛乳，他们的神经性皮炎并不能因此而消失"，只能得出：神经性皮炎并不能因此被"治愈"，而不能说明得病的原因不是"母乳"，B项说明了这一点。

19. B

【解析】共变法型削弱题。

题干采用共变法，认为：<u>性格是导致某些疾病的原因</u>。

发生共变的两个现象，可能一个现象是另外一个现象的原因，但也可能是另外一个共同的因素导致了这两个现象的产生，因此，B项最能削弱题干（共因削弱）。

D项，措施无效，可以削弱题干。但题干的结论仅仅是说通过主动修正行为和调整性格特征以达到防治疾病的"可能性"将大大提高，并没有说措施一定有效。另外，如果B项为真，即如果这种性格与疾病的关联是由生理原因导致的，那么题干中的措施就更不可能有效了，因此B项削弱力度更大。

20. D

【解析】求异法型削弱题。

题干采用<u>对比实验，发现超过一半的人更喜欢百事可乐的口味（标有"Q"的可乐）</u>。

D项指出，是因为他们更喜欢字母Q，导致他们选择杯子标志为"Q"的可乐，另有他因。

21. B

【解析】求异法型削弱题。

题干使用求异法：

<u>多次感染疟疾：产生免疫力；</u>

<u>一次感染疟疾：还会再次感染；</u>

<u>感染一次疟疾后免疫系统仅受到轻微的激活，多次感染疟疾可产生有效的免疫反应。</u>

B项，另有他因，指出不是感染一次疟疾后免疫系统没有产生有效的免疫反应，而是疟疾种类有几种不同类型，导致后来的感染。

C项，无关选项，不能解释"一次感染"和"多次感染"在免疫力上的差异。

A、D、E项，无关选项。

22. E

【解析】求异法型削弱题。

题干采用求异法：

在夏威夷出生的人的平均寿命：77 岁；
在路易斯安那州出生的人的平均寿命：71.7 岁；
所以，新婚夫妇定居夏威夷会延长孩子的寿命。

A 项，无关选项。
B 项，另有他因，是人种影响寿命，而不是环境，削弱题干。
C 项，诉诸权威。
D 项，支持题干。
E 项，另有他因，说明决定寿命长短的更重要的是因为遗传而不是环境，削弱题干。注意：此项的用词为"决定性"因素，削弱力度更大。

23. B

【解析】求异法型削弱题。

题干采用求异法：

火龙公司的工资与利润挂钩：劳动生产率高；
其他子公司的工资不与利润挂钩：平均劳动生产率低；
所以，宏达山钢铁公司实行工资与利润挂钩的工资制度可以提高劳动生产率。

A 项，如果这些人才的加盟并非由于工资制度，那么此项削弱题干，另有他因（人才）提高了劳动生产率；如果火龙公司之所以能够从其他公司挖走人才，是因为其工资与利润挂钩，那么说明工资与利润挂钩可以吸引人才，从而提高劳动生产率，支持题干。因此，此项不能选。
B 项，另有他因，先进技术设备导致火龙公司劳动生产率提高，削弱题干。
C 项，无关选项，与公司的组建时间无关。
D 项，偷换论证对象，题干的结论对象是"宏达山钢铁公司"，此项是"红塔钢铁公司"。
E 项，题干说火龙公司比其他子公司的"平均"劳动生产率高，并不排除有子公司比火龙公司的劳动生产率高，因此，此项不能削弱题干。

24. A

【解析】求异法型削弱题。

题干：获得奖学金的学生比那些没有获得奖学金的学生的学习效率平均要高出 25%——证明→奖学金提高了学生的学习效率。

A 项，学习效率高导致获得奖学金，指出题干因果倒置，削弱题干。
B 项，支持题干。
C 项讨论的是学习效率与休息的关系，而题干讨论的是奖学金与学习效率之间的关系，无关选项。
D 项，题干采用了定量研究，不能削弱题干。
E 项，没有获得奖学金的同学学习效率低，无因无果，支持题干。

25. D

【解析】求异法型削弱题。

题干：在使用放松体操和机能反馈疗法的实验中，慢性牵张性头痛患者中有四分之三、周期性偏头痛患者中有一半人报告说，他们头痛的次数和剧烈程度有所下降──证明──>利用放松体操和机能反馈疗法，有助于对头痛进行治疗。

A项，疗效可能是暗示的作用所导致，另有他因，削弱题干。

B项，参加者"有意迎合"，使得调查的结果未必准确，削弱题干。

C项，可能是生活压力的减轻缓解了病情，另有他因，削弱题干。

D项，该实验中两类患者的人数是否相等，不影响两类患者中"四分之三"和"一半"这两个实验结果，无关选项。

E项，工作时间的减少缓解了病情，另有他因，削弱题干。

26. C

【解析】因果型削弱题（共变法）。

题干采用共变法求因果：

立氏化妆品的销量有了明显的增长；
广告的费用也有同样明显的增长；
故：广告的促销作用──导致──>立氏化妆品销量的增长。

A项，无关选项，题干的论证不涉及与其他化妆品的比较。

B项，削弱力度弱，因为在立氏化妆品的消费者中，注意到其广告的比例小，有可能是广告无效，也有可能是广告虽然有效，但投放范围小。

C项，看到了广告（有因），但并没有购买立氏化妆品（无果），说明广告无效，削弱力度大。

D项，无关选项。

E项，化妆品的销售总量有明显增长，说明有可能市场整体行情变好，但通过本项难以确定立氏化妆品的销量增长是否是市场整体行情变好的影响带来的，故此项削弱力度弱。

题型 17 措施目的型削弱题

母题技巧

措施目的型题目的题干结构一般为：因为某个原因，导致计划采取某个措施（方法、建议），以达到某种目的（解决某个问题），即：

原因──导致──>措施──以求──>目的。

第3章 削弱题

对"措施目的"关系的削弱方式如下面的例子：

注射青霉素（措施），以治疗甲型流感（目的）。

符号化：注射青霉素 —以求→ 治疗甲型流感。

削弱理由	削弱方式
青霉素尚未提取成功	措施不可行
青霉素治不好甲型流感	措施达不到目的（措施无效）
青霉素会导致严重的过敏	措施有恶果（副作用）

【注意】
　　一般来说，措施都或多或少地有一些副作用，但如果措施有效并且副作用的危害不是很大，就值得采取这一措施。所以措施有恶果（副作用）常常用作干扰项。
　　当措施的副作用太大，采取这一措施弊大于利时，这一措施就不值得采取了。此时，措施有恶果的削弱力度就很大了。

母题精练

1. 1987年以来，中国人口出生率逐渐走低，以"民工荒"为标志的劳动力短缺现象于2004年首次出现，劳动力的绝对数量在2013年左右达到峰值后将逐渐下降。今后，企业为保证用工必须提高工人的工资水平和福利待遇，从而增加劳动力成本在生产总成本中的比重。
如果以下陈述为真，则哪一项能够对上述结论构成最有力的质疑？
A. 中国社会的"老龄化"进程正在加快，相关部门提出延迟退休以解决养老金短缺问题。
B. 提高工人的工资水平和福利待遇对企业利润有一定的损害。
C. 相关部门正在研究是否应该对计划生育政策做出适当调整。
D. 企业为保持利润会想方设法降低生产成本。
E. 国内一些劳动密集型企业开始增加生产线上机器人的数量。

2. 某公司多年来一直实行一套别出心裁的人事制度，即每隔半年就要让各层次的干部、职工实行一次内部调动，并将此称作"人才盘点"。
以下哪项对这种做法的必要性提出了质疑？
A. 这种办法破除了职位高低的传统观念，强调每一项工作都重要。
B. "人才盘点"使技术人员全面了解生产流程，利于技术创新。
C. 以此方式培养、提拔的管理干部对公司的情况了如指掌。
D. 干部、职工相互体会各自工作的困难，有利于团结互助。
E. 工作交换时，由于情况生疏会出现不必要的失误。

3. 我国共有5万多公里的铁路，承担着53%的客运量和70%的货运量。铁路运力紧张的矛盾十分突出。改造既有铁路线路，提高列车的运行速度，就成了现实的选择。
下列哪项如果为真，则能最严重地削弱上述论证？
A. 国家已经计划并且正逐步兴建大量的新铁路。

B. 我国铁路线路及车辆的维修和更新刻不容缓。

C. 随着经济的发展，铁路货运量还将增加。

D. 随着航空事业和高速公路的发展，铁路客运量会下降。

E. 正在试行时速达 140～160 公里的快速列车，比一般列车快 50％。

4. 新的法律规定，由政府资助的高校研究成果的专利将归学校所有。京华大学的管理者计划卖掉他们所有的专利给企业，以此来获得资金，改善该校本科生的教育条件。

以下哪项如果为真，将对学校管理者的计划的可行性构成严重质疑？

A. 对学校专利产品感兴趣的盈利企业有可能对高校的研究计划提供赞助。

B. 在新的税法中有规定，对高校研究提供赞助的可以减免一部分税收。

C. 在京华大学从事研究的科学家几乎完全不涉足本科生教育。

D. 由政府资助的设在京华大学的研究机构的研究成果已经被一些企业自行研制出来。

E. 京华大学不能吸引企业对其研究进行投资。

5. 由于邮费上涨，广州《周末画报》杂志为减少成本、增加利润，准备将每年发行 52 期改为每年发行 26 期，但每期文章的质量、每年的文章总数和每年的定价都不变。市场研究表明，杂志的订户和在杂志上刊登广告的客户的数量均不会下降。

以下哪项如果为真，最能说明该杂志社的利润将会因上述变动而降低？

A. 在新的邮资政策下，每期的发行费用将比原来高 1/3。

B. 杂志的大部分订户较多地关心文章的质量，而较少地关心文章的数量。

C. 即使邮费上涨，许多杂志的长期订户仍将继续订阅。

D. 在该杂志上购买广告页的多数广告商将继续在每一期上购买同过去一样多的页数。

E. 杂志的设计、制作成本预期将保持不变。

6. 纯种的蒙古奶牛一般每年产奶 400 升，如果蒙古奶牛与欧洲奶牛杂交，其后代一般每年可产 2 700 升牛奶。为此，一个国际组织计划通过杂交的方式，帮助蒙古牧民提高其牛奶产量。

以下哪项如果为真，则对该国际组织的计划提出了最严重的质疑？

A. 并不是欧洲所有奶牛品种都可以成功地同蒙古奶牛杂交。

B. 许多年轻的蒙古人认为饲养奶牛是一种很低贱的职业，因为它不如其他许多职业更有利可图。

C. 蒙古地区的放牧条件只适合饲养当地品种的奶牛，不适合杂交奶牛生长。

D. 蒙古牧民出口到欧洲的主要产品是牛皮和牛角，而不是牛奶。

E. 许多欧洲奶牛品种每年产奶超过 2 700 升。

7. 大湾公司实施工间操制度的经验揭示：一个雇员，每周参加工间操的次数越多，全年病假的天数就越少。即使那些每周只参加一次工间操的雇员全年的病假天数，也比那些从不参加工间操的要少。因此，如果大湾公司把每个工作日一次的工间操改为上、下午各一次，则能进一步降低雇员的病假率。

以下哪项如果为真，最能削弱上述论证？

A. 经常休病假的雇员，大多不参加体育锻炼，包括工间操。

B. 每个工作日两次工间操，使有些雇员产生怠倦，影响工作效率。

C. 有的雇员坚持业余体育锻炼。

D. 工间操运动量小，不是一种最佳的群众性体育锻炼方式。

E. 一般地说，参加工间操的雇员的工作效率，并不比不参加工间操的雇员高。

8. 一段时间以来，国产电器在国内市场的占有率逐渐减少。研究发现：国外电器的广告比国内电器的广告更吸引人。因此，国产电器制造商首先要改进广告，以增加市场占有率。

以下哪项如果为真，将严重地削弱上述论证？

A. 准备购买新的家用电器的人比其他人更爱看广告。

B. 消费者只关心他们早已喜爱的产品的广告。

C. 国产电器制造商的广告费只有国外厂商的一半。

D. 尽管国外电器的销售额增加，但国产电器的销售额同样在增加。

E. 某些国外电器的广告是由国内广告公司制作的。

9. 由于烧伤致使四个手指黏结在一起时，处置方法是用手术刀将手指黏结部分切开，然后实施皮肤移植，将伤口覆盖住。但是，有一个非常头痛的问题是，手指靠近指根的部分常会随着伤势的愈合又黏结起来，非再一次开刀不可。一位年轻的医生从穿着晚礼服的新娘子手上戴的白手套得到启发，发明了完全套至指根的保护手套。

以下哪项如果为真，最能削弱该保护手套的作用？

A. 该保护手套的透气性能直接关系到伤势的愈合。

B. 由于材料的原因，保护手套的制作费用比较贵，如果不能大量使用，价格很难下降。

C. 烧伤后新生长的皮肤容易与保护手套粘连，在拆除保护手套时容易造成新的伤口。

D. 保护手套需要与伤患的手形吻合，这就影响了保护手套的大批量生产。

E. 保护手套不一定能适用于脚趾烧伤后的复原。

10. "净菜进万家"是目前"巧媳妇综合服务公司"正在大力开展的一项促销活动。他们在市场分析人员的建议下，选择了格物和致知这两所本城最著名的大学作为主攻方向。市场分析人员提交给他们的报告认为，格物和致知这两所大学汇聚了众多国家宝贵的高级知识分子。提供洗净、包好的"净菜"能够为他们节省大量的家务时间，以更好地做好教学和科研工作，因此这项促销活动会受到他们的欢迎。

以下哪项如果为真，能最为有力地对上述推论构成质疑？

A. 净菜的价格只比一般市场上卖的蔬菜的价格略高。

B. 格物和致知这两所大学的大部分家庭都雇用了钟点工做各种家务，付给钟点工的报酬比买净菜所增加的开支还少一些。

C. 对于净菜的卫生标准教师们还是信得过的，而且"巧媳妇"净菜还能提供上门送货服务。

D. 净菜的花样品种比一般市场上卖的蔬菜要少一些，恐怕不能满足格物和致知两所大学这么多老师的口味。

E. 买净菜对于很多格物和致知大学的老师来说还是一件新鲜事，恐怕要有一个适应过程。

答案详解

1. E

【解析】措施目的型削弱题。

题干：必须提高工人的工资水平和福利待遇，增加劳动力成本在生产总成本中的比重——以求——保证用工。

A项，无关选项，"养老金短缺问题"与题干无关。

B项，措施有恶果，可以削弱题干，但力度弱。

C项，无关选项，调整计划生育政策无法解决短期内存在的问题。

D项，无关选项，企业是否降低生产成本与保证用工之间无必然联系。

E项，另有其他措施，说明提高工人的工资和福利待遇不是必须的，削弱题干。

2. E

【解析】措施目的型削弱题。

题干：每隔半年就要让各层次的干部、职工实行一次内部调动，并将此称作"人才盘点"。

A、B、C、D项，指出"人才盘点"的好处，支持题干。

E项，指出"人才盘点"的坏处，削弱题干。

3. A

【解析】措施目的型削弱题。

题干：铁路承担着53%的客运量和70%的货运量（原因）——导致——改造既有铁路线路，提高列车的运行速度（措施）——以求——缓解铁路运力紧张的矛盾（目的）。

A项，"兴建大量的新铁路"，意味着现有铁路运输问题会逐步缓解，那么可能就不需要改造现有铁路线路了，削弱题干中措施的必要性。

B项，支持题干中的措施。

C项，进一步说明了采取题干措施的必要性，支持题干。

D项，削弱题干，但是由于题干中表示铁路运力紧张的矛盾"十分突出"，因此，仅仅由"客运量"下降而不知"货运量"的情况，难以断定是否足以缓解现在的铁路运力紧张问题，所以此项不如A项准确。

E项，说明提高列车的运行速度可行，支持题干中的措施。

4. D

【解析】措施目的型削弱题。

题干：京华大学的管理者计划卖掉他们所有的专利给企业，以此来获得资金（措施）——以求——改善该校本科生的教育条件（目的）。

A项，无关选项。

B项，京华大学卖掉专利的利好条件，支持题干。

C项，无关选项。

第3章 削弱题

D项，说明企业不会购买学校的专利，措施不可行，削弱题干。

E项，无关选项，企业是否进行投资与现在的专利能否卖掉不相关。

5. D

【解析】措施目的型削弱题。

题干：由于邮费上涨，《周末画报》计划将每年发行52期改为每年发行26期，但每期文章的质量、每年的文章总数和每年的定价都不变(措施)，杂志的订户和在杂志上刊登广告的客户的数量均不会因此下降(原因)，可以减少成本、增加利润(目的)。

A项，支持题干，正是因为邮费高了，所以才减少刊物的期数，以节约发行费。

D项，多数广告商将继续在每一期上购买同过去一样多的页数，那么在总发行期数减半的情况下，多数广告商购买的广告页数也随之减半，造成广告收入下降，降低利润，削弱题干。

其余各项显然不能削弱题干。

6. C

【解析】措施目的型削弱题。

题干：通过蒙古奶牛与欧洲奶牛杂交 ——以求→ 帮助蒙古牧民提高其牛奶产量。

A项，等价于：有的欧洲奶牛不能成功地同蒙古奶牛杂交，并不排斥"有的可以成功杂交"，所以不能削弱。

B项，"许多"年轻的蒙古人不愿意饲养奶牛，不排斥"有人"愿意饲养，不能削弱。

C项，蒙古地区的放牧条件只适合饲养当地品种的奶牛，不适合杂交奶牛生长，措施不可行。

D项，无关选项。

E项，显然不能削弱题干。

7. A

【解析】措施目的型削弱题。

题干：将每个工作日一次的工间操改为上、下午各一次 ——以求→ 降低雇员的病假率。

A项，说明即使增加工间操的次数，也不能使经常休病假的雇员的病假率降低，措施达不到目的。

B项，"有些"雇员的情况，削弱力度小。

C项，无关选项。

D项，无关选项。

E项，无关选项，题干不涉及参加与不参加工间操的雇员的工作效率的比较。

8. B

【解析】措施目的型削弱题。

题干：国外电器的广告比国内电器的广告更吸引人(原因) ——导致→ 国产电器制造商首先要改进广告(措施) ——以求→ 增加市场占有率(目的)。

A项，支持题干，说明广告有效。

B项，国产电器作为消费者已经不喜爱的产品，不管广告如何变化，也不会引起消费者的关注，改进广告的计划难以达到目的。

C项，题干只涉及广告的内容是否吸引消费者的关注，没有涉及国内和国外厂商广告费用的对比。

D项，无关选项，二者都增加，不知道二者增加的比例大小，无法断定对题干论证的影响。

E项，无关选项。

9. C

【解析】措施目的型削弱题。

题干：用完全套至指根的保护手套 ——以求——> 防止指根随着伤势的愈合黏结起来，以免再次手术。

A项，由题干无法得知此手套的透气性如何，所以无法断定此项是支持还是削弱题干。

B、D项，说明实施此措施有一些困难之处，但不代表无法实施。

C项，措施有恶果，说明此手套会对手指造成新的伤害。

E项，无关选项，题干只涉及手指的保护，没有涉及脚趾。

10. B

【解析】措施目的型削弱题。

题干：出售净菜给两所大学的知识分子 ——以求——> 帮助他们节省家务时间 ——证明——> 这项服务会受到欢迎。

B项，说明这两所大学的知识分子不会买这些净菜，措施不可行。

A、C项，支持题干。

D、E项，削弱题干，但削弱力度不如B项。

题型 18　数据陷阱型削弱题

母题技巧

数字型题目，题干中的论证基于某些数据，但实际上，通过这些数据并不能充分地推出题干中的结论，需要我们加强或削弱。

这类题目我们统称为数据陷阱型题目。常见以下几类：

1. 比率陷阱

（1）用数据做比较时，应该使用数量时使用了比率，或者应该使用比率时使用了数量。

（2）在衡量一个比率的大小时，只衡量了分子的大小，忽略了分母的大小。

（3）错用分母，某个比率的分母应该是A，误用成B。

（4）错用比率，应该用比率A衡量一个对象，误用了比率B。

2. 平均值陷阱

（1）误将一组样本的平均值，当作每个个体的值。

（2）误将个体的值，当作一组样本的平均值。

3. 增长率陷阱

$$现值 = 原值 \times (1 + 增长率)^n;$$
$$b = a \times (1+x)^n.$$

仅比较两个对象的增长率的大小，不能确定哪个对象的数值大，还受其基数的影响。

母题精练

1. 在过去的 10 年中，由美国半导体工业生产的半导体增加了 200%，但日本半导体工业生产的半导体增加了 500%，因此，日本现在比美国制造的半导体多。

    以下哪项如果为真，最能削弱上述论证？

    A. 在过去 5 年中，由美国半导体工业生产的半导体仅增长 100%。

    B. 在过去 10 年中，美国生产的半导体的美元价值比日本生产的高。

    C. 今天美国半导体出口在整个出口产品中所占的比例比 10 年前高。

    D. 10 年前，美国生产的半导体占世界半导体的 90%，而日本仅占 2%。

    E. 10 年前，日本生产半导体是世界第 4 位，而美国列第 1 位。

2. 在本届全国足球联赛的多轮比赛中，参赛的青年足球队先后有 6 个前锋，7 个后卫，5 个中卫，2 个守门员。比赛规则规定：在一场比赛中同一个球员不允许改变位置身份，当然也不允许有一个以上的位置身份；同时，在任一场比赛中，任一球员必须比赛到终场，除非受伤。由此可得出结论：联赛中青年足球队上场的共有球员 20 名。

    以下哪项如果为真，最能削弱以上结论？

    A. 比赛中若有球员受伤，可由其他球员替补。

    B. 在本届全国足球联赛中，青年足球队中有些球员在各场球赛中都没有上场。

    C. 青年足球队中有些队员同时是国家队队员。

    D. 青年足球队的某个球员可能在不同的比赛中处于不同的位置。

    E. 根据比赛规则，只允许 11 个球员上场。

3. 春江市师范大学的同学们普遍抱怨各个食堂的伙食太差。然而唯独一年前反映最差的风味食堂，这一次抱怨的同学人数比较少。学校后勤部门号召其他各个食堂向风味食堂学习，共同改善学校学生关心的伙食问题。

    下列哪项如果为真，则表明学校后勤部门的这个决定是错误的？

    A. 各个食堂的问题不同，不能一刀切，要因地制宜，采取不同的措施。

    B. 风味食堂的进步也是与其他各个食堂的支持分不开的。

    C. 粮食价格一天天上涨，蔬菜供应也很难保质保量，食堂再努力，也是"难为无米之炊"。

    D. 因为伙食差，来风味食堂就餐的人数比其他食堂要少得多。

    E. 风味食堂的花样多，但是价格高，困难同学可吃不起。

4. 业余兼课是高校教师实际收入的一个重要来源。某校的一项统计表明，法律系教师的人均业余兼课的周时数是 3.5,而会计系则为 1.8。因此,该校法律系教师的当前人均实际收入要高于会计系。

以下哪项如果为真,将削弱上述论证?

Ⅰ. 会计系教师的兼课课时费一般要高于法律系。
Ⅱ. 会计系教师中当兼职会计的占 35%;法律系教师中当兼职律师的占 20%。
Ⅲ. 会计系教师中业余兼课的占 48%;法律系教师中业余兼课的只占 20%。

A. Ⅰ、Ⅱ和Ⅲ。　　　　　B. 仅Ⅰ。　　　　　C. 仅Ⅱ。
D. 仅Ⅲ。　　　　　　　E. 仅Ⅰ和Ⅱ。

5. 广告:世界上最好的咖啡豆产自哥伦比亚。在咖啡的配方中,哥伦比亚咖啡豆的含量越高,则配制的咖啡越好。克力莫公司购买的哥伦比亚咖啡豆最多,因此,有理由相信,如果你购买了一罐克力莫公司的咖啡,那么,你就买了世界上配制最好的咖啡。

以下哪项如果为真,最能削弱上述广告中的论证?

A. 克力莫公司配制及包装咖啡所使用的设备和其他咖啡制造商的不一样。
B. 不是所有克力莫公司的竞争者在他们销售的咖啡中,都使用哥伦比亚咖啡豆。
C. 克力莫公司销售的咖啡比任何别的公司销售的咖啡多得多。
D. 克力莫公司咖啡的价格是现在配制的咖啡中最高的。
E. 大部分没有配制过的咖啡比配制最好的咖啡好。

6. 塑料垃圾因为难以被自然分解一直令人类感到头疼。近年来,许多易于被自然分解的塑料代用品纷纷问世,这是人类为减少塑料垃圾的一种努力。但是,这种努力几乎没有成效,因为据全球范围内大多数垃圾处理公司统计,近年来,它们每年填埋的垃圾中塑料垃圾的比例,不但没有减少,反而有所增加。

以下哪项如果为真,最能削弱上述论证?

A. 近年来,由于实行了垃圾分类,越来越多的过去被填埋的垃圾被回收利用了。
B. 塑料代用品利润很低,生产商缺乏投资的积极性。
C. 近年来,用塑料包装的商品品种有了很大的增长。
D. 上述垃圾处理公司绝大多数属于发达或中等发达国家。
E. 由于燃烧时会产生有毒污染物,塑料垃圾只适合填埋于地下。

7. 调查表明,一年中的任何月份,18~65 岁的女性中都有 52% 在家庭以外工作。因此,18~65 岁的女性中有 48% 是全年不在外工作的家庭主妇。

以下哪项如果为真,最能严重地削弱上述论证?

A. 现在离家工作的女性比历史上的任何时期都多。
B. 尽管在每个月中参与调查的女性人数都不多,但是这些样本有很好的代表性。
C. 调查表明将承担一份有薪工作为优先考虑的女性比以往任何时候都多。
D. 总体上说,职业女性比家庭主妇有更高的社会地位。
E. 不管男性还是女性,都有许多人经常进出于劳动力市场。

8. 一种新型的石油燃烧器——在沥青工厂中使用——是如此的有效率,以至于向沥青工厂出售一台这样的燃烧器,其价格是这样计算的:用过去两年该沥青厂家使用以前的石油燃烧器实际支付的成本总数减去将来两年该沥青厂家使用这种新型的石油燃烧器将支付的成本总数的差额。当然,在安装时,工厂会进行一次估计支付,两年以后再将其调整为与实际的成本差额相等。下面哪项如果发生的话,会对新型的石油燃烧器的销售计划造成不利?

  A. 另一个制造商把有相似效率的石油燃烧器引入市场。
  B. 该沥青厂家的规模需要不止一台新型的石油燃烧器。
  C. 该沥青厂家原有的石油燃烧器效率非常差。
  D. 市场上对沥青的需求下降。
  E. 新型的石油燃烧器安装后不久,石油价格持续上涨。

9~10题基于以下题干:

一项全球范围的调查显示,近10年来:吸烟者的总数基本保持不变;每年只有10%的吸烟者改变自己的品牌,放弃原有的品牌而改吸其他品牌;烟草制造商用在广告上的支出占其毛收入的10%。在Z烟草公司的年终董事会上,董事A认为,上述统计表明,烟草业在广告上的收益正好等于其支出,因此,此类广告完全可以不做。董事B认为,由于上述10%的吸烟者所改吸的香烟品牌中几乎不包括本公司的品牌,因此,本公司的广告开支实际上是一笔亏损性开支。

9. 以下哪项构成了对董事A的结论的最有力质疑?

  A. 董事A的结论忽视了:对广告开支的有说服力的计算方法,应该计算其占整个开支的百分比,而不应该计算其占毛收入的百分比。
  B. 董事A的结论忽视了:近年来各种品牌的香烟的价格都有了很大的变动。
  C. 董事A的结论基于一个错误的假设:每个吸烟者在某个时候只喜欢一种品牌。
  D. 董事A的结论基于一个错误的假设:每个烟草制造商只生产一种品牌。
  E. 董事A的结论忽视了:世界烟草业是由处于竞争状态的众多经济实体组成的。

10. 以下哪项如果为真,能构成对董事B的结论的质疑?

  Ⅰ. 如果没有Z公司的烟草广告,许多消费Z公司品牌的吸烟者将改吸其他品牌。
  Ⅱ. 上述改变品牌的10%的吸烟者所放弃的品牌中,几乎没有Z公司的品牌。
  Ⅲ. 烟草广告的效果之一,是吸引新吸烟者取代停止吸烟者(死亡的吸烟者或戒烟者)而消费自己的品牌。

  A. 仅Ⅰ。   B. 仅Ⅱ。   C. 仅Ⅲ。
  D. 仅Ⅰ和Ⅱ。   E. Ⅰ、Ⅱ和Ⅲ。

11. 社会成员的幸福感是可以运用现代手段精确量化的。衡量一项社会改革措施是否成功,要看社会成员的幸福感总量是否增加,S市最新推出的福利改革明显增加了公务员的幸福感总量,因此,这项改革措施是成功的。
以下哪项如果为真,最能削弱上述论证?

  A. 上述改革措施并没有增加S市所有公务员的幸福感。
  B. S市公务员只占全市社会成员很小的比例。
  C. 上述改革措施在增加公务员幸福感总量的同时,减少了S市民营企业人员的幸福感总量。
  D. 上述改革措施在增加公务员幸福感总量的同时,减少了S市全体社会成员的幸福感总量。
  E. 上述改革措施已经引起S市市民的广泛争议。

12. 刘翔在 2008 年奥运会上脚部受伤,被迫退出比赛。奥运会比赛中运动员受伤并不鲜见,这给人一个印象:奥运比赛由于其极强的竞争性,更容易造成运动员受伤。其实这种印象是不正确的。两周中奥运会上发生的运动员的受伤事故,和同一个时间段发生在世界各地的运动员受伤乃至致残事故比起来,在数量上微乎其微。

以下哪项如果为真,最能削弱上述论证?

A. 刘翔在此次奥运会上的受伤,是旧伤复发。

B. 奥运会中运动员受伤,近几届呈逐渐严重的趋势。

C. 运动员中只有极小一部分参加奥运会比赛。

D. 奥运会比赛是向运动员的极限挑战,比平时训练较易导致运动员受伤。

E. 奥运会的安全措施,包括对运动员的保护措施比平时更为严格。

答案详解

1. D

【解析】数字型削弱题(增长率)。

题干:在过去的 10 年中,由美国半导体工业生产的半导体增加了 200%,但日本半导体工业生产的半导体增加了 500%——证明→日本现在比美国制造的半导体多。

本题是增长率问题,不仅要看增长率的大小,还要看基数的大小。

A 项,这一数据并不能支持或削弱 10 年以来美国生产的半导体增加了 200%。

B、C 项,无关选项。

D 项,不妨设 10 年前美国生产 90 个单位的半导体,日本生产 2 个单位的半导体,那么现在美国生产 270 个单位的半导体,而日本生产 12 个单位的半导体,所以美国的半导体产量比日本大,削弱题干。

E 项,只知道排名,无法确定 10 年前两国生产的半导体的数量。

2. D

【解析】数字型削弱题。

题干:根据某青年足球队在多轮比赛中不同出场位置的队员的人数总和,推断该球队在比赛中上场的球员人数为 20 名。

题干的统计标准是不同位置上出现过的不同人数之和,所以,若在不同的比赛中,有人在场上踢了 2 个或以上的位置,就会使题干的结论不正确,故 D 项削弱题干。

A 项,如果替补球员还是用曾上场的固定位置的角色替换,仍然能得出"共有 20 名球员"的结论。

B 项,无关选项,题干中说的是"上场的共有球员 20 名",并未包括不上场的球员。

C 项,显然是无关选项。

E 项,不正确,因为每场比赛有 11 个球员上场,多轮比赛可能有很多人上场。

3. D

【解析】数字型削弱题(比率)。

题干：一年前反映最差的风味食堂，这一次抱怨的同学人数比较少，因此，学校后勤部门号召其他各个食堂向风味食堂学习。

抱怨的同学"人数少"，不代表抱怨的"比例低""满意度高"。

D项，抱怨的人数比较少，不是因为该食堂的伙食好，而是因为太差了，差到大多数同学不去该食堂用餐，显然能削弱题干。

其余各项均不能削弱题干。

4. E

【解析】数字型削弱题（收入）。

题干：法律系教师的人均业余兼课的周时数是3.5，而会计系则为1.8 ——证明→ 法律系教师的当前人均实际收入要高于会计系。

Ⅰ项，削弱题干，因为收入＝课时费×课时数，本项说明会计系的教师虽然业余兼课的课时数少，但是课时费高，那么兼职收入未必比法律系低。

Ⅱ项，削弱题干，注意题干中的结论比较的是两个系的教师的"平均收入"而不是"平均业余兼课收入"，Ⅱ项说明，虽然会计系的教师业余兼课的不如法律系多，但业余做会计的比例高于法律系教师中业余做律师的比例，那么这样的兼职收入，可能会导致会计系的教师收入更高。

Ⅲ项，不能削弱题干，因为题干中的论据是"人均业余兼课的周时数"，这个数值与有多大比例的老师兼课没有关系，只与老师人数和兼课总时数有关。

5. C

【解析】数字型削弱题（比率）。

题干：①在咖啡的配方中，哥伦比亚咖啡豆的含量越高，则配制的咖啡越好。

②克力莫公司购买的哥伦比亚咖啡豆最多 ——证明→ 克力莫公司的咖啡是世界上配制最好的咖啡。

由公式：哥伦比亚咖啡豆的含量＝哥伦比亚咖啡豆的使用量/生产的咖啡总量×100%。

C项，说明克力莫公司虽然用的哥伦比亚咖啡豆最多（分子大），但是，这家公司生产的咖啡总量也比其他公司多得多（分母大），那么，哥伦比亚咖啡豆的含量就不一定高了，从而咖啡的质量也未必是最好的，削弱题干。

其余各项均不能削弱题干。

6. A

【解析】数字型削弱题（比率）。

题干：据全球范围内大多数垃圾处理公司统计，近年来，它们每年填埋的垃圾中塑料垃圾的比例有所增加 ——证明→ 易于被自然分解的塑料代用品没有起到减少塑料垃圾的作用。

因为，塑料垃圾的比例＝塑料垃圾量/垃圾总量×100%，所以，塑料垃圾的比例增加了，未必是塑料垃圾量增加了，也可能是垃圾总量减小了。故A项能削弱题干。

其余各项均不能削弱题干。

7. E

【解析】数字型削弱题。

题干：一年中的任何月份，18～65岁的女性中都有52%在家庭以外工作 ——证明→ 18～65岁的女性中有48%是全年不在外工作的家庭主妇。

"每个月"有48%的妇女不工作，不代表有48%的妇女"全年"不工作，因为某个月份不工作的妇女，可能在其他月份工作了，即可能有妇女在不同的月份间进出劳动力市场，故E项可以削弱题干。

A、C、D项均为无关选项，B项略支持题干。

8. E

【解析】数字型削弱题。

题干：新型的石油燃烧器价格=过去两年的石油成本−将来两年的石油成本。

所以，如果石油价格持续上涨，会导致将来两年的石油成本上涨，从而降低新型的石油燃烧器的价格，从而降低利润，故E项正确。

A项，有竞争对手出现，能造成一定程度的不利，但和题干中的定价策略并不直接相关。

B项，对销售有利，因为厂家需求量越大，越有利于石油燃烧器的销售。

C项，原有的石油燃烧器效率越低，新型的石油燃烧器就越有吸引力，即对其销售有利。

D项，需求能造成一定程度的不利，但和题干中的定价策略并不直接相关。

9. E

【解析】数字型削弱题。

题干中的论据：

①吸烟者的总数基本保持不变。

②每年只有10%的吸烟者改变自己的品牌，放弃原有的品牌而改吸其他品牌。

③烟草制造商用在广告上的支出占其毛收入的10%。

董事A据此得出结论：烟草业在广告上的收益正好等于其支出，因此，此类广告完全可以不做。

显然董事A认为：占毛收入10%的广告支出的收益只是使10%的吸烟者改吸其他品牌的香烟，如果不做广告，则能维持收支平衡。

但是，E项指出，世界烟草业是由处于竞争状态的众多经济实体组成的，如果你不做广告，别的企业去做广告，就会使本公司处于竞争劣势，甚至可能被挤出市场，可以削弱董事A的结论。

A项，不能质疑董事A的结论，广告开支可以从毛收入角度来看，进行成本效益分析。

其余各项均为无关选项。

10. E

【解析】数字型削弱题。

董事B认为：由于上述10%的吸烟者所改吸的香烟品牌中几乎不包括本公司的品牌——证明→本公司的广告开支实际上是一笔亏损性开支。

Ⅰ、Ⅱ项，可以削弱董事B的结论，说明广告防止了客户的流失。

Ⅲ项，可以削弱董事B的结论，说明广告吸引了新吸烟者。

11. D

【解析】数字型削弱题(总量与部分)。

题干：①衡量一项社会改革措施是否成功，要看社会成员的幸福感总量是否增加；②新推出的福利改革措施增加了公务员的幸福感总量──证明→这项改革措施是成功的。

A项，题干中的"提高公务员的幸福感总量"，不代表提高"所有公务员"的幸福感，不能削弱。
B项，公务员占社会成员很小的比例，并不表示社会成员的幸福感总量没有增加，不能削弱。
C项，减少民营企业人员的幸福感总量，不代表全体社会成员的幸福感总量下降，不能削弱。
D项，由论据①可知，衡量一项社会改革措施是否成功，要看"社会成员的幸福感总量"。若此项为真，则说明该项改革措施失败，削弱题干。
E项，诉诸无知，不能削弱。

12. C

【解析】数字型削弱题（量与率）。

题干：奥运会上运动员的受伤事故和同一个时间段发生在世界各地的运动员受伤乃至致残事故比起来，在数量上微乎其微──证明→奥运比赛更容易造成运动员受伤的看法不对。

A项，说明刘翔受伤不是由于奥运比赛，而是由于平时的训练，支持题干。
B项，无关选项，题干比较的是奥运运动员和普通运动员，而非奥运运动员之间的比较。
C项，说明奥运比赛运动员受伤数量虽然不高，但事故率高，指出了题干论证中的逻辑漏洞。
D项，无关选项，题干不涉及奥运会比赛期间和平时训练期间的比较。
E项，无关选项。

微模考3（上）▶ 削弱题卷1

（共30题，每题2分，限时60分钟）　　　你的得分是_____

1. 一种虾常游弋于高温的深海间歇泉附近，在那里生长着它爱吃的细菌类生物。由于间歇泉能发射一种暗淡的光线，因此，科学家们认为这种虾背部的感光器官是用来寻找间歇泉，从而找到食物的。

   下列哪项能对科学家的结论提出质疑？

   A. 实验表明，这种虾的感光器官对间歇泉发出的光并不敏感。

   B. 间歇泉的光线十分暗淡，人类用肉眼难以察觉。

   C. 间歇泉的高温足以杀死这附近的细菌。

   D. 大多数其他品种的虾的眼睛都位于眼柄的末端。

   E. 其他虾身上的感光器官同样能起到发现间歇泉的作用。

2. 有些外科手术需要一种特殊类型的线带，使外科伤口缝合达到十天，这是外科伤口需要线带的最长时间。D型带是这种线带的一个新品种。D型带的销售人员声称，D型带将会提高治疗功效，因为D型带的黏附时间是目前使用的线带的两倍。

   以下哪项如果成立，最能说明D型带销售人员声称中的漏洞？

   A. 大多数外科伤口愈合大约需要十天。

   B. 大多数外科线带是从医院而不是从药店得到的。

   C. 目前使用的线带的黏性足够使伤口缝合十天。

   D. 现在还不清楚究竟是D型带线带还是目前使用的线带更有利于外科伤口的愈合。

   E. D型带线带对已经预先涂上一层药物的皮肤的黏性只有目前使用的线带的一半好。

3. 据国际卫生与保健组织2018年年会"通讯与健康"公布的调查报告显示，68%的脑癌患者都有经常使用移动电话的历史。这充分说明，经常使用移动电话将会极大地增加一个人患脑癌的可能性。

   以下哪项如果为真，将最严重地削弱上述结论？

   A. 进入21世纪以来，使用移动电话者的比例有惊人的增长。

   B. 有经常使用移动电话的历史的人超过世界总人口的65%。

   C. 在2018年全世界经常使用移动电话的人数比2017年增加了68%。

   D. 使用普通电话与移动电话通话者同样有导致脑癌的危险。

   E. 没有使用过移动电话的人数超过世界总人口的50%。

4. 美国科普作家雷切尔·卡逊撰写的《寂静的春天》被誉为西方现代环保运动的开山之作。这本书以滴滴涕为主要案例，得出了化学药品对人类健康和地球环境有严重危害的结论。此书的出版引发了西方国家全民大论战。

   以下各项陈述如果为真，都能削弱雷切尔·卡逊的结论，除了：

   A. 滴滴涕不仅能杀灭传播疟疾的蚊子，而且对环境的危害并不是那样严重。

B. 非洲一些地方停止使用滴滴涕后，疟疾病又卷土重来。
C. 发达国家使用滴滴涕的替代品同样对环境有危害。
D. 天津化工厂去年生产了1 000吨滴滴涕，绝大部分出口非洲，帮助当地居民对抗疟疾。
E. 南非在2003年重新启用滴滴涕后，因疟疾死亡的人数降到了原先的50%以下。

5. 博物学家观察到，一群鸟中通常都有严格的等级制，地位高的鸟欺压地位低的鸟。头上羽毛颜色越深、胸脯羽毛条纹越粗，等级地位就越高，反之就低。博物学家还观察到，鸟的年龄越大，头上羽毛的颜色就越深，胸脯羽毛的条纹也就越粗。这说明鸟在一个群体中的地位是通过长期的共同生活逐渐确立起来的。

以下哪项如果为真，能够最有力地削弱上述论证？

A. 人们把一只年轻的低等鸟的头和胸脯羽毛涂上高等鸟的颜色和条纹，并将它放在另一群同类鸟中，这只鸟在新的群体中受到了高等待遇。
B. 人们不能通过头上羽毛颜色或者胸脯羽毛条纹来识别白天鹅在群体中的地位，因为它们头上的羽毛颜色分不出深浅，胸脯羽毛没有条纹。
C. 如果鸟类世界中存在着严格的等级制，那么在一群鸟中，它们也会为提高各自的地位而发生争斗。
D. 如果鸟类世界中存在着严格的等级制，那么在一群鸟中，它们各自的地位不会是终身不变的。
E. 在鸟群中，一般来说最年长的鸟是地位最高的鸟。

6. 长天汽车制造公司的研究人员发现，轿车的减震系统越"硬"，驾驶人员在驾驶中越是感到刺激。因此，研究人员建议长天汽车制造公司把所有新产品的减震系统都设计得更"硬"一些，以提高产品的销量。

下面哪一项如果为真，最能削弱该研究人员的建议？

A. 长天公司原来生产的轿车的减震系统都比较"软"。
B. 驾驶汽车的刺激性越大，车就越容易开得快，越容易出交通事故。
C. 大多数人买车是为了便利和舒适，而"硬"的减震系统让人颠得实在难受。
D. 目前"硬"的减震系统逐步流行起来，尤其是在青年开车族中。
E. 买车的人中有些年长者不是为了追求驾驶中的刺激。

7. 在美国，实行死刑的州，其犯罪率要比不实行死刑的州低。因此，死刑能够减少犯罪。

以下哪项如果为真，最可能质疑上述推断？

A. 犯罪的少年，较之守法的少年更多出自无父亲的家庭。因此，失去了父亲能够引发少年犯罪。
B. 美国的法律规定了在犯罪地起诉并按其法律裁决，许多罪犯因此经常流窜犯罪。
C. 在最近几年，美国民间呼吁废除死刑的力量在不断减弱，一些政治人物也已经不再像过去那样在竞选中承诺废除死刑了。
D. 经过长期的跟踪研究发现，监禁在某种程度上成为酝酿进一步犯罪的温室。
E. 调查结果表明：犯罪分子在犯罪时多数都曾经想过自己的行为可能会受到死刑或终身监禁的惩罚。

8. 京华大学的30名学生近日答应参加一项旨在提高约会技巧的计划。在参加这项计划前一个月，他们平均已经有过一次约会。30名学生被分成两组：第一组与6名不同的志愿者进行6次"实习性"约会，并从约会对象那里得到对其外表和行为的看法的反馈；第二组仅为对照组。在进行"实习性"约会前，每一组都要分别填写社交忧惧调查表，并对其社交的技巧评定分数。进行"实习性"约会后，第一组需要再次填写调查表。结果表明：第一组较之对照组表现出更少的社交忧惧，在社交场合更自信，更易进行约会。显然，实际进行约会，能够提高我们社会交际的水平。

   以下哪项如果为真，最可能质疑上述推断？

   A. 这种训练计划能否普遍开展，专家们对此有不同的看法。

   B. 参加这项训练计划的学生并非随机抽取的，但是所有报名的学生并不知道此实验计划将要包括的内容。

   C. 对照组在事后一直抱怨他们并不知道计划已经开始，因此，他们所填写的调查表因对未来有期待而显得比较悲观。

   D. 填写社交忧惧调查表时，学生需要对约会的情况进行一定的回忆，男学生普遍对约会对象评价得较为客观，而女学生则显得比较感性。

   E. 约会对象是志愿者，他们在事先并不了解计划的全过程，也不认识约会的实验对象。

9. 一种新型飞机发动机的广告称：实验表明，其安全性明显高于旧型发动机，只是燃料消耗略高。去年，两种发动机同时销售，结果旧型发动机的销量明显高于新型发动机。这说明，飞机发动机的购买者并不把安全性作为首要考虑的因素。

   依据以下哪项原则，最有助于反驳上述论证？

   A. 所陈述的是事实，并不等于这个陈述广为人知。

   B. 所陈述的是事实，并不等于所陈述的事实被广泛认同。

   C. 所陈述的是事实，并不等于该事实最重要。

   D. 所陈述的是事实，并不等于其他陈述就不符合事实。

   E. 所陈述的是事实，并不等于未经陈述的就不是事实。

10. 由风险资本家融资的初创公司比通过其他渠道融资的公司失败率要低。所以，与诸如企业家个人素质、战略规划质量或公司管理结构等因素相比，融资渠道对于初创公司的成功更为重要。

    以下哪项如果为真，最能削弱上述论证？

    A. 风险资本家在决定是否为初创公司提供资金时，把该公司的企业家个人素质、战略规划质量和管理结构等作为主要的考虑因素。

    B. 作为取得成功的要素，初创公司的企业家个人素质比它的战略规划更为重要。

    C. 初创公司的倒闭率近年逐步下降。

    D. 一般来讲，初创公司的管理结构不如发展中的公司完整。

    E. 风险资本家对初创公司的财务背景比其他融资渠道更为敏感。

11. 澳大利亚是一个地广人稀的国家，不仅劳动力价格昂贵，还很难雇到工人，许多牧场主均为此发愁。有个叫德尔的牧场主采用了一种办法，他用电网把自己的牧场圈起来，既安全可靠，又不需要多少牧牛工人。但是反对者认为这样会造成大量的电力浪费，对牧场主来说增加了开支，对国家的资源也不够节约。

以下哪项如果为真，能够削弱批评者对德尔的指责？

A. 电网在通电10天后就不再耗电，牛群因为有了惩罚性的经验，不会再靠近和触碰电网。

B. 节省人力资源对于国家来说也是一笔很大的财富。

C. 使用电网对于牛群来说是暴力式的放牧，不符合保护动物的基本理念。

D. 德尔的这种做法，既可以防止牛走失，也可以防范居心不良的人偷牛。

E. 德尔的这种做法思路新颖，可以考虑用在别的领域以节省宝贵的人力资源。

12. 第二次世界大战期间，海洋上航行的商船常常遭到德国轰炸机的袭击，许多商船都先后在船上架设了高射炮。但是，商船在海上摇晃得比较厉害，用高射炮射击天上的飞机是很难命中的。战争结束后，研究人员发现，从整个战争期间架设过高射炮的商船的统计资料来看，击落敌机的命中率只有4%。因此，研究人员认为，在商船上架设高射炮是得不偿失的。

以下哪项如果为真，最能削弱上述研究人员的论证？

A. 在战争期间，未架设高射炮的商船，被击沉的比例高达25%；而架设了高射炮的商船，被击沉的比例只有不到10%。

B. 架设了高射炮的商船，即使不能将敌机击中，在某些情况下也可能将敌机吓跑。

C. 架设高射炮的费用是一笔不小的投入，而且在战争结束后，为了运行的效率，还要再花费资金将高射炮拆除。

D. 一般来说，上述商船用于高射炮的费用，只占整个商船的总价值的极小部分。

E. 架设高射炮的商船速度会受到很大的影响，不利于逃避德国轰炸机的袭击。

13. 据对一批企业的调查显示，这些企业总经理的平均年龄是57岁，而在20年前，同档的这些企业的总经理的平均年龄大约是49岁。这说明，目前企业中总经理的年龄呈老化趋势。

以下哪项对题干的论证提出的质疑最为有力？

A. 题干中没有说明，20年前这些企业对于总经理人选是否有年龄限制。

B. 题干中没有说明，这些总经理任职的平均年数。

C. 题干中的信息，仅仅基于有20年以上历史的企业。

D. 20年前这些企业的总经理的平均年龄，仅是个近似数字。

E. 题干中没有说明被调查企业的规模。

14. 美国法律规定，不论是驾驶员还是乘客，坐在行驶的小汽车中必须系好安全带。有人对此持反对意见。他们的理由是，每个人都有权冒自己愿意承担的风险，只要这种风险不会给别人带来损害。因此，坐在汽车里系不系安全带，纯粹是个人的私事，正如有人愿意承担风险去炒股，有人愿意承担风险去攀岩，纯属他个人的私事一样。

以下哪项如果为真，最能对上述反对意见提出质疑？

A. 尽管确实为了保护每个乘客自己，而并非为了防备伤害他人，但所有航空公司仍然要求每个乘客在飞机起飞和降落时系好安全带。

B. 汽车保险费近年来连续上涨，原因之一，是不系安全带造成的伤亡使得汽车保险赔偿费连年上涨。

C. 在实施了强制要求系安全带的法律以后,美国的汽车交通事故死亡率明显下降。

D. 法律的实施带有强制性,不管它的反对意见看起来多么有道理。

E. 炒股或攀岩之类的风险是有价值的风险,不系安全带的风险是无谓的风险。

15. 目前,北京市规定在公共场所禁止吸烟。京华大学国际工商学院将自己的教学楼整个划定为禁烟区。结果发现有不少人在教学楼厕所里偷偷吸烟,这一情况使得法规和校纪受到侵犯。有人建议,应当把教学楼的厕所定为吸烟区,这样,将使得烟民们既有一个抽烟的地方而又不会使人们违反规定。

下列哪项如果为真,最能削弱上述建议的可行性?

A. 新的规定会把厕所的卫生和环境搞得非常糟糕,对不吸烟的人是不公平的。

B. 吸烟的人会使厕所变成一个"烟囱",而且不利于烟民们戒烟。

C. 当新规定实施后,那些烟民中的有些人又会逐渐在教学楼内厕所以外其他的禁烟区吸烟。

D. 在厕所吸烟多了,在其他戒烟区发现违法者的可能性就小多了。

E. 这个新规定对于解决因为吸烟造成的学生宿舍的失火问题不起作用。

16. 在1997年开始的亚洲金融危机中,中国因为金融市场的开放程度有限而没有受到最严重的冲击。相反,亚洲各国中金融市场开放程度比较高的韩国、印尼、泰国等都饱受货币贬值、经济衰退之苦。看来,中国的金融市场还是应该自成体系地封闭运行。

以下哪项如果为真,则最能削弱上述结论?

A. 亚洲金融危机只是一个前奏,更危险的冲击还在后头。

B. 中国金融市场开放的程度受到中国经济发展阶段的限制。

C. 亚洲金融危机给中国带来的影响可能是深层次的,并非像表面这样平静。

D. 随着香港经济与内地经济越来越紧密地融合,中国金融市场的开放程度也会越来越大。

E. 如果不开放金融市场,金融体系无法走向成熟和完善,躲过了亚洲金融危机,也躲不过世界金融危机。

17. 一种正在试制中的微波干衣机具有这样的优点:它既不加热空气,也不加热布料,却能加热衣服上的水。因此,能以较低的温度运作,既能省电,又能保护精细的纤维。但是,微波产生的波通常也能加热金属物体。目前,微波干衣机的开发者正在完善一个工艺,它能阻止放进干衣机的衣服上细小的金属(如发夹)被加热而烧坏衣服。

下列哪项如果为真,能最有力地说明,即使完善了这一工艺也不足以使微波干衣机有销路?

A. 经常使用干衣机干衣的顾客的衣服上大多有厚金属物,如装饰铜扣等。

B. 许多放进干衣机的衣服并不和发夹或其他金属物放在一起。

C. 试验微波干衣机比未来完善的微波干衣机耗电多。

D. 微波干衣机比机械干衣机引起的皱缩小。

E. 通常放进干衣机的衣服上的金属按扣同大多数的发夹一样厚。

18. 现在市面上的电子版图书越来越多,其中包括电子版的文学名著,而且价格都很低。另外,人们只要打开电脑,在网上几乎可以读到任何一本名著。这种文学名著的普及,会大大改变大众的阅读品位,有利于造就高素质的读者群。

以下哪项如果为真,最能削弱上述论证?

A. 名著的普及率一直不如大众读物,特别是不如健身、美容和智力开发等大众读物。

B. 许多读者认为电脑阅读不方便,宁可选择印刷版读物。

C. 一个高素质的读者不仅仅需要具备文学素养。

D. 真正对文学有兴趣的人不会因文学名著的价钱高或不方便而放弃获得和阅读文学名著的机会,而对文学没有兴趣的人则相反。

E. 在互联网上阅读名著仍然需要收费。

19. 这些年来,国产胶卷在国内市场的占有率逐渐减少,经研究发现:外国胶卷的广告比国内胶卷的广告更能吸引消费者的关注。因此,国产胶卷制造商计划通过改进广告来改变商品形象,以增加市场占有率。

以下哪项如果为真,将最不利于国产胶卷制造商上述计划的成功?

A. 准备购买胶卷的人比不准备购买胶卷的人对胶卷广告会更加重视。

B. 消费者一般对那些他们已比较喜爱的产品的广告特别关注,而对不喜爱的产品,不管广告如何变化,也不会特别关注。

C. 国产胶卷花费在广告上的费用与外国胶卷广告费用一样。

D. 尽管外国胶卷销售额增加,每年国产胶卷销售额同样增加。

E. 某些外国胶卷广告是由国内广告公司制作的。

20. 长盛公司的管理者发现:和同行业其他企业相比,该公司产品的总成本远远高于其他企业,因而在市场上只能以偏高的价格出售,导致竞争力较弱。通过研究,公司决定降低工人工资,使之和同行业企业差不多。

以下哪项如果为真,将使公司的决定见效不大?

A. 长盛公司的产品质量和其他公司的相比,相差无几。

B. 长盛公司的销售费用比其他公司高。

C. 长盛公司员工工资总额只占产品成本的一小部分。

D. 长盛公司的设备比较落后。

E. 长盛公司交货速度不是特别快。

21. 赵青一定是一位出类拔萃的教练。她调到我们大学执教女排才一年,球队的成绩就突飞猛进。

以下哪项如果为真,最有可能削弱上述论证?

A. 赵青以前曾经入选过国家青年女排,后来因为伤病提前退役。

B. 赵青之前的教练一直是男性,对于女运动员的运动生理和心理了解不够。

C. 调到大学担任女排教练之后,赵青在学校领导那里立下了军令状,一定要拿到全国大学生联赛的冠军,结果只得了一个铜牌。

D. 女队员尽管是学生,但是对于赵青教练的指导都非常佩服,并自觉地加强训练。

E. 大学准备组建高水平的体育代表队,因此,从去年开始,就陆续招收了一些职业队的退役队员。女排只招到了一个二传手。

22. 在几十位考古人员历经半年的挖掘下,规模宏大、内容丰富的泉州古城门遗址——德济门重现于世。考古人员再次发现一些古代寺院建筑构件。考古学家据此推测:元明时期该地附近曾有寺院存在。

下列哪项如果为真，最能质疑上述推测？

A. 考古人员未发现任何寺院遗址。

B. 居民也常使用同样的建筑构件。

C. 发掘出的寺庙建筑构件较少。

D. 关于德济门的古代典籍未提及附近有寺院。

E. 一些历史学家书中提及，这一带有寺院存在。

23. 为什么古希腊会产生城邦制，东方国家却长期存在君主专制？亚里士多德认为，君主专制在野蛮人中间常常可以见到，同僭主制或暴君制很接近。因为野蛮民族的性情天生就比希腊各民族更具奴性，其中亚细亚蛮族的奴性更甚于欧罗巴蛮族，所以他们甘受独裁统治而不起来叛乱。

如果以下各项陈述为真，除哪一项外，都能削弱亚里士多德的解释？

A. 城邦制造就了公民的自主性，君主专制造就了顺民的奴性。

B. 地理环境的差别造就了城邦制和君主专制的区别。

C. 亚里士多德的解释在感情上令绝大多数东方人难以接受。

D. 文明人与野蛮人的区别是文化和社会组织不同造成的。

E. 古希腊长期存在奴隶制，这些奴隶的长期存在说明古希腊人的奴性并不低于东方民族。

24. 一项调查报告显示，儿童意外伤害地点排名中，客厅、卧室占 39.85%，排名居首，其次才是幼儿园占 37.41%，再次是公共场所和娱乐场所占 22.74%。因此有专家认为，儿童受伤，头号凶手是"家"。

以下选项中，最能削弱上述结论的是：

A. 调查显示，很多情况下儿童受伤是因为年轻父母缺乏经验造成的。

B. 据调查，造成意外死亡的地点大多是公共场所和娱乐场所。

C. 统计显示，儿童在客厅、卧室的时间占儿童活动时间的 50% 以上。

D. 这份调查是针对 3~6 岁儿童进行的。

E. 有些儿童在其他场所也会受伤。

25. 公安部某专家称，撒谎的心理压力会导致某些生理变化。借助测谎仪可以测量撒谎者的生理表征，从而使测谎结果具有可靠性。

以下哪项陈述如果为真，能够最有力地削弱上述论证？

A. 各种各样的心理压力都会导致类似的生理表征。

B. 类似测谎仪这样的测量仪器也可能被误用和滥用。

C. 测谎仪是一种需要经常维护且易出故障的仪器。

D. 对有些人来说，撒谎只能导致较小的心理压力。

E. 测谎仪通过测量撒谎者的呼吸速率、排汗量、心率和血压等确定是否撒谎。

26. K 国的公司能够在 V 国销售半导体，并且售价比 V 国公司的生产成本低。为了帮助 V 国的那些公司，V 国的立法机构制订了一项计划，规定 K 国公司生产的半导体在 V 国的最低售价必须比 V 国公司的平均生产成本高百分之十。

以下哪项如果为真，将最严重地影响该项计划的成功？

A. 预计明年 K 国的通货膨胀率超过百分之十。

B. 现在 K 国的半导体不仅仅销往 V 国。

C. 一些销售半导体的 V 国公司宣布，它们打算降低半导体的售价。

D. K 国政府也制定了半导体在本国的最低售价。

E. 越来越多的非 K 国的公司去 V 国销售半导体，并且售价比 K 国的产品低。

27. 点子大王秦老师最近又要贡献一个点子给都市报报业集团。秦老师分析了目前报纸的发行时段：早上有晨报，上午有日报，下午有晚报，真正为晚上准备的报纸却没有。秦老师建议他们办一份《都市夜报》，打开这块市场。谁知都市报报业集团却没有采纳秦老师的建议。

以下哪项如果为真，能够恰当地指出秦老师的分析中所存在的问题？

A. 报纸的发行时段和阅读时间是不同的。

B. 酒吧或影剧院的灯光都很昏暗，无法读报。

C. 许多人睡前有读书的习惯，而读报的比较少。

D. 晚上人们一般习惯看电视节目，很少读报。

E. 都市的夜生活非常丰富，读报纸显得太枯燥了。

28. 1993 年以来，我国内蒙古地区经常出现沙尘暴，造成重大经济损失。有人认为，沙尘暴是由气候干旱造成草原退化、沙化而引起的，是天灾，因此是不可避免的。

以下各项如果为真，都能够对上述观点提出质疑，除了：

A. 近年来内蒙古牧民大规模猎杀草原狼，使得破坏植被的动物如兔子、老鼠等泛滥。

B. 在内蒙古呼伦贝尔和锡林郭勒退化草原的对面，蒙古国草原的草高达 1 米左右。

C. 在几乎无人居住的中蒙 10 公里宽的边界线上，草依然保持着 20 世纪 50 年代的高度。

D. 过度放牧等人为因素是草原退化、沙化的重要原因。

E. 20 世纪 50 年代，内蒙古锡林郭勒草原的草有马肚子那样高，现在的草连老鼠都盖不住。

29. 做了为期一年研究项目工作的研究人员发现，一根大麻香烟在吸食者的肺部沉积的焦油量是一根烟草香烟的 4 倍还要多。研究人员由此断定，大麻香烟吸食者比烟草香烟吸食者更有可能患上由焦油导致的肺癌。

下面哪一项如果为真，将对上文中研究者的结论构成最有力的削弱？

A. 研究中使用的大麻香烟比典型吸食者所用的大麻香烟要小很多。

B. 没有一个该研究项目的参与者在过去曾经吸食过大麻或烟草。

C. 在该研究项目的早期研究过去 5 年后所进行的一次跟踪检查表明，没有一名该研究项目的参与者得了肺癌。

D. 研究中使用的烟草香烟含有的焦油量比典型吸食者所用的烟草香烟略高。

E. 典型的大麻香烟吸食者吸食大麻的频率比典型的烟草香烟吸食者低很多。

30. 一位计算机行业的资深分析专家认为，新型的 Super Reger 计算机质量高、运转快，而且价格比市场上其他任何一种品牌都低。因此，我们可以这样认为，Super Reger 计算机会很快发展成为销售快、价格低的现有计算机的替代品。

以下哪项如果为真，则最不能削弱上述观点？

A. Super Reger 公司的计算机可以与其他公司生产的高价格的计算机一比高低。

B. 一些运转速度快、价格更低的计算机将很快被引入其他公司（特别是 Super Reger 公司的竞争对手公司）的生产中。

C. 大多数零售商已经销售了一种或多种低价计算机，不愿意再销售别的低价计算机。

D. 市场调查结果显示，Super Reger 计算机潜在市场的大多数需求者已经解决了他们的计算机需求问题。

E. 这位计算机行业的分析专家进行评论时所使用的质量衡量标准是不被广大的计算机购买者所接受的。

微模考3（上） ▶ 答案详解

1. A

【解析】论证型削弱题。

科学家：①深海间歇泉附近生长着这种虾爱吃的细菌类生物。②间歇泉能发射一种暗淡的光线 —证明→ 这种虾背部的感光器官是用来寻找间歇泉，从而找到食物的。

A项，这种虾的感光器官对间歇泉发射出的光并不敏感，那么显然它不可能通过感光器官来寻找间歇泉，削弱科学家的结论。

B项，无关选项，人能否察觉与虾能否察觉无关。

C项，此项与虾是否能通过感光器官找到间歇泉无关，如果这种虾只吃活的细菌，此项也能削弱题干中"找到食物"的结论，但不如A项准确。

D项，显然是无关选项。

E项，无关选项，科学家的结论仅针对"这种虾"，和其他虾无关。

2. C

【解析】措施目的型削弱题。

销售人员：D型带的黏附时间是目前使用的线带的两倍（原因）—导致→ 使用D型带（措施）—以求→ 提高治疗功效（目的）。

A、B项，无关选项。

C项，由题干可知，外科伤口需要线带的最长时间为十天，所以，若C项为真，则现有的线带足以满足外科伤口的需求，延长线带的使用时间对于治疗没有必要，措施无效，故C项是题干的漏洞。

D项，诉诸未知。

E项，"对已经预先涂上一层药物的皮肤的黏性"不好，不能代表对所有的外科伤口的黏性不好。

3. B

【解析】百分比对比型削弱题。

(题干)脑癌患者：68%有经常使用移动电话的历史；
(B项)所有人：65%有经常使用移动电话的历史；

两组数据差异不大，因此，削弱经常使用移动电话会引发脑癌。

4. C

【解析】论证型削弱题。

雷切尔·卡逊：滴滴涕的案例证明化学药品对人类健康和地球环境有严重危害。

A项，可以削弱，提出滴滴涕对人体健康有益，并且不会造成严重的环境危害，直接削弱论点。

C项，无关选项，与滴滴涕无关。

B、D、E项，均削弱题干，说明滴滴涕可以用于治疗疟疾，对人类健康有益。

5. A

【解析】论证型削弱题。

论据：①头上羽毛颜色越深、胸脯羽毛条纹越粗，等级地位就越高，反之就低。

②鸟的年龄越大，头上羽毛的颜色就越深，胸脯羽毛的条纹也就越粗。

论点：鸟在一个群体中的地位是通过长期的共同生活逐渐确立起来的。

A项，说明鸟的等级地位与头和胸脯羽毛的颜色和条纹有关，与年龄无关，直接削弱论点。

B项，说明白天鹅的头上与胸脯羽毛的颜色和条纹无法区分，无法削弱鸟类的一般情况。

C项，无关选项。

D项，无关选项。

E项，支持题干，说明年龄越大，等级地位越高。

6. C

【解析】措施目的型削弱题。

题干：轿车的减震系统越"硬"，驾驶人员在驾驶中越是感到刺激（原因）——导致→长天汽车制造公司把所有新产品的减震系统都设计得更"硬"一些（措施）——以求→提高产品的销量（目的）。

A项，支持题干，原来的减震系统都比较"软"，可能需要设计得"硬"一些。

B项，措施有恶果，但是此建议只是为了提高销量，此项不涉及销量，因此削弱力度不如C项。

C项，说明"硬"的减震系统不能满足大多数人的需求，不能提高销量，措施达不到目的，削弱题干。

D项，支持题干。

E项，"有些"年长者不是为了追求刺激，不排斥其他人是为了追求刺激，削弱力度弱。

7. B

【解析】论证型削弱题。

题干：实行死刑的州，其犯罪率比不实行死刑的州低——证明→死刑能够减少犯罪。

B项，说明死刑并不能减少犯罪，只是改变了犯罪者的犯罪地点，可以削弱题干。

E项，略支持题干，说明死刑对罪犯还是有一些震慑作用的。

其余各项均不能削弱题干。

8. C

【解析】求异法型削弱题。

题干使用求异法，认为：实际进行约会，能够提高我们社会交际的水平。

A项，诉诸未知。

B项，此项的前半句，说明样本的选取不是随机的，可以质疑，但是后半句说大家并不知道实验内容，因此质疑力度弱。

C项，此项说明调查表的填写不客观，削弱题干。

微模考3（上） 答案详解

D项，无关选项，此项是实验参与者对和他(她)约会的对象的评价，和自身的社交水平无关。

E项，说明实验对象有代表性，支持题干。

9. B

【解析】论证型削弱题。

题干：新型飞机发动机的广告称其安全性高于旧型飞机发动机，但是新型发动机的销量不如旧型发动机 ——证明→ 飞机发动机的购买者并不把安全性作为首要考虑的因素。

题干的论证漏洞是：该广告所陈述的即使是事实，也不等于该事实被广泛认同。事实不被广泛认同并不鲜见。因此，B项所陈述的原则，最有利于反驳题干的论证。

A项对题干的反驳力度不大，因为没有理由认为广告的陈述不广为人知。

C项，干扰项，因为广告是否产生效果，主要看广告是否被人认同，而非广告中的事实是不是最重要的。

其余各项均不能反驳题干的论证。

10. A

【解析】论证型削弱题。

题干：由风险资本家融资的初创公司比通过其他渠道融资的公司失败率低 ——证明→ 融资渠道对于初创公司的成功来说比企业家个人素质、战略规划质量和管理结构等因素更为重要。

A项，风险资本家的投资依赖于企业家个人素质、战略规划质量和管理结构，这说明题干的论据非但无法说明这些因素不重要，反而说明这些因素重要，因此，此项是最好的削弱项。

B项，题干不涉及"企业家素质"和"战略规划"重要性的比较，无关选项。

C、D项显然是无关选项。

E项，说明风险资本家的优势，支持题干。

11. A

【解析】措施目的型削弱题。

反对者认为德尔的措施有恶果：造成大量的电力浪费，对牧场主来说增加了开支，对国家的资源也不够节约。

A项，说明反对者的指责无效，因为电网在通电10天后就不再耗电，不会造成电力浪费。

B项，支持德尔的措施，但没有直接反驳反对者的理由。

C项，支持反对者。

D项，支持德尔的措施，但没有直接反驳反对者的理由。

E项，无关选项。

12. A

【解析】论证型削弱题。

题干：架设高射炮的商船击落敌机的命中率只有4‰ ——证明→ 在商船上架设高射炮是得不偿失的。

A项，说明架设高射炮有效益：保护自己不被敌机击沉，故削弱研究人员的论证。

153

B项，"某些情况"，削弱力度弱。

C项，架设高射炮有坏处，支持研究人员的论证。

D项，无关选项。

E项，架设高射炮有坏处，支持研究人员的论证。

13. C

【解析】调查统计型削弱题。

题干：据对一批企业的调查显示，这些企业总经理的平均年龄是57岁，而在20年前，同档的这些企业的总经理的平均年龄大约是49岁——证明→目前企业中总经理的年龄呈老化趋势。

C项，被调查的企业仅仅是有20年以上历史的企业，那么，这些企业中总经理的年龄，就无法代表所有企业中总经理的年龄，样本没有代表性。

其余各项均为无关选项。

14. B

【解析】论证型削弱题。（题干用到了类比论证，但没有在类比论证上出题）

题干：每个人都有权冒自己愿意承担的风险，只要这种风险不会给别人带来损害——证明→坐在汽车里系不系安全带，纯粹是个人的私事。

A项，因为题干讨论的是汽车，而此项讨论的是飞机，故削弱力度弱。

B项，说明不系安全带给别人带来了损害，不是"个人私事"，削弱题干。

C、D、E项，都没有涉及是否损害他人利益，无关选项。

15. C

【解析】措施目的型削弱题。

题干：把教学楼的厕所定为吸烟区（措施）——以求→使烟民们既有一个抽烟的地方而又不会使人们违反规定（目的）。

A项，措施有恶果，削弱题干。

B项，措施有恶果，削弱题干。

C项，新规定实施后，仍然会有人违反规定，措施达不到目的，削弱力度最强。

D项，支持题干。

E项，无关选项，此建议只为解决教学楼内的吸烟问题，与宿舍的失火问题无关。

16. E

【解析】论证型削弱题。

题干：与那些金融市场开放程度较高的亚洲国家相比，中国因为金融市场的开放程度有限而没有受到亚洲金融危机的最严重的冲击——证明→中国的金融市场应该封闭运行。

E项，说明金融市场封闭运行会带来恶果，削弱题干中的结论。

其余各项均不能有效地削弱题干中的结论。

17. A

【解析】措施目的型削弱题。

题干：微波产生的波通常也能加热金属物体（原因）——导致→开发者正在完善一个工艺（措施）

——以求→阻止放进干衣机的衣服上细小的金属(如发夹)被加热而烧坏衣服(目的)。

A项，说明该工艺即使阻止了"细小金属"被加热，也还有"厚金属物"被加热而烧坏衣服，措施达不到目的，削弱题干。

B、C、D、E项都支持了"微波干衣机"的优点。

18. D

【解析】猜结果型削弱题。

题干：①电子版图书越来越多，而且价格都很低；②在网上几乎可以读到任何一本名著——推测→文学名著的普及会大大改变大众的阅读品位——推测→有利于造就高素质的读者群。

A项，无关选项，题干不存在名著和大众读物的比较。

B项，不能削弱，许多读者选择印刷版读物，不代表电脑阅读的人数没有增多。

C项，无关选项。

D项，可以削弱，说明电子版图书的增多并没有使文学名著普及，结果推断不当。

E项，不能削弱，因为题干没有说电子版图书不收费。

19. B

【解析】措施目的型削弱题。

题干：外国胶卷的广告比国内胶卷的广告更能吸引消费者的关注(原因)——导致→国产胶卷制造商计划通过改进广告来改变商品形象(措施)——以求→增加市场占有率(目的)。

A项，支持题干，说明广告有效。

B项，国产胶卷作为消费者已经不喜爱的产品，不管广告如何变化，也不会引起消费者的关注，改进广告的计划难以达到目的。

C项，题干只涉及广告的内容是否吸引消费者的关注，没有涉及国内和国外厂商广告费用的对比。

D项，无关选项，二者都增加，不知道二者增加的比例大小，无法断定对题干论证的影响。

E项，无关选项。

20. C

【解析】措施目的型削弱题。

题干：该公司产品的总成本远远高于其他企业，因而在市场上只能以偏高的价格出售，导致竞争力较弱(原因)——导致→降低工人工资(措施)——以求→使成本和同行业企业差不多(目的)。

A项，排除是产品质量的原因导致该公司的产品竞争力较弱，支持题干。

C项，工资总额只占产品成本的一小部分，那么通过降低工人工资来大幅度减少公司的总成本的措施不能见效，削弱力度最强。

B、D、E项，均为另有他因，可以削弱题干中的原因，但不如C项准确。

21. E

【解析】找原因型削弱题。

题干：赵青是出色的教练——导致→球队的成绩突飞猛进。

A项，说明赵青是优秀运动员，是否是优秀教练，没有断定，无关选项。

B项，之前的教练因为是男性而不了解女运动员的特点，而赵青是女性，说明她有优势，支持题干。

C项，不知道"我们大学"女排以前的成绩，这就难以评价全国大学生联赛铜牌对球队来说是否称得上是"突飞猛进"，因此无法断定是否削弱。

D项，说明赵青是一位好教练，支持题干。

E项，女排招到职业队的退役队员，可能因为此队员水平较高，提高了球队成绩，削弱题干。

22. B

【解析】论证型削弱题。

题干：发现古代寺院建筑构件 —证明→ 该地附近曾有寺院存在。

A项，诉诸无知。

B项，说明这些建筑构件未必属于寺院，有可能属于普通居民，故削弱题干。

C项，不能削弱，寺院建筑构件少也可以作为证据。

D项，诉诸无知。

E项，支持题干。

23. C

【解析】找原因型削弱题。

亚里士多德：野蛮民族，尤其是亚细亚蛮族的奴性比古希腊更大 —导致→ 东方国家长期存在君主专制。

A项，指出亚里士多德因果倒置，可以削弱。

B项，另有他因，可以削弱。

C项，诉诸情感，不能削弱。

D项，另有他因，可以削弱。

E项，提出反面论据反驳亚里士多德，可以削弱。

24. C

【解析】数字陷阱型削弱题。

题干：儿童意外伤害地点排名中，客厅、卧室占39.85%，排名居首 —证明→ 儿童受伤，头号凶手是"家"。

C项，指出儿童在客厅、卧室的时间较长，因此受伤的可能性会增加，说明了统计结果不足以推出结论，从而削弱了结论。

B项，偷换概念，题干讨论的是"意外伤害"，而此项讨论的是"意外死亡"。

其余选项均无法削弱上述结论。

25. A

【解析】论证型削弱题。

公安部某专家：撒谎的心理压力会导致某些生理变化，测谎仪可以测量撒谎者的生理表征 —证明→ 测谎结果具有可靠性。

A项，可以削弱，说明测谎仪测量的生理表征不一定是由撒谎导致的，可能是其他心理压力。

B项，无关选项。

C项，不能削弱题干，因为即使测谎仪需要维护或易出现故障，我们只需要按时维护和更换即可满足需求。

D项，"较小的心理压力"不代表没有心理压力，不能削弱。

E项，支持题干，说明测谎仪可以测撒谎者的生理表征。

26. E

【解析】措施目的型削弱题。

题干：K国生产的半导体售价比V国公司的生产成本低（原因）——导致——规定K国公司生产的半导体在V国的最低售价必须比V国公司的平均生产成本高百分之十（措施）——以求——帮助V国的那些公司（目的）。

E项，说明即使限制了K国产品的价格，V国的企业也会面临越来越严重的竞争压力，措施达不到目的，削弱题干。

其余各项均与题干中的措施无关。

27. A

【解析】措施目的型削弱题。

秦老师：早上有晨报，上午有日报，下午有晚报，真正为晚上准备的报纸却没有（原因）——导致——办一份《都市夜报》（措施）——以求——打开晚上的读报市场（目的）。

A项，报纸的发行时段和阅读时间不同，那么就可能下午发行的报纸到晚上才看，晚上发行的报纸到读者手里可能就是凌晨了，反驳秦老师的隐含假设。

B、C、D、E项，均说明了发行夜报的一些不利因素，但均涉及部分人，发行报纸并不是要求所有人都买这份报纸，因此这四项都没有A项削弱力度大。

28. E

【解析】找原因型削弱题。

题干：气候干旱造成草原退化、沙化（天灾）——导致——沙尘暴。

A项、D项，说明草原退化是因为人祸，而非天灾。

B项、C项，可以削弱，有因无果，与内蒙古地区相近的地方并没有草原退化、沙化。

E项，支持题干，补充论据说明现在草原的生态不如以往。

29. E

【解析】数字型削弱题。

题干：一根大麻香烟在吸食者的肺部沉积的焦油量是一根烟草香烟的4倍还要多——证明——大麻香烟吸食者比烟草香烟吸食者更有可能患上由焦油导致的肺癌。

题干的论证要想成立，必须得有一个前提，即吸烟者吸食大麻香烟的数量和吸食烟草香烟的数量差不多，或者至少不能少太多（不能低于1/4），所以，E项如果为真，可以削弱题干的隐含假设。

30. A

【解析】猜结果型削弱题。

专家：新型的 Super Reger 计算机质量高、运转快、价格低，因此 Super Reger 计算机会很快发展成为销售快、价格低的现有计算机的替代品。

A 项，说明 Super Reger 计算机有优势，支持题干。

B 项，说明其他公司有更好的竞品，削弱题干。

C 项，说明 Super Reger 计算机的销售面临渠道上的困难，削弱题干。

D 项，顾客不再有需求，削弱题干。

E 项，专家的分析与顾客的实际需求不符，削弱题干。

微模考 3（下） ▶ 削弱题卷 2

（共 30 题，每题 2 分，限时 60 分钟）　　你的得分是＿＿＿＿＿＿

1. 老钟在度过一个月的戒烟生活后，又开始抽烟。奇怪的是，这得到了钟夫人的支持。钟夫人说："我们处长办公室有两位处长，年龄差不多，身体状况看起来也差不多，只是一位烟瘾很重，一位绝对不吸烟，可最近体检却查出来这位绝对不吸烟的处长得了肺癌。不吸烟未必就好。"

   以下各项如果为真，除哪项外均能反驳钟夫人的这个推论？
   - A. 癌症和其他一些疑难病症的起因是许多医学科研工作者研究的课题，目前还没有一个确定的结论。
   - B. 来自世界妇女大会的报告表明，妇女由于经常在厨房劳作，因为油烟的原因，患肺癌的比例相对较高。
   - C. 癌症的病因大多跟患者的性格和心情有关，许多并不吸烟的人因为长期心情抑郁，也容易患癌症。
   - D. 烟瘾很重的处长检查身体的结果还未出来，可能他的体检表会暴露更多的问题。
   - E. 根据统计资料，肺癌患者中有长期吸烟史的比例高达 75％，而在成人中有长期吸烟史的只占 30％。

2. 网络咖啡屋或者是网吧，目前在都市非常流行，不少专家觉得这是一个很好的服务方向，很有市场前途。但实际上，网络咖啡屋和网吧的经营遇到了很多困难，其中之一就是电信部门网络服务基础收费太高，按照网络咖啡屋和网吧最初定的价格，就是加上酒水方面的利润，总体上也还是亏本。有些网络咖啡屋和网吧的经营者进行了量-本-利的计算后，准备全面提高网络服务和酒水的价格，来维持自身的生存和发展。

   以下哪项如果为真，能对上述措施提出有力的质疑？
   - A. 在我们这样一个发展中国家，网络咖啡屋和网吧规模经营的进一步发展，有待于电信部门降低收费标准，目前的标准超过世界上绝大部分国家和地区。
   - B. 在计算机上玩游戏是现在网络咖啡屋和网吧中的常见现象，这部分顾客对网吧的消费环境并不十分在意。
   - C. 现在有些人到网络咖啡屋和网吧来是为了寻找出国信息或爱好网络的朋友，甚至意中人，他们对收费的定价并不十分在意。
   - D. 提价后的酒水价格，应当不高于其他类型咖啡屋和酒吧的酒水价格，否则一批并不打算上网的顾客就会流失。
   - E. 根据《计算机世界》的市场调研报告，68％的网络咖啡屋和网吧的常客很在意网络咖啡屋和网吧中网络服务的收费定价。

3. 学生家长：这学期学生的视力普遍下降，这是由于学生书面作业的负担太重。

   校长：学生视力下降和书面作业的负担太重没有关系。经我们调查，学生视力下降的原因是他们做作业的姿势不正确。

以下哪项如果为真，最能削弱校长的解释？

A. 学生书面作业的负担过重容易使学生感到疲劳，同时，感到疲劳，学生又不容易保持正确的书写姿势。

B. 该校学生的书面作业的负担和其他学校相比确实比较重。

C. 校方在纠正学生姿势以保护视力方面做了一些工作，但力度不够。

D. 学生视力下降是个普遍的社会问题，不只该校是这样。

E. 该校学生的书面作业的负担比上学期有所减轻。

4. 在电影界也同样存在对女性的不公正，《好莱坞报道》评论说，在过去的十年中，妇女从事电影幕后工作的人数虽有增长，但"学院奖"的评选中，最佳制片、导演、编剧、剪辑、摄影等几项重要的奖项的男女获奖比例仅为8：1。

以下哪项如果为真，能对上述论断提出最有力的质疑？

A. "学院奖"的评选完全是一个匿名投票的过程，很难说有什么偏向。

B. 是否获得"学院奖"并不是衡量电影成就的唯一标准。

C. 妇女从事制片、导演、编剧、剪辑、摄影等这几项幕后工作的人数不到男性的十分之一。

D. 在电影表演、新闻媒介和服装设计等诸多领域中，女性尽管从业人数众多，但真正干得出色的还是男性。

E. "学院奖"的评委多数是男性。

5. 在历史上，从来都是科学技术新发明的浪潮导致了新产业的诞生和兴旺，在此基础上逐步形成区域性直至世界性的经济繁荣，从汽车、飞机产业到化工、制药、电子等领域，情况都是如此。因此，目前产业界普遍增加在科学研究和开发上的投入，这必将有力地促进经济繁荣。

以下哪项如果为真，最能削弱上述推论？

A. 在目前的资金水平上，公司的研究开发部门申请专利的数量比十年前要少得多。

B. 大部分产业的研究开发部门关心的只是对现有产品进行有利于经销的低成本改进，而不是开发有远大前途的高成本新技术。

C. 历史上，只有一些新的主干行业是直接依赖公司研究开发部门获得技术突破的。

D. 公司在科学研究和开发上的投入与公司每年新的发明专利的数量直接相关。

E. 政府在科学研究和开发上的投入将在未来五年中大大缩减。

6. 去年某经营儿童食品的商家采取了这样一种促销方式，在每个出售的儿童食品包装中放入一套小的系列画片中的一枚，这样，鼓励孩子们不断购买该商家出售的同种儿童食品，以便集齐整套的系列画片。这种销售方式收到很好的效果，很多商家也都准备效仿。

以下各项如果为真，都能对上述促销方式提出质疑，除了：

A. 随着儿童娱乐方式的多样化，系列画片对儿童的吸引力正在下降。

B. 在儿童吃过一次不合口味的食品后，即使里面的画片再有趣，也不会准备再去买第二次。

C. 有些画片经营者针对儿童食品的这种促销策略，准备设计和推出更为有趣的系列画片。

D. 因为许多系列画片中经常有一两枚很难集到，有的家长已经准备到消费者协会投诉这种不正当竞争行为。

E. 这种促销方式已经引起了很多家长的不满，他们觉得这种促销对孩子有不正确的引导作用，准备联合抵制采取这种方式促销的食品公司的其他非儿童产品。

7. 利兹鱼生活在距今约 1.65 亿年前的侏罗纪中期，是恐龙时代一种体型巨大的鱼类。利兹鱼在出生后 20 年内可长到 9 米长，平均寿命 40 年左右的利兹鱼，最大的体长甚至可达到 16.5 米。这个体型与现代最大的鱼类鲸鲨相当，而鲸鲨的平均寿命约为 70 年，因此利兹鱼的生长速度很可能超过鲸鲨。

   以下哪项如果为真，最能反驳上述论证？

   A. 利兹鱼和鲸鲨都以海洋中的浮游生物、小型动物为食，生长速度不可能有大的差异。
   B. 利兹鱼和鲸鲨尽管寿命相差很大，但是它们均在 20 岁左右达到成年，体型基本定型。
   C. 鱼类尽管寿命长短不同，但其生长阶段基本上与其幼年、成年、中老年相应。
   D. 侏罗纪时期的鱼类和现代鱼类其生长周期没有明显变化。
   E. 远古时期的海洋环境和今天的海洋环境存在很大的差异。

8. 小丽在情人节那天收到了专递公司送来的一束鲜花。如果这束鲜花是熟人送的，那么送花人一定知道小丽不喜欢玫瑰，而喜欢紫罗兰。但小丽收到的是玫瑰。如果这束花不是熟人送的，那么，花中一定附有签字名片。但小丽收到的花中没有名片。因此，专递公司肯定犯了以下的某种错误：或者该送紫罗兰却误送了玫瑰；或者失落了花中的名片；或者这束花应该是送给别人的。

   以下哪项如果为真，最能削弱上述论证？

   A. 女士在情人节收到的鲜花一般都是玫瑰。
   B. 有些人送花，除了取悦对方外，还有其他目的。
   C. 有些人送花是出于取悦对方以外的其他目的。
   D. 不是熟人不大可能给小丽送花。
   E. 上述专递公司在以往的业务中从未有过失误记录。

9. 人类的和平共处是一个不可实现的理想。统计数字显示，自 1945 年以来，每天有 12 场战斗在进行，这包括大大小小的国际战争以及内战中的武力交战。

   以下哪项如果为真，最能对上述结论提出质疑？

   A. 1945 年以前至 20 世纪初，国与国之间在外交关系的处理上都表现出了极大的克制，边境冲突也少有发生。
   B. 现代战争更讲究威慑而不是攻击，比如曾经愈演愈烈的核军备竞赛以及由此而造成的东、西方的冷战。
   C. 自从有人类以来，人们为争夺资源和领土的冲突一直都没有停止。
   D. 20 世纪 60 年代全世界总共爆发了 30 次战争，而到 80 年代爆发的战争总共还不到 10 次。
   E. 就像静止是相对于运动而存在的一样，没有战争也就没有现在意义上的和平。

10. 有时为了医治一些危重病人，医院允许使用海洛因作为止痛药。其实，这样做是应当被禁止的。因为，毒品贩子会通过这种渠道获取海洛因，对社会造成严重危害。

    以下哪项如果为真，最能削弱以上论证？

    A. 有些止痛药可以起到和海洛因一样的止痛效果。

B. 贩毒是严重犯罪的行为，已经受到法律的严惩。

C. 用于止痛的海洛因在数量上与用作非法交易的比起来是微不足道的。

D. 海洛因如果用量过大就会致死。

E. 在治疗过程中，海洛因的使用不会使病人上瘾。

11. 越来越多的计算机软件被开发应用于机械工程，这使得该领域操作流程中原来需要通过复杂数学计算得到的结果，现在只要通过简单操作电脑就能得到。因此，对于操作型的机械工程师来说，理解和掌握数学知识变得越来越没有必要；在培养机械工程师的院校中，应大大缩减数学课程，以腾出时间，加强其他课程的教学。

以下各项如果为真，哪项最不能削弱上述论证？

A. 用于机械工程的计算机软件，其功能不仅是数学计算。

B. 机械工程学院的培养目标，不仅是纯操作型人才，而且是具有操作能力的理论型人才。

C. 数学知识是学习和掌握机械工程一系列基础课程的重要工具。

D. 数学教学的目的，不仅是传授数学知识，而且是训练锐利、敏捷、清晰和准确的思维能力，这对于提高操作型人员的素质同样具有重要的作用。

E. 用于机械工程的计算机软件的开发研究，不仅需要机械工程的专业知识，而且需要数学专业知识。

12. 农业中连续使用大剂量的杀虫剂会产生两种危害性很大的作用。第一，它经常会杀死农田中害虫的天敌；第二，它经常会使害虫产生抗药性，因为没被杀虫剂杀死的昆虫最具有抗药性，而且它们得以存活下来继续繁衍后代。

从上文中，我们可以推出以下哪项措施是解决以上问题的最好方法？

A. 只使用化学性稳定的杀虫剂。

B. 培育更高产的农作物以抵消害虫造成的损失。

C. 逐渐增加杀虫剂的使用量使没被杀死的害虫尽可能地减少。

D. 每年闲置一些耕地使害虫因没有充足的食物而死亡。

E. 周期性地使用不同种类的杀虫剂。

13. 为了缓解城市交通拥挤的状况，市长建议对每天进入市区的私人小汽车收取 5 元的费用。市长说，这个费用将超过乘公交车进出市区的车费，所以很多人都会因此不再开车上班，而改乘公交车。

以下哪项如果为真，能最严重地削弱市长的结论？

A. 汽油价格的大幅上涨将增加开车上下班的成本。

B. 对多数自己开车进入市区的人来说，在市区内停车的费用已经远远超过了乘公交车的费用。

C. 现在多数乘公交车的人没有私人汽车。

D. 很多进出市区的人反对市长的计划，他们宁愿承受交通阻塞也不愿交那 5 元钱。

E. 在一个平常工作日，住在市区内的人的私人汽车占了交通阻塞时汽车总量的 20%。

14. 新民住宅小区扩建后，新搬入的住户纷纷向房产承销公司投诉附近机场噪声太大令人难以忍受。然而，老住户们并没有声援说他们同样感到噪声巨大。尽管房产承销公司宣称不会置住户的健康于不顾，但还是决定对投诉不准备采取措施。他们认为机场的噪声并不大，因为老住户并没有投诉。

下列哪项如果为真，则最能表明房产承销公司对投诉不采取措施的做法是错误的？

A. 房产承销商们的住宅并不在该小区，所以不能体会噪声的巨大危害。

B. 有些老住户自己配备了耳塞来解决这个问题，他们觉得挺有效的。

C. 老住户觉得自己与房产承销商并没有什么联系，也没有太大的矛盾。

D. 老住户认为噪声并不巨大而没有声援投诉，是因为他们的听觉长期受噪声影响已经迟钝失灵。

E. 房产承销公司从来没有隐瞒过小区位于飞机场旁边这一事实。

15. 最近的一项研究指出："适量饮酒对妇女的心脏有益。"研究人员对1 000名女护士进行调查，发现那些每星期饮酒3～15次的人，其患心脏病的可能性较每星期饮酒少于3次的人要低。因此，研究人员发现了饮酒量与妇女心脏病之间的联系。

以下哪项如果为真，最不可能削弱上述论证的结论？

A. 许多妇女因为感觉自己的身体状况良好，从而使得她们的饮酒量增加。

B. 调查显示：性格独立的妇女更愿意适量饮酒并同时加强自己的身体锻炼。

C. 护士因为职业习惯的原因，饮酒次数比普通妇女要多一些。再者，她们的年龄也偏年轻。

D. 对男性饮酒的研究发现，每星期饮酒3～15次的人中，有一半人患心脏病的可能性比少于3次的人还要高。

E. 这项研究得到了某家酒精饮料企业的经费资助，有人检举研究人员在调查对象的选择上有不公正的行为。

16. 是否公开学生的学习成绩，已成为明讯管理学院的一个热点话题。很多学生认为学习成绩是个人隐私，需要得到保护，呼吁学院不要再公开发布学生的学习成绩。学院的管理部门经过慎重的考虑，决定今后所有的学习成绩统一通过电子函件的方式发送，每个学生将只能收到自己的学习成绩。

以下各项为得知学院的这个决定后大家的一些反馈意见，其中哪项最能让学院的管理部门重新思考或修正他们的决定？

A. 学习成绩在奖学金的评定、研究生录取、毕业分配等方面是重要的指标，公开发布学生的学习成绩，能够让学生都来参与和监督这方面的工作。

B. 通过电子函件发送学生的学习成绩，会增加管理部门的工作量，恐怕工作人员还需要一段时间的适应。

C. 部分学生尚不熟悉电子函件的收发，如果弄丢了自己的学习成绩，会给工作带来不必要的麻烦。

D. 公开发布学生的学习成绩，虽然能起到一定的激励作用，但也会损伤一部分同学的自尊心。

E. 电子函件的保密性并不绝对可靠，如果发生泄密，个人隐私的保护也同样会出现问题。

17. 今年上半年，即从1月到6月间，全国大约有300万台录像机售出。这个数字仅是去年全部录像机销售量的35％。由此可知，今年的录像机销售量一定会比去年少。

以下哪项如果为真，最能削弱以上的结论？

A. 去年的录像机销售量比前年要少。

B. 大多数对录像机感兴趣的家庭都已至少备有一台。

C. 录像机的销售价格今年比去年便宜。

D. 去年销售的录像机中有6成左右是在1月售出的。

E. 一般来说，录像机的全年销售量70%以上是在年末两个月中完成的。

18. 据S市的卫生检疫部门统计，和去年相比，今年该市肠炎患者的数量有明显的下降。权威人士认为，这是由于该市的饮用水净化工程正式投入了使用。

    以下哪项，最不能削弱上述权威人士的结论？

    A. 和天然饮用水相比，S市经过净化的饮用水中缺少了几种重要的微量元素。

    B. S市的饮用水净化工程在五年前动工，于前年正式投入了使用。

    C. 去年S市对餐饮业特别是卫生条件较差的大排档进行了严格的卫生检查和整顿。

    D. 由于引进了新的诊断技术，许多以前被诊断为肠炎的病案，今年被确诊为肠溃疡。

    E. 全国范围的统计数字显示，我国肠炎患者的数量呈逐年明显下降的趋势。

19. 某大公司的会计部经理要求总经理批准一项改革计划。

    会计部经理：我打算把本公司会计核算所使用的良友财务软件更换为智达财务软件。

    总经理：良友软件不是一直用得很好吗，为什么要换？

    会计部经理：主要是想降低员工成本。我拿到了一个会计公会的统计，在新雇员的财会软件培训成本上，智达软件要比良友低28%。

    总经理：我认为你这个理由并不够充分，你们完全可以聘请原本就会使用良友财务软件的雇员嘛。

    以下哪项如果为真，最能削弱总经理的反驳？

    A. 现在公司的所有雇员都曾经被要求参加良友财务软件的培训。

    B. 当一个雇员掌握了财务会计软件的使用技能后，他们就开始不断地更换雇主。

    C. 有会计软件使用经验的雇员通常比没有太多经验的雇员要求更高的工资。

    D. 该公司雇员的平均工作效率比其竞争对手的雇员要低。

    E. 智达财务软件的升级换代费用可能会比良友财务软件升级换代的费用高。

20. 一位海关检查员认为，他在特殊工作经历中培养了一种特殊的技能，即能够准确地判定一个人是否在欺骗他。他的根据是，在海关通道执行公务时，短短的几句对话就能使他确定对方是否可疑；而在他认为可疑的人身上，无一例外地都查出了违禁物品。

    以下哪项如果为真，能削弱上述海关检查员的论证？

    Ⅰ. 在他认为不可疑而未经检查的入关人员中，有人无意地携带了违禁物品。

    Ⅱ. 在他认为不可疑而未经检查的入关人员中，有人有意地携带了违禁物品。

    Ⅲ. 在他认为可疑并查出违禁物品的入关人员中，有人是无意地携带了违禁物品。

    A. 仅Ⅰ。 B. 仅Ⅱ。 C. 仅Ⅲ。

    D. 仅Ⅱ和Ⅲ。 E. Ⅰ、Ⅱ和Ⅲ。

21. 某些种类的海豚利用回声定位来发现猎物：它们发射出嘀嗒的声音，然后接收水域中远处物体反射的回音。海洋生物学家推测这些嘀嗒声可能有另一个作用：海豚用异常高频的嘀嗒声使猎物的感官超负荷，从而击晕近距离的猎物。

以下哪项如果为真，最能对上述推测构成质疑？

A. 海豚用回声定位不仅能发现远距离的猎物，还能发现中距离的猎物。

B. 作为一种发现猎物的讯号，海豚发出的嘀嗒声，是它的猎物的感官所不能感知的，只有海豚能够感知从而定位。

C. 海豚发出的高频信号即使能击晕它们的猎物，这种效果也是很短暂的。

D. 蝙蝠发出的声波不仅使它发现猎物，而且这种声波能对猎物形成特殊刺激，从而有助于蝙蝠捕获它的猎物。

E. 海豚想捕获的猎物离自己越远，它发出的嘀嗒声就越高。

22. 针对当时建筑施工中工伤事故频发的严峻形势，国家有关部门颁布了《建筑业安全生产实施细则》（以下简称《细则》）。但是，在《细则》颁布实施的两年间，覆盖全国的统计显示，在建筑施工中伤亡职工的数量每年仍有增加。这说明，《细则》并没有得到有效的实施。

以下哪项如果为真，最能削弱上述论证？

A. 在《细则》颁布后的两年中，施工中的建筑项目的数量有了很大的增长。

B. 严格实施《细则》，将不可避免地提高建筑业的生产成本。

C. 在题干所提及的统计结果中，在事故中死亡职工的数量较《细则》颁布前有所下降。

D. 《细则》实施后，对工伤职工的补偿金和抚恤金的标准较以前有所提高。

E. 在《细则》颁布后的两年中，在建筑业施工的职工数量有了很大的增长。

23. 近十年来，移居清河界森林周边地区生活的居民越来越多。环保组织的调查统计表明，清河界森林中的百灵鸟的数量近十年来呈明显下降的趋势。但是恐怕不能把这归咎于森林周边地区居民的增多，因为森林的面积并没有因为周边居民人口的增多而减少。

以下哪项如果为真，最能削弱题干的论证？

A. 警方每年都接到报案，来自全国各地的不法分子无视禁令，深入清河界森林捕猎。

B. 清河界森林的面积虽没减少，但主要由于几个大木材集团公司的滥砍滥伐，森林中树木的数量锐减。

C. 清河界森林周边居民丢弃的生活垃圾吸引了越来越多的乌鸦，这是一种专门觅食百灵鸟卵的鸟类。

D. 清河界森林周边的居民大都从事农业，只有少数经营商业。

E. 清河界森林中除百灵鸟的数量近十年来呈明显下降的趋势外，其余的野生动物生长态势良好。

24. 科学研究表明，大量吃鱼可以大大减小患心脏病的危险，这里起作用的关键因素是鱼油中所含的丰富的"奥米加·3"脂肪酸。因此，经常服用保健品"奥米加·3"脂肪酸胶囊将大大有助于你预防心脏病。

以下哪项如果为真，最能削弱题干的论证？

A. "奥米加·3"脂肪酸胶囊从研制到试销，才不到半年的时间。

B. 在导致心脏病的各种因素中，遗传因素占了很重要的地位。

C. 不少保健品都有不同程度的副作用。

D. "奥米加·3"脂肪酸只有和主要存在于鱼体内的某些物质化合后才能产生保健疗效。

E. "奥米加·3"脂肪酸胶囊不在卫生部最近推荐的十大保健品之列。

25. 为了挽救濒临灭绝的大熊猫，一种有效的方法是把它们都捕获到动物园进行人工饲养和繁殖。
    以下哪项如果为真，最能对上述结论提出质疑？

    A. 在北京动物园出生的小熊猫京京，在出生24小时后，意外地被它的母亲咬断颈动脉而不幸夭折。

    B. 近五年在全世界各动物园中出生的熊猫总数是9只，而在野生自然环境中出生的熊猫的数量，不可能准确地获得。

    C. 只有在熊猫生活的自然环境中，才有它们足够吃的嫩竹，而嫩竹几乎是熊猫的唯一食物。

    D. 动物学家警告，对野生动物的人工饲养将会改变它们的某些遗传特性。

    E. 提出上述观点的是一个动物园园主，他的动议带有明显的商业动机。

26. 自1940年以来，全世界的离婚率不断上升。因此，目前世界上的单亲儿童，即只与生身父母中的某一位一起生活的儿童，在整个儿童中所占的比例，一定高于1940年。
    以下哪项关于世界范围内相关情况的断定如果为真，最能对上述推断提出质疑？

    A. 1940年以来，特别是70年代以来，相对和平的环境和医疗技术的发展，使中青年已婚男女的死亡率极大地降低。

    B. 1980年以来，离婚男女中的再婚率逐年提高，但其中的复婚率却极低。

    C. 目前全世界儿童的总数，是1940年的两倍以上。

    D. 1970年以来，初婚夫妇的平均年龄在逐年上升。

    E. 目前每对夫妇所生子女的平均数，要低于1940年。

27. 鸡油菌这种野生蘑菇生长在宿主树下，如在道氏杉树的底部生长。道氏杉树为它提供生长所需的糖分。鸡油菌在地下用来汲取糖分的纤维部分为它的宿主提供养料和水。由于它们之间存在这种互利关系，过量采摘道氏杉树根部的鸡油菌会对道氏杉树的生长不利。
    以下哪项如果为真，将对题干的论述构成质疑？

    A. 在最近几年中，野生蘑菇的产量有所上升。

    B. 鸡油菌不只在道氏杉树底部生长，也在其他树木的底部生长。

    C. 很多在森林中生长的野生蘑菇在其他地方无法生长。

    D. 对某些野生蘑菇的采摘会促进其他有利于道氏杉树的蘑菇的生长。

    E. 如果没有鸡油菌的滋养，道氏杉树的种子不能成活。

28. 因为青少年缺乏基本的驾驶技巧，特别是缺乏紧急情况的应对能力，所以必须给青少年的驾驶执照附加限制。在这点上，应当吸取H国的教训。在H国，法律规定16岁以上就可申请驾驶执照。尽管在该国注册的司机中19岁以下的只占7%，但他们却是20%的造成死亡的交通事故的肇事者。
    以下各项有关H国的判定如果为真，都能削弱上述议论，除了：

    A. 与其他人相比，青少年开的车较旧，性能也较差。

    B. 青少年开车时载客的人数比其他司机要多。

C. 青少年开车的年均公里（即每年平均行驶的公里数）要高于其他司机。

D. 和其他司机相比，青少年较不习惯系安全带。

E. 据统计，被查出酒后开车的司机中，青少年所占的比例，远高于他们占整个司机总数的比例。

29. 虽然菠菜中含有丰富的钙，但同时含有大量的浆草酸，浆草酸会有力地阻止人体对钙的吸收。因此，一个人要想摄入足够的钙，就必须用其他含钙丰富的食物来取代菠菜，至少和菠菜一起食用。

以下哪项如果为真，最能削弱题干的论证？

A. 大米中不含有钙，但含有中和浆草酸并改变其性能的碱性物质。

B. 奶制品中的钙含量要远高于菠菜，许多经常食用菠菜的人也同时食用奶制品。

C. 在烹饪的过程中，菠菜中受到破坏的浆草酸要略多于钙。

D. 在人的日常饮食中，除了菠菜以外，事实上大量的蔬菜都含有钙。

E. 菠菜中除了钙以外，还含有其他丰富的营养素，另外，其中的浆草酸只阻止人体对钙的吸收，并不阻止对其他营养素的吸收。

30. 农科院最近研制了一种高效杀虫剂，通过飞机喷撒，能够大面积地杀死农田中的害虫。但使用这种杀虫剂未必能达到提高农作物产量的目的，甚至可能适得其反，因为这种杀虫剂在杀死害虫的同时，也杀死了保护农作物的各种益虫。

以下哪项如果为真，最能削弱上述论证？

A. 上述杀虫剂的有效率，在同类产品中是最高的。

B. 益虫对农作物的保护作用，主要在于能消灭危害农作物的害虫。

C. 使用飞机喷撒上述杀虫剂，将增加农作物的生产成本。

D. 如果不发生虫灾，农田中的益虫要多于害虫。

E. 上述杀虫剂只适合在平原地区使用。

微模考3（下） ▶ 答案详解

1. A

【解析】削弱题（不能削弱）。

钟夫人：不吸烟未必就好。

A项，无关选项，诉诸未知，不能削弱钟夫人的推论。

B项，说明油烟有害，削弱钟夫人的推论（注意：油烟与吸烟近似，但不相同，此项削弱力度弱）。

C项，另有他因，削弱钟夫人的推论。

D项，烟瘾很重的处长的体检表"可能会暴露更多的问题"，削弱力度弱。

E项，根据求异法，可知吸烟引发肺癌，是五个选项中力度最强的削弱。

2. E

【解析】措施目的型削弱题。

题干：提高网络服务和酒水的价格 ──以求→ 维持自身的生存和发展。

A、B项，无关选项。

C项，支持题干，说明提价措施可行。

D项，本项是指出新的建议，并没有支持或者削弱题干。

E项，削弱题干，说明大多数网络咖啡屋和网吧的常客很在意收费定价，因此，提价措施很可能造成客源减少而影响利润，措施达不到目的。

3. A

【解析】找原因型削弱题。

校长：做作业的姿势不正确，而不是书面作业的负担太重 ──导致→ 学生视力下降。

A项，说明是书面作业的负担过重才导致做作业的姿势不正确，从而导致视力下降，削弱校长的论证。

B项，无关选项，题干不存在与其他学校的比较。

C项，支持校长的解释。

D项，诉诸众人。

E项，无关选项，题干不存在与上学期的比较。

4. C

【解析】比率型削弱题。

题干："学院奖"的评选中，最佳制片、导演、编剧、剪辑、摄影等几项重要的奖项的男女获奖比例仅为8∶1 ──证明→ 在电影界也同样存在对女性的不公正。

C项，削弱题干，由于妇女从事电影幕后工作的人数不到男性的十分之一，因此，女性获奖人数在女性电影幕后工作者中的比例，大于男性获奖人数在男性电影幕后工作者中的比例，说明没有对女性不公正。

其余各项均不能削弱。

5. B

【解析】论证型削弱题。

题干使用归纳法：汽车、飞机、化工、制药、电子等领域都是科学技术新发明的浪潮导致了新产业的诞生和兴旺，从而促进经济繁荣——证明→目前产业界普遍增加在科学研究和开发上的投入，这必将有力地促进经济繁荣。

A项，无关选项。

B项，此项说明现在的研发投入，只是"有利于经销的低成本改进"，而不是可以促进经济繁荣的"高成本新技术"，故可以削弱题干。

C项，无关选项。

D项，支持题干。

E项，无关选项，题干说的是"产业界"而不是"政府"。

6. C

【解析】措施目的型削弱题。

题干：在儿童食品包装中放入一套小的系列画片中的一枚（措施）——以求→促销（目的）。

A项，措施的效果在下降，可以削弱。

B项，措施达不到目的，可以削弱。

C项，支持题干，说明此种促销方式有效果。

D项，措施有恶果，可以削弱。

E项，措施有恶果，可以削弱。

7. B

【解析】比率型削弱题。

题干：①利兹鱼与鲸鲨体型相当。

②利兹鱼平均寿命在40年左右，而鲸鲨的平均寿命约为70年——证明→利兹鱼的生长速度很可能超过鲸鲨。

生长速度＝体型/生长时间。

题干指出利兹鱼与鲸鲨体型相当（分子相同），寿命不同，但是"寿命"不代表"生长时间"。

A项，此项中的"生长速度不可能有大的差异"是一种猜测的语气，此项削弱力度弱。

B项，削弱题干，指出二者的生长时间是相同的（分母也相同），所以生长速度也应该是相同的。

C项，说明两种鱼的生长周期类似，支持题干。

D、E项均为无关选项。

8. C

【解析】削弱题。

题干：

①熟人→知道小丽不喜欢玫瑰，而喜欢紫罗兰。

②￢熟人→附有签字名片。

由二难推理公式可知：知道小丽不喜欢玫瑰，而喜欢紫罗兰∨附有签字名片。

但是现在送了玫瑰，并且没有签字名片，因此题干得出结论：或者该送紫罗兰却误送了玫瑰；或者失落了花中的名片；或者这束花应该是送给别人的。

题干暗含一个假设：熟人会送小丽喜欢的花，C项如果为真，则削弱了这个隐含假设。

其余各项均不能削弱题干。

9. D

【解析】论证型削弱题。

题干：自1945年以来，每天有12场战斗在进行，这包括大大小小的国际战争以及内战中的武力交战 —证明→ 和平共处是一个不可实现的理想。

A项，边境冲突少有发生，不能削弱"所有战争"很多。

B项，现代战争在手段上发生改变，仍然说明不是"和平"。

C项，支持题干，说明人类历史中一直存在战争。

D项，说明世界范围内的战争呈减少趋势，削弱题干的结论。

E项，不能削弱。

10. C

【解析】论证型削弱题。

题干：毒品贩子会通过这种渠道获取海洛因，对社会造成严重危害 —证明→ 应当禁止使用海洛因作为止痛药。

A项，支持题干，说明不使用海洛因止痛是可行的。

B项，无关选项。

C项，由于用于止痛的海洛因在数量上"微不足道"，即使毒品贩子通过这种渠道获得了海洛因，数量上也有限，不至于"对社会造成严重危害"，削弱题干。

D项，无关选项。

E项，无关选项。

11. A

【解析】论证型削弱题。

题干：电脑可以得到复杂数学计算得到的结果 —证明→ 操作型的机械工程师，没必要掌握数学知识 —证明→ 应大大缩减数学课程。

A项，说明计算机软件的功能强大，支持了题干中的论据。

其余各项都说明了需要学习数学知识，削弱题干。

12. E

【解析】措施目的型削弱题。

题干：杀虫剂有两种危害：①杀死害虫的天敌；②使害虫产生抗药性。

A项，使害虫更易产生抗药性。

B项，无关选项，不能克服杀虫剂的危害。

C项，有一定作用，但是有可能让留下来的害虫抗药性更大。

D项，显然无效。

E项，有利于克服杀虫剂的第二种危害。

13. B

【解析】措施目的型削弱题。

市长：对每天进入市区的私人小汽车收取5元的费用，此费用超过乘公交车进出市区的车费 —导致→ 很多人不再开车上班，而改乘公交车 —以求→ 缓解交通拥挤。

B项说明现在的停车费已经远远超过了乘公交车的费用，因此，就大大减小了私家车车主因为停车费高于公交车费而改乘公交车的可能性，措施达不到目的，削弱题干中市长的结论。

14. D

【解析】论证型削弱题。

房产承销公司：老住户没有投诉噪声太大 —证明→ 不必对新住户对噪声的投诉采取措施。

D项显然可以削弱，指出噪声污染已对老住户造成了伤害。

15. D

【解析】求异法型削弱题（不能削弱）。

题干使用求异法，对1 000名护士进行调查：

饮酒多的护士：得心脏病的可能性小；

饮酒少的护士：得心脏病的可能性大；

所以，饮酒对妇女的心脏有益。

A项，身体好使得她们饮酒，而不是饮酒对身体有益，可以削弱题干。

B项，另有他因，是锻炼身体对心脏有益。

C项，另有他因，护士年轻，所以得心脏病的可能性小。

D项，无关选项，题干的论证只涉及女性，和男性无关。

E项，调查机构不中立，削弱题干。

16. A

【解析】措施目的型削弱题。

学院的意见：通过电子函件的方式发送学生的个人成绩 —以求→ 保护学生的隐私。

A项，采用此措施会导致难以保证奖学金评定等工作的透明度。

B、C、E项，措施有恶果，但削弱力度较小。

D项，支持题干，说明公开成绩不可取。

17. E

【解析】论证型削弱题。

题干：今年上半年的录像机销售量，只有去年全部录像机销售量的35% —证明→ 今年的录像机销售量一定会比去年少。

E项，说明上半年是淡季，年末才是旺季，显然可以削弱题干。

18. A

【解析】找原因型削弱题。

题干：饮用水净化工程投入使用 —导致→ 今年该市肠炎患者的数量有明显的下降。

A项，无关选项，是不是缺少微量元素，与肠炎没有关系。

B项，削弱题干，去年"饮用水净化工程"已经在使用了，而不是今年才投入使用的，否因削弱。

C项，另有他因，对餐饮业的整顿降低了肠炎患者的数量。

D项，削弱结论，不是得肠炎的人变少了，而是被确诊为其他疾病。

E项，全国范围内肠炎患者的数量都是逐年下降的，未必是"饮用水净化工程"的原因。

19. C

【解析】论证型削弱题。

会计部经理：在新雇员的财会软件培训成本上，智达软件要比良友低28% —证明→ 更换软件可以降低成本。

总经理：聘请原本就会使用良友财务软件的雇员。

A项，和题干中的论证无关，题干说的是"新雇员"，此项说的是"现有雇员"。

B项，无关选项。

C项如果为真，说明总经理的建议虽然节省了培训新员工的成本，但是带来了新的成本，因此可以反驳总经理的建议。

D项，无关选项。

E项，支持总经理"反对更换软件"的建议。

20. D

【解析】论证型削弱题。

题干：在海关通道执行公务时，短短的几句对话就能使他确定对方是否可疑；而在他认为可疑的人身上，无一例外地都查出了违禁物品 —证明→ 他能够准确地判定一个人是否在欺骗他。

Ⅰ项，不能削弱，"无意地"携带违禁物品，并不是欺骗他。

Ⅱ项，可以削弱，他认为不可疑的人，"有意地"携带了违禁物品，说明骗过了他的检查。

Ⅲ项，可以削弱，他认为可疑的人，"无意地"携带了违禁物品，这些人不想骗他，却被他认为可疑，说明他的判断不准确。

21. B

【解析】措施目的型削弱题。

海洋生物学家：海豚用异常高频的嘀嗒声使猎物的感官超负荷 —以求→ 击晕近距离的猎物。

A项，无关选项。

B项，猎物的感官不能感知"嘀嗒声"，则无法达到"击晕近距离的猎物"的效果，措施达不到目的。

C项，生物学家只是推测嘀嗒声能"击晕近距离的猎物"，并没有说击晕时间的长短，所以C项不能削弱题干，实际上此项支持了题干有"击晕"效果。

D项，无关选项。

E项，无关选项。

22. E

【解析】论证型削弱题。

题干：在《细则》颁布实施的两年间，在建筑施工中伤亡职工的数量每年仍有增加 —证明→ 《细则》并没有得到有效的实施。

E项，说明职工数量有了很大的增长，那么，可能如果没有《细则》，伤亡职工人数增加的数量会更多，因此可以削弱题干。

其余各项均不能削弱题干。

23. C

【解析】找原因型削弱题。

题干：森林的面积并没有因为周边人口的增多而减少 —证明→ 百灵鸟数量的明显下降不是因为周边地区居民的增多。

A项，另有他因，是捕猎导致百灵鸟数量下降，不是因为周边居民的数量增加，支持题干。

B项，另有他因，是因为森林中树木的数量锐减，不是因为周边居民的数量增加，支持题干。

C项，居民增多导致垃圾增多，从而导致百灵鸟的天敌乌鸦的数量增加，说明是居民增加的原因，削弱题干。

D、E项，无关选项。

24. D

【解析】论证型削弱题。

题干：鱼油中的"奥米加•3"脂肪酸可以减小患心脏病的危险 —证明→ 保健品"奥米加•3"脂肪酸胶囊将有助于预防心脏病。

前提是鱼油中的"奥米加•3"，结论是保健品"奥米加•3"，只需要指出二者的不同即可。

D项，说明"奥米加•3"脂肪酸如果不和鱼体内的某些物质化合是无法起作用的，削弱题干。

其余各项均为无关选项。

25. C

【解析】措施目的型削弱题。

题干：将大熊猫捕获到动物园进行人工饲养和繁殖 —以求→ 挽救濒临灭绝的大熊猫。

A项，个别案例的削弱力度极弱。

B项，诉诸无知。

C项，此项是必然的削弱，说明动物园无法为大熊猫提供足够的嫩竹，措施不可行。

D项，措施有恶果，可以削弱，但削弱力度不如C项。

E项，调查机构不中立，是可能的削弱，但削弱力度不如C项。

26. A

【解析】猜结果型削弱题。

题干：自1940年以来全世界的离婚率不断上升 —推测→ 目前世界上的单亲儿童在整个儿童中所占的比例一定高于1940年。

A项，削弱题干，相对和平的环境和医疗技术的发展，已经使得中青年已婚男女的死亡率极大地降低，因此，由死亡导致的单亲儿童数量比以前降低了。所以，目前世界上的单亲儿童所占的比例不一定就高于 1940 年。

C 项，不能削弱题干，此项想削弱题干，必须有一个假定：单亲儿童总数不变的情况下，儿童总数增加。实际上，随着儿童总数的增加，单亲儿童的总数也可能会增加。

27. D

【解析】猜结果型削弱题。

题干：鸡油菌和道氏杉树存在互利关系 —推测→ 过量采摘道氏杉树根部的鸡油菌会对道氏杉树的生长不利。

A、B、C 项均为无关选项，与题干的论证没有关系。

D 项，说明虽然采摘鸡油菌会直接割断和道氏杉树的互利关系，但有可能促进其他有利于道氏杉树的蘑菇的生长，而最终仍间接地对道氏杉树有利，质疑题干。

E 项，说明道氏杉树必须依赖鸡油菌，支持题干。

28. B

【解析】找原因型削弱题。

题干：H 国注册的司机中 19 岁以下的只占 7%，但他们却是 20% 的造成死亡的交通事故的肇事者 —证明→ 应给青少年的驾驶执照附加限制。

题干中暗含一个因果关系：青少年缺乏基本的驾驶技巧，导致他们成为 20% 的造成死亡的交通事故的肇事者。

B 项，不能削弱，事故率仅与发生事故的频率有关，与每次事故死几个人无关。

其余各项均为另有他因，削弱题干。

29. A

【解析】论证型削弱题。

题干：菠菜中的浆草酸会阻止人体对菠菜所含丰富的钙的吸收 —证明→ 必须用其他含钙丰富的食物来取代菠菜，以摄入足够的钙。

注意题干中的"必须用"一词，即题干认为"其他含钙丰富的食物来取代菠菜"是"摄入足够的钙"的必要条件。

A 项，说明在大米和菠菜一起食用时，不必食用"其他含钙丰富的食物"，也可以达到"摄入足够的钙"的目的，说明"其他含钙丰富的食物"不是必要条件，此项是最有力的削弱。

30. B

【解析】论证型削弱题。

题干：杀虫剂在杀死害虫的同时，也杀死了保护农作物的益虫 —证明→ 杀虫剂未必能达到提高农作物产量的目的，甚至可能适得其反。

A 项，无关选项，题干不涉及与其他产品的比较。

B 项，削弱题干，如果益虫的作用主要在于消灭危害农作物的害虫，那么杀虫剂杀死害虫后，益虫就没有存在的必要了。

C 项，无关选项，题干的论证不涉及成本问题。

D 项，支持题干，说明杀虫剂杀死的益虫比害虫多。

E 项，无关选项，题干的论证不涉及杀虫剂的使用范围。

第 4 章　支持题

支持题概述

支持题是论证逻辑的重要题型。此类题型的特点是：题干给出一个论证或者表达某种观点，要求从选项中找出最能(或不能)支持题干的选项。

支持题的一般提问方式如下：

"以下哪项如果为真，最能支持上述结论？"

"以下哪项如果为真，最能加强上述结论？"

"以下哪项如果为真，最不能支持上述结论？"

对于支持题，我们常采取以下解题步骤：

①读题目要求，判断题目属于支持题。需要注意的是，如果题目问的是"以下哪项最能支持题干"，是支持题；但如果题目问的是"题干最能支持以下哪个选项"，则是推论题，而不是支持题。

②写出题干的逻辑主线，并判断属于哪种模型。

③依据解题模型及常见支持方法，找出正确选项。

题型 19　论证型支持题

母题技巧

（1）论证型支持题的题干结构。

①题干直接给出一个结论，找支持这一结论的选项，即找支持题干的论据。这种题目在早年的真题中经常出现，最近几年已经很少出现了。

②题干给出一个或几个论据，证明一个结论，要求找加强这一结论的选项。题干的结构为：

$$论据\ A\ \xrightarrow{证明}\ 结论\ B。$$

③题干给出一种或几种现象，结论是造成这些现象的原因，即果因推理。题干的结构为：

$$现象（结果）\ \xleftarrow{导致}\ 结论（原因）。$$

> （2）如何支持一个论证。
> ①支持论点。
> ②支持论据。
> ③补充新论据。
> ④搭桥法：说明论据为充分条件。
> ⑤补充使论证成立的隐含假设。
> ⑥例证法（力度弱）。

母题精练

1. 一位教育工作者撰文表达了她对电子游戏给青少年带来的危害的焦虑之情。她认为电子游戏就像一头怪兽，贪婪、无情地剥夺了青少年的学习和与社会交流的时间。

   以下哪项不能成为支持以上观点的理由？

   A. 青少年玩电子游戏，上课时无精打采。

   B. 青少年玩电子游戏，作业错误明显增多。

   C. 青少年玩电子游戏，不愿与家长交谈。

   D. 青少年玩电子游戏，花费了家里的资金。

   E. 青少年玩电子游戏，小组活动时常缺席。

2. 一本经济管理杂志刊登的文章提出：在对外经济交往中不能一味好让不争。在必要的时候，我们也要用"反倾销"的武器来保护自己。

   除哪项以外，以下各项都是对上述观点的进一步论述？

   A. 一些国家频频对我国的某些产品提出"反倾销"，而我们却常常把市场拱手让人。

   B. 某外国公司卖的某商品的价格远远低于专家推算的成本价。

   C. "反倾销"是一把双刃剑，可能影响我国的商品出口。

   D. 某外国公司计划用高额的代价取得在我国彩电市场上的绝对优势。

   E. 我国要加速制定"反倾销"的有关法律、法规，并形成保护自身的群体意识。

3. 打猎不仅无害于动物，反而对其有一定的保护作用。

   以上观点最有可能基于以下哪个前提？

   A. 许多人除非自卫，否则不会杀死野生动物。

   B. 对经济困难的家庭来说，打猎也是一种经济来源。

   C. 当其他食物缺乏时，野生动物会偷吃庄稼。

   D. 当野生动物过多时，减少其数量有利于种群的生存和发展。

   E. 被猎获的动物大部分是弱小动物。

4. 对胎儿的基因检测在道德上是错误的。人们无权只因不接受一个潜在生命体的性别，或因其有某种生理缺陷，就将其杀死。

   以下陈述如果为真，则哪一项对上文中的论断提供了最强的支持？

A. 如果允许事先选择婴儿的性别，将会造成下一代性别比例失调，引发严重的社会问题。

B. 所有的人生来都是平等的，无论是男是女，也无论其身体是否有缺陷。

C. 身体有缺陷的人同样可以作出伟大的贡献，例如霍金的身体状况糟糕透顶，却被誉为"当代的爱因斯坦"。

D. 女人同样可以取得优异成绩，赢得社会的尊敬。

E. 科学家已经掌握了基因检测的方法。

5. "本公司自1980年以来生产的轿车，至今仍有一半在公路上奔驰；其他公司自1980年以来生产的轿车，目前至多有1/3没有被淘汰。"该公司希望以此广告向消费者显示，该汽车公司生产的轿车的耐用性能极佳。

下列哪项如果为真，能够最有效地支持上述广告的观点？

A. 扣除通货膨胀的因素，该公司目前生产的新车的价格只比1980年生产的稍高一点。

B. 自1980年以来，其他公司轿车的年产量有显著增长。

C. 该公司轿车的车主，经常都把车保养得很好。

D. 自1980年以来，该公司在生产轿车上的改进远远小于其他公司对轿车的改进。

E. 自1980年以来，该公司每年生产的轿车数量没有显著增长。

6. 建筑历史学家丹尼斯教授对欧洲19世纪早期铺有木地板的房子进行了研究。结果发现较大的房间铺设的木板条比较小的房间铺设的木板条窄得多。丹尼斯教授认为，既然大房子的主人一般都比小房子的主人富有，那么，用窄木条铺地板很可能是当时有地位的象征，用以表明房主的富有。

以下哪项如果为真，最能加强丹尼斯教授的观点？

A. 欧洲19世纪晚期的大多数房子铺设的木地板的宽度大致相同。

B. 丹尼斯教授的学术地位得到了国际建筑历史学界的公认。

C. 欧洲19世纪早期木地板条的价格是以长度为标准计算的。

D. 欧洲19世纪早期有些大房子铺设的是比木地板昂贵得多的大理石。

E. 在以欧洲19世纪市民生活为背景的小说《雾都十三夜》中，富商查理的别墅中铺设的就是有别于民间的细条胡桃木地板。

7. 飞驰汽车制造公司同时推出飞鸟和锐进两款春季小型轿车。两款轿车以新颖的造型受到购车族的欢迎。两款轿车销售时都带有轿车安全性能和出现一般问题时的处理说明书以及使用轿车一年后的意见反馈表。飞鸟轿车购车族的56%同时购买了轿车保险，锐进轿车购车族的82%同时购买了轿车保险，一年后，锐进轿车出现问题的反馈表是飞鸟轿车的四倍。由此可见，锐进轿车的质量比飞鸟轿车的质量差，锐进轿车的购车者同时购买轿车保险的数量比飞鸟轿车多是有一定道理的。

下面哪项如果为真，最有助于加强上述论证？

A. 飞鸟轿车购车族的平均年龄比锐进轿车购车族的平均年龄低。

B. 飞鸟轿车情况反馈表比锐进轿车情况反馈表更完善，需要花费更多的时间完成表格的填写。

C. 飞驰汽车制造公司收到的飞鸟轿车投诉信数量是锐进轿车的两倍。

D. 购买飞鸟轿车的客户数量是购买锐进轿车的两倍。

E. 飞鸟轿车的广告是锐进轿车的两倍,其良好的质量广为人知。

8. 李工程师:农科院最近研制了一种高效杀虫剂,通过飞机喷洒,能够大面积地杀死农田中的害虫。

   张研究员:我看使用这种杀虫剂未能达到保护农作物生长的目的,甚至可能适得其反,因为这种杀虫剂在杀死害虫的同时,也杀死了农田中的各种益虫。

   李工程师:你的观点缺乏说服力,我们之所以要保护益虫,就在于它能消灭危害农作物的害虫,而我们的杀虫剂起到了这个作用。

   以下哪项如果为真,最能加强李工程师对张研究员的反驳?

   A. 一般地说,害虫的生长繁殖能力和速度要高于益虫。

   B. 上述杀虫剂对人畜无害。

   C. 害虫比益虫更容易获得对杀虫剂的抗药性。

   D. 上述杀虫剂的有效率,在同类产品中是最高的。

   E. 害虫的种类比益虫要多。

9. 《信息报》每年都要按期公布当年国产和进口电视机销量的排行榜。管理咨询家认为,这个排行榜不应该成为每个消费者决定购买哪种电视机的基础。

   以下哪项最能支持这个管理咨询家的观点?

   A. 购买《信息报》的人不限于要购买电视机的人。

   B. 在《信息报》上排名较前的电视机制造商利用此举进行广告宣传,以吸引更多的消费者。

   C. 每年的排名变化较小。

   D. 对任何两个消费者而言,可以根据自己具体情况的不同,而有不同的购物标准。

   E. 一些消费者对他们根据《信息报》上的排名所购买的电视机很满意。

10. Y国反对开采泥煤的人认为,这样做会改变被开采地区的生态平衡,从而使这些地区的饮用水受到污染。这一观点难以成立。因为,不妨以爱尔兰为例,这个国家泥煤已开采了半个世纪,水源并没有受到污染。因此,Y国可以放心地开采。

    以下哪项如果为真,能最强有力地支持题干的论证?

    A. 数个世纪以来,所有地区的生态环境都处于或大或小的变动之中,某些植物或动物种群从这种变动中获益。

    B. 爱尔兰含泥煤地区的原始生态面貌与Y国未开采地区的原始生态面貌基本一样。

    C. 未来几年中Y国水资源污染的最大威胁,来自纺织和化工产业的迅速发展。

    D. Y国的泥煤资源,远远大于其他常年开采泥煤的国家。

    E. 泥煤的开采,将使Y国的经济发展获得巨大利益。

11. 去年,冈比亚从第三世界国际基金会得到了25亿美元的贷款,它的国民生产总值增长了5%;今年,冈比亚向第三世界国际基金会提出两倍于去年的贷款要求,它的领导人并因此期待今年的国民生产总值将增长10%。但专家认为,即使上述贷款要求得到满足,冈比亚领导人的期待也很可能落空。

    以下哪项如果为真,将支持上述专家的意见?

    Ⅰ. 去年该国5%的GNP增长率主要得益于农业大丰收,而这又主要是难得的风调雨顺所致。

Ⅱ. 冈比亚的经济还未强到足以吸收每年 30 亿美元以上的外来资金。

Ⅲ. 冈比亚不具备足够的重工业基础以支持每年 6％以上的 GNP 增长率。

A. 仅仅Ⅰ。　　　　　　B. 仅仅Ⅱ。　　　　　　C. 仅仅Ⅰ和Ⅱ。

D. 仅仅Ⅱ和Ⅲ。　　　　E. Ⅰ、Ⅱ和Ⅲ。

12. 近年来，S 市的外来人口已增至全市总人口的 1/4。有人认为，这是造成 S 市治安状况恶化的重要原因。这一看法是不能成立的。因为据统计，S 市记录在案的刑事犯罪人员中，外来人口所占的比例明显低于 1/4。

以下哪项如果为真，最能加强题干中的论证？

A. S 市的刑事案件，绝大部分为中青年犯罪分子所为，而外来人口中 95％以上都是中青年。

B. S 市外来人口的平均文化水平，不低于 S 市人口的平均文化水平。

C. S 市的外来人口主要是农村人口。

D. S 市近年来的刑事犯罪案件中，贪污受贿的比例有所上升。

E. S 市的外来人口都办理了居住证。

13. 一般人认为，广告商为了吸引顾客不择手段。但广告商并不都是这样。最近，为了扩大销路，一家名为《港湾》的家庭类杂志改名为《炼狱》，主要刊登暴力与色情内容。结果原先《港湾》杂志的一些常年广告客户拒绝续签合同，转向其他刊物。这说明这些广告商不只考虑经济效益，而且顾及道德责任。

以下哪项如果为真，最能加强题干的论证？

A. 《炼狱》的成本与售价都低于《港湾》。

B. 上述拒绝续签合同的广告商在转向其他刊物后效益未受影响。

C. 家庭类杂志的读者一般对暴力与色情内容不感兴趣。

D. 改名后的《炼狱》杂志的广告客户并无明显增加。

E. 一些在其他家庭杂志做广告的客户转向《炼狱》杂志。

14. 一般认为，一个人在他 80 岁和 30 岁时相比，理解和记忆能力都显著减退。最近一项调查显示，80 岁的老人和 30 岁的年轻人在玩麻将时所表现出的理解和记忆能力没有明显差别。因此，认为一个人到了 80 岁理解和记忆能力会显著减退的看法是站不住脚的。

以下哪项如果为真，最能加强上述论证？

A. 目前 30 岁的年轻人的理解和记忆能力，高于 50 年前的同龄人。

B. 上述调查的对象都是退休或在职的大学教师。

C. 上述调查由权威部门策划和实施。

D. 记忆能力的减退不必然导致理解能力的减退。

E. 科学研究证明，人的平均寿命可以达到 120 岁。

15. 中世纪的阿拉伯人有许多古希腊原文的手稿，当需要的时候，人们就把它译成阿拉伯语。中世纪的阿拉伯哲学家对亚里士多德的《诗论》非常感兴趣，这种兴趣很明显并不被中世纪的阿拉伯诗人所分享，因为一个对《诗论》感兴趣的诗人一定会想读荷马的诗，亚里士多德就经常引用荷马的诗句。但是荷马的诗一直到现在才被译成阿拉伯语。

以下哪项如果为真，能最强有力地支持上述论证？

A. 有一些中世纪的阿拉伯翻译家拥有荷马诗的希腊原文手稿。
B. 中世纪的阿拉伯系列故事，如《阿拉伯人的夜晚》，在某些方式上与荷马的诗相似。
C. 除了翻译希腊文外，中世纪的翻译家还把许多原文为印第安语和波斯语的著作译成了阿拉伯语。
D. 亚里士多德的《诗论》经常被现代的阿拉伯诗人引用和评论。
E. 亚里士多德的《诗论》的大部分内容都与戏剧有关，中世纪的阿拉伯人也写戏剧作品，并表演它们。

16. 威尔和埃克斯这两家公司，对使用他们字处理软件的顾客，提供24小时的热线电话服务。既然顾客仅在使用软件有困难时才打电话，并且威尔收到的热线电话比埃克斯收到的热线电话多四倍，因此，威尔的字处理软件一定比埃克斯的字处理软件难用。
下列哪项如果为真，则最能够有效地支持上述论证？
A. 平均每个埃克斯热线电话比威尔热线电话时间长两倍。
B. 拥有埃克斯字处理软件的顾客数比拥有威尔字处理软件的顾客数多三倍。
C. 埃克斯收到的关于字处理软件的投诉信比威尔多两倍。
D. 这两家公司收到的热线电话数量逐渐上升。
E. 威尔热线电话的号码比埃克斯的号码更公开。

答案详解

1. D

【解析】论证型支持题（补充论据）。

教育工作者：电子游戏剥夺了青少年的学习和与社会交流的时间。

A、B项，说明玩电子游戏对青少年的学习有影响，补充论据，支持题干。

C、E项，说明玩电子游戏对青少年的社会交流有影响，补充论据，支持题干。

D项，说明玩电子游戏花费了家里的资金，与题干的结论无关。

2. C

【解析】论证型支持题（补充论据）。

题干：我们也要用"反倾销"的武器来保护自己。

A项，说明我国"反倾销"的武器运用得不够，并以外国经常"反倾销"的事实论证我国运用"反倾销"武器的合理性。

B、D项，指出外国对我国正在进行"倾销"，进一步论证"反倾销"不是无中生有。

C项，指出"反倾销"的弊端，与题干中主张用"反倾销"作为武器的观点不同，不是对题干的进一步论述。

E项，论述如何运用"反倾销"的武器，指出需要加强法制和宣传教育。

3. D

【解析】论证型支持题（补充论据）。

题干：打猎可以保护动物。

A、B、C项，无关选项。

D项，当野生动物过多时，减少其数量有好处，因此，打猎对动物有保护作用，正确。

E项，干扰项，"弱小"动物容易被误解为种群里面的不良个体（如患病、体质差等），但实际上，此处的"弱小"动物，指的是如兔子、羚羊等处于食物链底端的种群，减少这些种群的数量，显然对动物是有害的。

4. B

【解析】论证型支持题。

题干：人们无权只因不接受一个潜在生命体的性别，或因其有某种生理缺陷，就将其杀死 ——证明——→ 对胎儿的基因检测在道德上是错误的。

A、B、C、D项都支持人们不应该进行胎儿的基因检测。但是，题干讨论的并不是基因检测的利弊，而是讨论人们"无权"进行胎儿的基因检测，因此，只有B项支持题干，其余各项均不能支持。

5. E

【解析】论证型支持题（果因型）。

题干：本公司自1980年以来生产的轿车，至今仍有一半在公路上奔驰；其他公司自1980年以来生产的轿车，目前至多有1/3没有被淘汰 ——证明——→ 该汽车公司生产的轿车的耐用性能极佳。

如果该公司的车大多是近年生产的，而其他公司的车大多是1980年左右生产的，则题干中的推论就不能成立了，E项排除了这种可能。

6. C

【解析】因果型支持题。

题干：①大房间使用窄木板条；②拥有大房子的人一般都比拥有小房子的人富有 ——证明——→ 用窄木条铺地板可能是地位的象征。

A项，无关选项，与题干"窄木板条象征地位"无关。

B项，诉诸权威。

C项，支持题干，如果以长度为标准计算，则越窄的木板，相同面积使用的数量越多，造价也越贵。

D项，无关选项。

E项，例证法，用小说作例证缺乏说服力。

7. D

【解析】论证型支持题。

题干中的前提：①飞鸟轿车购车族的56%同时购买了轿车保险，锐进轿车购车族的82%同时购买了轿车保险；②一年后，锐进轿车出现问题的反馈表是飞鸟轿车的四倍。

题干中的结论：③锐进轿车的质量比飞鸟轿车的质量差；④锐进轿车的购车者同时购买轿车保险的数量比飞鸟轿车多是有一定道理的。

D项，购买飞鸟轿车的客户数量是购买锐进轿车的两倍，而飞鸟轿车出现问题的反馈表的数量反而更少，说明飞鸟轿车的质量确实更好，支持题干（补充论据）。

B、C项，削弱题干。

其余各项均为无关选项。

8. A

【解析】论证型支持题。

张研究员：杀虫剂杀死了农田中的各种益虫 —证明→ 杀虫剂未能达到保护农作物生长的目的。

李工程师：益虫的作用是消灭害虫，杀虫剂起到了这个作用。

题目要求支持李工程师对张研究员的反驳。

A项，支持李工程师，说明仅靠益虫难以达到消除害虫的目的，需要杀虫剂（补充论据）。

B项，无关选项。

C项，削弱李工程师，说明不能长久地使用杀虫剂。

D项，无关选项。

E项，不能支持，因为一种益虫可能吃多种害虫，无法说明益虫种类少就不足以遏制害虫。

9. D

【解析】论证型支持题。

管理咨询家：排行榜不应该成为每个消费者决定购买哪种电视机的基础。

A项，无关选项，题干只讨论消费者购买电视机的标准，不涉及"不购买电视机的人"。

B项，无关选项，排行榜出现后的广告宣传，并不影响排行榜本身的公信力。

C项，无关选项。

D项，补充新论据，说明每个消费者的购物标准不同，不能仅仅通过一个排名进行选择，支持管理咨询家的观点。

E项，支持排行榜可以作为购买电视机的标准，反对管理咨询家的观点。

10. B

【解析】类比型支持题。

题干：爱尔兰开采泥煤已半个世纪，无水源污染 —证明→ Y国开采泥煤不会造成水源污染。

A项，无关选项，某些植物或动物从环境变动中获益和开采泥煤是否导致水源污染并不直接相关。

B项，类比对象具有相似性，支持题干。

C项，无关选项，纺织和化工产业会造成水源污染，并不排除开采泥煤也会造成水源污染。

D项，无关选项，泥煤是否丰富和开采泥煤是否导致水源污染无关。

E项，无关选项，是否获益与开采泥煤是否导致水源污染无关。

11. E

【解析】类比型支持题。

冈比亚领导人使用类比论证：

去年：贷款25亿美元，国民生产总值增长5%；

今年：贷款50亿美元；

因此，今年国民生产总值会增长10%。

专家认为：即使满足冈比亚的贷款要求，其国民生产总值也可能不会增长10%。

I项，另有他因，说明冈比亚去年5%的GNP增长率主要得益于风调雨顺带来的农业大丰收，而非25亿美元贷款。故，Ⅰ项支持专家的意见。

Ⅱ项，措施不可行，冈比亚的经济还未强到足以吸收每年30亿美元以上的外来资金，所以50亿美元的贷款要求是不切实际的。故，Ⅱ项支持专家的意见。

Ⅲ项，措施达不到目的，即使有50亿美元的贷款，也无法实现10%的GNP增长率。故，Ⅲ项支持专家的意见。

12. A

【解析】论证型支持题。

题干：

犯罪人员：外来人口比例低于1/4；

全市人口：外来人口比例等于1/4；

因此，外来人口不是治安状况恶化的重要原因。

A项，支持题干。因为，外来人口中95%以上都是中青年，而中青年又是S市的犯罪主体，所以，如果外来人口是治安状况恶化的重要原因，那么犯罪人员中的外来人口比例不应低于1/4。

B项，无关选项，文化水平和犯罪率的关系并无说明。

C项，无关选项，是否为农村人口和犯罪率并无直接联系。

D项，无关选项，仅讨论贪污受贿，并未说明贪污受贿与外来人口的关系。

E项，无关选项，是否办理居住证和犯罪率无直接联系。

13. B

【解析】论证型支持题。

题干：名为《港湾》的家庭类杂志改名为《炼狱》，主要刊登暴力与色情内容。结果原先《港湾》杂志的一些常年广告客户拒绝续签合同，转向其他刊物——证明→这些广告商不只考虑经济效益，而且顾及道德责任。

有两种因素影响广告商的选择：经济效益∨道德责任，要肯定上述广告商是受道德责任的影响，需要排除经济效益这一因素。

B项，说明这些广告商并不是因为效益的原因选择其他刊物（排除他因），故支持题干。

E项，这些转向《炼狱》杂志的客户为何转向此杂志原因不明。可能是经济效益的原因，这样确实可以说明改名后的《炼狱》杂志可以带来经济效益，但也有可能是其他原因，故此项支持力度小。

14. A

【解析】论证型支持题。

A项，支持题干，由题干和选项可知，在理解和记忆能力方面：现在80岁的老人＝现在30岁的年轻人＞50年前的30岁的年轻人。现在80岁的老人，正是50年前30岁的年轻人，说明人到了80岁的时候，比起年轻时的自己，理解和记忆能力不仅没有减退反而更强了。

C项，诉诸权威。

B、D、E项，无关选项。

15. A

【解析】论证型支持题。

题干使用反证法：中世纪的阿拉伯人有许多古希腊原文的手稿，当需要的时候，人们就把它译成阿拉伯语。如果阿拉伯诗人对《诗论》感兴趣，他们一定会想读荷马的诗，从而将它译成阿拉伯语。但是，荷马的诗并没有被他们翻译，而是到现在才被译成阿拉伯语，因此，阿拉伯诗人对《诗论》不感兴趣。

A项，排除阿拉伯诗人不翻译《诗论》是因为他们没有手稿的可能性（排除他因），支持题干。

B项，无关选项，"阿拉伯系列故事"和荷马的诗无关。

C项，无关选项，题干未涉及"印第安语或者波斯语"。

D项，无关选项，题干讨论的是"中世纪的阿拉伯人"，和"现代的阿拉伯人"无关。

E项，无关选项，题干讨论的是荷马的诗，与戏剧无关。

16. B

【解析】论证型支持题（执果索因型）。

题干：①顾客仅在使用软件有困难时才打电话；②威尔收到的热线电话比埃克斯收到的热线电话多四倍 —证明→ 威尔的字处理软件一定比埃克斯的字处理软件难用。

A项，埃克斯的每个热线电话时间更长，最多只能说明埃克斯的顾客面临的问题可能更难解决，埃克斯的软件更难用，所以，此项有可能削弱题干，不能支持题干。

B项，说明威尔的顾客更少，收到的热线电话却更多，支持威尔的字处理软件更难用的结论。

C项，削弱题干，说明埃克斯的字处理软件更难用。

D项，无关选项。

E项，削弱题干，威尔的顾客更容易找到热线电话，才使威尔接到的热线电话更多。

题型 20 因果型支持题

母题技巧

1. 找原因

题干中的论据是一个现象或事件，结论是这一现象或事件的原因：

现象（结果） ←导致— 结论（原因）。

这类题目的支持方式有：

（1）因果相关。

即题干中的因果关系确实存在。

（2）排除他因。

题干认为事件 A 发生的原因是 B，我们可以通过排除事件 A 发生的其他原因 C、D、E……，从而肯定事件 A 发生的原因确实是 B。

（3）无因无果。

题干：有原因 A 时，有结果 B；

选项：无原因 A 时，无结果 B；

根据求异法，A、B 可能存在因果关系，故能支持题干。

（4）并非因果倒置。

题干认为 A 是 B 的原因，我们可以通过排除 B 是 A 的原因这种可能来支持题干。

2. 猜结果

题干中已知一个事件发生了（原因），对这一事件的结果进行预测：

原因 ——推测→ 结果。

我们只需要补充一些论据来说明题干中对结果的预测是正确的，就可以支持题干。

3. 求因果五法型支持题

（1）求异法。

①使用求异法要求只能有一个差异因素，因此，常用排除其他差异因素的方法支持（排除他因）。

②若题干为有因有果，选项为无因无果即可支持（增加对照组）。

③并非因果倒置。

（2）求同法。

①使用求同法要求只能有一个共同因素，因此，常用排除其他共同因素的方法支持（排除他因）。

②并非因果倒置。

（3）共变法。

共变法，是指两个现象存在共生共变的关系，则把其中一个现象作为另外一个现象的原因。使用共变法，最常犯的错误是因果倒置，因此，要支持共变法，可排除因果倒置的可能。

母题精练

1. 有的人即便长时间处于高强度的压力下，也不会感到疲劳，而有的人哪怕干一点活也会觉得累。这除了体质或者习惯不同之外，还可能与基因不同有关。英国格拉斯哥大学的研究小组通过对 50 名慢性疲劳综合征患者基因组的观察，发现这些患者的某些基因与同年龄、同性别健康人的基因是有差别的。

以下哪项如果为真，最能支持该研究成果应用于慢性疲劳综合征的诊断和治疗？

A. 基因鉴别已在一些疾病的诊断中得到应用。

B. 科学家们鉴别出了导致慢性疲劳综合征的基因。

C. 目前尚无诊断和治疗慢性疲劳综合征的基因。

D. 在慢性疲劳综合征患者身上有一种独特的基因。

E. 按照现在医疗技术的发展速度，开发出相关基因药品指日可待。

2. 近来，电视上开展了轿车进入家庭的讨论。有人认为，放松对私人轿车的管制，可以推动中国汽车工业的发展，但同时又会使原本紧张的交通状况更加恶化，从而影响经济和社会生活秩序。因此，中国的私人轿车在近五年内不应该有大发展。

以下哪项如果为真，则最能支持上述观点？

A. 交通事业将伴随着轿车工业的发展而发展。

B. 引起交通拥堵的主要原因是自行车而不是私人轿车。

C. 总是先发展汽车工业，后发展交通事业。

D. 应该大力发展公共交通事业。

E. 本世纪内中国的道路状况不可能有根本改善。

3. 提高教师应聘标准并不是引起目前中小学师资短缺的主要原因。引起中小学师资短缺的主要原因，是近年来中小学教学条件的改进缓慢，以及教师的工资增长未能与其他行业同步。

以下哪项如果为真，最能加强上述断定？

A. 虽然还有别的原因，但收入低是许多教师离开教育岗位的理由。

B. 许多教师把应聘标准的提高视为师资短缺的理由。

C. 有些能胜任教师的人，把应聘标准的提高作为自己不愿执教的理由。

D. 许多在岗但不胜任的教师，把低工资作为自己不努力进取的理由。

E. 决策部门强调提高应聘标准是师资短缺的主要原因，以此作为不给教师加工资的理由。

4. 有些人若有一次厌食，就会对这次膳食中有特殊味道的食物持续产生强烈厌恶，不管这种食物是否会对身体有利。这种现象可以解释为什么小孩更易于对某些食物产生强烈的厌恶。

以下哪项如果为真，最能加强上述解释？

A. 小孩的膳食搭配中含有特殊味道的食物比成年人多。

B. 对未尝过的食物，成年人比小孩更容易产生抗拒心理。

C. 小孩的嗅觉和味觉比成年人敏锐。

D. 和成年人相比，小孩较为缺乏食物与健康的相关知识。

E. 如果讨厌某种食物，小孩厌食的持续时间比成年人更长。

5. 壳牌石油公司连续三年在全球 500 家最大公司净利润总额排名中位列第一，其主要原因是该公司比其他公司有更多的国际业务。

下列哪项如果为真，则最能支持上述说法？

A. 与壳牌公司规模相当但国际业务少的石油公司的净利润总额都比壳牌石油公司低。

B. 历史上全球 500 家最大公司的净利润总额冠军都是石油公司。

C. 近三年来全球最大的 500 家公司都在努力走向国际化。

D. 近三年来石油和成品油的价格都很稳定。

E. 壳牌石油公司是英国和荷兰两国所共同拥有的。

6. 在美国，近年来在电视卫星的发射和操作中事故不断，这使得不少保险公司不得不面临巨额赔偿，这不可避免地导致了电视卫星的保险金的猛涨，使得发射和操作电视卫星的费用变得更为昂贵。为了应付昂贵的成本，必须进一步开发电视卫星更多的尖端功能来提高电视卫星的售价。

以下哪项如果为真，和题干的断定一起，最能支持这样一个结论，即电视卫星的成本将继续上涨？

A. 承担电视卫星保险业风险的只有为数不多的几家大公司，这使得保险金必定很高。
B. 美国电视卫星业面临的问题，在西方发达国家带有普遍性。
C. 电视卫星目前具备的功能已能满足需要，用户并没有对此提出新的要求。
D. 卫星的故障大都发生在进入轨道以后，对这类故障的分析及排除变得十分困难。
E. 电视卫星具备的尖端功能越多，越容易出问题。

7. 体内不产生 P450 物质的人与产生 P450 物质的人比较，前者患帕金森氏综合征（一种影响脑部的疾病）的可能性三倍于后者，因为 P450 物质可保护脑部组织不受有毒化学物质的侵害。因此，有毒化学物质可能导致帕金森氏综合征。

下列哪项如果为真，将最有力地支持以上论证？

A. 除了保护脑部组织不受有毒化学物质的侵害外，P450 物质对脑部无其他作用。
B. 体内不能产生 P450 物质的人，也缺乏产生某些其他物质的能力。
C. 一些帕金森氏综合征病人有自然产生 P450 物质的能力。
D. 当用多乙胺（一种脑部自然产生的化学物质）治疗帕金森氏综合征病人时，病人的症状减轻。
E. 很快就有可能合成 P450 物质，用于治疗体内不能产生这种物质的病人。

8. 据世界卫生组织 1995 年的调查报告显示，70% 的肺癌患者有吸烟史，其中有 80% 的人吸烟的历史多于 10 年。这说明吸烟会增加人们患肺癌的危险。

以下哪项最能支持上述论断？

A. 1950 年至 1970 年期间男性吸烟者人数增加较快，女性吸烟者也有增加。
B. 虽然各国对吸烟有害进行了大力宣传，但自 20 世纪 50 年代以来，吸烟者所占的比例还是呈明显的逐年上升的趋势。到 20 世纪 90 年代，成人吸烟者达到成人数的 50%。
C. 没有吸烟史的人数在 1995 年超过了人口总数的 40%。
D. 1995 年未成年吸烟者的人数也在增加，成为一个令人挠头的社会问题。
E. 医学科研工作者已经用动物实验发现了尼古丁的致癌作用，并从事开发预防药物的研究。

9. 某个实验把一批吸烟者作为对象。实验对象分为两组：第一组是实验组，第二组是对照组。实验组的成员被强制戒烟，对照组的成员不戒烟。三个月后，实验组成员的平均体重增加了 10%，而对照组成员的平均体重基本不变。实验结果说明，戒烟会导致吸烟者的体重增加。

以下哪项如果为真，最能加强上述实验结论的说服力？

A. 实验组和对照组成员的平均体重基本相同。
B. 实验组和对照组的人数相等。
C. 除戒烟外，对每个实验对象来说，可能影响体重变化的生存条件基本相同。
D. 除戒烟外，对每个实验对象来说，可能影响体重变化的生存条件基本保持不变。
E. 上述实验的设计者是著名的保健专家。

10. 某研究中心通过实验对健康男性和女性听觉的空间定位能力进行了研究。起初，每次只发出一种声音，要求被试者说出声源的准确位置，男性和女性都非常轻松地完成了任务；后来多种声音同时发出，要求被试者只关注一种声音并对声源进行定位，与男性相比女性完成这项任务要困难得多，有时她们甚至认为声音是从声源的相反方向传来的。研究人员由此得出：在嘈杂环境中准确找出声音来源的能力，男性要胜过女性。

以下哪项如果为真，最能支持研究者的结论？

A. 在实验使用的嘈杂环境中，有些声音是女性熟悉的声音。

B. 在实验使用的嘈杂环境中，有些声音是男性不熟悉的声音。

C. 在安静的环境中，女性注意力更易集中。

D. 在嘈杂的环境中，男性注意力更易集中。

E. 在安静的环境中，人的注意力容易分散；在嘈杂的环境中，人的注意力容易集中。

答案详解

1. B

【解析】找原因型支持题。

题干：基因差别 —导致→ 慢性疲劳综合征。

A项，无关选项，"一些疾病"与"慢性疲劳综合征"无关。

B项，因果相关，说明确实是基因的原因导致慢性疲劳综合征，支持题干。

C项，诉诸无知。

D项，不能支持，即便具有独特的基因，也不能说该基因和慢性疲劳综合征有关系。

E项，无关选项。

2. E

【解析】猜结果型支持题。

题干：放松对私人轿车的管制，会使原本紧张的交通状况更加恶化，从而影响经济和社会生活秩序 —推测→ 中国的私人轿车在近五年内不应该有大发展。

A、B、C项，表明应该发展轿车工业。

D项，题干没有提及是否应该发展"公共交通事业"。

E项，如果道路状况不可能有根本改善，那么放松对私人轿车的管制，就会使原本紧张的交通状况更加恶化，支持题干。

3. A

【解析】找原因型支持题。

题干：①提高教师应聘标准并不是引起目前中小学师资短缺的主要原因。

②中小学教学条件的改进缓慢，以及教师工资的增长未能与其他行业同步（因）—导致→ 中小学师资短缺（果）。

A项，加强题干②的"因"，说明是工资的原因导致中小学师资短缺。

B项，削弱题干①。

C项，削弱题干①。

D项，"在岗但不胜任"的老师，与题干中的离开教师岗位的老师，不相关。

E项，削弱题干①，且有诉诸权威的嫌疑。

4. C

【解析】找原因型支持题。

题干：对有特殊味道的食物持续产生强烈厌恶，导致厌食 —导致→ 小孩更易于对某些食物产生强烈的厌恶。

A项，不能支持题干，此项可以支持使小孩产生厌食的食物比使成年人产生厌食的食物多，支持的是食物多少的比较，而题干是小孩和成年人间的比较。

B项，无关选项。

C项，指出了小孩相对于成年人更易于厌食的原因，支持题干。

D项，不能支持，因为题干中表示："不管这种食物是否会对身体有利"都会产生厌食，因此厌食与否和具有健康知识的多少没有关系。

E项，无关选项。

5. A

【解析】找原因型支持题。

题干：壳牌石油公司比其他公司有更多的国际业务 —导致→ 该公司连续三年在全球500家最大公司净利润总额排名中位列第一。

A项，没有"更多的国际业务"的公司，净利润总额少，无因无果，支持题干。

其余各项均为无关选项。

6. E

【解析】猜结果型支持题。

题干：电视卫星事故不断 —导致→ 保险公司面临巨额赔偿 —导致→ 保险金猛涨 —导致→ 电视卫星的费用变得更为昂贵 —导致→ 开发电视卫星更多的尖端功能。

A项，支持"保险金猛涨"，但支持力度不如E项大。

B项，诉诸众人。

C项，无关选项。

D项，无关选项，题干的论证不涉及卫星故障的排除。

E项，尖端功能越多 —导致→ 问题越多，与题干中的信息形成一个恶性循环，则会不断推高电视卫星的成本，支持力度最大。

7. A

【解析】求异法型支持题。

题干：①体内产生P450物质的人不容易患帕金森氏综合征；②P450物质可保护脑部组织不受有毒化学物质的侵害 —证明→ 有毒化学物质可能导致帕金森氏综合征。

A项，排除他因，支持题干。

B项，削弱题干，可能正是因为缺乏"某些其他物质"才导致帕金森氏综合征，而不是缺乏P450物质。

C项，不能削弱或支持题干，因为题干并没有说得帕金森氏综合征的人不产生P450物质，只是说不产生P450物质的人，得帕金森氏综合征的可能性更大。

D项，无关选项，题干是"有毒化学物质"，此项中的"多乙胺"可以用来治疗帕金森氏综合征，显然不是"有毒化学物质"。

E项，显然是无关选项。

8. C

【解析】百分比对比型支持题（求异法）。

题干：

> 肺癌患者：70%有吸烟史，80%的人吸烟的历史多于10年；
>
> C项，所有人：40%没有吸烟史；
>
> 支持：吸烟增加人们患肺癌的危险。

9. D

【解析】求异法型支持题。

题干：

> 实验组：强制戒烟，平均体重增加了10%；
>
> 对照组：不戒烟，平均体重基本不变；
>
> 故，戒烟导致体重增加。

使用求异法，要保证两组除了"戒烟"这一差异因素外，无其他差异因素导致体重增加，故D项可以支持题干。

A项，题干讨论的是平均体重增加的比例，所以与平均体重是否相同无关。

B项，此实验考查的是"平均体重"增加的比例，人数是否相等，不影响实验结果。

C项，影响体重变化的生存条件基本相同，不一定保证双方无其他差异因素，比如：摄入等量的食物，可能会使一个体重100公斤的实验对象体重减少，却使另外一个体重50公斤的实验对象体重增加，这样，在相同的生存条件下，对体重产生了不同的影响，即另有其他因素导致体重增加，未必是戒烟引起的，所以C项不能支持题干。

E项，诉诸权威。

10. D

【解析】求同求异法型支持题。

题干：

> 安静环境：男性和女性都能说出声源的准确位置；
>
> 嘈杂环境：男性可以准确说出声源位置，女性很难准确说出声源位置；
>
> 所以，在嘈杂环境中准确找出声音来源的能力，男性要胜过女性。

A项，"有些"声音是女性熟悉的声音，"有些"是弱化词，微弱支持题干。

B项，"有些"声音是男性不熟悉的声音，"有些"是弱化词，微弱支持题干。

注意：A、B两项一正一反，但是对于题干来说起到的作用是完全相同的。

C项，无关选项，定位关键词"嘈杂环境"，迅速排除此项。

D项，提供新论据，支持题干，具体说明了造成男、女在嘈杂环境中准确找出声音来源的能力不同的原因。

E项，无关选项，题干对比的是男女差异，此项说明的是在两种环境中的差异。

题型 21 措施目的型支持题

> **母题技巧**
>
> **措施目的型支持题方法总结**
>
> （题干结构：措施 A —以求→ 目的 B）
>
> （1）措施可行。
> （2）措施可达目的。
> （3）措施无恶果（或利大于弊）。
> （4）补充要采取这个措施的原因（措施有必要）。

母题精练

1. 玫瑰城需要 100 万美元来修理所有的道路。在一年内完成这样的修理之后，估计玫瑰城每年将因此避免支付大约 300 万美元的赔偿金，这笔赔偿金历年来一直作为给因道路年久失修而损坏的汽车的修理费。

    以下哪项如果为真，最能支持题干的估计？

    A. 与玫瑰城邻近的其他城市，同样也要为它们年久失修的道路赔偿车辆修理费。

    B. 该地的道路修理好之后，在近几年内不会因道路原因对行驶车辆造成损坏。

    C. 为了修路，该地要征税。

    D. 恶劣天气对道路造成的损害在不同的年份之间差别很大。

    E. 道路的损坏主要是由卡车造成的，但是其车主同样为劣质路面造成的车辆损坏进行索赔。

2. 全国政协常委、著名社会学家、法律专家钟万春教授认为：我们应当制定全国性的政策，用立法的方式规定父母每日与未成年子女共处的时间下限。这样的法律能够减少子女平日的压力。因此，这样的法律也就能够使家庭幸福。

    以下哪项如果为真，最能够加强上述推论？

    A. 父母有责任抚养好自己的孩子，这是社会对每一个公民的起码要求。

    B. 大部分的孩子平常都能够与父母经常地在一起。

    C. 这项政策的目标是降低孩子们在平日生活中的压力。

    D. 未成年孩子较高的压力水平是成长过程中以及长大后家庭幸福很大的障碍。

    E. 父母现在对孩子多一份关心，就会减少日后父母很多的操心。

3. 近几年来，我国许多餐厅都在使用一次性筷子，这种现象受到越来越多人的批评。许多资源环境工作者在报刊上呼吁：为了保护森林资源，让山变绿、水变清，是采取坚决措施，禁用一次性筷子的时候了！

以下除哪项外，都从不同方面对批评者的观点提供了支持？

A. 我国森林资源十分匮乏，把大好的木材用来做一次性筷子，实在是莫大的浪费。
B. 1998年的特大水灾造成的损失既与气候有关，也与多年的滥砍、滥伐有很大关系。
C. 森林和各种绿色植被对涵养水分、调节气候、防止水土流失具有不可替代的作用。
D. 禁用一次性筷子既要大张旗鼓地宣传，又要制定相应的法规，建立完善的监督机制。
E. 保护森林不能只保不用。合理使用，适量地采伐，发展林区经济，还能促进保护。

答案详解

1. B

【解析】措施目的型支持题。

题干：用100万美元来修理所有的道路──以求→每年避免支付大约300万美元因道路年久失修而损坏的汽车的赔偿金。

B项，支持题干，保证措施可以达到目的。

其余各项均为无关选项。

2. D

【解析】措施目的型支持题。

钟万春教授：用立法的方式规定父母每日与未成年子女共处的时间下限──以求→减少子女平日的压力──以求→使家庭幸福。

A项，"有责任"抚养好孩子，不代表需要立法来规定相处时间。

B项，削弱题干，既然大部分孩子已经能够与父母经常在一起，那就没必要再去规定相处时间了。

C项，简单重复题干中这一措施的目标，不能说明措施有效。

D项，未成年孩子的压力阻碍了家庭幸福，那么减少未成年孩子的压力，当然对家庭幸福有帮助，支持题干。

E项，只能说明父母需要对孩子多一些关心，不能具体说明是不是需要通过立法规定相处时间。

3. E

【解析】措施目的型支持题。

题干：禁用一次性筷子──以求→保护森林资源。

A项，说明使用一次性筷子是浪费，支持题干。

B、C项，说明了森林的重要性，支持该措施的意义。

D项，为禁用一次性筷子出谋划策，支持批评者的观点。

E项，削弱题干，说明适量地采伐森林，制造一次性筷子，有合理性。

微模考 4 ▶ 支持题

（共 30 题，每题 2 分，限时 60 分钟）　　你的得分是＿＿＿＿＿＿

1. 保护野生动物种群的法律不应该强制应用于以捕获野生动物为生却不会威胁到野生动物种群延续的捕猎行为。

   如果以下陈述为真，则哪一项最有力地证明了上述原则的正当性？

   A. 对任何以营利为目的而捕获野生动物的行为，都应该强制执行野生动物保护法。
   B. 尽管眼镜蛇受到法律的保护，由于人的生命安全受到威胁而杀死眼镜蛇的行为不会受到法律的制裁。
   C. 蒙古牧民喜欢饲养牛羊并食用牛羊肉，并未造成牛羊的灭绝。
   D. 人类猎杀大象有几千年了，并未使大象种群灭绝，因而强制执行保护野生象的法律是没必要的。
   E. 极地最北端的因纽特人以弓头鲸为食物，每年捕获弓头鲸的数量远远低于弓头鲸新成活的数量。

2. 有时候，一个人不能精确地解释一个抽象词语的含义，却能十分恰当地使用这个词语进行语言表达。可见，理解一个词语并非一定依赖于对这个词语的含义作出精确的解释。

   以下哪一项陈述能为上面的结论提供最好的支持？

   A. 抽象词语的含义是不容易得到精确解释的。
   B. 如果一个人能精确地解释一个词语的含义，那他就理解这个词语。
   C. 一个人不能精确地解释一个词语的含义，不意味着其他人也不能精确地解释这个词语的含义。
   D. 如果一个人能十分恰当地使用一个词语进行语言表达，那他就理解这个词语。
   E. 有时候人们也不能精确地表达一个非抽象词语的含义。

3. 今年 6 月，洞庭湖水位迅速上涨，淹没了大片湖洲、湖滩，栖息于此的大约 20 亿只田鼠浩浩荡荡地涌入附近的农田，使洞庭湖沿岸的岳阳、益阳遭遇了 20 多年来损失最为惨重的鼠灾。专家分析说，洞庭湖的生态环境已经遭到破坏，鼠灾敲响了警钟。

   下面的选项如果为真，都能支持专家的观点，除了：

   A. 蛇和猫头鹰被大量捕杀后，抑制田鼠过度繁殖的生态平衡机制已经失效。
   B. "围湖造田""筑堤灭螺"等人类的活动割裂了洞庭湖的水域。
   C. 每年汛期洞庭湖水位上升时，总能淹死很多田鼠，然而去年大旱，汛期水位上升不多。
   D. 在滩洲上大规模排水种植杨树，使洞庭湖的潮湿地变成了田鼠可以生存的林地。
   E. 降雨量的增大破坏了田鼠原本的栖息地，造成了田鼠的迁徙。

4. 市长：在过去五年中的每一年，这个城市都在削减教育经费，并且，每次学校官员都抱怨，减少教育经费可能逼迫他们减少基本服务的费用。但实际上，每次仅仅是减少了非基本服务的费用。因此，学校官员能够落实进一步的削减经费，而不会减少任何基本服务的费用。

下列哪项如果为真，最能强有力地支持该市长的结论？

A. 该市的学校提供基本服务总是和提供非基本服务一样有效。
B. 现在，充足的经费允许该市的学校提供某些非基本的服务。
C. 自从最近削减教育经费以来，该市学校对提供非基本服务的价格估计实际没有增加。
D. 几乎没有重要的城市管理者支持该市学校的昂贵的非基本服务。
E. 该市学校官员几乎不夸大经费削减的潜在影响。

5. 一项调查显示：79.8%的糖尿病患者对血糖监测的重要性认识不足，即使在进行血糖检测的患者中仍然有62.2%的人对血糖监测的时间和频率缺乏正确的认知；73.6%的患者不了解血糖控制的目标，这组数据足以表明目前我国血糖检测应用现状不尽如人意。有专家表示，近八成的糖尿病患者不重视血糖监测，这说明大部分患者还不知道应该如何管理糖尿病。

以下哪项如果为真，则最能支持上述专家的观点？

A. 如果不测血糖，就不知道自身血糖水平是高还是低，从而使饮食、锻炼、治疗方面的努力变成徒劳。
B. 血糖监测是糖尿病综合治疗中的重要环节。
C. 除非重视血糖监测，否则不能对糖尿病进行科学有效的管理。
D. 除非不重视血糖监测，否则就能对糖尿病进行科学有效的管理。
E. 血糖监测是控制糖尿病的基础。

6. 某市教育系统评出了十所优秀中学，名单按它们在近三年中毕业生高考录取率的高低排序。专家指出不能把该名单排列的顺序作为评价这些学校教育水平的一个标准。

以下哪项如果为真，则能作为论据支持专家的结论？

Ⅰ. 排列前五名的学校所得到的教育经费平均是后五名的八倍。
Ⅱ. 名列第二的金山中学的高考录取率是75%，其中被全国重点院校录取的占10%；名列第六的银湖中学的高考录取率是48%，但其中被全国重点院校录取的占35%。
Ⅲ. 名列前三名的学校位于学院区，学生的个人素质和家庭条件普遍比其他学校要好。

A. Ⅰ、Ⅱ和Ⅲ。　　　　　B. 仅Ⅰ和Ⅱ。　　　　　C. 仅Ⅰ和Ⅲ。
D. 仅Ⅱ和Ⅲ。　　　　　E. Ⅰ、Ⅱ和Ⅲ都不能。

7. 一则公益广告劝告人们，酒后不要开车，直到你感到能安全驾驶的时候才开。然而，在医院进行的一项研究发现，酒后立即被询问的对象往往低估他们恢复驾驶能力所需要的时间。这个结果表明，在驾驶前饮酒的人很难遵循这个广告的劝告。

下列哪项如果为真，最能强有力地支持以上结论？

A. 对于许多人来说，如果他们计划饮酒的话，他们会事先安排不饮酒的人开车送他们回家。
B. 医院中被研究的对象在估计他们恢复驾驶能力所需要的时间时，通常比其他饮酒的人更保守。
C. 一些不得不开车回家的人就不饮酒。
D. 医院研究的对象也被询问，恢复对安全驾驶不起重要作用的能力所需要的时间。
E. 一般的人对公益广告的警觉比医院研究对象的警觉高。

8. 交管局要求司机在通过某特定路段时，在白天也要像晚上一样使用大灯，结果发现这条路上的年事故发生率比从前降低了 15%。他们得出结论说，在全市范围内都推行该项规定会同样地降低事故发生率。

以下哪项如果为真，最能支持上述论断？

A. 该测试路段在选取时包括了在该市驾车时可能遇见的多种路况。

B. 由于可以选择其他路线，因此所测试路段的交通量在测试期间减少了。

C. 在某些条件下，包括有雾和暴雨的条件下，大多数司机已经在白天使用了大灯。

D. 司机们对在该测试路段使用大灯的要求的了解来自在每个行驶方向上的三个显著的标牌。

E. 该特定路段由于附近山群遮挡，导致白天能见度非常低。

9. 心理学研究表明，大学里的曲棍球和橄榄球运动员比参加游泳等非对抗性运动的运动员能更快地进入敌对和攻击状态。但是，这些研究人员的结论——对抗性运动鼓励和培养运动的参与者变得怀有敌意和具有攻击性——是站不住脚的。橄榄球和曲棍球运动员可能天生就比游泳运动员更怀有敌意和具有攻击性。

下面哪项如果正确，则最能增强研究人员的结论？

A. 一般只有那些性格具有侵略性的人才能成为橄榄球运动员。

B. 棒球和曲棍球运动员，在实验开始的时候知道他们正在被检查攻击性，而游泳运动员并不知情。

C. 同一次心理学研究发现，橄榄球运动员与曲棍球运动员非常重视协作和集体比赛，而游泳运动员最关心的是个人竞争。

D. 这次研究考察设计时没有包括同时参加对抗性和非对抗性运动的大学运动员。

E. 橄榄球运动员与曲棍球运动员在赛季中比非赛季期更怀有敌意和具有攻击性，而游泳运动员的攻击性在赛季中和非赛季期没有变化。

10. 英国纽克大学和曼彻斯特大学考古人员在北约克郡的斯塔卡发现一处有一万多年历史的人类房屋遗迹。测年结果显示，它为一个高约 3.5 米的木质圆形小屋，存在于公元前 8500 年，比之前发现的英国最古老房屋至少早 500 年。考古人员还在附近发现一个木头平台和一个保存完好的大树树干。此外他们还发现了经过加工的鹿角饰品，这说明当时的人已经有了一些仪式性的活动。

以下哪项如果为真，最能支持上述观点？

A. 木头平台是人类建造小木屋的工作场所。

B. 当时的英国人已经有了相对稳定的住址，而不是之前认为的居无定所的游猎者。

C. 人类是群居动物，附近还有更多的木屋等待发掘。

D. 人类在一万多年前就已经在约克郡附近进行农耕活动。

E. 只有举行仪式性的活动，才会出现经过加工的鹿角饰品。

11. 甲："你不能再抽烟了。抽烟确实对你的健康非常不利。"

乙："你错了。我这样抽烟已经 15 年了，但并没有患肺癌，上个月我才做的体检。"

有关上述对话，以下哪项如果为真，最能加强和支持甲的意见？

A. 抽烟增加了家庭的经济负担，容易造成家庭矛盾，甚至导致家庭破裂。

B. 抽烟不仅污染环境、影响卫生，还会造成家人或同事们被动吸烟。

C. 对健康的危害不仅指患肺癌或其他明显疾病,还包括潜在的影响。

D. 如果不断抽烟,那么烟瘾将越来越大,以后就更难戒除了。

E. 与名牌的优质烟相比,冒牌劣质烟对健康的危害更甚。

12. 商业周期并未寿终正寝。在西方某国,目前的经济增长要进入第六个年头,增长速度稳定在 2‰～2.5‰之间。但是,实业界的人士毕竟不是天使,中央银行的官员也不是贤主明君,关于商业周期已经寿终正寝的说法是夸大其词了。

以下除哪项外,都进一步论述了上文的观点?

A. 适应顾客需求的制造业比原来大工厂的大批量生产更具有灵活性。

B. 当公司预见繁荣会继续时,大家就会争着投放过多的资金。

C. 当建厂过多、生产过剩时,公司就会急剧抽回资金。

D. 联邦储备委员会有时会反应过度或行动过火,动不动就提高利率。

E. 繁荣时的盲目乐观和萧条时的惶恐不安,都会妨碍市场进行自我调节。

13. 某西方国家高等院校的学费急剧上涨,其增长率几乎达到通货膨胀率的 2 倍。1980—1995 年中等家庭的收入只提高了 82%,而公立大学的学费的涨幅比家庭收入的涨幅几乎大了 3 倍,私立院校的学费在家庭收入中所占的比例几乎是 1980 年的 2 倍。高等教育的费用已经令中产阶级家庭苦恼不堪。

以下除哪项外,都为上文的观点进一步提供了论据?

A. 尽管 1980—1996 年间消费价格指数缓慢增长了 79%,但公立四年制大学的学费上涨了 2 560%。

B. 私立学校的学费上涨比公立学校慢,从 1980 年到 1996 年上涨了 219%。

C. 如果学费继续保持过去的增长速度,1996 年新做父母的人将来他们的子女上私立大学每年的学费和食宿费总额将多达 9 万美元。

D. 政府对公立学校每个学生的补贴在学校收入中所占的比例从 1978 年的 66%下降到 1993 年的 51%,而同一时期,学费在学校收入中所占的比例从 16%上升到 24%。

E. 高教市场已开始显露竞争迹象。几家私立学校和公立学校已通过缩短读学位时间的办法来间接地降低学习费用。

14. 在司法审判中,所谓肯定性误判是指把无罪者判为有罪,否定性误判是指把有罪者判为无罪。肯定性误判就是所谓的错判,否定性误判就是所谓的错放。而司法公正的根本原则是"不放过一个坏人,不冤枉一个好人"。某法学家认为,目前,衡量一个法院在办案中是否对司法公正的原则贯彻得足够好,就看它的肯定性误判率是否足够低。

以下哪项如果为真,能最有力地支持上述法学家的观点?

A. 错放,只是放过了坏人;错判,则是既放过了坏人,又冤枉了好人。

B. 宁可错判,不可错放,是"左"的思想在司法界的反映。

C. 错放造成的损失,大多是可弥补的;错判对被害人造成的伤害,是不可弥补的。

D. 各个法院的办案正确率普遍有明显的提高。

E. 各个法院的否定性误判率基本相同。

15. 许多种属的蜘蛛通过改变它们自身的颜色来和它们所寄住的花的颜色相匹配。这些蜘蛛的捕食对象——昆虫，和人类不同，却拥有如此敏锐的分辨颜色的本领，它们能够很容易地发现经过颜色伪装的蜘蛛。因此，蜘蛛通过改变颜色伪装自己必定是为了躲避它们自己的天敌。

下面哪项如果为真，最能有力地加强上面的推理？

A. 以这些自身会变颜色的蜘蛛为食的是一些蝙蝠，它们通过发出的声波的回音来捕食猎物。

B. 一些以这些自身会变颜色的蜘蛛为食的动物很少去捕获蜘蛛以防止自己摄入的蜘蛛毒液过量而受到损害。

C. 自身会变颜色的蜘蛛比那些缺少此能力的蜘蛛拥有更敏锐的分辨颜色的能力。

D. 自身会变颜色的蜘蛛织的蛛网很容易被它们的天敌发现。

E. 以自身会变颜色的蜘蛛为食的鸟类分辨颜色的能力并不比人类分辨颜色的能力敏锐多少。

16. 调查表明，最近几年来，成年人中患肺结核的病例逐年减少。但是，据此还不能得出肺结核发病率逐年下降的结论。

以下哪项如果为真，最能加强上述结论？

A. 上述调查的重点是在城市，农村中肺结核的发病情况缺乏准确的统计。

B. 肺结核早就不是不治之症。

C. 和心血管病、肿瘤病等比较，近年来对肺结核的防治缺乏足够的重视。

D. 防治肺结核病的医疗条件近年来有较大的改善。

E. 近年来未成年人中的肺结核病例有所上升。

17. 小郭和小万在讨论这次学校"艺翔助学金"发放的一些情况。

小郭：这次没有女生获得"艺翔助学金"的资助。

小万：那就是说这次全校的"艺翔助学金"的名额都空缺了。

小郭：不，事实上这次咱们学校有几位男生获得了"艺翔助学金"。

以下各项断定如果为真，都能使小万的推断成立，除了：

A. "艺翔助学金"的申请者中，大部分的女生比大部分的男生更够条件。

B. 只有女生才有资格申请"艺翔助学金"。

C. "艺翔助学金"的申请者中，所有的女生都比男生更够条件。

D. 按规定，男生和女生必须获得相等数量的"艺翔助学金"名额。

E. "艺翔助学金"只发给女生。

18. 经 A 省的防疫部门检测，在该省境内接受检疫的长尾猴中，有 1% 感染上了狂犬病。但是只有与人及其宠物有接触的长尾猴才接受检疫。防疫部门的专家因此推测，该省长尾猴中感染有狂犬病的比例，将大大小于 1%。

以下哪项如果为真，将最有力地支持专家的推测？

A. 在 A 省境内，与人及其宠物有接触的长尾猴，只占长尾猴总数的不到 10%。

B. 在 A 省，感染有狂犬病的宠物，约占宠物总数的 0.1%。

C. 在与 A 省毗邻的 B 省境内，至今没有关于长尾猴感染狂犬病的疫情报告。

D. 与和人的接触相比，健康的长尾猴更愿意与人的宠物接触。

E. 与健康的长尾猴相比，感染有狂犬病的长尾猴更愿意与人及其宠物接触。

19. 一个已经公认的结论是，北美洲人的祖先来自亚洲。至于亚洲人是如何到达北美洲的，科学家们一直假设,亚洲人是跨越在 14 000 年以前还连接着北美洲和亚洲、后来沉入海底的陆地进入北美洲的,在艰难的迁徙途中,他们靠捕猎沿途陆地上的动物为食。最近的新发现导致了一个新的假设,亚洲人是划船沿着上述陆地的南部海岸,沿途以鱼和海洋生物为食而进入北美洲的。

以下哪项如果为真,最能使人有理由在两个假设中更相信后者?

A. 当北美洲和亚洲还连在一起的时候,亚洲人主要以捕猎陆地上的动物为生。

B. 上述连接北美洲和亚洲的陆地气候极为寒冷,植物品种和数量都极为稀少,无法维持动物的生存。

C. 存在于 8 000 年以前的亚洲和北美洲文化,显示出极大的类似性。

D. 在欧洲,靠海洋生物为人的食物来源的海洋文化,最早发端于 10 000 年以前。

E. 在亚洲南部,靠海洋生物为人的食物来源的海洋文化,最早发端于 14 000 年以前。

20. 有着悠久历史的肯尼亚国家自然公园以野生动物在其中自由出没而著称。在这个公园中,已经有 10 多年没有出现灰狼了。最近,公园的董事会决定引进灰狼。董事会认为,灰狼不会对游客造成危害,因为灰狼的习性是避免与人接触的;灰狼也不会对公园中的其他野生动物造成危害,因为公园为灰狼准备了足够的家畜如山羊、兔子等作为食物。

以下各项如果为真,都能加强题干中董事会的论证,除了:

A. 作为灰狼食物的山羊、兔子等和野生动物一样在公园中自由出没,这增加了公园的自然气息和游客的乐趣。

B. 灰狼在进入公园前将经过严格的检疫,事实证明,只有患有狂犬病的灰狼才会主动攻击人。

C. 在自然公园中,游客通常坐在汽车中游览,不会遭到野兽的直接攻击。

D. 麋鹿是一种反应极其敏捷的野生动物。灰狼在公园中对麋鹿可能的捕食将减少其中的不良个体,从总体上有利于麋鹿的优化繁衍。

E. 公园有完备的排险设施,能及时地监控并有效地排除人或野生动物遭遇的险情。

21. 关节尿酸炎是一种罕见的严重关节疾病。一种传统的观点认为,这种疾病曾于 2 500 年前在古埃及流行,其根据是在所发现的那个时代的古埃及木乃伊中,有相当高的比例可以发现患有这种疾病的痕迹。但是,最近对于上述木乃伊骨骼的化学分析使科学家们推测,木乃伊所显示的关节损害实际上是对尸体进行防腐处理时所使用的化学物质引起的。

以下哪项如果为真,最能进一步加强对题干中所提及的传统观点的质疑?

A. 在我国西部所发现的木乃伊中,同样可以发现患有关节尿酸炎的痕迹。

B. 关节尿酸炎是一种遗传性疾病,但在古埃及人的后代中这种病的发病率并不比一般的要高。

C. 对尸体进行成功的防腐处理,是古埃及人一项秘而不宣的技术,科学家至今很难确定他们所使用物质的化学性质。

D. 在古代中东文物艺术品的人物造型中,可以发现当时的人患有关节尿酸炎的参考证据。

E. 一些古埃及的木乃伊并没有显示患有关节尿酸炎的痕迹。

22. 大多数工人的专业知识和技能都会逐渐过时,而从掌握到过时所需的时间目前由于新的生产工艺(AMT)的出现而被缩短。考虑到 AMT 的更新速度,一般的工人从技能的掌握到过时的时间逐渐缩短为 4 年。

以下哪项如果可行，将使企业在上述技能的加速折旧中，能最充分地利用工人的技能？

A. 公司把能力强的雇员在他们进入公司的 6 年之后送去培训。

B. 公司每年都对其为期 5 年的 AMT 计划追加投资。

C. 公司定期走访雇员，来确定 AMT 计划对他们的影响。

D. 在 AMT 计划实行之前，公司将开设一个教育机构来向雇员说明 AMT 计划将对他们产生的影响。

E. 公司为其雇员定期开办培训，使他们不断适应工作的需要。

23. 美国联邦所得税是累进税，收入越高，纳税率越高。美国有的州还在自己管辖的范围内，在绝大部分出售商品的价格上附加 7% 左右的销售税。如果销售税也被视为所得税的一种形式的话，那么，这种税收是违背累进原则的：收入越低，纳税率越高。

    以下哪项如果为真，最能加强题干的结论？

    A. 人们花在购物上的钱基本上是一样的。

    B. 近年来，美国的收入差别显著扩大。

    C. 低收入者有能力支付销售税，因为他们缴纳的联邦所得税相对较低。

    D. 销售税的实施，并没有减少商品的销售总量，但售出商品的比例有所变动。

    E. 美国的大多数州并没有征收销售税。

24. 为了奖励那些经常乘坐本公司航班的乘客，大北亚航空公司每年都向这部分乘客赠送礼券，凭一张礼券就可免费兑换大北亚航空公司机票一张。这样的机票自然不办理退票。一家商贸公司计划组织人力，专门收购这样的礼券，再以低于相应的机票标准价出售，从中牟利。

    为了避免上述商贸公司在实施其计划后可能给大北亚航空公司带来的经济损失，以下哪项最可能是大北亚航空公司所采取的措施？

    A. 提高赠送礼券的标准，从而减少所要赠送的礼券的数量。

    B. 缩短由礼券兑换机票的时限。

    C. 缩短由礼券所兑换的机票的有效期限。

    D. 限制由礼券所兑换的机票的使用者的身份。

    E. 限制由礼券所兑换的机票的有效航线。

25. "安慰剂效应"是指让病人在不知情的情况下服用完全没有药效的假药，却能得到与真药相同甚至更好效果的现象。"安慰剂效应"得到了很多临床研究的支持。对这种现象的一种解释是：人对于未来的期待会改变大脑的生理状态，进而引起全身的生理变化。

    以下陈述都能支持上述解释，除了：

    A. 安慰剂生效是多种因素共同作用的结果。

    B. 安慰剂对丧失了预期未来能力的老年痴呆症患者毫无效果。

    C. 有些病人不相信治疗会有效果，虽然进行了正常的治疗，其病情却进一步恶化。

    D. 给实验对象注射生理盐水，并让他相信是止痛剂，实验对象的大脑随后分泌出止痛物质内啡肽。

    E. 在病人知情的情况下，失去了对安慰剂取得疗效的期待，安慰剂也就失去了作用。

26. 喜欢甜味的习性曾经对人类有益，因为它使人在健康食品和非健康食品之间选择前者。例如，成熟的水果是甜的，不成熟的水果则不甜，喜欢甜味的习性促使人类选择成熟的水果。但是，现在的食糖是经过精制的。因此，喜欢甜味不再是一种对人有益的习性，因为精制食糖不是健康食品。

    以下哪项如果为真，最能加强上述论证？

    A. 绝大多数人都喜欢甜味。

    B. 许多食物虽然生吃有害健康，但经过烹饪则可成为极有营养的健康食品。

    C. 有些喜欢甜味的人，在一道甜点心和一盘成熟的水果之间，更可能选择后者。

    D. 喜欢甜味的人，在含食糖的食品和有甜味的自然食品（例如成熟的水果）之间，更可能选择前者。

    E. 史前人类只有依赖味觉才能区分健康与非健康食品。

27. 在法庭的被告中，被指控偷盗、抢劫的定罪率，要远高于被指控贪污、受贿的定罪率。其重要原因是后者能聘请收费昂贵的私人律师，而前者主要由法庭指定的律师辩护。

    以下哪项如果为真，最能支持题干的叙述？

    A. 被指控偷盗、抢劫的被告，远多于被指控贪污、受贿的被告。

    B. 一个合格的私人律师，与法庭指定的律师一样，既忠实于法律，又努力维护委托人的合法权益。

    C. 被指控偷盗、抢劫的被告中罪犯的比例，不高于被指控贪污、受贿的被告。

    D. 一些被指控偷盗、抢劫的被告，有能力聘请私人律师。

    E. 司法腐败导致对有权势的罪犯的庇护，而贪污、受贿等职务犯罪的构成要件是当事人有职权。

28. 近十年来，海达冰箱厂通过不断引进先进设备和技术，使得劳动生产率大为提高，即在单位时间里，较少的工人生产了较多的产品。

    以下哪项如果为真，一定能支持上述结论？

    Ⅰ. 和1991年相比，2000年海达冰箱厂的年利润增加了一倍，工人增加了10%。

    Ⅱ. 和1991年相比，2000年海达冰箱厂的年产量增加了一倍，工人增加了100人。

    Ⅲ. 和1991年相比，2000年海达冰箱厂的年产量增加了一倍，工人增加了10%。

    A. 仅Ⅰ。　　　　　　　　B. 仅Ⅱ。　　　　　　　　C. 仅Ⅲ。

    D. 仅Ⅰ和Ⅲ。　　　　　　E. Ⅰ、Ⅱ和Ⅲ。

29. 为了增加收入，新桥机场决定调整计时停车场的收费标准。对每一辆在此停靠的车，新标准规定：在第一个4小时或不到4小时期间收取4元，而后每小时收取1元；而旧标准为：第一个2小时或不到2小时期间收取2元，而后每小时收取1元。

    以下哪项如果为真，最能说明上述调整有利于增加收入？

    A. 把车停在机场停车场做短途旅游的人较前有很大的增长。

    B. 机场停车场经过扩充，容量较前大有增加。

    C. 机场停车场自投入使用以来，每年的收入都低于运营成本。

    D. 大多数车辆在机场的停靠时间不超过2小时。

E. 把车停在机场停车场做短途旅游的人，通常把车停在按天计费而非按时计费的停车场内。

30. W-12 是一种严重危害谷物生长的病毒，每年都要造成谷物的大量减产。科学家们发现，把一种从 W-12 中提取的基因植入易受其感染的谷物基因中，可以使该谷物产生对 W-12 的抗体，从而大大减少损失。

以下哪项如果为真，都能加强上述结论，除了：

A. 经验证明，在同一块土地上相继种植两种谷物，如果第一种谷物不易感染某种病毒，则第二种谷物通常也如此。

B. 病毒的感染能力越强，则其繁衍越强，反之，则越弱。

C. 植物通过基因变异获得的抗体会传给后代。

D. 植物通过基因变异获得对某种病毒的抗体的同时，会增加对其他某些病毒的抵抗力。

E. 植物通过基因变异获得对某种病毒的抗体的同时，会改变其某些生长特性。

微模考 4 ▶ 答案详解

1. E

【解析】论证型支持题。

题干中的原则要点有二：①以捕获野生动物为生；②不会威胁到野生动物种群延续。

A 项，与题干矛盾。

B 项，不符合要点①。

C 项，牛羊不是野生动物。

D 项，不符合要点②。

E 项，符合两个要点，为题干提供例证。

2. D

【解析】论证型支持题。

题干：有时候，一个人不能精确地解释一个抽象词语的含义，却能"十分恰当地使用这个词语进行语言表达"——证明→"理解一个词语"并非一定依赖于对这个词语的含义作出精确的解释。

A 项，无关选项，题干没有讨论解释抽象词语的难易程度。

B 项，无关选项，此项讨论的是"精确地解释"一个词语是否一定要"理解这个词语"，题干的结论是"理解一个词语"是否依赖"精确地解释"。

C 项，无关选项，题干的论证不涉及"其他人"。

D 项，搭桥法，建立论据中"十分恰当地使用这个词语进行语言表达"和结论中"理解一个词语"之间的联系，支持题干。

E 项，无关选项，题干仅讨论"抽象词语"，不涉及"非抽象词语"。

3. B

【解析】论证型支持题。

专家：洞庭湖沿岸遭遇了损失最为惨重的鼠灾——证明→洞庭湖的生态环境已经遭到破坏。

A 项，可以支持，说明由于无法抑制田鼠过度繁殖，洞庭湖的生态平衡已经被破坏。

B 项，不能支持，无法确定"围湖造田""筑堤灭螺"等活动与鼠灾之间的关系。

C 项，可以支持，说明田鼠泛滥的原因。

D 项，可以支持，说明洞庭湖水域适合田鼠居住，因此田鼠会涌入这里。

E 项，可以支持，说明田鼠泛滥的原因。

4. B

【解析】论证型支持题。

题干：每次减少教育经费仅仅减少了非基本服务的费用——证明→进一步削减经费不会减少任何基本服务的费用。

B 项，说明确实有足够的"非基本服务经费"可供削减，前提可行，支持题干。

其余各项均为无关选项。

5. C

【解析】论证型支持题。

专家：<u>80%的糖尿病患者不重视血糖监测</u> —证明→ <u>大部分患者还不知道应该如何管理糖尿病</u>。

C项，不重视血糖监测→不能对糖尿病进行有效的管理，故C项若为真，专家的意见一定为真，是最强的支持。

6. D

【解析】论证型支持题。

专家：<u>不应该把高考录取率排名作为评价学校教育水平的一个标准</u>。

Ⅰ项，前五名得到了更多的经费，只能说明教育资源分配不公平，但这种不公平正好说明前五名可以有更多的经费提高自己的教育水平，对专家的意见有削弱。

Ⅱ项，举反例，说明排名在前面的学校的教育质量不一定高，支持专家的意见。

Ⅲ项，另有他因导致前三名的学校的高考录取率高，而不是因为这些学校的教育水平高，支持专家的意见。

7. B

【解析】论证型支持题。

题干：<u>医院的研究表明，酒后立即被询问的对象往往低估他们恢复驾驶能力所需要的时间</u> —证明→ <u>在驾驶前饮酒的人很难遵循广告中"感到能安全驾驶的时候才开车"的建议</u>。

B项，支持题干，说明饮酒的人可能会比医院中的那些研究对象更冒险，也就是更加低估他们恢复驾驶能力所需要的时间。

其他各项显然均为无关选项。

8. A

【解析】论证型支持题（调查统计型）。

题干：<u>在某特定路段规定白天使用大灯，年事故率降低15%</u> —证明→ <u>在全市范围内推行该规定同样会降低事故发生率</u>。

A项，支持题干，说明该路段能够代表全市其他路段，样本具有代表性。

B项，削弱题干，说明题干中的测试不准确。

C项，削弱题干，说明现在的司机已经在需要的时候在白天开启大灯，那么，题干的措施就有可能无效。

D项，无关选项。

E项，削弱题干，指出该路段不具有代表性，因此在全市范围内推行该措施很可能没有效果。

9. E

【解析】因果型支持题。

研究人员的结论：对抗性运动鼓励和培养运动的参与者变得怀有敌意和具有攻击性。

题干的结论：不是对抗性运动导致了运动员的攻击性，而是对抗性运动员天生具有攻击性。

A项，说明对抗性运动员天生具有攻击性，支持题干的结论，反驳研究人员的结论。

B项，此项无法很好地支持或削弱研究人员的结论，因为我们并不知道研究对象是否知情会对实验结果带来何种影响。

C、D项，无关选项。

E项，通过求异法，说明参加橄榄球和曲棍球运动导致运动员更怀有敌意和具有攻击性，而参加游泳的运动员没有变化，从而支持了研究人员的论证。

10. E

【解析】论证型支持题。

题干：经过加工的鹿角饰品 ——证明—→ 仪式性活动。

搭桥法，建立论据"经过加工的鹿角饰品"和结论"仪式性活动"之间的联系，如果有"经过加工的鹿角饰品"，就有"仪式性活动"，等价于：只有举行仪式性的活动，才会出现经过加工的鹿角饰品。

故 E 项正确。

11. C

【解析】论证型支持题。

甲：抽烟对乙的身体有害。

乙：我这样抽烟已经 15 年了，但并没有患肺癌，因此，抽烟对自己的身体无害。

A项，无关选项，甲的讨论只涉及对"健康"的影响，不涉及"家庭"。

B项，无关选项，甲的讨论只涉及对"你"的健康的影响，不涉及其他人。

C项，支持甲，说明除了肺癌外，抽烟可能对乙的健康造成其他影响。

D项，无关选项，甲的讨论不涉及"烟瘾"问题。

E项，显然是无关选项。

12. A

【解析】论证型支持题（补充论据）。

题干：商业周期并未寿终正寝。

A项，与题干没有明显的关系。

B、C项，说明投资具有盲目性，符合题干的观点。

D项，说明宏观调控会发生不当，符合"中央银行的官员也不是贤主明君"。

E项，指出繁荣时的盲目乐观可能对经济发展带来影响，对题干的论点提供了进一步的支持。

13. E

【解析】论证型支持题（补充论据）。

题干的结论：高等教育的费用已经令中产阶级家庭苦恼不堪。

A项，公立大学的学费上涨率大大超过消费价格指数的增长率，补充论据，支持题干。

B项，私立学校的学费上涨率也大大超过家庭收入的增长率，补充论据，支持题干。

C项，用学费和食宿费总额的庞大数字增强题干的论点。

D项，更多的学校经费来源于学费，会加重家庭的学费负担。

E项，降低学习费用，削弱题干。

14. E

【解析】论证型支持题。

题干：有两种误判影响司法公正：肯定性误判、否定性误判。但法学家认为，目前，衡量法院是否公正，只需要看它的肯定性误判率。

要使法学家的观点成立，必须排除否定性误判的影响，因此选E项（排除他因）。

A项和C项，均说明错判比错放造成的危害更大，对法学家的观点有所支持，但不能由此得出法学家的观点。B项和D项均为无关选项。

15. E

【解析】论证型支持题。

题干的论据：

①蜘蛛通过改变自身颜色和所寄住的花的颜色相匹配。

②蜘蛛的捕食对象能够轻易识破经过颜色伪装的蜘蛛。

题干的结论：蜘蛛伪装是为了躲避天敌。

A项，削弱了题干，指出蜘蛛的伪装不能躲避天敌。

B项、C项、D项均为无关选项。

E项，指出会变颜色的蜘蛛的天敌容易被这些蜘蛛的伪装骗过，故支持了题干。

16. E

【解析】调查统计型支持题。

题干：调查表明，最近几年来，成年人中患肺结核的病例逐年减少。但是，据此还不能得出肺结核发病率逐年下降的结论。

前提的主体是"成年人"，结论的主体是"所有人"，只要指出其他人群得病率提高即可支持题干的论证，故E项正确。

A项，诉诸无知。

其余各项均为无关选项。

17. A

【解析】支持题。

小万依据"没有女生获得此助学金"推出"没有人获得此助学金"，暗含一个假设：只要女生不能获得此助学金，男生一定不能获得此助学金。

B、C、D、E项都支持了小万的假设，使小万的论证成立。

A项，大部分的女生比大部分的男生更有条件，说明还有男生比女生条件好，那么可能会有男生获得此助学金，不能使小万的结论成立。

18. E

【解析】调查统计型支持题。

题干：与人及其宠物有接触的长尾猴患病率为1% —证明→ 长尾猴患病率大大小于1%。

题干中的结论要成立，必须有"与人及其宠物有接触的长尾猴患病率"比普通的长尾猴患病率高。

A项，试图说明"样本没有代表性"，10%的样本其实并不小，因此对题干有轻微的削弱。

B项，无关选项。

C项，无关选项。

D项，无关选项，题干不存在"与人接触"和"与宠物接触"的比较。

E项，支持题干，说明"与人及其宠物有接触的长尾猴患病率"比普通的长尾猴患病率高。

19. B

【解析】支持题＋削弱题。

待削弱的假设①：亚洲人是跨越14 000年以前还连接着北美和亚洲、后来沉入海底的陆地进入北美的，在艰难的迁徙途中，他们靠捕猎沿途陆地上的动物为食。

待支持的假设②：亚洲人是划船沿着上述陆地的南部海岸，沿途以鱼和海洋生物为食而进入北美的。

A项，支持假设①。

B项，假设①断定"迁徙者是以沿途的动物为食"，B项说明沿途没有动物，削弱假设①，是正确选项。

C项，无关选项。

D项，题干论证的是"亚洲人"，此项说的是"在欧洲"，无关选项。

E项，能支持第二个假设，但力度不大。

20. A

【解析】论证型支持题。

题干：灰狼不会对游客及其他野生动物造成危害 ——证明→ 董事会应该引进灰狼。

A项，削弱论据，作为灰狼食物的山羊、兔子等和其他野生动物一起出没，使得灰狼在捕食时会对其他野生动物造成危害。

D项，此项表面上看起来"伤害"了麋鹿，但实际上对于麋鹿种群是有利的，因此此项可支持董事会的决定。

其余各项显然支持董事会的决定。

21. B

【解析】论证型（果因）支持题。

题干：木乃伊所显示的关节损害实际上是对尸体进行防腐处理时所使用的化学物质引起的 ——证明→ 关节尿酸炎没有在2 500年前的古埃及流行。

A项，无关选项，我国的情况与古埃及的情况无关。

B项，如果"关节尿酸炎是一种遗传性疾病"，那么假如此病曾在古埃及流行，古埃及人的后代中患这种病的发病率也应该更高才对，但事实并不高，说明此病没有在古埃及流行。

C项，诉诸未知，与题干的论证无关。

D项，有助于说明古埃及人得过"关节尿酸炎"，削弱对传统观点的质疑。

E项，"一些"古埃及的木乃伊并没有显示患有关节尿酸炎的痕迹，不代表其他木乃伊也没有这样的痕迹，不能支持。

22. E

【解析】措施目的型支持题。

题干：一般工人从技能的掌握到过时的时间逐渐缩短为4年。

问题：采取哪个选项中的措施，能达到"充分地利用工人的技能"的目的。

A、B项，周期太长，不能满足"4年"这一时间要求。

C、D项，无法说明如何帮助工人充分利用其技能。

E项，进行培训，使工人充分利用其技能，措施有效。

23. A

【解析】论证型支持题。

题干：在绝大部分出售商品的价格上附加7%左右的销售税————证明————>收入越低，纳税率越高。

A项，如果人们花在购物上的钱基本上是一样的，那么，不管收入如何，销售税的缴纳额基本上是一个定值，收入越低，销售税占总收入的比例越高，支持题干。

其余各项均为无关选项。

24. D

【解析】措施目的型支持题。

题干：商贸公司计划组织人力，专门收购大北亚航空公司赠送的礼券，再以低于相应的机票标准价出售，从中牟利。

问题：采取选项中的哪项措施，可避免商贸公司的行为可能给大北亚航空公司带来的经济损失。

D项，限制使用者的身份，则使商贸公司无法倒卖礼券，从而避免了可能的经济损失，其余各项均不能达到此目的。（类似于：火车票实行实名制，以打击黄牛）

25. A

【解析】找原因型支持题。

题干：人对于未来的期待会改变大脑的生理状态，进而引起全身的生理变化————导致————>安慰剂效应。

A项，削弱题干，安慰剂生效是多种因素共同作用的结果，而不一定是题干中的原因，体现不出人对未来的期待对安慰剂效果的影响。

B项，支持题干，无因无果。

C项，支持题干，不相信治疗是有效果的，确实影响治疗效果，说明大脑的期待会对治疗产生影响。

D项，例证法，支持题干。

E项，支持题干，无因无果。

26. D

【解析】论证型支持题。

题干：精制食糖不是健康食品————证明————>喜欢甜味不再是一种对人有益的习性。

A项，诉诸众人。

B项，无关选项，题干论证的是"喜欢甜味"是否对人有益，本项论证的是"生吃"和"熟食"的差异。

C项，说明喜欢甜味还是使人选择了更健康的水果，喜欢甜味还是对人有益的，削弱题干。

D项，喜欢甜味使人在含食糖的食品和有甜味的自然食品中，选择了更不健康的前者，支持题干的论证。

E项，无关选项。

27. C

【解析】找原因型支持题。

题干：被指控偷盗、抢劫的被告主要用法庭指定的律师，被指控贪污、受贿的被告主要用私人律师——导致→前者的定罪率高于后者。

A项，无关选项。

B项，削弱题干，说明私人律师和法庭指定的律师作用相同。

C项，排除他因，排除"被指控偷盗、抢劫的被告"的实际犯罪率更高，导致其定罪率更高的可能性，支持题干。

D项，"一些"被指控偷盗、抢劫的被告，有能力聘请私人律师，不能说明整体情况。

E项，另有他因，"司法腐败"导致被指控贪污、受贿的被告定罪率更低，削弱题干。

28. C

【解析】数字型支持题。

题干：海达冰箱厂的劳动生产率提高了，即在单位时间里，较少的工人生产了较多的产品。

Ⅰ项，不一定支持，因为利润的增加，并不一定意味着产品数量的增加。

Ⅱ项，不一定支持，因为不知道工人的基数是多少，因此不知道增加的100人相比以前增加的百分比是多少。

Ⅲ项，一定支持，产量上升的比例大于工人增加的比例，即在单位时间里，较少的工人生产了较多的产品。

29. D

【解析】数字型支持题。

如果D项为真，则大多数在机场停靠的车辆，按旧标准每次只需交2元停车费，按新标准则需交4元停车费。因此，采用新标准后有利于增加收入。

30. E

【解析】措施目的型支持题。

题干：把一种从W-12中提取的基因，植入易受其感染的谷物基因中（措施）——以求→使该谷物产生对W-12的抗体，从而大大减少损失（目的）。

E项，植物通过基因变异获得对某种病毒的抗体的同时，会改变其某些生长特性。但这种特性，是有利于还是不利于谷物的生长，此项并未给出断定。因此，无法确定此项是支持还是削弱题干的论证。

其余各项均说明了措施可以实施的理由。

第 5 章　假设题

假设题概述

假设题的特点是：题干给出一个论证或者表达某种观点，要求从选项中找出题干的隐含假设。

假设题的一般提问方式如下：

"上述结论如果要成立，必须基于以下哪项假设？"

"上述论证假设了以下哪项？"

"以下哪项最可能是上述论证所作的假设？"

"假设以下哪项，能使上述题干成立？"

对于假设题，我们一般采取以下解题步骤：

①阅读题目要求，判断题目属于假设题。

②阅读题干，写出题干的逻辑主线。

③寻找推理缺口，找到能填补推理缺口的选项。

④较难的题，可以用"取非法"验证选项是否正确。

题型 22　论证型假设题

母题技巧

1. 充分型、必要型、可能型假设

（1）充分型假设题。

充分型假设题的一般提问方式如下：

"假设以下哪项，能使上述题干成立？"

其原理是，补充一个正确的选项作为前提，联合题干中的前提，一定能使题干的结论成立。图示如下：

```
        补充正确的选项作为前提
                 ↓
        题干前提 ──证明──→ 题干结论一定成立
```

（2）必要型假设题。

必要型假设题的一般提问方式如下：

"上述结论如果要成立，必须基于以下哪项假设？"

"上述论证假设了以下哪项？"

"以下哪项是张医生的要求所预设的？"

隐含假设的含义是，虽未言明，但是题干中的论证要想成立所必须具备的一个前提。也就是说，隐含假设是题干论证的隐含必要条件。因此，严格意义上来说，必要型的假设题才真正符合假设的定义。

必要条件的含义是：没它不行。所以，正确的选项取非以后，会使题干的论证不成立。这种方法称为"取非法"，是必要型假设题的常用方法。图示如下：

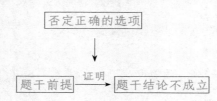

（3）可能型假设题。

可能型假设题的一般提问方式如下：

"以下哪项最可能是上述论证所作的假设？"

此类题目，如果选项中有题干的必要条件，就选这个必要条件的选项。如果选项中没有题干的必要条件，就选充分条件的选项。

2. 搭桥法

搭桥法（1）：

题干：论据 A $\xrightarrow{证明}$ 结论 B。

指出论据是结论的充分条件，即只要有论据 A，一定有结论 B，即可使题干成立，形式化为："A→B"。就像是在论据和结论之间搭了一个桥，所以称为搭桥法。

搭桥法（2）：

题干论据中的概念和结论中的概念出现了不一致或者明显的跳跃，只需表明这两个概念的一致性，即可使题干的论证成立。就像是在两个概念之间搭了一个桥，所以称为搭桥法。

3. 归纳论证的假设

题干：通过抽样统计、调查、某个人的所见所闻等，归纳出一个一般性结论。调查统计型的假设题在真题里面很少出现，它必须假设"样本具有代表性"。

4. 类比论证的假设

类比论证必须假设"类比对象本质上相似，可以进行类比"。

第 5 章　假设题

> 母题精练

1. 想从事秘书工作的学生，都报考中文专业。李芝报考了中文专业，她一定想从事秘书工作。
   下述哪项如果为真，则最能支持上述观点？
   A. 所有报考中文专业的考生都想从事秘书工作。
   B. 有些秘书人员是大学中文专业毕业生。
   C. 想从事秘书工作的人有些报考了中文专业。
   D. 有不少秘书工作人员都有中文专业学位。
   E. 只有中文专业毕业的，才有资格从事秘书工作。

2. 如今这几年参加注册会计师考试的人越来越多了，可以这样讲，所有想从事会计工作的人都想要获得注册会计师证书。小朱也想获得注册会计师证书，所以，小朱一定是想从事会计工作了。
   以下哪项如果为真，最能加强上述论证？
   A. 目前越来越多的从事会计工作的人具有了注册会计师证书。
   B. 不想获得注册会计师证书，就不是一个好的会计工作者。
   C. 只有获得注册会计师证书的人，才有资格从事会计工作。
   D. 只有想从事会计工作的人，才想获得注册会计师证书。
   E. 想要获得注册会计师证书，一定要对会计理论非常熟悉。

3. 如果祖大春被选进村计划生育委员会，他一定是结了婚的。
   上述断定基于以下哪项假设？
   A. 某些已婚者不可以被选进村计划生育委员会。
   B. 只有已婚者才能被选进村计划生育委员会。
   C. 某些已婚者必须被选进村计划生育委员会。
   D. 某些已婚者可以不被选进村计划生育委员会。
   E. 祖大春不拒绝在村计划生育委员会工作。

4. 国家教育主管部门的有关负责人说："总的来说，现在的大学生的家庭困难情况比以前有了大幅度的改观。这种情况十分明显，因为现在课余时间要求学校安排勤工俭学的人越来越少了。"
   上面的结论是由下列哪个假设得出的？
   A. 现在大学生父母亲的收入随着改革开放的深入发展而增加，使得大学生不再需要勤工俭学来自己养活自己了。
   B. 尽管家境有了改善，也应当参加勤工俭学来锻炼自己的全面能力。
   C. 课余时间要求学校安排勤工俭学是学生家庭困难的一个重要标志。
   D. 大学生把更多的时间用在了学业上，勤工俭学的人就少起来了。
   E. 学校安排的勤工俭学报酬相对越来越低，不能满足学生的要求。

5. 很多自称是职业足球运动员的人，尽管日常生活中的很多时间都在进行足球训练和比赛，但其实他们并不真正属于这个行业，因为足球比赛和训练并不是他们主要的经济来源。
   上面这段话在推理过程中做了以下哪项假设？

A. 职业足球运动员的技术水准和收入水平都比业余足球运动员要高得多。

B. 经常进行足球训练和比赛是成为职业球员的必由之路。

C. 一个运动员除非他的大部分收入来自比赛和训练，否则不能称为职业运动员。

D. 运动员希望成为职业运动员的动力来自想获得更高的经济收入。

E. 有一些经常进行足球训练和比赛的人并不真正属于职业运动员行业。

6. 想当优秀运动员的小学生都上业余体校，小玲上了业余体校，她一定是想当优秀运动员。

以下哪项如果为真，则最能支持上述推断？

A. 所有上业余体校的小学生，都想当优秀运动员。

B. 所有优秀运动员都上过业余体校。

C. 只有业余体校的优秀学生，才能成为优秀运动员。

D. 只有想当优秀运动员的小学生，才上业余体校。

E. 有些优秀运动员是业余体校学生。

7. 人们一直认为管理者的决策都是逐步推理，而不是凭直觉。但是最近一项研究表明，高层管理者比中、基层管理者更多地使用直觉决策，这就证实了直觉其实比精心的、有条理的推理更有效。

以上结论是建立在以下哪项假设基础之上的？

A. 有条理的、逐步的推理对于许多日常管理决策是不适用的。

B. 高层管理者制定决策时，有能力凭直觉决策或者有条理、逐步分析推理决策。

C. 中、基层管理者采用有条理决策和直觉决策时同样简单。

D. 高层管理者在多数情况下采用直觉决策。

E. 高层管理者的决策比中、基层管理者的决策更有效。

8. 最近几年，外科医生数量的增长超过了外科手术数量的增长，而许多原来必须施行的外科手术现在又可以代之以内科治疗，这样，最近几年，每个外科医生每年所做的手术的数量平均下降了1/4。如果这种趋势得不到扭转，那么，外科手术的普遍质量和水平不可避免地会降低。

上述论证基于以下哪项假设？

A. 一个外科医生不可能保持他的手术水平，除非他每年所做手术的数量不低于一个起码的标准。

B. 新上任的外科医生的手术水平普遍低于已在任的外科医生。

C. 最近几年，外科手术的数量逐年减少。

D. 最近几年，外科手术的平均质量和水平下降了。

E. 一些有经验的外科医生最近几年每年所做的外科手术比以前要多。

9. 实验发现，口服少量某种类型的安定药物，可使人们在测谎器的测验中撒谎而不被发现。测谎器对人们所产生的心理压力能够被这类安定药物有效地抑制，同时没有显著的副作用。因此，这类药物可同样有效地减少日常生活的心理压力而无显著的副作用。

以下哪项最可能是题干的论证所假设的？

A. 任何类型的安定药物都有抑制心理压力的效果。

B. 如果禁止测试者服用任何药物，测谎器就有完全准确的测试结果。

C. 测谎器所产生的心理压力与日常生活中人们面临的心理压力类似。

D. 大多数药物都有副作用。

E. 越来越多的人在日常生活中面临日益加重的心理压力。

10. 前年引进的美国大片《廊桥遗梦》，仅仅在滨州市放映了一周时间，各影剧院的总票房收入就达到 900 万元。这一次滨州市又引进了《泰坦尼克号》，准备连续放映 10 天，1 000 万元的票房收入应该能够突破。

根据上文包括的信息，分析以上推断最可能隐含了以下哪项假设？

A. 滨州市很多人因为映期时间短都没有看上《廊桥遗梦》，这一次可以得到补偿。

B. 这一次各影剧院普遍更新了设备，音响效果比以前有很大改善。

C. 这两部片子都是艺术精品，预计每天的上座率、票价等非常类似。

D. 连续放映 10 天是以往比较少见的映期安排，可以吸引更多的观众。

E. 灾难片加上爱情片，《泰坦尼克号》的影响力和票房号召力是巨大的。

11. 甲、乙二人之间有以下对话：

甲：张琳莉是爱丽丝祛斑霜上海经销部的总经理。

乙：这怎么可能呢？张琳莉脸上长满了黄褐斑。

如果乙的话是不包含讽刺的正面断定，则它预设了以下哪项？

Ⅰ. 爱丽丝祛斑霜对黄褐斑具有良好的祛斑效果。

Ⅱ. 爱丽丝祛斑霜上海经销部的总经理应该使用本品牌的产品。

Ⅲ. 爱丽丝祛斑霜在上海的经销领先于其他品牌。

A. 仅Ⅰ。　　　　　　　B. 仅Ⅱ。　　　　　　　C. 仅Ⅲ。

D. 仅Ⅰ和Ⅱ。　　　　　E. Ⅰ、Ⅱ和Ⅲ。

12. 林工程师不但专业功底扎实，而且非常有企业管理能力。他上任宏达电机厂厂长的三年来，该厂上缴的产值利润连年上升，这在当前国有企业普遍不景气的情况下是非常不容易的。

上述议论一定假设了以下哪项前提？

Ⅰ. 该厂上缴的产值利润连年上升很大程度上要归结于林工程师的努力。

Ⅱ. 宏达电机厂是国有企业。

Ⅲ. 产值利润的上缴情况是衡量厂长管理能力的一个重要尺度。

Ⅳ. 林工程师企业管理上的成功得益于他扎实的专业功底。

A. Ⅰ、Ⅱ、Ⅲ和Ⅳ。　　B. 仅Ⅰ、Ⅱ和Ⅲ。　　　C. 仅Ⅰ和Ⅱ。

D. 仅Ⅱ和Ⅲ。　　　　　E. 仅Ⅱ、Ⅲ和Ⅳ。

13. 莱布尼茨是 17 世纪伟大的哲学家、数学家，他先于牛顿发表了他的微积分研究成果。但是当时牛顿公布了他的私人笔记，说明他至少在莱布尼茨发表其成果的 10 年前就已经运用了微积分的原理。牛顿还说，在莱布尼茨发表其成果的不久前，他在给莱布尼茨的信中谈起过自己关于微积分的思想。但是事后的研究说明，牛顿的这封信中，有关微积分的几行字几乎没有涉及这一理论的任何重要之处。因此，可以得出结论，莱布尼茨和牛顿各自独立地发现了微积分。

以下哪项是上述论证必须假设的？

A. 莱布尼茨在数学方面的才能不亚于牛顿。

B. 莱布尼茨是个诚实的人。

C. 没有第三个人不迟于莱布尼茨和牛顿独立地发现了微积分。

D. 莱布尼茨发表微积分研究成果前从没有把其中的关键性内容告诉任何人。

E. 莱布尼茨和牛顿都没有从第三渠道获得关于微积分的关键性细节。

14. 人类学家发现早在旧石器时代，人类就有了死后复生的信念。在发掘出的那个时代的古墓中，死者的身边有衣服、饰物和武器等陪葬物，这是最早的关于人类具有死后复生信念的证据。

以下哪项是上述议论所假定的？

A. 死者身边的陪葬物是死者生前所使用过的。

B. 死后复生是大多数宗教信仰的核心信念。

C. 宗教信仰是大多数古代文明社会的特征。

D. 放置陪葬物是后人表示对死者的怀念与崇敬。

E. 陪葬物是为了死者在复生后使用而准备的。

15. 自从有皇帝以来，中国的正史都是皇帝自己家的日记，那是皇帝的标准像，从中不难看出皇帝的真实形态来。要了解皇帝的真面目，还必须读野史，那是皇帝的生活写照。

以下哪项陈述是上述论证所依赖的假设？

A. 所有正史记述的都是皇帝家私人的事情。

B. 只有读野史，才能知道皇帝那些鲜为人知的隐私。

C. 只有将正史和野史结合起来，才能看出皇帝的真面目。

D. 正史记述的是皇帝治国的大事，野史记述的则是皇帝日常的小事。

E. 野史都是一些坊间传说，有一些杜撰和虚构。

16. 近来，信用卡公司遭到了很多顾客的指责，他们认为公司向他们的透支部分所收取的利率太高了。事实上，公司收取的利率只比普通的银行给个人贷款的利率高两个百分点，但是，顾客忽视了信用卡给他们带来的便利，比如，他们可以在货物削价时及时购物。

上文顾客的指责是以下列哪个选项为前提的？

A. 购物折扣省下来的钱至少可以弥补以信用卡付款超出普通银行个人贷款利率的那部分花费。

B. 信用卡的申请人除非有长期的拖欠历史或其他信用问题，否则申请很容易被批准。

C. 消费者在削价时购买的货物价格并不是很低，无法使消费者抵消高利率成本，并有适当盈利。

D. 那些用信用卡付款买削价货物的消费者可能不具有在银行以低息获得贷款的资格。

E. 信用卡使用者所能透支的总量是有限制的，因此，其支付的利息也是有限的。

17. 某年，国内某电视台在综合报道了当年的诺贝尔奖各奖项获得者的消息后，做了以下评论：今年又有一位华裔科学家获得了诺贝尔物理学奖，这是中国人的骄傲。但是到目前为止，还没有中国人获得诺贝尔经济学奖和诺贝尔文学奖，看来中国在人文社会科学方面的研究与世界先进水平相比还有比较大的差距。

以上评论中所得出的结论最可能把以下哪项断定作为隐含的前提？

A. 中国在物理学等理科研究方面与世界先进水平的差距正在逐步缩小。

第 5 章 假设题

B. 中国的人文社会科学有先进的理论基础和雄厚的历史基础,目前和世界先进水平的差距是不正常的。

C. 诺贝尔奖是衡量一个国家某个学科发展水平的重要标志。

D. 诺贝尔奖的评比在原则上对各人种是公平的,但实际上很难做到。

E. 包括经济学在内的人文社会科学研究与各国的文化传统有非常密切的关系。

18. 自从 20 世纪中叶化学工业在世界范围内成为一个产业以来,人们一直担心,它所造成的污染将会严重影响人类的健康。但统计数据表明,这半个世纪以来,化学工业发达的工业化国家的人均寿命增长率,大大高于化学工业不发达的发展中国家。因此,人们关于化学工业危害人类健康的担心是多余的。

以下哪项是上述论证必须假设的?

A. 20 世纪中叶,发展中国家的人均寿命,低于发达国家。

B. 如果出现发达的化学工业,发展中国家的人均寿命增长率会因此更低。

C. 如果不出现发达的化学工业,发达国家的人均寿命增长率不会因此更高。

D. 化学工业带来的污染与它带给人类的巨大效益相比是微不足道的。

E. 发达国家在治理化学工业污染方面投入巨大,效果明显。

19. 一词当然可以多义,但一词的多义应当是相近的。例如,"帅"可以解释为"元帅",也可以解释为"杰出",这两个含义是相近的。由此看来,把"酷(cool)"解释为"帅"实在是英语中的一种误用,应当加以纠正,因为"酷"在英语中的初始含义是"凉爽",和"帅"丝毫不相及。

以下哪项是题干的论证所必须假设的?

A. 一个词的初始含义是该词唯一确切的含义。

B. 除了"cool"以外,在英语中不存在其他的词具有不相关的多种含义。

C. 词的多义将造成思想交流的困难。

D. 英语比汉语更容易产生语词歧义。

E. 语言的发展方向是一词一义,用人工语言取代自然语言。

20. 最近,在一百万年前的河姆渡氏族公社遗址发现了烧焦的羚羊骨残片,这证明人类在很早的时候就掌握了取火煮食肉类的技术。

上述推论中隐含着下列哪项假设?

A. 从河姆渡公社以来的所有人都掌握了取火的技术。

B. 河姆渡人不生食羚羊肉。

C. 只要发现烧焦的羚羊骨就能证明早期人类曾聚居于此。

D. 河姆渡人以羚羊肉为主食。

E. 羚羊骨是被人类取火烧焦的。

答案详解

1. A

【解析】假设题(搭桥法)。

题干:李芝报考了中文专业,她一定想从事秘书工作。

A项，所有报考中文专业的考生都想从事秘书工作，那么李芝报考了中文专业，一定想从事秘书工作，正确。

其余各项均不正确。

2. D

【解析】假设题（搭桥法）。

题干：小朱想获得注册会计师证书 —证明→ 小朱一定是想从事会计工作了。

搭桥法：想获得注册会计师证书→想从事会计工作，故D项正确。

3. B

【解析】假设题（搭桥法）。

题干：如果祖大春被选进村计划生育委员会，他一定是结了婚的。

搭桥法，若有：被选进村计划生育委员会→已婚，则题干必然成立。

B项，必要条件后推前：被选进村计划生育委员会→已婚，是正确的选项。

4. C

【解析】假设题（搭桥法）。

题干：要求勤工俭学的学生越来越少 —证明→ 大学生的家庭困难情况有大幅改善。

搭桥法，建立"勤工俭学"和"家庭困难"的联系，故C项正确。

5. C

【解析】假设题（搭桥法）。

题干：足球比赛和训练并不是他们主要的经济来源→自称是职业足球运动员的人并不真正属于这个行业。

搭桥法：¬主要经济来源→¬职业足球运动员，故C项必须假设。

6. D

【解析】假设题（搭桥法）。

题干：小玲上了业余体校 —证明→ 小玲想当优秀运动员。

A项，上了业余体校∧小学生→想当优秀运动员。则仅由"小玲上了业余体校"，不知道她是不是小学生，不能得出"小玲想当优秀运动员"的结论。

D项，搭桥法：上了业余体校→想当优秀运动员∧小学生，故可得：小玲上了业余体校证明小玲想当优秀运动员。

7. E

【解析】论证型假设题。

题干：高层管理者比中、基层管理者更多地使用直觉决策 —证明→ 直觉决策更有效。

隐含假设为：高层管理者所做的决策更有效，E项正确。

其余各项均不涉及高层管理者和中、基层管理者的比较，不必假设。

8. A

【解析】假设题（搭桥法）。

题干：每个外科医生每年所做的手术的数量平均下降了1/4→外科手术的普遍质量和水平不可避免地会降低。

A项，"B，除非A"="¬A→B"，故有：数量低于一个起码的标准→不能保持水平，必须假设。

其余各项均不必假设。

9. C

【解析】类比型假设题。

题干：测谎器对人们所产生的心理压力能够被这类安定药物有效地抑制，同时没有显著的副作用 —证明→ 这类药物可同样有效地减少日常生活的心理压力而无显著的副作用。

A项，不必假设，题干的主体是"某种类型的安定药物"而不是"任何类型的安定药物"。

B项，无关选项。

C项，必须假设，指出题干"测谎器对人们所产生的心理压力"与"日常生活的心理压力"是类似的，题干中的类比有效。

D项，无关选项，题干不涉及"副作用"问题。

E项，不必假设，药物只需要对有心理压力的人有作用即可，与有心理压力的人的数量无关。

10. C

【解析】类比型假设题。

题干：《廊桥遗梦》一周收入900万元 —证明→ 《泰坦尼克号》10天应该能收入1 000万元。

类比论证如果要成立，类比对象必须具备可比性，故C项必须假设。

11. D

【解析】论证型假设题。

乙：张琳莉脸上长满了黄褐斑 —证明→ 她不可能是爱丽丝祛斑霜上海经销部的总经理。

乙暗含两个假设：①"上海经销部的总经理"应该使用本公司的祛斑产品；②本公司的祛斑产品是有效的。故Ⅰ项和Ⅱ项必须假设。

Ⅲ项，无关选项。

12. B

【解析】论证型假设题。

题干：林工程师担任宏达电机厂厂长后，该厂上缴的产值利润连年上升，这在当前国有企业普遍不景气的情况下是非常不容易的 —证明→ 林工程师专业功底扎实，而且非常有企业管理能力。

Ⅰ项，必须假设，搭桥法，建立前提"利润"与结论"林工程师"之间的关系。

Ⅱ项，必须假设，否则，就难以通过"国有企业普遍不景气的情况"说明"该厂上缴的产值利润连年上升"是不易的。

Ⅲ项，必须假设，搭桥法，建立前提"利润"与结论"有企业管理能力"之间的关系。

Ⅳ项，不必假设，题干没有表述"专业功底扎实"与"有企业管理能力"之间的关系。

13. E

【解析】论证型假设题。

题干：牛顿与莱布尼茨的信中没有涉及微积分理论的任何重要之处 —证明→ 莱布尼茨和牛顿各自独立地发现了微积分。

E项必须假设，二人没有通过其他方式获取关于微积分的关键性细节，排除其他方式，故E项正确。

14. E

【解析】论证型假设题（搭桥法）。

题干：在旧石器时代的古墓中，死者的身边有衣服、饰物和武器等陪葬物 —证明→ 当时的人类具有死后复生信念。

使用搭桥法：陪葬物→死后复生，故E项为必要的假设。

其余各项均为无关选项。

15. C

【解析】论证型假设题。

题干：正史可了解皇帝的真实形态，野史可了解皇帝的生活写照。

搭桥法，说明了解皇帝的真实面目，既需要读正史，也需要读野史，故C项正确。

16. C

【解析】论证型假设题。

顾客的指责：对透支部分所收取的利率太高。

其他事实：信用卡可以在货物削价时及时购物。

要注意，本题问的是"顾客的指责"以哪个选项为前提，而不是问"信用卡公司"对顾客的指责。

A项，削弱顾客的指责。

B项，无关选项。

C项，必须假设，说明信用卡带给顾客的实惠不足超过高利率给顾客带来的成本。

D项，无关选项，题干没有提到"低息贷款"。

E项，削弱顾客的指责。

17. C

【解析】论证型假设题。

题干：没有中国人获得诺贝尔经济学奖和诺贝尔文学奖 —证明→ 中国在人文社会科学方面的研究与世界先进水平相比还有比较大的差距。

C项，必须假设，指出题干中的论据和结论相关，否则，如果诺贝尔奖不是衡量一个国家某个学科发展水平的重要标志，那么，就不能根据中国人至今尚未获得诺贝尔经济学奖和诺贝尔文学奖，就得出中国在人文社会科学方面的研究与世界先进水平相比存在较大差距的结论。

其余各项均为无关选项，无须假设。

18. C

【解析】论证型假设题。

题干：这半个世纪以来，化学工业发达的工业化国家的人均寿命增长率，大大高于化学工业不发达的发展中国家 —证明→ 关于化学工业危害人类健康的担心是多余的。

A项，无关选项。

B项，不能假设，如果B项为真，则削弱题干。

C项，必须假设，否则，没有发达的化学工业，发达国家的人均寿命增长率会因此更高，则说明化学工业还是危害人类健康，那就推翻了题干的结论。

D项，无关选项。

E项，无关选项。

19. A

【解析】论证型假设题。

题干：①一词的多义应当是相近的；②"酷"在英语中的初始含义是"凉爽"，和"帅"丝毫不相及 ——证明→ 把"酷(cool)"解释为"帅"实在是英语中的一种误用。

根据"关键词定位法"，只有A项涉及前提中的关键词"初始含义"，选A项。

A项，必须假设，否则，如果一个词的初始含义并不是该词唯一确切的含义，那么，"帅"完全可能是"酷"(cool)的另一个确切含义，那就推翻了题干的论证。

其余各项均为无关选项。

20. E

【解析】搭桥法。

题干：发现烧焦的羚羊骨残片 ——证明→ 古人类掌握了取火煮食肉类的技术。

A项，不必假设所有人都掌握了取火的技术。

B项，不必假设，题干中说的可能是有时吃熟羚羊肉，不等于不生食羚羊肉。

C项，无关选项，题干只涉及古人类是否掌握取火的技术，与是否聚居无关。

D项，不必假设以羚羊肉为"主食"，是食物之一即符合题干。

E项，搭桥法，必须假设，否则，若羚羊骨不是人类取火烧焦的（如可以是森林失火），就不能以此作为证据证明是人类取火煮食肉类。

题型 23 因果型假设题

母题技巧

1. 因果型假设题

因果型假设题的常用方法如下：

（1）因果相关。

指出题干的原因和结果确实存在因果关系。

（2）排除他因。

题干说原因A导致了结果B的发生，其隐含假设是没有别的原因会导致B的发生。

（3）并非因果倒置。

题干认为A是B的原因，要排除B是A的原因这种可能。

> 2. 求因果五法
> （1）求异法。
> ①排除其他差异因素（比较的起点是否一致、比较对象所处的环境是否一致、比较对象本身有无差异，等等）。
> ②因果相关。
> ③并非因果倒置。
> （2）求同法。
> ①排除其他相同因素。
> ②因果相关。
> ③并非因果倒置。
> （3）共变法。
> ①因果相关。
> ②并非因果倒置。

母题精练

1. 为防止利益冲突，国会可以禁止政府高层官员在离开政府部门后三年内接受院外游说集团提供的职位。然而，一个这种类型的官员得出这样的结论，认为这种禁止是不幸的，因为它将阻止政府高层官员在这三年里谋求生计。

   这个官员的结论，从逻辑上讲，依赖于以下哪一项假设？

   A. 法律不应限制前政府官员的行为。
   B. 院外游说集团主要是那些以前曾担任过政府高层官员的人。
   C. 当政府底层官员离开政府部门后，他们一般不会成为院外游说集团的成员。
   D. 离开政府部门的政府高层官员只能靠做院外游说集团的成员来谋生。
   E. 政府高层官员通常享有丰厚的退休金。

2. 尽管计算机可以帮助人们进行沟通，但计算机游戏却妨碍了青少年沟通能力的发展。他们把课余时间都花费在玩游戏上，而不是与人交流上。所以说，把课余时间花费在玩游戏上的青少年比其他孩子缺乏沟通能力。

   以下哪项是上述议论最可能假设的？

   A. 一些被动的活动，如看电视和听音乐，并不会阻碍孩子们的交流能力的发展。
   B. 大多数孩子在玩电子游戏之外还有其他事情可做。
   C. 在课余时间不玩电子游戏的孩子至少有一些时候是在与人交流。
   D. 传统的教育体制对增强孩子们与人交流的能力没有帮助。
   E. 由玩电子游戏带来的思维能力的增强对孩子们的智力开发并没有实质性的益处。

3. 在西方几个核大国中，若核试验得到了有效的限制，老百姓就会倾向于省更多的钱，出现所谓的商品负超常消费；若核试验的次数增多，老百姓就会倾向于花更多的钱，出现所谓的商品正

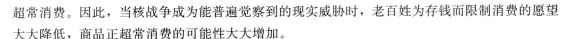

超常消费。因此，当核战争成为能普遍觉察到的现实威胁时，老百姓为存钱而限制消费的愿望大大降低，商品正超常消费的可能性大大增加。

上述论证基于以下哪项假设？

A. 当核试验次数增多时，有足够的商品支持正超常消费。

B. 在西方几个核大国中，核试验受到了老百姓普遍地反对。

C. 老百姓只能通过本国的核试验的次数来觉察核战争的现实威胁。

D. 商界对核试验乃至核战争的现实威胁持欢迎态度，因为这将带来经济利益。

E. 在冷战年代，上述核战争的现实威胁出现过数次。

4. 胼胝体是将大脑两个半球联系起来的神经纤维集束。平均而言，音乐家的胼胝体比非音乐家的胼胝体大。与成年的非音乐家相比，7岁左右开始训练的成年音乐家，胼胝体在体积上的区别特别明显。因此，音乐训练，特别是从幼年开始的音乐训练，会导致大脑结构上的某种变化。

以下哪一项是上述论证所依赖的假设？

A. 在音乐家开始训练之前，他们的胼胝体并不比同年龄的非音乐家的胼胝体大。

B. 在生命晚期进行的音乐训练不会引起大脑结构上的变化。

C. 对任何两个从7岁左右开始训练的音乐家而言，他们的胼胝体有差不多相同的体积。

D. 成年的非音乐家在其童年时代没有参与过任何能够促进胼胝体发育的活动。

E. 对各种艺术的学习会引起大脑结构上的变化。

5. 医生在给病人做常规检查的同时，会要求附加做一些收费昂贵的非常规检查。医保单位经常拒绝支付这类非常规检查的费用，这样会耽误医生对一些疾病的诊治。

为使上述论证成立，以下哪项是必须假设的？

A. 常规检查的收费标准都低于非常规检查。

B. 非常规检查比常规检查对疾病的诊治更为重要。

C. 医生要求病人做收费昂贵的非常规检查不包含任何经济上增收的考虑。

D. 所有非常规检查对疾病的诊治都有不可取代的作用。

E. 有些患者因为医保单位拒绝支付费用而放弃做一些收费昂贵的非常规检查。

6. 世界粮食年产量略微超过粮食需求量，可以提供世界人口所需要的最低限度的食物。那种预计粮食产量不足必将导致世界粮食饥荒的言论全是危言耸听。与其说饥荒是由于粮食产量不足引起的，毋宁说是由分配不公造成的。

以下哪种情形是上面论述的作者所设想的？

A. 将来世界粮食需求量比现在的粮食需求量要小。

B. 一个好的分配制度也难以防止世界粮食饥荒的出现。

C. 世界粮食产量可以满足粮食需求。

D. 现存的粮食供应分配制度没有必要改进。

E. 世界粮食供不应求是大势所趋。

7. 对基础研究投入大量经费似乎作用不大，因为直接对生产起作用的是应用型技术。但是，应用型技术的发展需要基础理论研究作后盾。今天，纯理论研究可能暂时看不出有什么用处，但不能肯定它将来也不会带来巨大效益。

上述论证的前提假设是：

A. 发展应用型技术比搞纯理论研究见效快、效益高。

B. 纯理论研究耗时耗资，看不出有什么用处。

C. 纯理论研究会造福后代，而不会利于当代。

D. 发现一种新的现象与开发出它的实际用途之间存在时滞。

E. 发展应用型技术容易，搞纯理论研究难。

8. 通常的高山反应是由高海拔地区空气中缺氧造成的，当缺氧条件改变时，症状可以很快消失。急性脑血管梗阻也具有脑缺氧的病征，如不及时恰当处理，会危及生命。由于急性脑血管梗阻的症状和普通高山反应相似，因此，在高海拔地区，急性脑血管梗阻这种病特别危险。

以下哪项最可能是上述论证所假设的？

A. 普通高山反应和急性脑血管梗阻的医疗处理是不同的。

B. 高山反应不会诱发急性脑血管梗阻。

C. 急性脑血管梗阻如及时恰当处理，则不会危及生命。

D. 高海拔地区缺少抢救和医治急性脑血管梗阻的条件。

E. 高海拔地区的缺氧可能会影响医生的工作，降低其诊断的准确性。

9. 实业钢铁厂将竞选厂长。如果董来春参加竞选，则极具竞选实力的郝建生和曾思敏不参加竞选。所以，如果董来春参加竞选，他将肯定当选。

为使上述论证成立，以下哪项是必须假设的？

Ⅰ. 当选者一定是竞选实力最强的竞选者。

Ⅱ. 如果董来春参加竞选，那么，他将是唯一的候选人。

Ⅲ. 在实业钢铁厂，除了郝建生和曾思敏，没有其他人的竞选实力比董来春强。

A. 仅Ⅰ。 B. 仅Ⅱ。 C. 仅Ⅲ。

D. 仅Ⅰ和Ⅲ。 E. Ⅰ、Ⅱ和Ⅲ。

10. 以前有几项研究表明，食用巧克力会增加食用者患心脏病的可能性。而一项最新的、更为可靠的研究得出结论：食用巧克力与心脏病发病率无关。估计这项研究成果公布之后，巧克力的消费量将会大大增加。

上述推论基于以下哪项假设？

A. 大量食用巧克力的人中，并不是有很高的比例患心脏病。

B. 尽管有些人知道食用巧克力会增加患心脏病的可能性，却照样大吃特吃。

C. 人们从来也不相信进食巧克力会更容易患心脏病的说法。

D. 现在许多人吃巧克力是因为他们没听过巧克力会导致心脏病的说法。

E. 现在许多人不吃巧克力完全是因为他们相信巧克力会诱发心脏病。

11. 在某一地区的几个国家中，讲卡若尼安语言的人占总人口的少数。一个国际团体建议以一个独立国家的方式给予讲卡若尼安语言的人居住的地区自主权，在那里讲卡若尼安语言的人可以占总人口的大多数。但是，讲卡若尼安语言的人居住在几个广为分散的地方，这些地方不能以单一连续的边界相连接，同时也就不允许讲卡若尼安语言的人占总人口的多数。因此，那个建议不能得到满足。

第 5 章 假设题

以上论述依赖于下面哪项假设？

A. 曾经存在一个讲卡若尼安语言的人占总人口多数的国家。

B. 讲卡若尼安语言的人倾向于认为他们自己构成了一个单独的社区。

C. 那个建议不能以创建一个由不相连接的地区构成的国家的方式得到满足。

D. 新的讲卡若尼安语言国家的公民不包括任何不讲卡若尼安语言的人。

E. 大多数国家都有几种不同的语言。

12. 在世界市场上，日本生产的冰箱比其他国家生产的冰箱耗电量要少。因此，其他国家的冰箱工业将失去相当部分的冰箱市场，而这些市场将被日本冰箱占据。

以下哪项是上述论证所要假设的？

Ⅰ. 日本的冰箱比其他国家的冰箱更为耐用。

Ⅱ. 电费是冰箱购买者考虑的重要因素。

Ⅲ. 日本冰箱与其他国家冰箱的价格基本相同。

A. Ⅰ、Ⅱ和Ⅲ。　　　　　B. 仅Ⅰ和Ⅱ。　　　　　C. 仅Ⅱ。

D. 仅Ⅱ和Ⅲ。　　　　　E. 仅Ⅲ。

答案详解

1. D

【解析】猜结果型假设题。

题干：国会禁止离职高官三年内接受院外游说集团的职位 —推测→ 高层官员在这三年里谋求生计被阻止。

A项，不必假设，法律限制可能限制其非法行为，而非是否接受游说集团的职位。

B项，无关选项，与游说集团的成员构成无关。

C项，无关选项，与底层官员无关。

D项，必须假设，说明这些高官除了接受院外游说集团的职位外，无法找到其他工作。

E项，无关选项，题干讨论的是谋求生计问题，与退休金无关。

2. C

【解析】因果型假设题。

题干：玩游戏的青少年把课余时间都花费在玩游戏上，而不是与人交流上 —推测→ 玩游戏的青少年比其他孩子缺乏沟通能力。

C项，必须假设，指出结果会发生；否则，如果不玩电子游戏的孩子在任何时候都不与人交流，那么就不能根据"在课余时间玩游戏的青少年不与人交流"，得出题干的结论。

其余各项均为无关选项。

此题可以根据关键词"课余时间"和"交流"快速得到答案。

3. A

【解析】猜结果型假设题。

题干：若核试验得到了有效的限制，则商品负超常消费；若核试验的次数增多，则商品正超常

消费 ——推测→ 当核战争成为能普遍觉察到的现实威胁时，商品正超常消费的可能性大大增加。

A项，必须假设，否则，若无足够的商品，则不可能出现商品正超常消费。

B项，无关选项，题干没有涉及老百姓是否支持核试验。

C项，不必假设老百姓"只能"通过本国核试验的次数来察觉核战争的现实威胁，也可以有其他方式。

D项，无关选项，题干不涉及商界对核试验的态度。

E项，无关选项。

4. A

【解析】求异法型假设题。

题干使用求异法：

从小接受音乐训练：胼胝体大；

没有接受过音乐训练：胼胝体较小；

所以，音乐训练，特别是从幼年开始的音乐训练，会导致大脑结构上的某种变化。

A项，排除其他差异因素，即排除在音乐家训练之前，他们的胼胝体就比同年龄的非音乐家的大的可能性，必须假设。

B项，无关选项，题干未提及"生命晚期"的情况。

C项，无关选项，出现与题干无关的新比较。

D项，不必假设，有同学认为此项是"排除他因"，这是不对的。如果是排除他因，应该是排除"接受音乐训练的人"参与过其他促进胼胝体发育的活动的可能性。

E项，不必假设，题干只涉及"音乐"，此项扩大了论证范围。

5. E

【解析】因果型假设题。

题干：医保单位拒绝支付医生要求的非常规检查的费用 ——导致→ 耽误医生对一些疾病的诊治。

A项，无关选项，与题干无关的新比较。

B项，无关选项，与题干无关的新比较。

C项，无关选项。

D项，不必假设，题干说的是医生要求做"一些"收费昂贵的非常规检查，不必假设"所有"。

E项，搭桥法(因果相关)，说明医保单位拒绝支付非常规检查的费用，确实会使得一些病人放弃了非常规检查，从而影响了疾病的诊治。

6. C

【解析】找原因型假设题。

题干中作者的观点：

①世界粮食年产量略微超过粮食需求量，可以提供世界人口所需要的最低限度的食物。

②预计粮食产量不足必将导致世界粮食饥荒的言论全是危言耸听。

③饥荒是由分配不公造成的，而不是产量不足。

A项，题干没有对粮食的未来的需求和现在的需求做比较。

第 5 章　假设题

C项，排除了是粮食产量不足导致世界粮食饥荒的可能，排除他因，必须假设。

B项、D项，与题干不符，因为题干中的作者强调了改进分配制度的重要性。

E项，与题干不符，因为题干信息①强调世界粮食供给略大于需求。

7. D

【解析】猜结果型假设题。

题干：纯理论研究可能暂时看不出有什么用处，但不能肯定它将来也不会带来巨大效益。

A项，不必假设，因为题干并没有比较应用型技术与纯理论研究到底哪个效益更高。

B项，不必假设，与题干的观点相反。

C项，不必假设，题干只是说将来会有效益，但是不是必须到下一代才会有效益，无法判断。

D项，必须假设，否则，如果从发现到应用之间没有时滞，那么如果当前的纯理论研究没有用处，它在未来也不会带来效益。

E项，不必假设，题干没有涉及二者哪个更难研究的比较。

8. A

【解析】猜结果型假设题。

相同点：急性脑血管梗阻的症状和高山反应相似。

不同点：急性脑血管梗阻如不及时恰当处理，会危及生命；当缺氧条件改变时，高山反应的症状可以很快消失。

结论：在高海拔地区，急性脑血管梗阻这种病特别危险。

A项，需要假设，两种病的症状差不多，所以，急性脑血管梗阻就可能被误诊为高山反应。而二者的医疗处理方式不同，那么，当急性脑血管梗阻被误诊为高山反应时，就会特别危险。

B项，无关选项。

C项，急性脑血管梗阻被及时处理的危害性只要比被误诊小，题干的论证就可成立，因此不必假设及时处理就不会危害生命。

D、E项，均可直接支持题干的结论，但这两项与题干中"症状相似"等论据无关，不必假设。

9. D

【解析】猜结果型假设题。

题干：①如果董来春参加竞选，则极具竞选实力的郝建生和曾思敏不参加竞选。

②如果董来春参加竞选，他将肯定当选。

Ⅰ项和Ⅲ项必须假设，否则，如果当选者不是最具竞争实力的候选人，或者除了郝建生和曾思敏之外还有其他人比董来春竞争力强，则无法推出题干中的结论。

Ⅱ项，不必假设，即使除了董来春之外还有其他竞选人，只要他们的竞争实力不强于董来春，董来春仍可当选。

10. E

【解析】猜结果型假设题。

题干："食用巧克力与心脏病发病率无关"这一研究成果公布后 ——推测——> 巧克力的消费量将会大大增加。

A项，无关选项，题干讨论的是食用巧克力是否与心脏病发病率有关的问题，而没有涉及这些食用巧克力的人中，心脏病发病率的高低问题。

B、C项，削弱题干。

D项，不必假设，这项研究成果对已经在吃巧克力的人群的销量影响不大。

E项，必须假设，如果现在不吃巧克力的人是因为他们相信巧克力会诱发心脏病，那么，"食用巧克力与心脏病发病率无关"这一研究成果公布后，这些人对巧克力的担心消失了，那么就很可能会食用巧克力，从而大大增加巧克力的消费量。

11. C

【解析】搭桥法。

题干：讲卡若尼安语言的人居住在几个广为分散的地方，这些地方不能以单一连续的边界相连接 ——证明→ 不能建立多数人讲卡若尼安语言的独立国家。

搭桥法：地域不连续→不能建立国家，故C项必须假设。

A项，无关选项。

B项，无关选项，题干与讲卡若尼安语言的人观点无关。

D项，不必假设，题干的论证只要求讲卡若尼安语言的人占大多数即可。

E项，无关选项。

12. D

【解析】猜结果型假设题。

题干：日本生产的冰箱比其他国家生产的冰箱耗电量要少 ——推测→ 日本冰箱会占据其他国家相当部分的冰箱市场。

Ⅰ项，不必假设，只要二者的耐用性差不多即可。

Ⅱ项，必须假设，否则，如果冰箱购买者并不考虑电费因素，就推不出日本冰箱要占领其他国家市场的结论。

Ⅲ项，必须假设，否则，若日本冰箱的价格比其他国家的冰箱贵，那么省电费的优势可能就不足以让日本冰箱占领市场了。

题型 24　措施目的型假设题

母题技巧

（1）题干结构。

因为某原因，导致需要采取某个措施，以达到某个目的或解决某个问题。

原因 ——导致→ 措施 ——以求→ 目的。

（2）假设方法。

①补充一个原因，说明采取这个措施的必要性（措施有必要）。

第 5 章 假设题

> ②措施可行。
> ③措施可达目的。
> ④措施利大于弊。
>
> 注意：在假设题中，并不要求措施无恶果。比如，我们要吃药物 A 来治疗糖尿病，并不要求药物 A 没有副作用，如果这种药能治疗糖尿病，即使有一些副作用，只要副作用的危害比糖尿病小（利大于弊），也是可以服用的。

母题精练

1. 许多影视放映场所为了增加其票房收入，把一些并不包含有关限制内容的影视片也标以"少儿不宜"。他们这样做是因为确信以下哪项断定？

   Ⅰ．成年观众在数量上要大大超过少儿观众。
   Ⅱ．"少儿不宜"的影视片对成年人无害。
   Ⅲ．成年人普遍对标明"少儿不宜"的影视片感兴趣。

   A. 仅Ⅰ。
   B. 仅Ⅱ。
   C. 仅Ⅰ、Ⅲ。
   D. 仅Ⅱ、Ⅲ。
   E. Ⅰ、Ⅱ、Ⅲ。

2. 在美国，比较复杂的民事审判往往超过陪审团的理解力，结果，陪审团对此作出的决定经常是错误的。因此，有人建议，涉及较复杂的民事审判由法官而不是陪审团来决定，将提高司法部门的服务质量。

   上述建议依据下列哪项假设？

   A. 大多数民事审判的复杂性超过了陪审团的理解力。
   B. 法官在决定复杂民事审判的时候，对那些审判的复杂性，比陪审团的人员有更好的理解。
   C. 在美国以外一些具有相同法系的国家，也早就有类似的提议，并有付诸实施的记录。
   D. 即使涉及不复杂的民事审判，陪审团的决定也常常出现差错。
   E. 赞成由法官决定民事审判的唯一理由是想象法官的决定几乎总是正确的。

3. 某家私人公交公司通过增加班次、降低票价、开辟新线路等方式，吸引了顾客，增加了利润。为了继续这一经营方向，该公司决定更换旧型汽车，换上新型大客车，包括双层客车。

   该公司的上述计划假设了以下各项，除了：

   A. 在该公司经营的区域内，客流量将有所增加。
   B. 更换汽车的投入费用将在预期的利润中得到补偿。
   C. 新汽车在质量、效能等方面足以保证公司获得预期的利润。
   D. 驾驶新汽车将不比驾驶旧汽车更复杂、更困难。
   E. 新换的双层大客车在该公司经营的区域内将不会受到诸如高度、载重等方面的限制。

4. 北京市是个水资源严重缺乏的城市，但长期以来水价格一直偏低。最近北京市政府根据价值规律调高水价，这一举措将对节约使用该市的水资源产生重大的推动作用。

   为使上述议论成立，以下哪项必须是真的？

Ⅰ．有相当数量的用水浪费是因为水价格偏低而造成的。

Ⅱ．水价格的上调幅度一般足以对浪费用水的用户产生经济压力。

Ⅲ．水价格的上调不会引起用户的不满。

  A．Ⅰ、Ⅱ和Ⅲ。   B．仅Ⅰ和Ⅱ。   C．仅Ⅰ和Ⅲ。

  D．仅Ⅱ和Ⅲ。   E．仅Ⅲ。

5．无论是工业用电还是民用电，现行的电价格一直偏低。某区推出一项举措，对超出月额定数的用电量，无论是工业用电还是民用电，一律按上调高价收费。这一举措将对该区的节约用电产生重大的促进作用。

上述举措要达到预期的目的，以下哪项必须是真的？

Ⅰ．有相当数量的浪费用电是电价格偏低而造成的。

Ⅱ．有相当数量的用户是因为电价格偏低而浪费用电的。

Ⅲ．超额用电价格的上调幅度一般足以对浪费用电的用户产生经济压力。

  A．Ⅰ、Ⅱ和Ⅲ。   B．仅Ⅰ和Ⅱ。   C．仅Ⅰ和Ⅲ。

  D．仅Ⅱ和Ⅲ。   E．Ⅰ、Ⅱ和Ⅲ都不必须是真的。

6．培养能适应新时代要求的学生的关键因素不是灌输知识，而是培养能力。因此，提高我国的中小学教育质量的关键措施是尽快地把目前的应试教育改为素质教育。

以下各项都可能是上述论证所假设的，除了：

  A．提高我国的中小学教育质量的主要目标是培养能适应新时代要求的学生。

  B．目前我国的中小学教育中的应试教育不利于培养学生的能力。

  C．素质教育的着重点不是灌输知识。

  D．掌握了较多知识的学生不一定有较强的能力。

  E．有较强能力的学生一定能掌握较多的知识。

7．在四川的一些沼泽地中，剧毒的链蛇和一些无毒蛇一样，在蛇皮表面都有红、白、黑相间的鲜艳花纹。而就在离沼泽地不远的干燥地带，链蛇的花纹中没有了红色；奇怪的是，这些地区的无毒蛇的花纹中同样没有了红色。对这种现象的一个解释是，在上述沼泽和干燥地带中，无毒蛇为了保护自己，在进化过程中逐步变异为和链蛇具有相似的体表花纹。

以下哪项最可能是上述解释所假设的？

  A．毒蛇比无毒蛇更容易受到攻击。

  B．在干燥地区，红色是自然界中的一种常见色，动物体表的红色较不容易被发现。

  C．链蛇体表的颜色对其捕食的对象有很强的威慑作用。

  D．以蛇为食物的捕猎者尽量避免捕捉剧毒的链蛇，以免在食用时发生危险。

  E．蛇在干燥地带比在沼泽地带更易受到攻击。

8．大湾公司实施工间操制度的经验揭示：一个雇员，每周参加工间操的次数越多，全年病假的天数就越少。即使那些每周只参加一次工间操的雇员全年的病假天数，也比那些从不参加工间操的要少。因此，如果大湾公司把每工作日一次的工间操改为上、下午各一次，则能进一步降低雇员的病假率。

为使上述论证成立，以下哪项是必须假设的？

Ⅰ. 每工作日两次工间操，不会影响公司的正常工作。

Ⅱ. 增加工间操的次数，能增加参加工间操的人数。

Ⅲ. 增加工间操的次数，能增加参加工间操的人次。

A. 仅Ⅰ。　　　　　　　　B. 仅Ⅱ。　　　　　　　　C. 仅Ⅲ。

D. 仅Ⅱ和Ⅲ。　　　　　　E. Ⅰ、Ⅱ和Ⅲ。

9. 面试在求职过程中非常重要。经过面试，如果应聘者的个性不符合待聘工作的要求，则不可能被录用。

以上论断是建立在下列哪项假设基础上的？

A. 必须经过面试才能取得工作，这是工商界的规矩。

B. 只要与面试主持人关系好，就能被聘用。

C. 面试主持人能够准确地分辨出哪些个性是工作所需要的。

D. 面试的唯一目的就是测试应聘者的个性。

E. 若一个人的个性符合工作的要求，他就一定会被录用。

10. 政府应该不允许烟草公司在其营业收入中扣除广告费用。这样的话，烟草公司将会缴纳更多的税金。它们只好提高自己的产品价格，而产品价格的提高正好可以起到减少烟草购买的作用。

以下哪个选项是上述论点的前提？

A. 烟草公司不可能降低其他方面的成本来抵消多缴的税金。

B. 如果它们需要付高额的税金，烟草公司将不再继续做广告。

C. 如果烟草公司不做广告，香烟的销售量将受到很大影响。

D. 政府从烟草公司的税收增加中所得的收入将用于宣传吸烟的害处。

E. 烟草公司由此所增加的税金应该等于价格上涨所增加的盈利。

11. 新一年的电影节的影片评比，准备打破过去的只有一部最佳影片的限制，而按照历史片、爱情片等几种专门的类型分别评选最佳影片，这样可以使电影工作者的工作得到更为公平的对待，也可以使观众和电影爱好者对电影的优劣有更多的发言权。

根据以上信息，这种评比制度的改革隐含了以下哪项假设？

A. 划分影片类型，对于规范影片拍摄有重要的引导作用。

B. 每一部影片都可以按照这几种专门的类型来进行分类。

C. 观众和电影爱好者在进行电影评论时喜欢进行类型的划分。

D. 按照类型来进行影片的划分，不会使有些冷门题材的影片被忽视。

E. 过去因为只有一部最佳影片，影响了电影工作者参加电影节评比的积极性。

答案详解

1. C

【解析】措施目的型假设题。

题干：影视放映场所将不包含限制内容的影视片也标以"少儿不宜"——以求→增加票房收入。

Ⅰ项，必须成立，否则，为了吸引更多成年观众而损失了更多的少儿观众，得不偿失。

Ⅱ项，措施无恶果，不必假设。

Ⅲ项，必须成立，否则，就难以解释为何标以"少儿不宜"后反而会增加票房收入。

2. B

【解析】措施目的型假设题。

题干：在美国，比较复杂的民事审判往往超过陪审团的理解力，结果，陪审团对此作出的决定经常是错误的（原因）——导致——涉及较复杂的民事审判由法官而不是陪审团来决定（措施）——以求——提高司法部门的服务质量（目的）。

A项，不必假设"大多数"民事审判的复杂性超过陪审团的理解力，有一些即可。

B项，必须假设，只有法官对复杂民事审判的理解力比陪审团高，题干中的措施才可行。

C项，不必假设，其他国家是否有类似的提议，与美国的情况无关。

D项，不必假设，无关选项。

E项，不必假设，可以有其他理由。

3. D

【解析】措施目的型假设题。

题干：更换旧型汽车，换上新型大客车，包括双层客车（措施）——以求——吸引顾客，增加利润（目的）。

A项，措施可行，必须假设，如果客流量无法增加，就不能达到目的。

B项，措施可达目的，必须假设，否则这项措施就得不偿失。

C项，措施可达目的，必须假设，否则无法获得预期利润，不能达到目的。

D项，措施无恶果，不必假设，即使驾驶新汽车虽然比旧汽车难度大一些，司机仍然可以掌握驾驶技巧即可。另外，此项和题干中的吸引顾客或增加利润无关。

E项，措施可行，必须假设。

4. B

【解析】措施目的型假设题。

题干：北京市长期以来水价格一直偏低（原因）——导致——调高水价（措施）——以求——节约用水（目的）。

Ⅰ项，措施有必要，必须假设，否则，如果用水浪费与水价低无关，调高水价就达不到节约用水的目的。

Ⅱ项，措施可达目的，必须假设，否则，调高水价不能使浪费用水的用户节约用水。

Ⅲ项，措施无恶果，不必假设，是否引起用户不满与是否能节约用水没有必然联系。

5. C

【解析】措施目的型假设题。

题干：无论是工业用电还是民用电，现行的电价格一直偏低（原因）——导致——对超出月额定数的用电量，无论是工业用电还是民用电，一律按上调高价收费（措施）——以求——节约用电（目的）。

Ⅰ项，必须假设，说明电价较低确实是用电浪费的原因，因果相关。

Ⅱ项，不必假设，比如可能仅有极少用户浪费了大量的电，也可能有大量的用户浪费用电，但浪费的总电量却极少。

Ⅲ项，必须假设，否则通过提高价格的方式来促使用户节约用电的措施就无效。

6. E

【解析】措施目的型假设题。

题干：培养能适应新时代要求的学生的关键因素不是灌输知识，而是培养能力（原因）——导致——把目前的应试教育改为素质教育（措施）——以求——提高我国的中小学教育质量（目的）。

A项，必须假设，建立前提中"适应新时代要求"和结论中"提高我国的中小学教育质量"之间的关系。

B项，必须假设，否则就不必进行改革。

C项，必须假设，否则即使改革为素质教育也不能提高教育质量。

D项，必须假设，否则，若掌握了知识的学生一定有较强的能力，那么通过应试教育即可达到培养学生能力的目的，不必进行教育改革。

E项，不必假设，因为题干中教育改革的目的是"培养能力"，是否一定要掌握较多的知识，与改革的目的无关。

7. D

【解析】措施目的型假设题。

题干：无毒蛇变异为具有和链蛇相似的体表花纹——以求——保护自己。

A项，削弱题干，说明此种改变非但没有起到保护作用，反而增大了无毒蛇受到伤害的可能性。

B项，不能支持，因为此项仅仅说明，在干燥地带，动物体表变成红色有利于保护自己，但是不能解释在干燥地带为何两种蛇均无红色。

C项，无关选项，因为威慑的是链蛇的"捕食对象"，而不是"捕食链蛇"的动物。

D项，必须假设，无毒蛇变异为和链蛇具有相似的体表花纹确实可以保护自己，措施可达目的。

E项，无关选项。

8. C

【解析】措施目的型假设题。

题干：一个雇员每周参加工间操的次数越多，全年病假的天数就越少（原因）——导致——大湾公司把每工作日一次的工间操改为上、下午各一次（措施）——以求——进一步降低雇员的病假率（目的）。

Ⅰ项，措施无恶果，不必假设，因为即使每工作日两次工间操，影响了公司的正常工作，但只要有利于进一步降低雇员的病假率，题干的论证仍然是成立的。

Ⅱ项，不必假设，因为即使增加了工间操的人数，也不一定能增加雇员每周参加工间操的次数。

Ⅲ项，必须假设，指出题干的前提可以实现。否则，如果工间操的次数增加了，但参加工间操的人次并不因此增加，这样，平均而言，雇员每周参加工间操的次数并不增加，题干的论证就不能成立。

9. C

【解析】措施目的型假设题。

题干：通过面试 —以求→ 鉴别应聘者的个性是否符合待聘工作的要求，从而排除不合要求者。

A、B项，显然不必假设。

C项，必须假设，只有面试主持人能够准确分辨出哪些个性是工作所需要的，面试的目的才可以实现。

D项，不必假设，面试只要能准确测试应聘者的个性，就符合题干的结论，不必要求面试的"唯一"作用是测试应聘者的个性。

E项，误把题干中的必要条件当作充分条件。

10. A

【解析】因果型假设题。

题干：不允许烟草公司在其营业收入中扣除广告费用 —以求→ 烟草公司需要缴纳更多的税金 —以求→ 提高烟草价格 —以求→ 减少烟草购买。

A项，必须假设，烟草公司不能降低其他成本以抵消多缴的税金，那么，他们就必须提高烟草的价格，措施可以达到目的。

其余各项均不必假设。

11. B

【解析】措施目的型假设题。

题干：将影片分类评选最佳影片（措施）—以求→ 使电影工作者的工作得到更为公平的对待，也可以使观众和电影爱好者对电影的优劣有更多的发言权（目的）。

A项，无关选项，题干中的论证与"规范影片拍摄"无关。

B项，必须假设，指出措施可行。

C项，无关选项，电影节评奖与"电影评论"不是相同概念。

D项，无关选项，题干并未论及"冷门题材"的电影。

E项，无关选项，电影工作者的"积极性"与题干中的"公平对待"不是相同概念。

题型 25 数字型假设题

母题技巧

（1）数字型假设题是对简单数学公式的考查，例如：平均值、增长率、比例、两个对象的和与差等，建议用数学思维做这样的试题。

（2）很多数字型假设题是可能型假设（充分型假设），找到能使题干成立的数学公式即可。

1. 有的地质学家认为，如果地球的未勘探地区中单位面积的平均石油储藏量能和已勘探地区一样的话，那么，目前关于地下未开采的能源含量的正确估计因此要乘上一万倍。如果地质学家的这一观点成立，那么，我们可以得出结论：地球上未勘探地区的总面积是已勘探地区的一万倍。为使上述论证成立，以下哪项是必须假设的？

    Ⅰ. 目前关于地下未开采的能源含量的估计，只限于对已勘探地区。

    Ⅱ. 目前关于地下未开采的能源含量的估计，只限于对石油含量。

    Ⅲ. 未勘探地区中的石油储藏能和已勘探地区一样得到有效的勘测和开采。

    A. 仅Ⅰ。 B. 仅Ⅱ。 C. 仅Ⅲ。
    D. 仅Ⅰ和Ⅱ。 E. Ⅰ、Ⅱ和Ⅲ。

2. 作为市电视台的摄像师，最近国内电池市场的突然变化让我非常头疼。进口高能量的电池缺货，我只能用国产电池作为摄像的主要电源。尽管每单位的国产电池要比进口电池便宜，但我估计如果持续用国产电池替代进口电池的话，我支付在电池上的费用将会提高。

    该摄像师在上面这段话中隐含了以下哪项假设？

    A. 以每单位电池提供的电能来计算，国产电池要比进口电池提供得少。

    B. 每单位的进口电池要比国产电池价格贵。

    C. 生产国产电池要比生产进口电池成本低。

    D. 持续使用国产电池，摄像的质量将无法得到保障。

    E. 国产电池的价格会超过进口电池，厂家将大大赢利。

3. 今年，所有向甲公司求职的人同时也向乙公司求职。甲、乙两公司各同意给予其中半数的求职者每人一个职位。因此，所有的求职者就都找到了一份工作。

    上述推论基于以下哪项假设？

    A. 所有求职者既能胜任甲公司的工作，又能胜任乙公司的工作。

    B. 所有的求职者都愿意接受甲、乙公司的职位。

    C. 不存在一个求职者同时从甲、乙两公司处谋到了职位。

    D. 没有任何一个求职者向第三家企业谋职。

    E. 没有任何一个求职者以前在甲公司或乙公司工作过。

4. 西式快餐已被广大的中国消费者接受。随着"美国快餐之父"艾德熊的大踏步迈进并立足中国市场，一向生意火爆的麦当劳在中国的利润在今后几年肯定会有较明显的下降。

    要使上述推测成立，以下哪项是必须假设的？

    Ⅰ. 今后几年中，中国消费者用于西式快餐的消费总额不会有大的变化。

    Ⅱ. 今后几年中，中国消费者用于除麦当劳、艾德熊以外的西式快餐（例如肯德基）上的消费总额不会有太大的变化。

    Ⅲ. 今后几年中，艾德熊的经营规模要达到和麦当劳相当。

    A. 仅Ⅰ。 B. 仅Ⅱ。 C. 仅Ⅲ。
    D. 仅Ⅰ和Ⅱ。 E. Ⅰ、Ⅱ和Ⅲ。

5. 西方航空公司由北京至西安的全额票价一年多来保持不变，但是，目前西方航空公司由北京至西安的机票 90% 打折出售，只有 10% 全额出售；而在一年前则一半打折出售，一半全额出售。因此，目前西方航空公司由北京至西安的平均票价，比一年前要低。

以下哪项最可能是上述论证所假设的？

A. 目前和一年前一样，西方航空公司由北京至西安的机票，打折的和全额的，有基本相同的售出率。

B. 目前和一年前一样，西方航空公司由北京至西安的打折机票的售出率，不低于全额机票。

C. 目前西方航空公司由北京至西安的打折机票的票价，和一年前基本相同。

D. 目前西方航空公司由北京至西安航线的服务水平比一年前下降。

E. 西方航空公司所有航线的全额票价一年多来保持不变。

6. W 公司制作的正版音乐光盘每张售价 25 元，盈利 10 元，而这样的光盘的盗版制品每张仅售价 5 元。因此，这样的盗版光盘如果销售 10 万张，就会给 W 公司造成 100 万元的利润损失。

为使上述论证成立，以下哪项是必须假设的？

A. 每个已购买各种盗版制品的人，若没有盗版制品可买，都仍会购买相应的正版制品。

B. 如果没有盗版光盘，W 公司的上述正版音乐光盘的销售量不会少于 10 万张。

C. 上述盗版光盘的单价不可能低于 5 元。

D. 与上述正版光盘相比，盗版光盘的质量无实质性的缺陷。

E. W 公司制作的上述正版光盘价格偏高是造成盗版光盘充斥市场的原因。

答案详解

1. D

【解析】 数字型假设题。

题干：如果地球的未勘探地区中单位面积的平均石油储藏量能和已勘探地区一样的话，那么，目前关于地下未开采的能源含量的正确估计因此要乘上一万倍 —— 证明 —— 地球上未勘探地区的总面积是已勘探地区的一万倍。

Ⅰ项，必须假设，否则，如果现在对石油的估计已经包括未开采的石油含量，那么就无法根据"石油储量是目前的一万倍"得出"未勘探地区的总面积是已勘探地区的一万倍"的结论。

Ⅱ项，必须假设，因为题干由"平均石油储藏量"推出"未开采的能源含量"的情况，出现了概念的跳跃，搭桥。

Ⅲ项，不必假设，题干中的论证只涉及"石油的储量"，不涉及这些石油能否被开采出来。

2. A

【解析】 数字型假设题。

题干：每单位的国产电池要比进口电池便宜，但如果用国产电池替代进口电池来提供同样的电源供应的话，在能源上的支付费用将会提高。

列成数学表达式如下：

需要国产电池量×国产电池单价＞需要进口电池量×进口电池单价，即：

$$\frac{总电量}{单位国产电池供应量}×国产电池单价＞\frac{总电量}{单位进口电池供应量}×进口电池单价；$$

又因为：国产电池单价＜进口电池单价，所以：单位国产电池供电量＜单位进口电池供电量。

3. C

【解析】数字型假设题。

题干：①所有向甲公司求职的人同时也向乙公司求职；②甲、乙两公司各同意给予其中半数的求职者每人一个职位 —证明→ 所有的求职者就都找到了一份工作。

只有在两个公司没有同时给相同的求职者提供工作时，才能由两个公司各给一半求职者提供工作，得出所有求职者都找到了一份工作，故 C 项必须假设。

A 项，题干的论证与是否胜任无关。

B 项，题干的论证与求职者的意愿无关。

D、E 项显然为无关选项。

4. D

【解析】数字型假设题。

题干："美国快餐之父"艾德熊立足中国市场 —导致→ 麦当劳在中国的利润在今后几年肯定会有较明显的下降。

总额＝艾德熊＋麦当劳＋其他西式快餐。由艾德熊增长推出麦当劳下降，需要假设"总额"及"其他西式快餐的消费总额"基本不变，故Ⅰ项、Ⅱ项必须假设。

Ⅲ项，显然不必假设，艾德熊能不能达到麦当劳的规模，与它是否导致麦当劳利润下降无关。

5. C

【解析】数字型假设题。

题干：现在机票有 90% 打折，一年前仅有一半打折 —证明→ 目前的平均票价比一年前要低。

要知道平均票价如何，除了看打折机票的数量，还要看打折的力度，例如：一年前一半的机票打一折，现在 90% 的机票打九折，就推不出题干中的结论。

所以，要使题干中的论证成立，C 项必须假设，即现在的打折力度和一年前基本相同。

6. B

【解析】数字型假设题。

题干：正版光盘每张可盈利 10 元 —证明→ 盗版光盘如果销售 10 万张，就会给 W 公司造成 100 万元的利润损失。

A 项，假设过度，因为题干只涉及"盗版光盘"，此项断定的是"盗版制品"，扩大了范围。

B 项，必须假设，否则，如果没有盗版光盘，正版光盘的销量低于 10 万张，那么总利润本来就低于 100 万元，不可能损失 100 万元，就推翻了题干的论证。

其余各项显然不必假设。

微模考 5 ▶ 假设题

（共 30 题，每题 2 分，限时 60 分钟）　　　你的得分是_____

1. 交通部科研所最近研制了一种自动照相机，凭借其对速度的敏锐反应，当且仅当违规超速的汽车经过镜头时，它会自动按下快门。在某条单向行驶的公路上，在一个小时中，这样的一架照相机共拍摄了 50 辆超速的汽车的照片。从这架照相机出发，在这条公路前方的 1 公里处，一批交通警察于隐蔽处进行目测超速汽车能力的测试。在上述同一个小时中，某个警察测定，共有 25 辆汽车超速通过。由于经过自动照相机的汽车一定经过目测处，因此，可以推断，这个警察的目测超速汽车的准确率不高于 50%。
   要使题干的推断成立，以下哪项是必须假设的？
   A. 在该警察测定为超速的汽车中，包括在照相机处不超速而到目测处超速的汽车。
   B. 在该警察测定为超速的汽车中，包括在照相机处超速而到目测处不超速的汽车。
   C. 在上述一个小时中，在照相机前不超速的汽车，到目测处不会超速。
   D. 在上述一个小时中，在照相机前超速的汽车，都一定超速通过目测处。
   E. 在上述一个小时中，通过目测处的非超速汽车一定超过 25 辆。

2. 近几年来，一种从国外传入的白蝇严重危害着我国南方农作物的生长。昆虫学家认为，这种白蝇是甜薯白蝇的一个变种，为了控制这种白蝇的繁殖，他们一直在寻找并人工繁殖甜薯白蝇的寄生虫。但最新的基因研究成果表明，这种白蝇不是甜薯白蝇的变种，而是与之不同的一种蝇种，称作银叶白蝇。因此，如果这项最新的基因研究成果是可信的话，那么，近年来昆虫学家寻找白蝇寄生虫的努力是白费了。
   以下哪项是上述论证最可能假设的？
   A. 上述最新的基因研究成果是可信的。
   B. 甜薯白蝇的寄生虫对农作物没有任何危害。
   C. 农作物害虫的寄生虫都可以用来有效控制这种害虫的繁殖。
   D. 甜薯白蝇的寄生虫无法在银叶白蝇中寄生。
   E. 某种生物的寄生虫只能在这种生物及其变种中寄生。

3～4 题基于以下题干：

　　据 1999 年所做的统计，在美国 35 岁以上的居民中，10% 患有肥胖症。因此，如果到 2009 年美国的人口将达到 4 亿的话，那么，到 2009 年美国 35 岁以上患肥胖症的人数将达到 2 000 万。

3. 以下哪项最可能是题干的推测所假设的？
   A. 在未来的 10 年中，世界的总人口将有大的增长。
   B. 在未来的 10 年中，美国人的饮食方式将不会有任何变化。
   C. 在未来的 10 年中，世界上将不会有大的战争发生。
   D. 到 2009 年，美国人口中 35 岁以上的将占一半。
   E. 到 2009 年，对肥胖症的防治仍没有任何进展。

4. 以下哪项如果为真,最能削弱题干的推测?

　　A. 肥胖症对健康的危害,已日益引起美国和其他发达国家的重视。

　　B. 据1998年所做的统计,在美国35岁以上的居民中,肥胖症患者的比例是12%。

　　C. 权威人士指出,对到2009年美国人口将达到4亿的推测缺乏足够的根据。

　　D. 到2009年,美国人口的年龄结构中,35岁以上所占的比例将比目前的有所下降。

　　E. 一个设计有误的统计,将不可避免地提供错误的数据。

5. 最近五年来,共有五架 W-160 客机失事。面对 W-160 设计有误的指控,W-160 的生产厂商明确加以否定,其理由是,每次 W-160 空难的调查都表明,失事的原因是飞行员的操作失误。

　　为使厂商的上述反驳成立,以下哪项是必须假设的?

　　Ⅰ. 如果飞行员不操作失误,W-160 就不会失事。

　　Ⅱ. 飞行员的操作失误和 W-160 任一部分的设计都没有关系。

　　Ⅲ. 每次对 W-160 空难的调查结论都可信。

　　A. 仅Ⅰ。　　　　　　　　B. 仅Ⅱ。　　　　　　　　C. 仅Ⅲ。

　　D. 仅Ⅱ和Ⅲ。　　　　　　E. Ⅰ、Ⅱ和Ⅲ。

6. 江口市急救中心向市政府申请购置一辆新的救护车,以进一步增强该中心的急救能力。市政府否决了这项申请,理由是:急救中心所需的救护车的数量,必须与中心的规模和综合能力相配套。根据该急救中心现有的医护人员与医疗设施的规模和综合能力,现有的救护车足够了。

　　以下哪项是市政府关于此项决定的论证所必须假设的?

　　A. 江口市的急救对象的数量不会有大的增长。

　　B. 市政府的财政面临困难,无力购置新的救护车。

　　C. 急救中心现有的救护车中,至少有一辆近期内不会退役。

　　D. 江口市的其他大中医院有足够的能力配合急救中心抢救全市的危重病人。

　　E. 市政府至少在五年内不会拨款以扩大急救中心的规模和综合能力。

7. 面对预算困难,W 国政府不得不削减对科研项目的资助,一大批这样的研究项目转而由私人基金资助。这样,可能产生争议结果的研究项目在整个受资助研究项目中的比例肯定会因此降低,因为私人基金资助者非常关心其公众形象,他们不希望自己资助的项目会导致争议。

　　以下哪项是上述论证所必须假设的?

　　A. W 国政府比私人基金资助者较为愿意资助可能产生争议的科研项目。

　　B. W 国政府只注意所资助的研究项目的效果,而不在意它是否会导致争议。

　　C. W 国政府没有必要像私人基金资助者那样关心自己的公众形象。

　　D. 可能引起争议的科研项目并不一定会有损资助者的公众形象。

　　E. 可能引起争议的科研项目比一般的项目更有价值。

8. 有的地质学家认为,如果地球的未勘探地区中单位面积的平均石油储藏量能和已勘探地区一样的话,那么,目前关于地下未开采的能源含量的正确估计因此要乘上一万,由此可得出结论,全球的石油需求,至少可以在未来五个世纪中得到满足,即使此种需求每年呈加速上升的趋势。

为使上述论证成立，以下哪项是必须假设的？

A. 地球上未勘探地区的总面积是已勘探地区的一万倍。

B. 地球上未勘探地区中储藏的石油可以被勘测和开采出来。

C. 新技术将使未来对石油的勘探和开采比现在更为可行。

D. 在未来至少五个世纪中，石油仍然是全球主要的能源。

E. 在未来至少五个世纪中，世界人口的增长率不会超过对石油需求的增长率。

9. 心脏的搏动引起血液循环。对同一个人，心率越快，单位时间进入循环的血液量越多。血液中的红细胞运输氧气。一般来说，一个人单位时间通过血液循环获得的氧气越多，他的体能及其发挥就越佳。因此，为了提高运动员在体育比赛中的竞技水平，应该加强他们在高海拔地区的训练，因为在高海拔地区，人体内每单位体积血液中含有的红细胞数量，要高于在低海拔地区。

以下哪项是题干的论证必须假设的？

A. 海拔的高低对运动员的心率不产生影响。

B. 不同运动员的心率基本相同。

C. 运动员的心率比普通人慢。

D. 在高海拔地区训练能使运动员的心率加快。

E. 运动员在高海拔地区的心率不低于在低海拔地区。

10～11题基于以下题干：

张教授：智人是一种早期人种。最近在百万年前的智人遗址发现了烧焦的羚羊骨头碎片的化石。这说明人类在自己进化的早期就已经知道用火来烧肉了。

李研究员：但是在同样的地方也同时发现了被烧焦的智人骨头碎片的化石。

10. 以下哪项最可能是李研究员所要说明的？

A. 百万年前森林大火的发生概率要远高于现代。

B. 百万年前的智人不可能掌握取火用火的技能。

C. 上述被发现的智人骨头不是被智人控制的火烧焦的。

D. 羚羊并不是智人所喜欢的食物。

E. 研究智人的正确依据，是考古学的发现，而不是后人的推测。

11. 以下哪项最可能是李研究员的议论所假设的？

A. 包括人在内的所有动物，一般不以自己的同类为食。

B. 即使在发展的早期，人类也不会以自己的同类为食。

C. 上述被发现的智人骨头碎片的化石不少于羚羊骨头碎片的化石。

D. 张教授并没有掌握关于智人研究的所有考古资料。

E. 智人的主要食物是动物而不是植物。

12～13题基于以下题干：

以下是一份商用测谎器的广告：

员工诚实的个人品质，对于一个企业来说至关重要。一种新型的商用测谎器，可以有效地帮助贵公司聘用诚实的员工。著名的QQQ公司在一次招聘面试中使用了测谎器，结果完全有理由让人相信它的有效功能。有三分之一的应聘者在这次面试中撒谎。当他们被问及是否知道法国经济学家道尔时,他们都回答知道,或至少回答听说过。但事实上这个经济学家是不存在的。

12. 以下哪项最可能是上述广告所假设的?

   A. 上述应聘者中的三分之二知道所谓的法国经济学家道尔是不存在的。
   B. 上述面试的主持者是诚实的。
   C. 上述应聘者中的大多数是诚实的。
   D. 上述应聘者在面试时并不知道使用了测谎器。
   E. 该测谎器的性能价格比非常合理。

13. 以下哪项最能说明上述广告存在漏洞?

   A. 上述广告只说明面试中有人撒谎,并未说明测谎器能有效测谎。
   B. 上述广告未说明为何员工诚实的个人品质对于一个公司来说至关重要。
   C. 上述广告忽视了:一个应聘者即使如实地回答了某个问题,仍可能是一个不诚实的人。
   D. 上述广告依据的只有一个实例,难以论证一般性的介绍。
   E. 上述广告未对 QQQ 公司及其业务进行足够的介绍。

14~15 题基于以下题干:

有钱并不意味着幸福。有一项覆盖面相当广的调查显示,在自认为有钱的被调查者中,只有 1/3 的人感觉自己是幸福的。

14. 要使上述论证成立,以下哪项必须为真?

   A. 在不认为自己有钱的被调查者中,感觉自己是幸福的人多于 1/3。
   B. 在自认为有钱的被调查者中,其余的 2/3 都感觉自己很不幸福。
   C. 许多自认为有钱的人,实际上并没有钱。
   D. 上述调查的对象全部是有钱人。
   E. 是否幸福的标准是当事人的自我感觉。

15. 以下哪项有关上述调查的断定如果为真,最能支持上述论证?

   A. 绝大多数自认为有钱的人,实际上都达到了中等以上的富裕程度。
   B. 许多感觉不幸福的人,实际上十分幸福。
   C. 许多不认为自己有钱的人,实际上很有钱。
   D. 被调查的有钱人中,绝大多数是合法致富。
   E. 被调查的有钱人中,许多是非法致富。

16. 张教授:在我国,因偷盗、抢劫或流氓罪入狱的刑满释放人员的重新犯罪率,要远远高于因索贿、受贿等职务犯罪入狱的刑满释放人员。这说明,在狱中对上述前一类罪犯教育改造的效果,远不如对后一类罪犯。

   李研究员:你的论证忽视了这样一个事实:流氓犯罪等除了犯罪的直接主客体之外,几乎不需要什么外部条件。而职务犯罪是以犯罪嫌疑人取得某种官职为条件的,事实上刑满释放人员很难再得到官职,因此,因职务犯罪入狱的刑满释放人员不具备重新犯罪的条件。

   以下哪项最可能是李研究员的反驳所假设的?

   A. 因职务犯罪入狱的刑满释放人员如果具备条件仍然会重新犯罪。

B. 职务犯罪比流氓犯罪等具有更大的危害。

C. 我国监狱对罪犯的教育改造是普遍有效的。

D. 流氓犯罪等比职务犯罪更容易得手。

E. 惯犯基本上犯的是同一类罪行。

17. 在西西里的一处墓穴里，发现了一只陶瓷花瓶。考古学家证实这只花瓶原产自希腊。墓穴主人生活在 2 700 年前，是当时的一个统治者。因此，这说明在 2 700 年前，西西里和希腊之间已有贸易往来。

    以下哪项是上述论证必须假设的？

    A. 西西里陶瓷匠人的水平不及希腊陶瓷匠人。

    B. 在当时用来制造陶瓷的黏土，西西里产的和希腊产的很不一样。

    C. 墓穴主人活着的时候，已经有大批船队能够往来于西西里和希腊。

    D. 在西西里墓穴里发现的这只花瓶不是墓穴主人的后裔在后来放进去的。

    E. 墓穴主人不是西西里皇族的成员。

18. 尽管有关法律越来越严厉，但盗猎现象并没有得到有效抑制，反而有愈演愈烈的趋势，特别是对犀牛的捕杀。一只没有角的犀牛对盗猎者来说是没有价值的，野生动物保护委员会为了有效地保护犀牛，计划将所有的犀牛角都切掉，以使它们免遭杀害的厄运。

    野生动物保护委员会的计划假设了以下哪项？

    A. 盗猎者不会杀害对他们没有价值的犀牛。

    B. 犀牛是盗猎者为获得其角而猎杀的唯一动物。

    C. 无角的犀牛比有角的犀牛对包括盗猎者在内的人威胁都小。

    D. 无角的犀牛仍可成功地对人类以外的敌人进行防卫。

    E. 对盗猎者进行更严格的惩罚并不会降低盗猎者猎杀犀牛的数量。

19. 从技术上讲，一种保险单如果其索赔额及管理费用超过保金收入，这种保险单就属于折价发行。但是保金收入可以用来投资并产生回报，因而折价发行的保单并不一定总是亏本的。

    上述论断建立在以下哪项假设基础之上？

    A. 保险公司不会为吸引顾客而故意折价发行保单。

    B. 并不是每种亏本的保单都是折价发行的。

    C. 在索赔发生前，保单每年的索赔额都是可以精确估计的。

    D. 投资与保金收入的所得是保险公司利润的最重要来源。

    E. 至少部分折价发行的保单，并不要求保险公司在得到保金后立即支付全部赔偿。

20. 这个国家在 1987 年控制非法药物进入的计划失败了。尽管对非法药物的需求呈下降趋势，但是，如果这个计划没有失败，多数非法药物在 1987 年的批发价格不会急剧下降。

    以上结论依赖于以下哪一个假设？

    A. 1987 年非法药物的供给大幅下降。

    B. 1987 年平均每个消费者支付的非法药物的价格并未显著下降。

    C. 本国非法药物产量比非法进入该国的非法药物增加更多。

    D. 1987 年少数几种非法药物的批发价格大幅上升了。

E. 1987年非法药物需求的下降不是其批发价格下降的唯一原因。

21. 学校董事会决定减少员工中教师的数量。学校董事会计划首先解雇效率较低的教师，而不是简单地按照年龄的长幼决定解雇哪些教师。

    校董事会的这个决定假定了以下哪项？

    A. 有能比较准确地判定教师效率的方法。
    B. 个人的效率不会与另一个人的相同。
    C. 最有教学经验的教师就是最好的教师。
    D. 报酬最高的教师通常是最称职的。
    E. 每个教师都有某些教学工作是自己的强项。

22. 在2012年以前，阿司匹林和退热净独占了利润丰厚的日常使用止痛药市场。但在2012年，布洛芬在日常使用的止痛药的份额中占据了50%。因此，商业专家认为，2012年相应的阿司匹林和退热净的出售额一共也减少了50%。

    上述结论的提出建立在以下哪项假设的基础之上？

    A. 大多数消费者倾向使用布洛芬而不是阿司匹林或退热净。
    B. 阿司匹林、退热净和布洛芬都能减轻头痛和肌肉疼痛，但阿司匹林和布洛芬会引起胃肠不适。
    C. 布洛芬的加入并没有引起整个日常使用止痛药的市场增加总的出售额。
    D. 生产和出售阿司匹林和退热净的公司不生产、出售布洛芬。
    E. 2012年以前，布洛芬是处方药。2012年之后，布洛芬成了非处方药。

23. 公寓住户设法减少住宅小区物业管理费的努力是不明智的。因为，对于住户来说，物业管理费少交1元，为了应付因物业管理质量下降而付出的费用，很可能是3元、4元，甚至更多。

    以下哪项最可能是上述论证所假设的？

    A. 目前许多住宅小区的物业管理费的标准偏高。
    B. 目前许多住宅小区的物业管理费的标准是合理的。
    C. 目前许多住宅小区的物业管理质量是合格的。
    D. 物业管理费的减少必然导致物业管理质量的下降。
    E. 物业管理部门很可能以降低服务质量来应对物业管理费的减少。

24～25题基于以下题干：

张教授：据世界范围的统计显示，20世纪50年代，癌症病人的平均生存年限（即从确诊至死亡的年限）是2年，而到20世纪末这种生存年限已升至6年。这说明，世界范围内诊治癌症的医疗水平总体上有了显著的提高。

李研究员：您的论证缺乏说服力。因为您至少忽略了这样一个事实：20世纪末癌症的早期确诊率较20世纪50年代有了显著的提高。

24. 李研究员的反驳基于以下哪项假设？

    A. 张教授的论证所依据的统计数据是完全准确的。
    B. 癌症的早期确诊有利于延长患者的生存年限。
    C. 20世纪末人类的平均寿命较50年代有了显著的提高。
    D. 20世纪50年代以来，癌症一直是威胁人类健康和生命的头号杀手。
    E. 癌症是可以彻底治愈的。

25. 以下哪项如果为真，最能削弱李研究员的反驳？

    A. 癌症的早期确诊，很大程度上依赖于患者的自我保健意识。

    B. 对癌症的早期确诊，是提高癌症诊治水平的重要内容和标准。

    C. 无论在20世纪50年代还是在20世纪末，诊治癌症的医疗水平在世界的不同国家和地区是不平衡的。

    D. 20世纪末癌症的发病率比20世纪50年代有显著提高。

    E. 20世纪末和20世纪50年代相比，有更多的癌症患者接受化疗。

26. 一位足球教练这样教导他的队员："足球比赛从来都是以结果论英雄。在足球比赛中，你不是赢家就是输家；在球迷的眼里，你要么是勇敢者，要么是懦弱者。由于所有的赢家在球迷眼里都是勇敢者，所以每个输家在球迷眼里都是懦弱者。"

    为使上述足球教练的论证成立，以下哪项是必须假设的？

    A. 在球迷们看来，球场上勇敢者必胜。

    B. 球迷具有区分勇敢和懦弱的准确判断力。

    C. 球迷眼中的勇敢者，不一定是真正的勇敢者。

    D. 即使在球场上，输赢也不是区分勇敢者和懦弱者的唯一标准。

    E. 在足球比赛中，赢家一定是勇敢者。

27. 在汉语和英语中，"塔"的发音是一样的，这是英语借用了汉语；"幽默"的发音也是一样的，这是汉语借用了英语。而在英语和姆巴拉拉语中，"狗"的发音也是一样的，但可以肯定，使用这两种语言的人交往只是将近两个世纪的事，而姆巴拉拉语（包括"狗"的发音）的历史，几乎和英语一样古老。另外，这两种语言，属于完全不同的语系，没有任何亲缘关系。因此，这说明，不同的语言中出现意义和发音相同的词，并不一定是由于语言的相互借用，或是由语言的亲缘关系所致。

    为使以上论述成立，以下哪项是必须假设的？

    A. 汉语和英语中，意义和发音相同的词都是相互借用的结果。

    B. 除了英语和姆巴拉拉语以外，还有多种语言对"狗"有相同的发音。

    C. 没有第三种语言从英语或姆巴拉拉语中借用"狗"一词。

    D. 如果两种不同语系的语言中有的词发音相同，则使用这两种语言的人一定在某个时期彼此接触过。

    E. 使用不同语言的人相互接触，一定会导致语言的相互借用。

28. 天文学家一直假设，宇宙中的一些物质是看不见的。研究显示：许多星云如果都是由能看见的星球构成的话，它们的移动速度要比任何条件下能观测到的快得多。专家们由此推测：这样的星云中包含着看不见的巨大物质，其重力影响着星云的运动。

    以下哪项是题干的议论所假设的？

    Ⅰ. 题干说的看不见，是指不可能被看见，而不是指离地球太远，不能被人的肉眼或借助天文望远镜看见。

    Ⅱ. 上述星云中能被看见的星球总体质量可以得到较为准确的估计。

    Ⅲ. 宇宙中看不见的物质，除了不能被看见这点以外，具有看得见的物质的所有属性，例如具有重力。

A. 仅Ⅰ。 B. 仅Ⅱ。 C. 仅Ⅲ。
D. 仅Ⅰ和Ⅱ。 E. Ⅰ、Ⅱ和Ⅲ。

29. 没有一个植物学家的寿命长到足以研究一棵长白山红松的完整生命过程。但是，通过观察处于不同生长阶段的许多棵树，植物学家就能拼凑出一棵树的生长过程。这一原则完全适用于目前天文学家对星团发展过程的研究。这些由几十万个恒星聚集在一起的星团，大都有100亿年以上的历史。

以下哪项最可能是上文所做的假设？

A. 在科学研究中，适用于某个领域的研究方法，原则上都适用于其他领域，即使这些领域的对象完全不同。
B. 天文学的发展已具备对恒星聚集体的不同发展阶段进行研究的条件。
C. 在科学研究中，完整地研究某一个体的发展过程是没有价值的，有时也是不可能的。
D. 目前有尚未被天文学家发现的星团。
E. 对星团的发展过程的研究，是目前天文学研究中的紧迫课题。

30. 急性视网膜坏死综合征是由疱疹病毒引起的眼部炎症综合征。急性视网膜坏死综合征患者的大多数临床表现反复出现，相关的症状体征时有时无，药物治疗效果不佳。这说明，此病是无法治愈的。

上述论证假设反复出现急性视网膜坏死综合征症状体征的患者_____

A. 没有重新感染过疱疹病毒。 B. 没有采取防止疱疹病毒感染的措施。
C. 对疱疹病毒的药物治疗特别抗药。 D. 可能患有其他相关疾病。
E. 先天体质较差。

微模考 5 ▶ 答案详解

1. D

【解析】数字型假设题。

题干：照相机共拍摄了 50 辆超速的汽车的照片，1 公里处的警察测定，共有 25 辆汽车超速 $\xrightarrow{证明}$ 这个警察目测超速汽车的准确率不高于 50%。

题干的结论要成立，必须有两个假设：①照相机拍摄的结果是准确的；②50 辆超速汽车行驶到警察的位置时仍然是超速的。所以，D 项为必要的假设。

2. D

【解析】假设题。

题干：从国外传入的白蝇不是甜薯白蝇，而是银叶白蝇 $\xrightarrow{证明}$ 昆虫学家人工繁殖甜薯白蝇的寄生虫的努力白费了。

题干暗含了一个假设，即甜薯白蝇的寄生虫对银叶白蝇无效，故 D 项为合理的假设。

3. D

【解析】数字型假设题。

题干：①1999 年，在美国 35 岁以上的居民中，10% 患有肥胖症；②2009 年美国的人口将达到 4 亿 $\xrightarrow{证明}$ 2009 年，美国 35 岁以上患肥胖症的人数将达到 2 000 万。

$$2\,000\,万 = 4\,亿 \times 10\% \times \frac{1}{2}。$$

根据上述公式可知，要使题干的推测成立，有两个条件是最可能假设的：第一，在未来 10 年中，美国 35 岁以上的居民中肥胖症患者的比例保持不变；第二，到 2009 年，美国人口中 35 岁以上的将占一半。因此，D 项是题干的推测最可能假设的。

4. B

【解析】数字型削弱题。

A 项，无关选项。

B 项，1998 年和 1999 年肥胖患者比例的比较，说明肥胖症患者的比例呈下降趋势，削弱题干的第一个假设。

C 项，诉诸权威。

D 项，2009 年，35 岁以上所占的比例将比目前的有所下降，但是不知道现在的比例是多少，所以无法知道 2009 年 35 岁以上所占的比例是否是一半，故不能削弱。

E 项，诉诸无知，无法确定题干的统计是否有误。

5. D

【解析】找原因型假设题。

微模考 5 答案详解

题干：失事的原因是飞行员的操作失误──证明──→失事不是因为 W-160 的设计问题。

Ⅰ项，不必假设，比如可能有其他原因（不是操作失误，也不是设计有误），导致 W-160 失事。

Ⅱ项，必须假设，否则，如果飞行员的操作失误，和 W-160 的设计有关，那么，就不能否定对 W-160 设计有误的指控。

Ⅲ项，必须假设，否则，如果对 W-160 空难的调查结论有的不可信，那么，题干中生产厂商反驳的根据也就不可信。

6. C

【解析】论证型假设题。

市政府：根据该急救中心现有的医护人员和医疗设施的规模和综合能力，现有的救护车足够了──证明──→无须购置新救护车。

A 项，不必假设，因为，即使"江口市的急救对象的数量有大的增长"，只要现有的救护车足以应付，就不必购置新车。

B 项，不必假设。

C 项，必须假设，否则，如果急救中心现有的救护车近期内全部退役，就必须购置新车，那么市政府不让购买新车的决策就是错误的。

D 项，无关选项，题干的论证与"其他"医院无关。

E 项，不必假设"至少五年内"不会扩大急救中心的规模和能力，只要"现在"不扩大即可。

7. A

【解析】比例型假设题。

题干：①政府削减对科研项目的资助；②一大批研究项目转而由私人基金资助；③私人基金不资助可能产生争议结果的研究项目──证明──→可能产生争议结果的研究项目在整个受资助研究项目中的比例肯定会因此降低。

A 项，必须假设，否则，如果政府也不愿意资助争议项目，那么，争议项目本来的比例就很低，政府停止资助后，争议项目的比例就不会因为政府的退出而降低。

B 项，不必假设，"只注意"所资助的研究项目的效果，是绝对化，可能还会关注项目的成本等多种因素；"不在意"它是否会导致争议，也绝对化，政府"在意"的程度比私人轻即可。

其余三项显然不必假设。

8. B

【解析】数字型假设题。

题干：如果地球的未勘探地区中单位面积的平均石油储藏量能和已勘探地区一样的话，那么，目前关于地下未开采的能源含量的正确估计因此要乘上一万──证明──→全球的石油需求，至少可以在未来五个世纪中得到满足。

B 项，必须假设，指出题干的前提可以实现，否则，如果这些石油不能被勘测和开采出来，那么就无法满足全球的石油需求了。

245

9. E

【解析】数字型假设题。

题干中的论据：

①心率越快，单位时间进入循环的血液量越多。

②血液中的红细胞运输氧气。

③一个人单位时间通过血液循环获得的氧气越多，他的体能及其发挥就越佳。

④在高海拔地区，人体内每单位体积血液中含有的红细胞数量，要高于在低海拔地区。

题干中的结论：为了提高运动员在体育比赛中的竞技水平，应该在高海拔地区训练。

由题干论据②、④可知，在高海拔地区，一次心跳的输氧量更大，结合题干论据①可得如下公式：

单位时间输氧量(如一分钟)＝一次心跳输氧量×心率(一分钟心脏跳动次数)。

可知，若在高海拔地区，运动员的心率不低于低海拔地区，则单位时间输氧量比低海拔地区更高，从而提高了运动员的竞技水平，故 E 项必须假设。

A 项，假设过强，例如，如果海拔越高，运动员的心率越快，则 A 项不成立，但题干的论证并不会因此不成立。

D 项，支持题干，但不是题干的论证必须假设的。

B、C 项显然不必假设。

10. C

【解析】论证型削弱题。

张教授：在百万年前的智人遗址发现了烧焦的羚羊骨头碎片的化石──证明→人类在自己进化的早期已经知道用火来烧肉了。

李研究员：在同样的地方也同时发现了被烧焦的智人骨头碎片的化石。

李研究员提供的证据，说明有可能烧焦羚羊骨头的火，正是烧焦智人骨头的火，那么这样的火不是智人控制的，故选 C 项。

B 项，推理过度。李研究员并未质疑智人掌握用火技能，仅仅是质疑张教授的论据不足以说明智人知道"用火烧肉"。

11. B

【解析】论证型假设题。

A 项，假设过度，"智人"不以自己的同类为食即可使李研究员的论证成立，不必要求"所有动物"如此。

B 项，必须假设，否则，如果在发展早期，人类以自己的同类为食，那么，上述被烧焦的智人骨头碎片完全可能是人为火烧的结果，这样，李研究员的质疑就失去了根据。

C、D、E 项显然不必假设。

12. D

【解析】论证型假设题。

题干：有三分之一的应聘者在被问及一个不存在的经济学家时，回答知道或听说过──证明→这些应聘者撒谎──证明→测谎器有效。

A项，不必假设，因为另外三分之二的应聘者可以回答没听说过这个经济学家。

B项，主持者是否诚实，不妨碍这个实验结果，无关选项。

C项，实验的目的就是测试应聘者是否诚实，因此，不必假定他们中的大多数本身是诚实的。

D项，必须假设，否则，如果应聘者在面试时知道使用了测谎器，并因此显然就能意识到面试的目的之一是测试是否诚实，那么，就没有必要在上述这样一个无关紧要的问题上撒谎。

E项，显然不必假设。

13. A

【解析】评论逻辑漏洞。

题干中的实验不用测谎器也完全能确定应聘者是否撒谎，测谎器在实验中并未起作用，所以，这个实验只能说明有人说谎，不能确定测谎器能有效测谎，即 A 项最为恰当。

14. E

【解析】论证型假设题。

题干：在"自认为有钱"的被调查者中，只有 1/3 的人"感觉"自己是幸福的 —— 证明 →"有钱"并不意味着"幸福"。

前提中的关键词是"自认为有钱"和"感觉幸福"，结论中的关键词是"有钱"和"幸福"。要想使这个推论成立，必须建立这两组关键词的等价关系，即："自认为有钱"就是"有钱"，"感觉幸福"就是"幸福"。故 E 项正确。

D项，不必假设，因为题干中的论证要成立，无须"全部"是有钱人，只要"感觉"有钱的是有钱人就可以了。

15. A

【解析】支持题。

A项，说明"认为"有钱的人确实是有钱人，支持题干。

B、C项，削弱题干。

D、E项，无关选项。

16. E

【解析】论证型假设题。

李研究员：因职务犯罪入狱的刑满释放人员不具备重新犯罪的条件，因为刑满释放人员很难再得到官职；而因流氓犯罪入狱的刑满释放人员如果重新犯罪，几乎不需要什么外部条件。

李研究员的反驳中显然暗含着一个假设：刑满释放人员如果重新犯罪，犯的还是同一类罪行，故 E 项正确。

A项，假设过强，李研究员的依据是"不具备条件→不会犯罪"，等价于"犯罪→具备条件"，不必假设"具备条件一定会重新犯罪"。

其余各项显然不必假设。

17. D

【解析】论证型假设题(果因型)。

题干：在 2 700 年前的西西里墓穴里，发现原产自希腊的花瓶 —— 证明 → 2 700 年前，西西里和希腊之间已有贸易往来。

题干暗含的假设是：墓穴的年代，与花瓶的年代相同，故 D 项必须假设。否则，如果花瓶是墓穴主人的后裔在后来放进去的，那么，就不能证明 2 700 年前，西西里和希腊之间已有贸易往来（排除他因）。

其余各项均为无关选项。

18. A

【解析】措施目的型假设题。

题干：一只没有角的犀牛对盗猎者是没有价值的（原因）——导致——将所有的犀牛角都切掉（措施）——以求——保护犀牛免遭杀害（目的）。

A 项，必须假设，说明措施确实可以达到保护犀牛的目的。否则，即使将所有的犀牛角都切掉，盗猎者还会捕杀犀牛，那么这个措施就无效了。

E 项，不必假设，因为如果 E 项不成立，即对盗猎者进行更严格的惩罚，可以降低盗猎者猎杀犀牛的数量，也不能说明题干中的措施无效。

其余各项显然均不必假设。

19. E

【解析】措施目的型假设题。

题干：将保金收入用来投资并产生回报（措施）——以求——以避免折价发行的保单亏本（目的）。

A 项，无关选项。

B 项，等价于：有的亏本的保单不是折价发行的，无关选项。

C 项，不必假设，即使没有精确估计，只进行粗略的估计，可能也可以避免亏本。

D 项，不必假设，"最重要"绝对化。

E 项，必须假设，只有 E 项成立，才具备把保金用于投资的可能，措施可行。

20. E

【解析】论证型假设题。

题干：尽管对非法药物的需求呈下降趋势，但是，如果控制非法药物进入的计划没有失败，多数非法药物在 1987 年的批发价格不会急剧下降。

E 项，必须假设，否则，如果需求下降是非法药物批发价格下降的唯一原因，那么，计划是否失败就与非法药物的价格没有关系了。

21. A

【解析】措施目的型假设题。

题干：解雇效率较低的教师。

A 项，必须假设，必须有判定教师效率的方法，才能解雇效率较低的教师，方法可行。

22. C

【解析】数字型假设题。

题干：止痛药市场由阿司匹林和退热净独占变成了布洛芬占据 50%——证明——阿司匹林和退热净的出售额减少了 50%。

A 项，不必假设，如果此项为真，则布洛芬占据的市场份额可能大于 50%，削弱了题干。

B项，无关选项，题干并未涉及副作用的问题。

C项，必须假设，否则，若布洛芬所获得份额是新增的市场，则阿司匹林和退热净的出售额不一定会减少。

D项，无关选项，题干并未涉及生产商问题。

E项，无关选项，与是否为处方药无关。

23. E

【解析】假设题。

题干：物业管理费少交1元，为了应付因物业管理质量下降而付出的费用，"很可能"是3元、4元，甚至更多。

根据搭桥法：少交物业管理费→"很可能"物业管理质量下降，故E项必须假设。

D项断定过强，题干用的语气是"很可能"，此项用的是"必然"。

24. B

【解析】论证型假设题(果因)。

张教授：20世纪50年代，癌症病人的平均生存年限(即从确诊至死亡的年限)是2年，而到20世纪末这种生存年限已升至6年——证明→世界范围内诊治癌症的医疗水平有显著的提高。

李研究员：20世纪末癌症的早期确诊率较20世纪50年代有了显著的提高，所以张教授的论证缺乏说服力。

李研究员用的是"另有他因"的反驳方法，即，癌症的早期确诊延长了患者的生存年限，故B项必须假设，否则，早期确诊率的提高不是患者生存年限提高的原因，李研究员的反驳就不成立了。

25. B

【解析】削弱题。

李研究员反驳的观点是"诊治癌症的医疗水平有显著的提高"，若B项成立，则李研究员的论据恰好证明了"诊治癌症的医疗水平有显著的提高"，支持了张教授的论证，削弱了李研究员的反驳。

26. A

【解析】假设题(搭桥法)。

题干：每个输家在球迷眼里都是懦弱者。

即：输家→懦弱=¬懦弱→¬输=勇敢→赢，故A项必须假设。

注意：如果题干中没有说"你不是赢家就是输家"，那么"¬输"不一定是"赢"，而有可能是平。

27. C

【解析】题干：不同的语言中出现意义和发音相同的词，并不一定是由于语言的相互借用，或是由于语言的亲缘关系所致。

C项，必须假设，否则，可能是第三种语言中的"狗"一词，成为英语和姆巴拉拉语的中介词（排除他因）。

28. D

【解析】论证型假设题。

题干：星云如果都是由能看见的星球构成的话，它们的移动速度要比任何条件下能观测到的快得多──证明→这样的星云中包含着看不见的巨大物质，其重力影响着星云的运动。

Ⅰ项，必须假设，因为题干说这些星云的移动速度"比任何条件下能观测到的快得多"。

Ⅱ项，必须假设，如果星云的质量不能被准确估计，那就无法依据"重力"计算出星云的移动速度。

Ⅲ项，不必假设具有"所有属性"。

29. B

【解析】类比型假设题。

题干采用类比论证：观察不同生长阶段的许多棵树，就能拼凑出一棵树的生长过程──证明→这一原则完全适用于目前天文学家对星团发展过程的研究。

题干暗含两个假设：①此研究方法适用于对星团的研究（类比恰当）；②可以对不同发展阶段的星团进行研究（措施可行）。

B项是假设②，正确。

A项不必假设，不必"都适用于其他领域"，此方法只要适用于星团的研究即可。

30. A

【解析】果因型假设题。

题干：患者的大多数临床表现反复出现，相关的症状体征时有时无，药物治疗效果不佳←导致──此病是无法治愈的。

要得出此病无法治愈的结论，要排除患者被治愈后再次感染此病毒的可能性，故 A 项正确（排除他因）。

第6章 解释题

解释题概述

解释题的题干给出一个现象或某种矛盾，请你解释现象发生的原因，或者找一个选项化解题干中表面上看起来的矛盾。解释题的本质是"找原因"。

解释题的常见提问方式如下：
"以下哪项如果为真，最能解释题干中似乎存在的不一致？"
"以下哪项如果为真，最能解释题干中的现象？"
"以下哪项如果为真，最能解释题干中看起来的矛盾？"

题型 26 解释现象

母题技巧

1. 解释现象

题干给出一段关于某些事实、现象或差异的客观描述，要求找到一个正确的选项，用来解释事实、现象或差异发生的原因。

2. 解释矛盾

题干中存在两个相互矛盾的现象，要求找到正确的选项以化解矛盾或者解释为什么会存在这种矛盾。

3. 解释差异

题干涉及两类看起来相似、实际上不同的对象，这两类对象在某些方面表现出差异，要求找到造成这种差异的原因。

解释差异题的本质是求异法，前提中的差异因素造成了结果的差异。因此，找到两类对象的差异因素就找到了答案。

4. 解题技巧

（1）转折词。

解释题中往往有转折词，如"但是""然而"等，转折词的前后一般就是矛盾或差异的双方。

（2）关键词。

矛盾或差异的双方如果有关键词不同，可能是因为这个不同导致矛盾或差异。

（3）另有他因。

要找到差异或矛盾的原因，往往通过寻找他因的方法。

（4）不质疑现象。

题干中给出的现象默认为事实，我们需要找到这种现象发生的原因，而不能质疑这些事实。

（5）不质疑矛盾的任何一方。

题干中给出矛盾的双方，我们不质疑任何一方，只解释为什么出现矛盾，或者找个选项化解矛盾。

母题精练

1. 我国有2 000万家庭靠生产蚕丝维持生计，出口量占世界市场的四分之三，然而近年来丝绸业面临出口困境：丝绸形象降格，出口数量减少，又遇到亚洲的一些竞争对手，有些国家还对丝绸进口实行了配额，这对我国丝绸业无疑是一个打击。

   以下哪项不是造成上述现象的原因？

   A. 丝绸行业的决策者不认真研究国际行情，缺乏长远打算，只追求短期效益。

   B. 几年来国内厂家一门心思提高丝绸产量，而忘记了质量。

   C. 中国的丝绸技术传到了外国，使丝绸市场有了竞争对手。

   D. 丝绸是人们非常喜欢的一种夏季面料，穿着凉爽、舒适。

   E. 加剧的竞争和大大增加的产量使丝绸从充满异国情调的商品变成了很平常的东西。

2. 某国有一家非常受欢迎的冰淇淋店，最近将一种冰淇淋的单价从过去的1.80元提高到2元，销售仍然不错。然而，在提价一周之内，几个雇员陆续辞职不干了。

   下列哪项最能解释上述现象？

   A. 提价后顾客不再像过去那样能将剩下的零钱作为小费。

   B. 提高价格使该店不能继续保持其冰淇淋良好的市场占有率。

   C. 尽管冰淇淋涨价了，老主顾们依然经常光顾该店。

   D. 尽管提了价，该店的冰淇淋仍然比其他商店卖得便宜。

   E. 冰淇淋的提价对店员们的工资水平并没有影响。

3. 全国各地的电话公司目前开始为消费者提供电子接线员系统，然而，在近期内，人工接线员并不会因此减少。

   除了下列哪项外，其他各项均有助于解释上述现象？

   A. 需要接线员帮助的电话数量剧增。

   B. 尽管已经过测试，新的电子接线员系统要全面发挥功能还需进一步调整。

   C. 如果在目前的合同期内解雇人工接线员，有关方面将负法律的责任。

D. 在一个电子接线员系统的试用期内，几乎所有的消费者，在能够选择的情况下，都愿意选择人工接线员。

E. 新的电子接线员的接拨电话效率两倍于人工接线员。

4. 一则关于许多苹果都含有一种致癌防腐剂的报道，对消费者产生的影响极小。几乎没有消费者打算改变他们购买苹果的习惯。尽管如此，在报道一个月后的三月份，食品杂货店的苹果销售量大大地下降了。

下列哪项如果为真，能最好地解释上述明显的差异？

A. 在三月份里，许多食品杂货商为了显示他们对消费者健康的关心，移走了货架上的苹果。

B. 由于大量的食物安全警告，到了三月份，消费者已对这类警告漠不关心。

C. 除了报纸以外，电视上也出现了这个报道。

D. 尽管这种防腐剂也用在别的水果上，但是，这则报道没有提到。

E. 卫生部门的官员认为，由于苹果上仅含有少量的该种防腐剂，因此，不会对健康有威胁。

5. 用甘蔗提炼乙醇比用玉米提炼乙醇需要更多的能量，但奇怪的是，多数酿酒者却偏爱用甘蔗做原料。

以下哪项最能解释上述矛盾现象？

A. 任何提炼乙醇的原料的价格都随季节波动，而提炼的费用则相对稳定。

B. 用玉米提炼乙醇比用甘蔗节省时间。

C. 玉米质量对乙醇产品的影响较甘蔗小。

D. 用甘蔗制糖或其他食品的生产时间比提炼乙醇的时间长。

E. 燃烧甘蔗废料可提供向乙醇转化所需的能量，而用玉米提炼乙醇则完全需额外提供能量。

6. 洪罗市一项对健身爱好者的调查表明，那些称自己每周固定进行2～3次健身锻炼的人近两年来由28%增加到35%，而对该市大多数健身房的调查则显示，近两年来去健身房的人数明显下降。

以下各项如果为真，都有助于解释上述看似矛盾的断定，除了：

A. 进行健身锻炼没什么规律的人在数量上明显减少。

B. 健身房出于非正常的考虑，往往少报顾客的人数。

C. 由于简易健身器的出现，家庭健身活动成为可能并逐渐流行。

D. 为了吸引更多的顾客，该市健身房普遍调低了营业价格。

E. 受调查的健身锻炼爱好者只占全市健身锻炼爱好者的10%。

7. 一所大学的经济系最近做的一次调查表明，教师的加薪常伴随着全国范围内平均酒类消费量的增加。从1980年到1985年，教师工资平均上涨12%，酒类销售量增加11.5%。从1985年到1990年，教师工资平均上涨14%，酒类销售量增加13.4%。从1990年到1995年，酒类销售量增加15%，而教师平均工资也上涨15.5%。

以下哪项最为恰当地说明了文中引用的调查结果？

A. 当教师有了更多的可支配收入，他们喜欢把多余的钱花费在饮酒上。

B. 教师所得越多，花在买书上的钱就越多。

C. 由于教师增加了，人口也就增加了，酒类消费者也会因此而增加。

D. 在文中所涉及的时期里，乡镇酒厂增加了很多。

E. 从1980年至1995年，人民生活水平提高了，酒类消费量和教师工资也增加了。

8. 科学家：就像地球一样，金星内部也有一个炽热的熔岩核，随着金星的自转和公转会释放巨大的热量。地球是通过板块构造运动产生的火山喷发来释放内部热量的，在金星上却没有像板块构造运动那样造成的火山喷发现象，令人困惑。

   如果以下陈述为真，则哪一项对科学家的困惑给出了最佳的解释？

   A. 金星自转缓慢而且其外壳比地球的薄得多，便于内部热量向外释放。

   B. 金星大气中的二氧化碳所造成的温室效应使其地表温度高达485℃。

   C. 由于受高温高压的作用，金星表面的岩石比地球表面的岩石更坚硬。

   D. 金星内核的熔岩运动曾经有过比地球的熔岩运动更剧烈的温度波动。

   E. 金星与太阳的距离比地球与太阳的距离更近。

9. 达里湖是由火山喷发而形成的高原堰塞湖，生活在半咸水湖里的华子鱼——瓦氏雅罗鱼，像生活在海中的蛙鱼一样，必须洄游到淡水河的上游产卵繁育。尽管目前注入达里湖的4条河流都是内陆河，没有一条河流通向海洋，科学家们仍然确信：达里湖的华子鱼最初是从海洋迁徙而来的。

   以下哪一项陈述如果为真，能对科学家的信念提供最佳的解释？

   A. 生活在黑龙江等水域的雅罗鱼比达里湖的瓦氏雅罗鱼个头大一倍。

   B. 捕捞出的华子鱼放入海水或淡水中只能存活一两天，死后迅速腐坏。

   C. 达里湖与海洋的距离并没有过于遥远。

   D. 科研人员将达里湖华子鱼的鱼苗放入远隔千里的柴盖淖，养殖成功。

   E. 冰川融化形成达里湖，溢出的湖水曾与流入海洋的辽河相连。

10. 最近，有几百只海豹因吃了受到化学物质污染的一种鱼而死亡。这种化学物质即使量很少，也能使哺乳动物中毒。然而人吃了这种鱼却没有中毒。

    以下哪项如果正确，则最有助于解释上面陈述中的矛盾？

    A. 受到这种化学物质污染的鱼本身并没有受到化学物质的伤害。

    B. 有毒的化学物质聚集在那些海豹吃而人不吃的鱼的部位。

    C. 在某些既不吃鱼也不吃鱼制品的人体内，也发现了微量的这种化学毒物。

    D. 被这种化学物质污染的鱼只占海豹总进食量的很少一部分。

    E. 人类和海豹的消化系统有很大差别。

答案详解

1. D

【解析】解释现象。

丝绸业面临出口困境：丝绸形象降格，出口数量减少，又遇到亚洲的一些竞争对手，有些国家还对丝绸进口实行了配额。

A项，解释了"丝绸形象降格，出口数量减少"是因为决策者目光短浅。

B项，解释了是质量问题导致题干中的现象。

第6章 解释题

C项，解释了是因为技术被竞争对手掌握，从而出现"亚洲的一些竞争对手"。

D项，不能解释题干，此项说明的是丝绸的优点，不是丝绸形象降格、出口下降的原因。

E项，解释了丝绸形象降格的原因。

2. A

【解析】解释现象。

待解释的现象：冰淇淋的单价从过去的1.80元提高到2元后，为何几个雇员陆续辞职？

A项，说明雇员的利益受到损害，可以解释几个雇员陆续辞职的原因。

其余各项均不能解释。

3. E

【解析】解释现象。

待解释的现象：全国各地的电话公司目前开始为消费者提供电子接线员系统，然而，在近期内，人工接线员并不会因此减少。

A项，电话总量变多，可以解释。

B项，电子接线员系统需要调整，解释题干中"近期内"人工接线员不会减少的原因。

C项，法律不允许解雇合同期内的人工接线员，解释题干中"近期内"人工接线员不会减少的原因。

D项，消费者更愿意选择人工接线员，可以解释。

E项，加剧了题干中的矛盾。

4. A

【解析】解释现象或矛盾。

待解释的现象：顾客并没有因为那则关于许多苹果都含有致癌防腐剂的报道而改变他们购买苹果的习惯，但是，在报道一个月后的三月份，食品杂货店的苹果销售量大大地下降了。

A项，可以解释，虽然消费者还愿意买，但是食品杂货商不再卖苹果，导致苹果销售量下降。

其余各项都不能解释为什么苹果销售量下降。

5. E

【解析】解释现象或矛盾。

待解释的现象：用甘蔗提炼乙醇比用玉米提炼乙醇需要更多的能量，但是，多数酿酒者却偏爱用甘蔗做原料。

A项，只说原料的价格随季节波动，但无法判断玉米和甘蔗哪个便宜，不能解释题干中的现象。

B、C项，说明玉米比甘蔗有优势，那么更应该用玉米做原料，加剧题干中的矛盾。

D项，无关选项，题干与"糖或其他食品"无关。

E项，说明用甘蔗提炼乙醇虽然消耗更多的能量，但是这些能量可以用燃烧甘蔗废料来提供，指出了甘蔗相对于玉米的优势，可以解释题干中的现象。

6. D

【解析】解释现象或矛盾。

待解释的矛盾：称自己每周固定进行2～3次健身锻炼的人近两年来由28%增加到35%，但是，对大多数健身房的调查则显示，近两年来去健身房的人数明显下降。

A项，可以解释，其他顾客减少了，另有他因。

B项，可以解释，说明调查结果不准确。

C项，可以解释，出现了替代品。

D项，不能解释，为了吸引更多的顾客，该市健身房普遍调低了营业价格，那么进健身房的人数应该变多才对，而不应该是减少，加剧了题干中的矛盾。

E项，可以解释，指出样本没有代表性，调查结果可能不准确。

7. E

【解析】解释现象。

题干使用共变法：教师的加薪常伴随着全国范围内平均酒类消费量的增加。

共变的两个现象，常见两种可能：(1)两种现象中有因果关系；(2)由另外一种原因导致了这两种现象的发生。

E项，说明是人民生活水平提高，导致了教师的加薪和酒类消费量的增加。

8. A

【解析】解释现象。

待解释的现象：金星和地球一样，内部也有一个炽热的熔岩核，但是，地球是通过板块构造运动产生的火山喷发来释放内部热量的，金星上却没有这种现象。

A项，金星靠别的方式释放了内部热量，可以解释。

其余各项均与释放热量没有直接关系，无关选项。

9. E

【解析】解释现象。

待解释的现象：目前注入达里湖的4条河流都是内陆河，没有一条河流通向海洋，科学家们仍然确信达里湖的华子鱼最初是从海洋迁徙而来的。

E项，可以解释，说明在历史上某个时期，达里湖曾与海洋相连。

其余各项均为无关选项。

10. B

【解析】解释差异。

题干：几百只海豹因吃了受到化学物质污染的一种鱼而死亡，但是，人吃了这种鱼却没有中毒。

A项，无关选项，题干只讨论该化学物质是否伤害哺乳动物，而不涉及是否伤害鱼。

B项，可以解释，说明有毒的部分海豹会吃，而人不会吃，所以人没有中毒。

C项，无关选项，题干仅涉及吃这种鱼是否会中毒，与不吃鱼的人无关。

D项，无关选项，无法解释人吃了这种鱼为什么没有中毒。

E项，不能解释，因为题干已经表明"这种化学物质即使量很少，也能使哺乳动物中毒"，消化系统的差异无法将人类排除在会中毒的哺乳动物之外。

题型 27　解释数量关系

母题技巧

1. 数字型解释题的结构

数字型的题目,涉及一些简单的数学公式,常见比例、利润、增长率、平均值,等等,用数学的思维解这类题目,会变得相当简单。

2. 解题步骤

①读题干,若题干涉及利润、增长率、比例、平均值等数字关系,可认定是数字型解释题。

②判断适用题干的基本数学公式。

③找到造成题干中数字关系的原因。

母题精练

1. 美国 2006 年人口普查显示,男婴与女婴的比例是 51∶49;等到这些孩子长到 18 岁时,性别比例却发生了相反的变化,男女比例是 49∶51。而在 25 岁到 34 岁的单身族中,性别比例严重失调,男女比例是 46∶54。美国越来越多的女性将面临找对象的压力。
   如果以下陈述为真,则哪一项最有助于解释上述性别比例的变化?
   A. 在 40~69 岁的美国女人中,约有四分之一的人正在与比她们至少小 10 岁的男人约会。
   B. 2005 年,单身女子是美国的第二大购房群体,其购房量是单身男子购房量的 2 倍。
   C. 在青春期,因车祸、溺水、犯罪等而死亡的美国男孩远远多于美国女孩。
   D. 1970 年,美国约有 30 万桩跨国婚姻;到 2005 年增加 10 倍,占所有婚姻的 5.4%。
   E. 人口普查的数据来源应当涉及全美国。

2. 2012 年入夏以来,美国遭遇了 50 多年来最严重的干旱天气,本土 48 个州有三分之二的区域遭受中度以上旱灾,预计玉米和大豆将大幅度减产。然而,美国农业部 8 月 28 日发布的报告预测,2012 年美国农业净收入有望达到创纪录的 1 222 亿美元,比去年增加 3.7%。
   如果以下陈述为真,则哪一项最好地解释了上述看似矛盾的两个预测?
   A. 2012 年,全球许多地方遭遇干旱、高温、暴雨、台风等自然灾害。
   B. 目前玉米和大豆的国际价格和美国国内价格均出现暴涨。
   C. 美国农场主可以获得农业保险的赔款,抵消一部分减产的影响。
   D. 为应对干旱,美国政府对农场主采取了诸如紧急降低农业贷款利率等一系列救助措施。
   E. 美国农业基础较好,在全球有广泛的影响力。

3. 2014 年 3 月 8 日凌晨,马来西亚航空公司的 MH370 航班在越南的雷达覆盖边界与空中交通管制失去联系。在 MH370 失踪 16 天后的 3 月 24 日,马来西亚总理纳吉布宣布,此航班已经在南印度洋飞行终结。此事引发了公众对航空安全的关注。统计数据显示，从20世纪50年代到现在，民用航班的事故率一直在下降，每亿客公里的死亡人数，1945年为2.78人，20世纪50年代为0.90人，近30年为0.013人。然而，近几十年来民航事故的绝对数量却在增加。

如果以下陈述为真，则哪一项可以最好地解释上述看似矛盾的现象？

A. 信息技术日新月异，现在如果某地发生民航事故，消息会很快传遍世界。

B. 民航安全方面，事故率最低的是欧盟，事故率较高的是非洲。

C. 近几十年来民航的运输量快速增长。

D. 近几十年来地球气候变化异常，大雾等恶劣天气增多。

E. 近几十年来民航事故的起因大多是偶然因素。

4. 地方政府在拍卖土地时，有一个基本的价格，叫作土地基价；拍卖所得超出土地基价的金额与土地基价之比，叫作溢价率。溢价率的高低标志着土地市场和楼市的热度。B市有一块地，在今年第一次上市过程中，因溢价率将创新高而被临时叫停。第二次上市最终以低于第一次上市的溢价率成交，但成交的总金额却超出了第一次可能达到的数额。

如果以下陈述为真，则哪一项最好地解释了上述看似不一致的现象？

A. B市的这块地在第二次上市时，政府上调了它的土地基价。

B. 今年B市实行了全国最严格的房地产调控政策。

C. 目前拍卖土地所得是地方政府重要的财政来源。

D. B市的这块地在第二次上市时，开发商的竞争程度远比第一次激烈。

E. 两次参与B市这块地竞拍的开发商不是同一批开发商。

5. 由甲、乙双方协议共同承建的某项建筑尚未完工就发生倒塌事故。在对事故原因的民意调查中，70%的人认为是使用的建筑材料伪劣；30%的人认为是违章操作；25%的人认为原因不清，需要深入调查。

以下哪项最能合理地解释上述看似矛盾的陈述？

A. 被调查的共有125人。

B. 有的被调查者后来改变了自己的观点。

C. 有的被调查者认为事故的发生既有建筑材料伪劣的原因，也有违章操作的原因。

D. 很多认为原因不清的被调查者实际上有自己倾向性的判断，但是不愿意透露。

E. 调查的操作出现技术性差错。

6. 学校复印社试行承包后，复印价格由每张标准纸0.35元上升到0.40元，这引起了学生的不满。校务委员会通知承包商，或者他能确保复印的原有价格保持不变，或者将中止他的承包。承包商采取了相应的措施，既没有因此减少了盈利，又没有违背校务委员会通知的字面要求。

以下哪项最可能是承包商采取的措施？

A. 承包商会见校长，陈述因耗材（特别是复印纸）价格上涨使复印经营面临的难处，说服校长指令校务委员会收回通知。

B. 承包商维持每张标准纸0.40元的复印价格不变，但由使用进价较低的三五牌复印纸改为使用进价较高的大北牌复印纸。

C. 承包商把复印价格由每张0.40元降低为0.35元，但由使用进价较高的大北牌复印纸改为使用进价较低的三五牌复印纸。

D. 承包商维持每张标准纸 0.40 元的复印价格不变，但同时增设了打字业务，其收费低于市价，受到学生欢迎。

E. 承包商决定中止承包。

答案详解

1. C

【解析】解释数量关系。

待解释的现象：2006 年美国男婴与女婴的比例是 51∶49，等他们长大后性别比例却发生了相反的变化，变为 49∶51。

由此可以推出，在这批孩子长大的过程中，男婴可能由于各种原因数量减少，如死亡、移民等。C 项陈述的是其中的一个原因，最有助于解释题干中的现象。

其余各项均不能解释题干中的现象。

2. B

【解析】解释数量关系。

待解释的现象：美国遭遇了 50 多年来最严重的干旱天气，预计玉米和大豆将大幅度减产，但是 2012 年美国农业净收入有望达到创纪录的 1 222 亿美元，比去年增加 3.7%。

B 项，收入＝单价×数量，虽然玉米和大豆将大幅度减产，但是国际和国内价格暴涨，收入就可能增加。

C、D 选项中的措施可以减少农场主的部分损失，但无法解释收入提高，甚至"创纪录"。

其余各项均为无关选项。

3. C

【解析】解释数量关系。

题干中存在的矛盾：事故率在下降，但是，事故的绝对数量却在增加。

$$事故绝对数量＝事故率×总客公里数。$$

事故率降低了，事故的绝对数量却在增加，说明总客公里数增加了。故 C 项正确。

4. A

【解析】解释数量关系。

题干：B 市某地第一次拍卖因溢价率过高而被叫停，第二次溢价率低了，但成交的总金额超过了第一次可能达到的数额。

$$溢价率＝\frac{拍卖价－土地基价}{土地基价}。$$

所以，土地基价升高，可以降低溢价率，故 A 项正确。

5. C

【解析】解释数量关系。

题干中的矛盾：70% 的人认为是使用的建筑材料伪劣；30% 的人认为是违章操作；25% 的人认为原因不清，需要深入调查。即三者之和大于 100%。

C 项，有人认为两种原因都有可能，显然可以解释题干中的矛盾。

B项,"后来"改变了自己的观点,不影响调查时的结果。

其余各项显然不能解释题干中的矛盾。

6. C

【解析】解释数量关系。

校方要求:保持原有价格∨中止承包。

承包商:采取了相应的措施,既没有因此减少了盈利,又没有违背校务委员会通知的字面要求。

承包商显然没有中止承包,那么一定是保持了原有的价格,即价格从现在的0.40元降低到原来的0.35元。

A项,与题干信息"没有违背校务委员会通知"矛盾。

B项,没有保持原有的价格,与校方要求矛盾。

C项,满足了校方要求,同时降低了成本,从而保证了盈利,可能是承包商的措施。

D项,没有保持原有的价格,与校方要求矛盾。

E项,中止承包不可能不减少盈利,与题干中"没有减少盈利"矛盾。

微模考 6 ▶ 解释题

（共 30 题，每题 2 分，限时 60 分钟）　　　你的得分是_____

1. 剪除的干草在土壤中逐渐腐烂，提供养料和产生土壤中的有益细菌，这有利于植物的生长。但是被剪除的如果是新鲜青草的话，则结果会不利于植物的生长。
   以下哪项如果为真，则最能解释上述现象？
   A. 任何植物在土壤中腐烂都会增加土壤中的有益细菌。
   B. 干草腐烂后形成的养料能立即被土壤中的有益细菌吸收。
   C. 新鲜青草被剪除后在土壤中比干草腐烂得更快。
   D. 新鲜青草在土壤中腐烂时会产生高温，一些土壤中的有益细菌在这样的高温下难以生存。
   E. 如果把剪除的干草和新鲜青草混合起来在土壤中腐烂，结果则不利于植物的生长。

2. 某大学哲学系的几个学生在谈论文学作品时说起了荷花。甲说："每年碧园池塘的荷花开放几天后，就该期终考试了。"乙接着说："那就是说每次期终考试前不久碧园池塘的荷花已经开过了？"丙说："我明明看到在期终考试后池塘里有含苞欲放的荷花嘛！"丁接着丙的话茬说："在期终考试前后的一个月中，我每天从碧园池塘边走过，可从未见到开放的荷花呵！"虽然以上四人都没有说假话，但各自的说法好像存在很大的分歧。
   以下哪项最能解释其中的原因？
   A. 甲说的荷花开放并非指所有荷花，只要某年期终考试前夕有一枝荷花开放就行了。
   B. 正如丙说的一样，有些年份在期终考试后池塘里有含苞欲放的荷花，这是自然界里的特殊现象，不要大惊小怪。
   C. 自去年以来，碧园池塘里的水受到污染，荷花不再开了。所以丁也就不会看到荷花开放了。看来环境治理工作有待加强。
   D. 通常来说，哲学系的学生爱咬文嚼字。可他们今天讨论问题时对一些基本概念还没有弄清楚，比如部分与全体的关系以及对时间范围的界定等。
   E. 虽然大多数期终考试的时间变化不大，但有些时候也会变。比如，去年三年级的学生要去实习，期终考试就提前了半个月。

3. 经济学家与考古学家就货币的问题展开了争论。
   经济学家：在所有使用货币的文明中，无论货币以何种形式存在，它都是因为其稀缺性而产生其价值的。
   考古学家：在索罗斯岛上，人们用贝壳作货币，可是该岛上贝壳遍布海滩，随手就能拾到。
   下面哪一项能对二位专家的论述之间的矛盾作出解释？
   A. 索罗斯岛上居民节日期间在亲密的朋友之间互换货币，以示庆祝。
   B. 索罗斯岛上的居民认为鲸牙很珍贵，他们把鲸牙串起来当作首饰。
   C. 索罗斯岛上的男女居民使用不同种类的贝壳作货币，交换各自喜爱的商品。
   D. 索罗斯岛上的居民只使用由专门工匠加工的有美丽花纹的贝壳作货币。

E. 即使在西方人将贵金属货币带到索罗斯岛之后，贝壳仍然是商品交换的媒介物。

4. 近期的干旱和高温，导致海湾盐度增加，引起了许多鱼的死亡。虾虽然可以适应高盐度，但盐度高也给养虾场带来了不幸。

以下哪项如果为真，能够提供解释以上现象的原因？

A. 一些鱼会游到低盐度的海域去，来逃脱死亡的厄运。

B. 持续的干旱会使海湾的水位下降，这已经引起了有关机构的注意。

C. 幼虾吃的有机物在盐度高的环境下几乎难以存活。

D. 水温升高会使虾更快速地繁殖。

E. 鱼多的海湾往往虾也多，虾少的海湾鱼也不多。

5. "试点综合征"的问题屡见不鲜。每出台一项改革措施，先进行试点，积累经验后再推广，这种以点带面的工作方法本来是人们经常采用的，但现在许多项目中出现了"一试点就成功，一推广就失败"的怪现象。

以下哪项不是造成上述现象的可能原因？

A. 在选择试点单位时，一般选择工作基础比较好的单位。

B. 为保证试点成功，政府往往给予试点单位许多优惠政策。

C. 在试点过程中，领导往往比较重视，各方面的问题解决得快。

D. 试点虽然成功，但许多企业外部的政策、市场环境并不相同。

E. 全社会往往比较关注试点和试点的推广工作。

6. 目前，全国各地的航空公司开始为旅行者提供因特网上的订票服务。然而，在近期内，电话订票并不会因此减少。

以下除了哪项，其他各项均有助于解释上述现象？

A. 正值国内外旅游旺季，订票的数量剧增。

B. 尽管已经过技术测试，这种新的因特网订票系统要正式运行还需进一步调试。

C. 绝大多数通过电话订票的旅行者还没有条件使用因特网。

D. 在因特网订票系统的试用期内，大多数旅行者为了保险起见愿意选择电话订票。

E. 因特网上订票服务的成本大大低于电话订票，而且还有更多的选择。

7. 一项对东华大学企业管理系94届毕业生的调查的结果看来有些问题，当被调查毕业生被问及其在校时学习成绩的名次时，统计资料表明：有60%的回答者说他们的成绩位居班级的前20%。

如果我们已经排除了回答者说假话的可能，那么下面哪一项能够对上述现象给出更合适一些的解释？

A. 未回答者中也并不是所有的人的成绩名次都在班级的前20%以外。

B. 虽然回答者没有错报成绩，但不排除个别人对学习成绩的排名有不同的理解。

C. 东华大学的学生学习成绩的名次排列方式与其他大多数学校不同。

D. 成绩较差的毕业生在被访问时一般没有回答这个有关学习成绩名次的问题。

E. 在校学习成绩名次是一个敏感的问题，几乎所有的毕业生都会进行略微的美化。

8. 英国研究各类精神紧张症的专家们发现，越来越多的人在使用Internet之后都会出现不同程度的不适反应。根据一项对10 000个经常上网的人的抽样调查，承认上网后感到烦躁和恼火的人数达到了三分之一；而20岁以下的网迷则有44%承认上网后感到紧张和烦躁。有关心理专家认为，确实存在着某种"互联网狂躁症"。

根据上述资料，以下哪项最不可能成为导致"互联网狂躁症"的病因？

A. 由于上网者的人数剧增，通道拥挤，如果要访问比较繁忙的网址，有时需要等待很长时间。

B. 上网者经常是在不知道网址的情况下搜寻所需的资料和信息，成功的概率很小，有时花费了工夫也得不到预想的结果。

C. 虽然在有些国家使用互联网是免费的，但在我国实行上网交费制，这对网络用户的上网时间起到了制约作用。

D. 在Internet上能够接触到各种各样的信息，但很多时候信息过量会使人们无所适从，失去自信，个人注意力丧失。

E. 由于匿名的缘故，上网者经常会受到其他一些上网者的无礼对待或接收到一些莫名其妙的垃圾信息。

9. 西双版纳植物园种有两种樱草，一种自花授粉，另一种非自花授粉，而要依靠昆虫授粉。近几年来，授粉昆虫的数量显著减少。另外，一株非自花授粉的樱草所结的种子比自花授粉的要少。显然，非自花授粉樱草的繁殖条件比自花授粉的要差。但是游人在植物园多见的是非自花授粉樱草而不是自花授粉樱草。

以下哪项判定最无助于解释上述现象？

A. 和自花授粉樱草相比，非自花授粉樱草的种子发芽率较高。

B. 非自花授粉樱草是本地植物，而自花授粉樱草是几年前从国外引进的。

C. 前几年，上述植物园非自花授粉樱草和自花授粉樱草的数量比大约是5∶1。

D. 当两种樱草杂生时，土壤中的养分更易被非自花授粉樱草吸收，这又往往导致自花授粉樱草的枯萎。

E. 在上述植物园中，为保护授粉昆虫免受游客伤害，非自花授粉樱草多植于园林深处。

10. 在美国与西班牙作战期间，美国海军曾经广为散发海报，招募兵员。当时最有名的一个海军广告是这样说的：美国海军的死亡率比纽约市民的死亡率还要低。海军的官员具体就这个广告解释说："据统计，现在纽约市民的死亡率是每千人有16人，而尽管是战时，美国海军士兵的死亡率也不过每千人只有9人。"

如果以上资料为真，则以下哪项最能解释上述这种看起来很让人怀疑的结论？

A. 在战争期间，海军士兵的死亡率要低于陆军士兵。

B. 在纽约市民中包括生存能力较差的婴儿和老人。

C. 敌军打击美国海军的手段和途径没有打击普通市民的手段和途径来得多。

D. 美国海军的这种宣传主要是为了鼓动入伍，所以，要考虑其中夸张的成分。

E. 尽管是战时，纽约的犯罪仍然很猖獗，报纸的头条不时地有暴力和色情的报道。

11. 近期的一项调查显示：日本产的"星愿"、德国产的"心动"和美国产的"EXAP"三种轿车最受女性买主的青睐。调查指出，在中国汽车市场上，按照女性买主所占的百分比计算，这三种轿车名列前三名。星愿、心动和EXAP三种车的买主，分别有58%、55%和54%是妇女。但是，最近连续6个月的女性购车量排行榜，却都是国产的富康轿车排在首位。

以下哪项如果为真，最有助于解释上述矛盾？

A. 每种轿车的女性买主占各种轿车买主总数的百分比，与某种轿车的买主之中女性所占的百分比是不同的。

B. 排行榜的设立，目的之一就是引导消费者的购车方向。而发展国产汽车业，排行榜的作用不可忽视。

C. 国产的富康轿车也曾经在女性买主所占的百分比的排列中名列前茅，只是最近才落到了第四名的位置。

D. 最受女性买主的青睐和女性买主真正花钱去购买是两回事，一个是购买欲望，一个是购买行为，不可混为一谈。

E. 女性买主并不意味着就是女性来驾驶，轿车登记的主人与轿车实际的使用者经常是不同的。而且，单位购车在国内占到了很重要的比例，不能忽略不计。

12. 尽管是在航空业萧条的时期，各家航空公司也没有节省广告宣传的开支。翻开许多城市的晚报，最近一直都在连续刊登如下广告：飞机远比汽车安全！你不要被空难的夸张报道吓破了胆，根据航空业协会的统计，飞机每飞行1亿公里死1人，而汽车每行驶5 000万公里死1人。汽车工业协会对这个广告大为恼火，他们通过电视公布了另外一个数字：飞机每20万飞行小时死1人，而汽车每200万行驶小时死1人。

如果以上资料均为真，则以下哪项最能解释上述这种看起来矛盾的结论？

A. 安全性只是人们在进行交通工具选择时所考虑问题的一个方面，便利性、舒适感以及某种特殊的体验都会影响消费者的选择。

B. 尽管飞机的驾驶员所受的专业训练远远超过汽车司机，但是，因为飞行高度的原因，飞机失事的生还率低于车祸。

C. 飞机的确比汽车安全，但是，空难事故所造成的新闻轰动要远远超过车祸，所以，给人们留下的印象也格外深刻。

D. 两种速度完全不同的交通工具，用运行的距离做单位来比较安全性是不全面的，用运行的时间来比较也会出现偏差。

E. 媒体只关心能否提高收视率和发行量，根本不尊重事情的本来面目。

13. 日本脱口秀表演家金语楼曾获多项专利。有一种在打火机上装一个小抽屉代替烟灰缸的创意，在某次创意比赛中获得了大奖，备受推崇。比赛结束后，东京的一家打火机制造厂家将此创意进一步开发成产品推向市场，结果销量并不理想。

以下哪项如果为真，能最好地解释上述的矛盾？

A. 某家烟灰缸制造厂商在同期推出了一种新型的烟灰缸，吸引了很多消费者。

B. 这种新型打火机的价格比普通的打火机贵20日元，有的消费者觉得并不值得。

C. 许多抽烟的人觉得随地弹烟灰既不雅观，也不卫生，还容易烫坏衣服。

D. 参加创意比赛后，很多厂家都选择了这项创意来开发生产，几乎同时推向市场。

E. 作为一个脱口秀表演家，金语楼曾经在他主持的电视节目上介绍过这种新型打火机的奇妙构思。

14. S市餐饮经营点的数量自1996年的约20 000个，逐年下降至2001年的约5 000个。但是这五年来，该市餐饮业的经营资本在整个服务行业中所占的比例并没有减少。

以下各项中，哪项最无助于说明上述现象？

A. S市2001年餐饮业的经营资本总额比1996年高。

B. S市2001年餐饮业经营点的平均资本额比1996年有显著增长。

C. 作为激烈竞争的结果，近五年来，S市的餐馆有的被迫停业，有的则努力扩大经营规模。

D. 1996年以来，S市服务行业的经营资本总额逐年下降。

E. 1996年以来，S市服务行业的经营资本占全市产业经营总资本的比例逐年下降。

15. 近几年来，我国许多餐厅使用一次性筷子。这种现象受到越来越多的批评，理由是我国森林资源不足，把大好的木材用来做一次性筷子，实在是莫大的浪费。但奇怪的是，至今一次性筷子的使用还没有被禁止。

以下除哪项外，都能对上文的疑问从某一方面给以解释？

A. 有些一次性筷子不是木制的，有些一次性木制筷子并没使用森林中的木材。

B. 已经证明，一次性筷子的使用能有效地避免一些疾病的交叉感染。

C. 一次性筷子的使用与餐厅之间相互攀比有关，要禁止必须大家一起禁止才行。

D. 一次性筷子并不如想象的那样卫生，有些病菌或病毒也会借助一次性筷子传播。

E. 保护森林不能只保不用。合理地使用，适量地采伐，有利于森林的保护。

16. 有一商家为了推销其家用电脑和网络服务，目前正在大力开展网络消费的广告宣传和推广促销。经过一定的市场分析，他们认为手机用户群是潜在的网络消费的用户群，于是决定在各种手机零售场所宣传、推销他们的产品。结果两个月下来，效果很不理想。

以下哪项如果为真，最有助于解释出现上述结果的原因？

A. 刚刚购买手机的消费者需要经过一段时期后才能成为网络消费的潜在用户。

B. 最近国家在有关规定中对国家机关人员使用手机加以限制，购买手机的人因此有所减少。

C. 购买电脑或是办理网络服务对中国老百姓来说还是件大事，一般来说，消费者对此的态度比较慎重。

D. 家用电脑和网络服务在知识分子中已经比较普及，他们所希望的是增强自己计算机的功能。

E. 目前家用电脑更新换代速度快，广告宣传和推广促销要收到效果，必须特色鲜明，才能打动消费者的心。

17. 获得奥斯卡大奖的影片《泰坦尼克号》在滨州上映，滨州独家经营权给了滨州电影发行放映公司，公司各部门可忙坏了，宣传部投入了史无前例的170万元进行各种形式的宣传，业务部组织了8家大影院超前放映和加长档期，财务部具体实施与各影院的收入分账，最终几乎全市的老百姓都去看了这部片子，公司赚了750万元。而公司在总结此项工作时却批评了宣传部此次工作中的失误。

以下哪项如果为真，最能合理地解释上述情况？

A. 公司宣传部事先没有跟其他部门沟通，宣传中缺少针对性。

B. 由于忽视了奥斯卡获奖片自身具有的免费宣传效应，公司宣传部的投入事实上过大。

C. 公司宣传部的投入力度不足，《泰坦尼克号》在滨海上映时，滨海公司宣传投入了 300 万元。

D. 公司宣传部的宣传在创意和形式上没有新的突破。

E. 公司宣传部的宣传对今年其他影片的发行也产生了很大的影响。

18. 《都市青年报》准备在 5 月 4 日青年节的时候推出一项订报有奖的营销活动。如果你在 5 月 4 日到 6 月 1 日之间订了下半年的《都市青年报》的话，你就可以免费获赠下半年的《都市广播电视导报》。推出这个活动之后，报社每天都在统计新订户的情况，结果令人失望。

以下哪项如果为真，最能够解释这项促销活动没能成功的原因？

A. 根据邮局发行部门的统计，《都市广播电视导报》并不是一份十分有吸引力的报纸。

B. 根据一项调查的结果，《都市青年报》的订户中有些已经同时订了《都市广播电视导报》。

C. 《都市广播电视导报》的发行渠道很广，据统计，订户比《都市青年报》的还要多 1 倍。

D. 《都市青年报》没有考虑很多人的订阅习惯。大多数报刊订户在去年年底已经订了今年一年的《都市广播电视导报》。

E. 《都市青年报》推出的这项活动，伤害了那些《都市青年报》老订户的感情，影响了它的发行工作。

19. 甲市的劳动力人口是乙市的十倍。但奇怪的是，乙市各行业的就业竞争程度反而比甲市更为激烈。

以下哪项断定如果为真，最有助于解释上述现象？

A. 甲市的人口是乙市人口的十倍。

B. 甲市的面积是乙市面积的五倍。

C. 甲市的劳动力主要在外省市寻求再就业。

D. 乙市的劳动力主要在本市寻求再就业。

E. 甲市的劳动力主要在乙市寻求再就业。

20. 胡萝卜、西红柿和其他一些蔬菜含有较丰富的 β-胡萝卜素，β-胡萝卜素具有防止细胞癌变的作用。近年来提炼出的 β-胡萝卜素被制成片剂并建议吸烟者服用，以防止吸烟引起的癌症。然而，意大利博洛尼亚大学和美国得克萨斯大学的科学家发现，经常服用 β-胡萝卜素片剂的吸烟者反而比不常服用 β-胡萝卜素片剂的吸烟者更易于患癌症。

以下哪项如果为真，最能解释上述矛盾？

A. 有些 β-胡萝卜素片剂含有不洁物质，其中有致癌物质。

B. 意大利博洛尼亚大学和美国得克萨斯大学地区的居民吸烟者中癌症患者的比例都较其他地区高。

C. 经常服用 β-胡萝卜素片剂的吸烟者有其他许多易于患癌症的不良习惯。

D. β-胡萝卜素片剂不稳定，易于分解变性，从而与身体发生不良反应，易于致癌，而自然 β-胡萝卜素性质稳定，不会致癌。

E. 吸烟者吸入体内烟雾中的尼古丁与 β-胡萝卜素发生作用，生成一种比尼古丁致癌作用更强的有害物质。

21. 在各种动物中，只有人的发育过程包括了一段青春期，即性器官由逐步发育到完全成熟的一段相对较长的时期。至于各个人种的原始人类，当然我们现在只能通过化石才能确认和研究他们的曾经存在，是否也像人类一样有青春期这一点则难以得知，因为＿＿＿＿＿＿
以下哪项作为上文的后继最为恰当？

    A. 关于原始人类的化石，虽然越来越多地被发现，但对于我们完全地了解自己的祖先总是不够的。

    B. 对动物的性器官由发育到成熟的测定，必须基于对同一个体在不同年龄段的测定。

    C. 对于异种动物，甚至对于同种动物中的不同个体，性器官由发育到成熟所需的时间是不同的。

    D. 已灭绝的原始人的完整骨架化石是极其稀少的。

    E. 无法排除原始人类像其他动物一样，性器官无须逐渐发育而迅速成熟以完成繁衍。

22. 产品价格的上升通常会使其销量减少，除非价格上升的同时伴随着质量的提高。时装却是一个例外。在某时装店，一款女装标价86元无人问津，老板灵机一动改为286元，衣服却很快售出。

    如果以下陈述为真，哪一项最能解释上述的反常现象？

    A. 在时装市场上，服装产品是充分竞争性产品。

    B. 许多消费者在购买服装时，看重电视广告或名人对服装的评价。

    C. 消费者常常以价格的高低作为判断服装质量的主要标尺。

    D. 有的女士购买时装时往往不买最好，只买最贵。

    E. 该案例仅仅是个例，不一定具有代表性。

23. 据一项在几个大城市所做的统计显示，餐饮业的发展和瘦身健身业的发展呈密切正相关。从1985年到1990年，餐饮业的网点数量增加了18%，同期在健身房正式注册参加瘦身健身的人数增加了17.5%；从1990年到1995年，餐饮业的网点数量增加了25%，同期参加瘦身健身的人数增加了25.6%；从1995年到2000年，餐饮业的网点数量增加了20%，同期参加瘦身健身的人数也正好增加了20%。

    如果上述统计真实无误，则以下哪项对上述统计事实的解释最可能成立？

    A. 餐饮业的发展扩大了肥胖人群体，从而刺激了瘦身健身业的发展。

    B. 瘦身健身运动刺激了参加者的食欲，从而刺激了餐饮业的发展。

    C. 在上述几个大城市中，最近15年来，主要从事低收入、重体力工作的外来人口的逐年上升，刺激了各消费行业的发展。

    D. 在上述几个大城市中，最近15年来，城市人口收入的逐年提高，刺激了包括餐饮业和瘦身健身业在内的各消费行业的发展。

    E. 高收入阶层中，相当一批人既是餐桌上的常客，又是健身房内的常客。

24. 第一个事实：电视广告的效果越来越差。一项跟踪调查显示，在电视广告所推出的各种商品中，观众能够记住其品牌名称的商品的百分比逐年降低。

    第二个事实：在一段连续插播的电视广告中，观众印象较深的是第一个和最后一个，而中间播出的广告留给观众的印象，一般地说要浅得多。

    以下哪项如果为真，最能使得第二个事实成为对第一个事实的一个合理解释？

A. 在从电视广告里见过的商品中，一般电视观众能记住其品牌名称的大约还不到一半。
B. 近年来，被允许在电视节目中连续插播广告的平均时间逐渐缩短。
C. 近年来，人们花在看电视上的平均时间逐渐缩短。
D. 近年来，一段连续播出的电视广告所占用的平均时间逐渐增加。
E. 近年来，一段连续播出的电视广告中所出现的广告的平均数量逐渐增加。

25. 在美国，每年接受治疗的精神忧郁症病人的人数超过200万人，接近中国的10倍，而中国的人口则接近美国的10倍。

    以下各项如果为真，都有助于解释上述现象，除了：

    A. 中美两国医学界对何为精神忧郁症的解释不同。
    B. 考虑到实际收入，和中国相比，美国的医疗费用并不过于昂贵。
    C. 和中国相比，美国有较好的医疗条件。
    D. 和中国人相比，美国人有较高的自我保健意识。
    E. 和中国相比，美国的生活环境较不利于人的精神健康。

26. 在H国2000年的人口普查中，婚姻状况分为四种：未婚、已婚、离婚和丧偶。其中，已婚分为正常婚姻和分居，分居分为合法分居和非法分居，非法分居指分居者与无婚姻关系的异性非法同居。普查显示，分居者中，女性比男性多100万。

    以下哪项如果为真，有助于解释上述普查结果？

    Ⅰ. 分居者中的男性非法同居者多于分居女性。
    Ⅱ. 未在上述普查中登记的分居男性多于分居女性。
    Ⅲ. 离开H国移居他国的分居男性多于分居女性。

    A. 仅Ⅰ。　　　　　　　B. 仅Ⅱ。　　　　　　　C. 仅Ⅲ。
    D. 仅Ⅱ和Ⅲ。　　　　　E. Ⅰ、Ⅱ和Ⅲ。

27. R国的工业界存在着一种看起来矛盾的现象：一方面，根据该国的法律，工人终生不得被解雇，工资标准只能升不能降；但另一方面，这并没有阻止工厂引进先进的生产设备，这些设备提高了劳动生产率，使得一部分工人事实上被变相闲置(例如让3个人干2个人可以胜任的活)。

    以下哪项相关断定如果为真，最能合理地解释上述现象？

    A. 每个工人在被雇用之前，都经过严格的技术考核和培训。
    B. 先进设备提高劳动生产率所创造的利润，高于重新培训工人从事其他工作的费用。
    C. 先进设备的引进，提高了产品的最终成本。
    D. R国面临着修改上述法律的压力。
    E. R国的产品具有很强的国际竞争力。

28. 按照餐饮业卫生管理条例，对宴席，特别是规模宴席(例如婚宴)的卫生检查程序要比普通散座餐饮更为严格，S市的绝大多数餐馆事实上都执行了上述规定。但是，近年来在S市对餐饮业的食物中毒投诉大多数是针对宴席的。

    以下哪项如果为真，有助于解释上述矛盾？

    Ⅰ. S市餐饮业的主要利润来自宴席，特别是规模宴席。

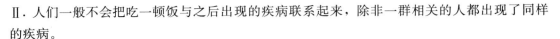

Ⅱ．人们一般不会把吃一顿饭与之后出现的疾病联系起来，除非一群相关的人都出现了同样的疾病。

Ⅲ．S市的卫生执法足够严格。

A. 仅Ⅰ。　　　　　　　　B. 仅Ⅱ。　　　　　　　　C. 仅Ⅲ。

D. 仅Ⅰ和Ⅱ。　　　　　　E. Ⅰ、Ⅱ和Ⅲ。

29. 棕榈树在亚洲是一种外来树种，长期以来，它一直靠手工授粉，因此棕榈果的生产率极低。1994年，一种能有效地对棕榈花进行授粉的象鼻虫被引进到亚洲，使得当年的棕榈果生产率显著提高，在有的地方甚至提高了50％以上，但是到了1998年，棕榈果的生产率却大幅度降低。

以下哪项如果为真，最有助于解释上述现象？

A. 在1994—1998年期间，随着棕榈果产量的增加，棕榈果的价格在不断下降。

B. 1998年秋季，亚洲的棕榈树林区开始出现象鼻虫的天敌赤蜂。

C. 在亚洲，象鼻虫的数量在1998年比1994年增加了一倍。

D. 果实产量连年不断上升会导致孕育果实的雌花无法从树木中汲取必要的营养。

E. 在1998年，同样是外来树种的椰果的产量在亚洲也大幅度低于往年的水平。

30. 最近几年，某地区的商场里只卖过昌盛、彩虹、佳音三种品牌的电视机。1997年，昌盛、彩虹、佳音三种品牌的电视机在该地区的市场占有率（按台数计算）分别为25％、35％和40％。到1998年，三个品牌的市场占有率变成昌盛第一、彩虹第二、佳音第三，其次序正好与1997年相反。

以下条件除了哪项外，都可能对上文提到的市场占有率的变化作出合理的解释？

A. 昌盛集团成立了信息部，应用信息技术网络与客户建立了密切联系。

B. 佳音集团的经理班子与董事会的经营理念出现分歧，总经理在1998年初辞职。

C. 昌盛集团耗巨资购并了一个濒临倒闭的大型电冰箱厂，转产VCD机。

D. 佳音集团新的总经理推行全面质量管理，引起费用增加，不得不提高价格。

E. 彩虹集团设计了新的生产线，要等到1999年才能投产，在1998年难有作为。

微模考6 ▶ 答案详解

1. D

【解析】 解释差异。

题干中的差异：剪除的干草在土壤中逐渐腐烂，有利于植物的生长；但是，被剪除的如果是新鲜青草的话，则结果会不利于植物的生长。

正确选项须指出干草和新鲜青草的差别，故D项可以解释，说明了新鲜青草腐烂对植物生长不利的原因。

A项，加剧了题干的矛盾，说明不管是干草还是新鲜青草都是有益的。

B项，可以解释剪除的干草有利于植物的生长，但无法解释剪除的新鲜青草不利于植物的生长。

C项，腐烂得快不一定不利于植物的生长，不能解释。

E项，题干是对剪除的干草和剪除的新鲜青草对植物生长影响的比较，没有涉及混合起来的情况。

2. D

【解析】 解释差异。

题干中，4人对"部分与全体的关系"界定不一致，甲说的是部分荷花，丙误以为其说的是全部荷花。

4人对时间范围的界定存在模糊，4人以"期终考试"作为界定时间的标准，但是，"期终考试"作为时间标准来说不确切，比如有寒假前的期终考试，有暑假前的期终考试。即使都是暑假前的期终考试，每天也未必在相同的时间段。故D项的解释最为确切。

3. D

【解析】 解释现象或矛盾。

二者的矛盾：稀缺性物品才可以作为货币，但是，索罗斯岛上的人们以贝壳作货币，贝壳却遍布海滩。

D项，说明贝壳虽然不稀缺，但是作为货币的贝壳经过工匠加工后，仍具有稀缺性，可以解释题干中的矛盾。

其余各项均为无关选项。

4. C

【解析】 解释现象或矛盾。

题干：虾虽然可以适应高盐度，但是，盐度高也给养虾场带来了不幸。

C项，说明盐度高会造成虾没有食物可吃，从而给养虾场带来了不幸，可以解释题干。

其余各项均为无关选项。

5. E

【解析】 解释现象或矛盾。

待解释的现象：为什么"一试点就成功，一推广就失败"？

A、B、C项，说明试点对象有各种优惠条件。

D项，说明推广时会面临不同的环境和困难，可以解释题干。

E项，社会关注"试点"和试点"推广"工作，说明在这一点上二者并无区别，那么结果也不应该有区别，不能解释题干中的现象。

6. E

【解析】解释现象或矛盾。

待解释的现象：航空公司开通网上订票服务，但是，近期内，电话订票并不会因此减少。

A项，可以解释，说明订票总量变大了。

B项，可以解释，说明网上订票系统还未正式运行。

C项，可以解释，说明了电话订票不会减少的原因。

D项，可以解释，说明了大家不愿使用网上订票系统而继续使用电话订票的原因。

E项，因特网有优势，那么网上订票应该会取代电话订票，加剧了题干中的矛盾。

7. D

【解析】解释数量关系。

待解释的现象：被调查的毕业生中，有60%的回答者说他们的成绩位居班级的前20%。

百分比问题要注意比例的基数是什么，如果题干中的"60%"和"20%"基数相同，那么题干中的矛盾是无法解释的。

D项，说明差生没有回答此问题，即60%的基数是"回答问题的毕业生"，而20%的基数是"班级所有毕业生"，二者基数不同，所以可以解释题干中的现象。

8. C

【解析】解释现象。

待解释的现象：为什么会出现"互联网狂躁症"？

A、B、D、E项都说明了上网时会引发烦躁的原因。

C项，上网收费制约了上网时间，会减少因上网引发的"互联网狂躁症"，因此，不能作为"互联网狂躁症"产生的原因，不能解释题干中的现象。

9. E

【解析】解释现象或矛盾。

需要解释的现象：非自花授粉樱草的繁殖条件比自花授粉的要差，但是，游人在植物园多见的是非自花授粉樱草而不是自花授粉樱草。

E项，不能解释题干中的现象，非自花授粉樱草多植于园林深处，那么游人应该更少见到非自花授粉樱草，加剧了题干中的矛盾。

其余各项均可以解释题干中的现象，说明了非自花授粉樱草比自花授粉樱草多的原因。

10. B

【解析】解释差异。

需要解释的现象：美国海军的死亡率比纽约市民的死亡率还要低。

A项，无关选项。

B项，可以解释，说明了纽约市民死亡率高的原因(对比对象有差异)。

C项，可以解释，但不如B项好，因为B项可以说明如果当时纽约并没有发生对市民的战争，则纽约市民在非战时也有更高的死亡率。

D项，不能解释，违反题干中"如果以上资料为真"的假设。

E项，可以解释，犯罪导致死亡率高，但力度不如B项。

11. A

【解析】解释数量关系。

待解释的矛盾：按照女性买主所占的百分比计算，前三名为星愿、心动和EXAP，但是，最近连续6个月的女性购车量排行榜，却都是国产的富康轿车排在首位。

$$某品牌女性购买者数量 = 品牌总销量 \times 女性购买者比例。$$

所以，女性购买者比例大的品牌，女性购买者的总数量不一定多，因为不知道此品牌总销量如何。所以，A项可以解释题干中的矛盾。

12. D

【解析】解释差异。

待解释的差异：根据航空业协会的统计，飞机每飞行1亿公里死1人，而汽车每行驶5 000万公里死1人；但是，汽车工业协会公布了另外一个数字：飞机每20万飞行小时死1人，而汽车每200万行驶小时死1人。

A项，无关选项。

B项，说明飞机更危险，解释题是找现象发生的原因，不能支持或削弱一方。

C项，说明汽车更危险，解释题是找现象发生的原因，不能支持或削弱一方。

D项，说明两个协会的统计标准不一致，才造成了题干中的"矛盾"，可以解释。

E项，上述数据来自两个协会，而不是来自媒体，媒体只是进行了转载，对媒体的质疑不能解释题干中两组数字的偏差。

13. D

【解析】解释现象或矛盾。

待解释的矛盾：新型打火机在创意比赛中获奖并备受推崇，但是，某厂家根据此创意开发的产品销量却不理想。

A项，无关选项。

B项，"有的"消费者觉得不值得，力度弱。

C项，此项中提到的问题，正是新型打火机要解决的问题，那么更应该购买新型打火机，加剧了题干的矛盾。

D项，可以解释，因为竞争太大，供过于求，导致销量不理想。

E项，此产品得到了很好的宣传，应该销量大，加剧了题干的矛盾。

14. E

【解析】解释数量关系。

待解释的现象：餐饮经营点的数量大幅下降，但是，餐饮业的经营资本在整个服务行业中所占的比例并没有减少。

$$餐饮业经营资本在整个服务业中的比例 = \frac{餐饮业经营资本}{服务业总资本} \times 100\%。$$

所以，有两种可能的原因导致题干中的现象：①S市餐饮业尽管经营点的数量下降，但经营资本总额没有减少；②S市服务行业的经营资本总额下降。

A、B、C项为原因①，D项为原因②，可以解释题干中的现象。

E项，题干的分母是"服务业总资本额"，此项是"全市产业总资本额"，无关选项。

15. D

【解析】解释现象或矛盾。

待解释的矛盾：我国森林资源不足，做一次性筷子是莫大的浪费，但是，没有禁止使用一次性筷子。

A项，可以解释，说明使用一次性筷子不一定造成森林资源的浪费。

B项，可以解释，说明一次性筷子的有利之处。

C项，可以解释，说明了一次性筷子没有被禁止的具体原因。

D项，加剧了题干中的矛盾，说明应该禁止一次性筷子。

E项，可以解释，说明森林资源是可再生资源。

16. A

【解析】解释现象或矛盾。

题干中的矛盾：市场分析表明手机用户群是潜在的网络消费的用户群，但是，在各种手机零售场所宣传、推销他们的产品，两个月下来，效果很不理想。

A项，可以解释。由于刚购买手机的消费者需要经过一段时期后才能成为网络消费的潜在用户。所以，在购买手机两个月后，用户完全可能还未因此转入网络消费。

其余各项均不能解释。

关键词定位法：题干说的是"手机"和"网络消费"的关系，只有A项涉及。

17. B

【解析】解释现象或矛盾。

待解释的矛盾：公司通过一系列工作赚了750万元，其中，宣传部投入了史无前例的170万元进行各种形式的宣传，但是，却批评了宣传部此次工作中的失误。

A项，可以解释，说明宣传部工作有失误。

B项，可以解释，说明宣传部的工作有较大的过失，比A项更好。

C项，题干的论证和滨海公司无关。

D项，很弱的解释，因为没有创新不代表没有宣传效果。

E项，无法判断本项中"对其他影片的影响"是好的影响还是坏的影响，因此无法解释。

18. D

【解析】解释现象。

需要解释的现象：为什么免费赠阅《都市广播电视导报》的活动没有取得成功？

A项，可以解释，但力度较弱。

B项，不能解释，"有的"和"有的不"可以同时为真，所以有的人订了《都市广播电视导报》，不能说明其他人的情况。

C项，不能解释，《都市广播电视导报》的渠道广，不代表两种报纸的渠道相同或近似，只要二者的渠道不同,这样的促销活动就应该有意义。

D项,可以解释,大多数报刊订户在去年年底已经订了今年一年的《都市广播电视导报》,因此,大多数订户并不需要下半年的《都市广播电视导报》。

E项,无关选项,是否伤害老顾客的感情,和当前的活动是否成功没有关系,伤害老顾客的感情影响的是下年度的订阅。

19. E

【解析】解释现象或矛盾。

需要解释的矛盾:甲市的劳动力人口是乙市的十倍,但是,乙市各行业的就业竞争程度反而比甲市更为激烈。

C、D、E三项均可以解释题干中的矛盾,但是E项的力度最大,甲市劳动力去乙市就业,不仅增加了乙市的就业压力,还减小了甲市的就业压力。

20. E

【解析】解释现象或矛盾。

题干:β-胡萝卜素具有防止细胞癌变的作用,但是,经常服用β-胡萝卜素片剂的吸烟者反而比不常服用β-胡萝卜素片剂的吸烟者更易于患癌症。

A、D项,可以解释,但解释的是"β-胡萝卜素"与"β-胡萝卜素片剂"的差异,而不是"经常服用β-胡萝卜素片剂的吸烟者"与"不常服用β-胡萝卜素片剂的吸烟者"的差异。

B项,无关选项,题干不涉及不同地区间的比较。

C项,可以解释,另有他因导致经常服用β-胡萝卜素片剂的吸烟者患癌症。

E项,直接指出"经常服用β-胡萝卜素片剂的吸烟者"与"不经常服用β-胡萝卜素片剂的吸烟者"的差异原因,解释力度最强。

21. B

【解析】解释现象。

需要解释的问题:为什么难以得知原始人类是否经过性器官由逐步发育到完全成熟的青春期?

B项是合理的原因,说明对动物的性器官由发育到成熟的测定,必须基于对同一个体在不同年龄段的测定,因此,显然难以根据化石来确定原始人类是否也有青春期。

22. C

【解析】解释现象或矛盾。

待解释的现象:产品价格的上升通常会使其销量减少,但是,某女装价格标高,反而很快售出。

C项,可以解释,说明了价格标高后能快速售出的原因。

D项,"有的"人的情况未必能说明大部分人或者所有人的情况,解释力度弱。

其余各项均不能解释题干中的现象。

23. D

【解析】解释现象。

待解释的现象:为什么餐饮业网点数量和瘦身健身人数呈正相关?

A、B项,说明餐饮业和瘦身健身业的发展互相促进,但是不大容易说明,二者的增长百分比何以如此接近。另外，这两项对题干的解释力度是相同的，可知不可能是正确答案。

C项，"从事低收入、重体力工作"的外来人口上升，不大可能刺激较高消费的"餐饮"及"瘦身健身"行业的发展。

D项，另有他因，城市人口收入的逐年提高，是餐饮业和瘦身健身业以接近的增长百分比同步发展的原因，可以解释题干中的现象。

E项，"相当一批人"不能解释数量的提高。

24. E

【解析】解释数量关系。

$$记忆率 = \frac{记住的广告数}{广告总数} \times 100\%。$$

由第二个事实可知，在一段连续插播的电视广告中，观众记住的是第一个和最后一个，即不论这一段广告中有几个广告，分子总是2，又由第一个事实可知，观众的广告记忆率下降，在分子不变的情况下，说明分母变大，即一段连续播出的电视广告中所出现的广告的平均数量逐渐增加，E项正确。

25. B

【解析】解释差异。

题干：美国的人口只有中国的十分之一，但是，美国接受治疗的精神忧郁症病人是中国的十倍。

B项，和中国相比，美国的医疗费用并不过于昂贵，可能二者差不多，或者美国还是比中国略贵，只是没有贵到"过于昂贵"的程度，不能解释题干。

A项，说明统计标准不同；C、D项，说明美国的精神忧郁症病人更有可能得到治疗；E项，说明美国人更有可能得精神忧郁症，均可以解释题干。

26. D

【解析】解释现象。

题干：分居分为合法分居和非法分居，非法分居指分居者与无婚姻关系的异性非法同居。普查显示，分居者中，女性比男性多100万。

Ⅰ项，在正常情况下，不论是合法分居还是非法分居，男性分居者数量都应该与女性分居者数量相同。因此，是否非法同居不会影响分居者的数量，不能解释题干。

Ⅱ、Ⅲ项，显然有助于解释上述普查结果。

27. B

【解析】解释现象。

待解释的现象：一方面，根据该国的法律，工人终生不得被解雇，工资标准只能升不能降；但另一方面，这并没有阻止工厂引进先进的生产设备，这些设备提高了劳动生产率，使得一部分工人事实上被变相闲置。

B项，采用先进设备所带来的利润，高于培训工人去从事其他工作的费用，因此，工厂可以培训这些工人去做其他的工作，既不违反R国法律，又增加了利润，可以解释题干中的现象。其余各项均不能解释题干中的现象。

28. D

【解析】解释现象或矛盾。

待解释的矛盾：S市的绝大多数餐馆事实上都执行一个规定：规模宴席（例如婚宴）的卫生检查程序要比普通散座餐饮更为严格，但是，近年来在S市对餐饮业的食物中毒投诉大多数是针对宴席的。

Ⅰ项，可以解释题干中的矛盾，说明宴席的食客数量比散客多，这样尽管宴席的卫生检查程序更严格，也有可能收到更多的投诉。

Ⅱ项，显然可以解释题干中的矛盾。

Ⅲ项，如果卫生执法足够严格，那么宴席的卫生应该更好，所以此项加剧了题干中的矛盾。

29. D

【解析】解释现象或矛盾。

待解释的现象：1994年，象鼻虫使得当年亚洲的棕榈果生产率显著提高，但是，到了1998年，棕榈果的生产率却大幅度降低。

A项，无关选项。

B项，象鼻虫的主要作用是授粉，而它的天敌赤蜂在"秋季"出现，已经过了授粉季节，因此无法解释题干中的现象。

C项，加剧了题干中的矛盾，用于授粉的象鼻虫增加，应该授粉效果更好，产量更高。

D项，可以解释题干中的现象，说明了1998年产量下降的原因。

E项，无关选项。

30. C

【解析】解释现象。

待解释的现象：1997年，昌盛、彩虹、佳音三种品牌的电视机在该地区的市场占有率名次为第三、第二、第一，但是，1998年，三者的名次变成了第一、第二、第三。

A项，可以解释，指出昌盛集团采取了有力措施。

B项，可以解释，指出原本第一名的佳音集团出现重大人事变动的不利因素。

C项，无关选项，题干仅涉及电视机的销量，不涉及VCD机。

D项，可以解释，佳音集团的产品价格提高可能影响销量。

E项，可以解释，指出彩虹集团在1998年没有进步的原因。

第7章 推论题

推论题概述

推论题要求根据题干中的各种信息,合乎逻辑地推出某些结论。推论题假定题干中的各种信息为真,不能怀疑题干信息的合理性。

推论题的常见提问方式如下:
"如果上述断定为真,以下哪项断定必然为真?"
"如果上述断定为真,能推出以下哪项断定?"
"如果上述断定为真,最能支持以下哪项断定?"
"以下哪项最为恰当地概括了上述断定所要表达的结论?"

题型 28 一般推论题

母题技巧

推论题解题技巧总结

(1)推论题解题步骤。

①读题目要求,确定题目属于推论题。

②读题干,注意有无"如果,那么""除非,否则""只有,才"等关联词。

③如果题干中有典型的关联词,则可将题目中的逻辑关系符号化,使用之前所学的形式逻辑知识直接进行推理即可。

④如果题干中没有典型的关联词,则要找出题干中的论证关系或因果关系。

⑤拿不准的题目,可采用取非法:推论题要求从题干A中推出选项B,因为A→B等价于¬B→¬A,所以否定正确的选项,一定能否定题干中的结论,由此可以检验推论题选项的正确性。

(2)推论题解题技巧。

①相关性。

紧扣题干内容,正确的答案应该与题干直接相关,一般来说,与题干重合度越高的选项越可能成为正确答案。切忌用题干之外的信息进一步推理。

②关键词。

推论题一般都可以找到题干中的关键词，按关键词定位选项可提高解题速度。

③典型错误。

Ⅰ．无关选项。

内容与题干不直接相关。

Ⅱ．推理过度。

扩大推理的范围，扩大论证的主体。

Ⅲ．绝对化。

带有绝对化词汇的选项一般为错误选项，如："所有""只有""最""唯一""完全""仅"，等等。

Ⅳ．新内容。

出现了新内容的选项一般为错误选项，如：新概念、新名词、新动词、新的比较，等等。

母题精练

1. 如果某人答应作为矛盾双方的调解人，那么，他就必须放弃事后袒护任何一方的权利。因为在调解之后再袒护任何一方，等于说明先前的公正是伪装的。

   下列哪项是以上论述最强调的？

   A. 调解人不能有自己对争议双方矛盾的任何看法。

   B. 如果不能保持公正的姿态，就不能做一个好的调解人。

   C. 调解人要完全附和矛盾双方的意见，左右逢源。

   D. 如果调解人把自己的偏见公开化，争论时可以袒护一方。

   E. 为了不使争论公开化，调解人应当伪装公正。

2. 麦角碱是一种可以在谷物种子的表层大量滋生的菌类，特别多见于黑麦。麦角碱中含有一种危害人体的有毒化学物质。黑麦是在中世纪被引进到欧洲的。由于黑麦可以在小麦难以生长的贫瘠而潮湿的土地上有较好的收成，因此，就成了那个时代贫穷农民的主要食物来源。

   上述信息最能支持以下哪项断定？

   A. 在中世纪以前，麦角碱从未在欧洲出现过。

   B. 在中世纪以前，欧洲贫瘠而潮湿的土地基本上没有得到耕作。

   C. 在中世纪的欧洲，如果不食用黑麦，就可以避免受到麦角碱所含有毒化学物质的危害。

   D. 在中世纪的欧洲，富裕农民比贫穷农民较多地意识到麦角碱所含有毒化学物质的危害。

   E. 在中世纪的欧洲，富裕农民比贫穷农民较少受到麦角碱所含有毒化学物质的危害。

3. 当西方企业还在产品质量的竞争中拼搏时，日本企业却已开始改变竞争方式，将重点转移到顾客服务方面来。继质量之后，服务变成了企业下一个全力以赴的目标。

   以下哪项不是上面文中之意？

A. 质量是企业生存的根本,是迎合顾客消费心理的唯一法宝。

B. 要通过实用、创新、符合市场需求的产品,来增加顾客满意度。

C. 通过合理的雇用程序,录用最具有为顾客着想和最有责任心的员工。

D. 让产品超越顾客的期待,是使顾客建立忠诚度的最有效的办法。

E. 用科学的电脑系统联网,详细解答和记录顾客的问题和意见。

4. 当在微波炉中加热时,不含食盐的食物,其内部可以达到很高的足以把所有能引起食物中毒的细菌杀死的温度;但是含有食盐的食物的内部则达不到这样高的温度。

   假设以下提及的微波炉性能都正常,则上述断定可推出以下所有的结论,除了:

   A. 食盐可以有效地阻止微波加热食物的内部。

   B. 当用微波炉烹调含盐食物时,其原有的杀菌功能大大减弱。

   C. 经过微波炉加热的食物如果引起食物中毒,则其中一定含盐。

   D. 如果不向将要放进微波炉中加热的食物中加盐,则由此引起食物中毒的危险就会减少。

   E. 食用经微波炉足够加热的不含盐食品,肯定不会引起食物中毒。

5. 一个身穿工商行政管理人员制服的人从集贸市场走出来。

   根据以上陈述,可作出下列哪项判断?

   A. 这个人一定是该市场的管理人员。

   B. 这个人可能是其他市场的管理人员。

   C. 这个人一定不是该市场的管理人员。

   D. 这个人一定是来买东西的市场管理人员。

   E. 这个人一定是上级派来的检查人员。

6. 美国授予发明者的专利数量,由 1971 年的 56 000 项下降到 1978 年的 45 000 项。美国在研究和开发方面的投入在 1964 年到达其顶峰——占 GNP 的 3%,而在 1978 年只是 2.2%,在这期间,研究和开发费用占 GNP 的比重一直在下降。同一时期,西德和日本却增加了它们 GNP 中研究和开发费用的比重,分别增长到 3.2%和 1.6%。

   上述信息最能支持以下哪个结论?

   A. 一个国家的 GNP 和发明数量之间有直接的关系。

   B. 日本和西德在 1978 年比美国在研究和开发方面花费了更多的钱。

   C. 一个国家花费在研究和开发上的钱的数量,直接决定该国产生的专利数量。

   D. 1964—1978 年间,美国研究和开发费用占 GNP 的比重一直高于日本。

   E. 西德和日本都将很快在专利数量方面超过美国。

7. 统计数据正确地揭示:整个 20 世纪,全球范围内火山爆发的次数逐年缓慢上升,只有在两次世界大战期间,火山爆发的次数明显下降。科学家同样正确地揭示:整个 20 世纪,全球火山的活动性处于一个几乎不变的水平上,这和 19 世纪的情况形成了鲜明的对比。

   如果上述断定是真的,则以下哪项也一定是真的?

   Ⅰ. 如果 20 世纪不发生两次世界大战,全球范围内火山爆发的次数将无例外地呈逐年缓慢上升的趋势。

   Ⅱ. 火山自身的活动性,并不是造成火山爆发的唯一原因。

Ⅲ. 19世纪全球火山爆发比20世纪要频繁。

A. 仅Ⅰ。　　　　　　　　B. 仅Ⅱ。　　　　　　　　C. 仅Ⅲ。

D. 仅Ⅰ和Ⅱ。　　　　　　E. Ⅰ、Ⅱ和Ⅲ。

8. 环境学家认为，随着许多野生谷物的灭绝，粮食作物的遗传特性越来越单一化，这是人类面临的最严重的环境问题之一。人类必须采取措施，阻止野生谷物和那些不再种植的粮食作物的灭绝，否则，不同遗传特性的缺乏，很可能使我们的粮食作物在一夜之间遭到毁灭性破坏。例如，1980年，萎叶病横扫整个美国的南部，使得粮食作物减产大约20%，只有个别品种的谷物没有受到萎叶病的影响。

从上述信息最可能推出以下哪项结论？

A. 容易感染某种植物疾病，是一种通过遗传获得的特性。

B. 1980年在美国南部种植的粮食作物中，大约80%具有抵抗萎叶病的能力。

C. 目前种植的粮食作物的遗传特性都不利于它们抵抗植物疾病。

D. 已经灭绝的野生谷物，都具有抵抗萎叶病的能力。

E. 萎叶病只对植物中的谷物产生危害。

9. 20世纪60年代初以来，新加坡的人均预期寿命不断上升，到21世纪已超过日本，成为世界之最。与此同时，和一切发达国家一样，由于饮食中的高脂肪含量，新加坡人的心血管疾病的发病率也逐年上升。

从上述判定，最可能推出以下哪项结论？

A. 新加坡人心血管疾病的发病率虽逐年上升，但这种疾病不是造成目前新加坡人死亡的主要杀手。

B. 目前新加坡对心血管疾病的治疗水平是全世界最高的。

C. 20世纪60年代造成新加坡人死亡的那些主要疾病，到21世纪，如果在该国的发病率没有实质性的降低，那么对这些疾病的医治水平一定有实质性的提高。

D. 目前新加坡人心血管疾病的发病率低于日本。

E. 新加坡人比日本人更喜欢吃脂肪含量高的食物。

10. 图示方法是几何学课程的一种常用方法。这种方法使得这门课比较容易学，因为同学们得到了对几何概念的直观理解，这有助于培养他们处理抽象运算符号的能力。对代数概念进行图解相信会有同样的教学效果，虽然对数学的深刻理解从本质上说是抽象的而非非抽象的。

上述议论最不可能支持以下哪项判定？

A. 通过图示获得直观理解，并不是数学理解的最后步骤。

B. 具有很强的处理抽象运算符号能力的人，不一定具有抽象的数学理解能力。

C. 几何学课程中的图示方法是一种有效的教学方法。

D. 培养处理抽象运算符号的能力是几何学课程的目标之一。

E. 存在着一种教学方法，既可以有效地用于几何学，又可以有效地用于代数。

11. 最近台湾航空公司客机坠落事故急剧增加的主要原因是飞行员缺乏经验。台湾航空部门必须采取措施淘汰不合格的飞行员，聘用有经验的飞行员。毫无疑问，这样的飞行员是存在的。但问题在于，确定和评估飞行员的经验是不可行的。例如，一个在气候良好的澳大利亚飞行

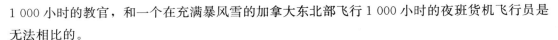

1 000小时的教官,和一个在充满暴风雪的加拿大东北部飞行1 000小时的夜班货机飞行员是无法相比的。

上述议论最能推出以下哪项结论?(假设台湾航空公司继续维持原有的经营规模)

A. 台湾航空公司客机坠落事故急剧增加的现象是不可改变的。

B. 台湾航空公司应当聘用加拿大飞行员,而不宜聘用澳大利亚飞行员。

C. 台湾航空公司应当解聘所有现职飞行员。

D. 飞行时间不应成为评估飞行员经验的标准。

E. 对台湾航空公司来说,没有一项措施,能从根本上扭转台湾航空公司客机坠落事故急剧增加的趋势。

12. 一个人从饮食中摄入的胆固醇和脂肪越多,他的血清胆固醇指标就越高。存在着一个界限,在这个界限内,二者成正比。超过了这个界限,即使摄入的胆固醇和脂肪急剧增加,血清胆固醇指标也只会缓慢地有所提高。这个界限,对于各个人种是一样的,大约是欧洲人均胆固醇和脂肪摄入量的1/4。

上述判定最能支持以下哪项结论?

A. 中国的人均胆固醇和脂肪摄入量是欧洲的1/2,但中国人的人均血清胆固醇指标不一定等于欧洲人的1/2。

B. 上述界限可以通过减少胆固醇和脂肪摄入量得到降低。

C. 3/4的欧洲人的血清胆固醇含量超出正常指标。

D. 如果把胆固醇和脂肪摄入量控制在上述界限内,就能确保血清胆固醇指标的正常。

E. 血清胆固醇的含量只受饮食的影响,不受其他因素,例如运动、吸烟等生活方式的影响。

13. 家用电炉有三个部件:加热器、恒温器和安全器。加热器只有两个设置:开和关。在正常工作的情况下,如果将加热器设置为开,则电炉运作加热功能;设置为关,则停止这一功能。当温度达到恒温器的温度旋钮所设定的读数时,加热器自动关闭。电炉中只有恒温器具有这一功能。只要温度一超出温度旋钮的最高读数,安全器就自动关闭加热器。同样,电炉中只有安全器具有这一功能。当电炉启动时,三个部件同时工作,除非发生故障。

以上判定最能支持以下哪项结论?

A. 一个电炉,如果它的恒温器和安全器都出现了故障,则它的温度一定会超出温度旋钮的最高读数。

B. 一个电炉,如果其加热的温度超出了温度旋钮的设定读数但加热器并没有关闭,则安全器出现了故障。

C. 一个电炉,如果加热器自动关闭,则恒温器一定工作正常。

D. 一个电炉,如果其加热的温度超出了温度旋钮的最高读数,则它的恒温器和安全器一定都出现了故障。

E. 一个电炉,如果其加热的温度超出了温度旋钮的最高读数,则它的恒温器和安全器不一定都出现了故障,但至少其中某一个出现了故障。

14. 在20世纪30年代,人们已经发现了一种有绿色和褐色纤维的棉花。但是,直到最近培育出此种棉花的长纤维品种后,它们才具备了机纺的条件,才具有了商业价值。由于此种棉花不需要染色，加工企业就省去了染色的开销，并避免了由染色工艺流程带来的环境污染。

从题干可以推出以下哪项结论？

Ⅰ. 只能手纺的绿色或褐色纤维棉花不具有商业价值。

Ⅱ. 短纤维的绿色或褐色纤维棉花只能手纺。

Ⅲ. 在棉花加工中如果省去了染色就可以避免造成环境污染。

A. 仅Ⅰ。　　　　　　　　　B. 仅Ⅱ。　　　　　　　　　C. 仅Ⅲ。

D. 仅Ⅰ和Ⅱ。　　　　　　　E. Ⅰ、Ⅱ和Ⅲ。

15. 有经验的电影剧本作者在创作120页的电影剧本时，通常会交上135页的初稿。正如一位电影剧本作者说的，"这样使那些负责电影的人在接到剧本后有一个机会进行创造，他们至少可以删掉15页"。

以上引用的这位电影剧本作者的论述表达了下面哪个观点？

A. 除了提供剧本外，通常电影剧本作者并不涉及电影制作的任何方面。

B. 熟练的作者能容忍和允许由审核人修改剧本草稿。

C. 真正富有创意的电影剧本作者极易冲动因而不能固守规定的页数。

D. 要想认识到剧本哪部分最适合保留下来，需要特殊的创造力。

E. 即使最有经验的作者也不能写出自始至终质量都是上乘的剧本。

16. 梅山公司经营十年来，有大量的客户欠账要不回来。针对这些欠账，公司出台了一项规定：任何人只要讨回一笔上述欠账，只需上缴其中的20%，其余都归自己。

如果上述规定得到严格执行，能推出以下哪项结论？

A. 梅山公司至少能收回20%的客户欠账。

B. 梅山公司客户欠账的现象将得到扭转。

C. 梅山公司这十年中的债务人可以最多只归还20%的欠账。

D. 由于资金不能正常周转，梅山公司的经营将不能维持。

E. 梅山公司也欠了其他公司的账。

17. 群众对领导的不满，不仅仅产生于领导的作为和业绩，而且很大程度上是由于对领导的期望值与实际表现之间的差距。因此，如果竞选一个大企业的领导，竞选者在竞选演说中一味许愿是一种不聪明的做法。

从以上议论可以推出以下哪项结论？

Ⅰ. 只要群众的期望值足够低，领导即使胡作非为，群众也不会产生不满情绪。

Ⅱ. 只要领导的作为和业绩出色，群众就不会产生不满情绪。

Ⅲ. 由于群众的期望值高，尽管领导的工作成绩优秀，群众的不满情绪仍可能存在。

A. 只有Ⅰ。　　　　　　　　B. 只有Ⅱ。　　　　　　　　C. 只有Ⅲ。

D. 只有Ⅰ和Ⅲ。　　　　　　E. 只有Ⅱ和Ⅲ。

18. 旺堆山温泉中含有丰富的活性乳钙，这种活性乳钙被全国十分之九的医院用于治疗牛皮癣。

如果以上断定是真的，则以下哪项也一定是真的？

Ⅰ. 全国有十分之九的医院使用旺堆山温泉治疗牛皮癣。

Ⅱ. 全国至少有十分之一的医院不治疗牛皮癣。

Ⅲ. 全国只有十分之一的医院不在旺堆山温泉设立牛皮癣治疗点。

A. 只有Ⅰ。 B. 只有Ⅱ。 C. 只有Ⅲ。
D. Ⅰ、Ⅱ和Ⅲ。 E. Ⅰ、Ⅱ和Ⅲ都不必然是真的。

19. 西方发达国家的大学教授几乎都是得到过博士学位的。目前，我国有些高等学校也坚持在招收新教员时，有博士学位是必要条件，除非是本校的优秀硕士毕业生留校。

根据以上论述，最可能得出以下哪项结论？

A. 在我国，大多数大学教授已经获得了博士学位，少数正在读在职博士。
B. 在西方发达国家，得到博士学位的人都到大学任教。
C. 在我国，有些高等学校的新教师都有了博士学位。
D. 在我国一些高校，得到博士学位的大学教师的比例在增加。
E. 大学教授中得到博士学位的比没有得到博士学位的更受学生欢迎。

20. 金钱不是万能的，没有钱是万万不能的，发不义之财是绝对不行的。

以下除哪些项外，基本表达了上述题干的思想？

Ⅰ. 有些事情不是仅有钱就能办成的，比如抗洪抢险的将士冒生命危险坚守堤防，不是为了钱才去干的。
Ⅱ. 有钱能使鬼推磨。世上没有用钱干不成的事。抗洪抢险的将士也是要发工资的。
Ⅲ. 对许多事情来说，没有钱是很难办成的。有时候真是"一分钱急死男子汉"。
Ⅳ. "钱"是身外之物，生不带来，死不带去，钱多了还惹是生非。
Ⅴ. "君子好财，取之有道。"通过合法的手段赚得的钱记载着你的劳动，可以用来帮助你做其他的事情。

A. 只有Ⅰ。 B. 只有Ⅱ。 C. 只有Ⅰ和Ⅲ。
D. 只有Ⅱ和Ⅳ。 E. 只有Ⅰ、Ⅲ和Ⅴ。

答案详解

1. B

【解析】推论题。

题干想说明的是：作为调解人，不仅在调解过程中要公正，而且在调解完成以后也不得袒护任何一方，即仍然保持公正。说明题干想强调的是：公正是作为调解人的必要条件，故B项正确。

A项，推理过度，"任何看法"过于绝对，题干中的"公正"并不意味着调解人没有自己的观点或看法。

C项，调解人如果只是"附和矛盾双方的意见"，那么就起不到"调解"的作用。

D项，与题干中的观点矛盾。

E项，与题干中的观点矛盾。

2. E

【解析】推论题。

由题干中的信息：①麦角碱多见于黑麦；②麦角碱中含有一种危害人体的有毒化学物质；③黑

麦是那个时代贫穷农民的主要食物来源。可知贫穷农民更多地受到麦角碱所含有毒化学物质的危害。所以 E 项正确。

3. A

【解析】推论题。

题干：继质量之后，服务变成了企业下一个全力以赴的目标。

A 项，不正确，通过题干至少可以确定"服务"也是"法宝"之一，因此质量不是"唯一法宝"。

B 项，"实用、创新、符合市场需求"，不仅仅强调质量，也是服务的体现，符合题意。

C 项，雇用为顾客着想的员工，符合服务顾客的观点。

D 项，让产品超越顾客的期待，既是质量的要求，又符合服务的观点。

E 项，是为顾客服务的具体措施。

4. C

【解析】求异法型推论题。

题干使用求异法：

不含食盐的食物：微波炉可以将其内部加热到很高的足以把所有引起食物中毒的细菌杀死的温度。

含有食盐的食物：食物的内部则达不到这样高的温度。

通过对比可知，A、B、D、E 项均可以从题干中推出。

C 项，推理过度，经过微波炉加热的食物如果引起食物中毒，则其中"一定"含盐。此处的"一定"过于绝对，食物中毒未必是含盐所致，也可能是微波炉加热时没有足够加热。

5. B

【解析】推论题。

题干：一个身穿工商行政管理人员制服的人从集贸市场走出来。

根据题干信息我们无法确定该人员的身份，只能推测他的身份，因此不能选带"一定"的选项，只能选带"可能"的选项，故 B 项正确。

6. D

【解析】数字型推论题。

由题干信息可知：1964 至 1978 年间，美国研究和开发费用占 GNP 的比重一直在下降，也就是说，1964 年的 3％ 是最高值，1978 年的 2.2％ 是最低值，而此期间，日本的最高值是 1.6％。因此，1964 至 1978 年间，美国研究和开发费用占 GNP 的比重一直高于日本。故 D 项正确。

7. B

【解析】推论题。

题干有以下断定：

①整个 20 世纪，全球范围内火山爆发的次数逐年缓慢上升，只有在两次世界大战期间，火山爆发的次数明显下降。

②整个 20 世纪，全球火山的活动性处于一个几乎不变的水平上，这和 19 世纪的情况形成了鲜明的对比。

Ⅰ项，不一定为真，因为：①如果 20 世纪不发生两次世界大战，那么也可能会有别的因素减少火山爆发的发生,例如巨大规模的核试验,释放了地壳的能量,会减少火山爆发;②战争和火山爆发之间未必有必然的因果联系。

Ⅱ项,由②知,"整个20世纪,全球火山的活动性处于一个几乎不变的水平上",如果"火山自身的活动性,是造成火山爆发的唯一原因",那么20世纪的火山活动,应该处于"一个几乎不变的水平上",但事实是"全球范围内火山爆发的次数逐年缓慢上升",并且两次世界大战时期"火山爆发的次数明显下降",说明"火山的活动性"不是火山爆发的唯一原因。

Ⅲ项,不一定为真,由②知,19世纪的情况与20世纪"火山的活动性处于一个几乎不变的水平上"这一情况不同,那么,只能知道19世纪的火山活动性变化较大,是变得频繁,还是减少,还是有增有减,不能确定。

8. A

【解析】推论题。

题干认为,失去遗传多样性后,某种疾病的爆发会毁灭粮食作物。

要得到这样的结论,必须假设是否感染某种疾病受遗传特性的影响。比如,有的遗传特性使植物易感染甲疾病,有的遗传特性使植物易感染乙疾病,遗传特性的多样性,使植物不会被某种疾病一网打尽。所以,A项是正确的结论。

9. C

【解析】推论题。

题干:①新加坡的人均预期寿命全世界最高。

②由于饮食中的高脂肪含量,新加坡人的心血管疾病的发病率也逐年上升。

C项必然被推出,导致新加坡人死亡的主要疾病得到了遏制。

A项是强干扰项,A项不必然被推出,例如,心血管疾病是造成目前新加坡人死亡的主要杀手,但之前从发病到死亡的时间很短,现在从发病到死亡的时间很长,也可能带来寿命的延长。

10. B

【解析】推论题。

题干:

①图示法形成对几何概念的直观理解,有助于培养同学们处理抽象运算符号的能力。

②对代数概念进行图解相信会有同样的教学效果。

③对数学的深刻理解从本质上说是抽象的而非非抽象的。

A项,符合题干③。

B项,"处理抽象运算符号的能力"与"抽象的数学理解能力"之间的关系题干没有涉及。

C项,符合题干①。

D项,符合题干①。

E项,符合题干②。

11. E

【解析】推论题。

题干:

①最近台湾航空公司客机坠落事故急剧增加的主要原因是飞行员缺乏经验。

②台湾航空部门必须采取措施淘汰不合格的飞行员，聘用有经验的飞行员。

③确定和评估飞行员的经验是不可行的。

A 项，推理过度，"不可改变"过于绝对化。

B 项，题干中对"加拿大飞行员"和"澳大利亚飞行员"的比较，仅仅是题干的一个例证，不能推出 B 项中的结论。

C 项，有飞行员缺乏经验不代表所有飞行员缺乏经验，推理过度。

D 项，推理过度，飞行时间可以是评价飞行员经验的标准之一。

E 项，由题干②、③知，此项是正确的结论。

12. A

【解析】推论题。

题干：①一个人从饮食中摄入的胆固醇和脂肪越多，他的血清胆固醇指标就越高。

②存在着一个界限，在这个界限内，二者成正比；超过了这个界限，即使摄入的胆固醇和脂肪急剧增加，血清胆固醇指标也只会缓慢地有所提高。

③这个界限，对于各个人种是一样的，大约是欧洲人均胆固醇和脂肪摄入量的1/4。

A 项，由题干②、③知，中国的人均胆固醇和脂肪摄入量超过了"界限"，"血清胆固醇指标"与"胆固醇和脂肪摄入量"不再成正比，因此，中国人的人均血清胆固醇指标不一定等于欧洲人的1/2，是正确的推论。

B 项，由题干③知，此项不正确。

C 项，由题干③知，此项可真可假。

D 项，推理过度，低于界限未必就正常。

E 项，题干没有说"只受饮食的影响"。

13. D

【解析】推论题。

题干：①在正常工作情况下：加热器开→加热；加热器关→停止加热。

②只有恒温器具有这一功能：当温度达到恒温器的温度旋钮所设定的读数时，加热器自动关闭。

③只有安全器具有这一功能：温度一超出温度旋钮的最高读数，安全器就自动关闭加热器。

④当电炉启动时，三个部件同时工作，除非发生故障。

A 项，不能被推出，例如在加热器不工作的情况下，恒温器和安全器即使都出现故障，电炉的温度也不会超出温度旋钮的最高读数。

B 项，不能被推出，温度超出了"温度旋钮的设定读数"，不代表温度超出了"温度旋钮的最高读数"。

C 项，不能被推出，也可能是恒温器不能正常工作，但安全器正常工作。

D 项，必然成立，由题干③知，超出"最高读数"，说明安全器不能正常工作；超出"最高读数"，则一定能超出"设定读数"，由题干②知，恒温器不能正常工作。

E 项，根据 D 项的分析可知 E 项不正确。

14. D

【解析】推论题。

题干：①培育出此种棉花的长纤维品种后，才具备了机纺的条件，才具有了商业价值，符号化：商业价值→机纺→长纤维。

②不需要染色，省去了染色的开销，避免了由染色工艺流程带来的环境污染。

Ⅰ项，由"商业价值→机纺"知，为真。

Ⅱ项，由"机纺→长纤维"知，为真。

Ⅲ项，推理过度，题干说的是"避免了由染色工艺流程带来的环境污染"，此项是"避免造成环境污染"。

15. B

【解析】推论题。

题干：有经验的电影剧本作者在创作 120 页的电影剧本时，通常会交上 135 页的初稿以求负责电影的人至少可以删掉 15 页。

题干显然说明：熟练的作者能容忍和允许由审核人修改剧本草稿，否则，他就不会上交更多的稿件，以便于审核人删改，故 B 项正确。

其余各项均为无关选项。

16. C

【解析】推论题。

题干："任何人"只要讨回一笔欠账，只需上缴其中的 20%，所以欠债的人也可以做追账的人。因此，如果自己跟自己追债，只需上缴 20% 即可，故 C 项正确。

其他选项均不正确。

17. C

【解析】推论题。

群众对领导不满的原因有两种可能：①领导的作为和业绩；②对领导的期望值与实际表现之间的差距。

Ⅰ项，不正确，会因为原因①而产生不满。

Ⅱ项，不正确，即使作为和业绩出色，也可能因为原因②而产生不满。

Ⅲ项，正确。

18. E

【解析】推论题。

"活性乳钙"被医院使用，不代表"旺堆山温泉"被医院使用，故Ⅰ项、Ⅲ项都不一定为真。

全国有十分之九的医院使用这种活性乳钙治疗牛皮癣，只能说明其余十分之一的医院不使用这种物质治疗牛皮癣，但不能说明他们不治疗牛皮癣，他们可以使用其他物质或者手段。因此，Ⅱ项不一定为真。

19. D

【解析】推论题。

题干：①西方发达国家的大学教授几乎都是得到过博士学位的。

②我国有些高等学校在招收新教员时要求：有博士学位是必要条件，除非是本校的优秀硕士毕业生留校。

A 项，不一定为真，因为题干②只涉及"有些"高等学校，不是本项中的"大多数"大学；题干

②只涉及"新教员",而本项的对象是"大学教授"。

B项,不一定为真,因为题干①"大学教授几乎都是博士",不代表"博士几乎都是大学教授"。

C项,不一定为真,根据题干②,这些新教员有可能是"本校的优秀硕士毕业生留校"而没有博士学位,此项断定"都有"博士学位,不妥当。

D项,根据题干②可知,有些高校在招收新教员时,有博士学位是必要条件,仅有的例外是"本校优秀硕士毕业生留校",所以,很有可能这些高校的教师中有博士学位的比例会增加。

E项,题干没有涉及此信息,无关选项。

20. D

【解析】推论题。

题干:①金钱不是万能的;②没有钱是万万不能的;③发不义之财是绝对不行的。

Ⅰ项,符合题干①,说明金钱不是万能的。

Ⅱ项,"有钱能使鬼推磨,世上没有用钱干不成的事"说明金钱是万能的,与题干①不符。

Ⅲ项,符合题干②。

Ⅳ项,是对钱不太在乎的态度,与题干②"没有钱是万万不能的"不相符。

Ⅴ项,符合题干③。

题型 29 概括结论题

母题技巧

1. 概括结论题

概括结论题与普通的推论题相比,正确的选项不仅要符合题干的含义,还要对题干材料进行概括总结,有点类似英语阅读理解的主旨题。

需要注意以下三点:

①避免以偏概全。

这样的选项,符合题干的意思,也能够被题干推出,但是仅仅涉及题干信息中的一部分,不是对整个题干的概括总结。

②淘汰无关选项。

选项涉及题干没有提到的新内容。

③区分论据与论点。

论据是为论点服务的,论据不会是题干的结论。

2. 人丑模型

例1 有人认为老吕很帅,这种说法太荒谬了。因为老吕的鼻孔太大了。

【分析】这段话的论点是"这种说法太荒谬了",即"老吕很帅太荒谬了",即"老吕不帅"。

例2 老吕,你人很好,但我不能做你女朋友,因为你太丑了。

【分析】这段话的论点是"我不能做你女朋友","你太丑了"是理由。

母题精练

1. 人们已经认识到，除了人以外，一些高级生物不仅能适应环境，而且能改变环境以利于自己的生存。其实，这种特性很普遍。例如，一些低级浮游生物会产生一种气体，这种气体在大气层中转化为硫酸盐颗粒，这些颗粒使水蒸气浓缩而形成云。事实上，海洋上空的云层的形成很大程度上依赖于这种颗粒。较厚的云层意味着较多的阳光被遮挡，意味着地球吸收较少的热量。因此，这些低级浮游生物使地球变得凉爽，而这有利于它们的生存，当然也有利于人类。

   以下哪项最为准确地概括了上述议论的主题？

   A. 为了改变地球的温室效应，人类应当保护低级浮游生物。

   B. 并非只有高级生物才能改变环境以利于自己的生存。

   C. 一些低级浮游生物通过改变环境以利于自己的生存，同时也造福于人类。

   D. 海洋上空云层形成的规模，很大程度上取决于海洋中低级浮游生物的数量。

   E. 低等生物以对其他种类的生物无害的方式改变环境，而高等生物则往往相反。

2. K市是重要的高科技工业城市。H镇位于K市近郊，是正在筹建中的K市卫星城市。为了发挥K市在发展高科技产业中的作用，H镇必须吸引足够的外来居民，其中包括大量高科技人才。吸引外来居民的关键措施是改建火车站。近来K市的就业机会急剧增加，就业人口中选择在近郊城镇居住的人数也急剧增加。随着公路收费点的增设，坐火车进出K市远比自己开车便宜。因此，人们更愿意选择在坐火车便利的地方居住。

   以下哪项最为恰当地表达了上述断定所要表达的结论？

   A. H镇必须吸引足够的外来居民。

   B. 改建火车站不但有利于K市高科技产业的发展，也有利于H镇的居民。

   C. 在K市周边应当减少公路收费点，并适当减少收费额。

   D. 选择在近郊城镇居住的人大都有私人汽车。

   E. H镇的发展对于K市的高科技产业具有重要作用。

3. X先生一直被誉为19世纪西方世界的文学大师，但是，他从前辈文学巨匠得到的受益却被评论家们忽略了。此外，X先生从未写出真正的不朽巨著，他广为人知的作品无论在风格上还是在表达上均有较大的缺陷。

   从以上陈述可以得出以下哪项结论？

   A. X先生在文坛上成名后，没有承认曾受惠于他的前辈。

   B. 当代的评论家们开始重新评论X先生的作品。

   C. X先生的作品基本上是仿效前辈，缺乏创新。

   D. 作家在文学史上的地位历来是充满争议的。

   E. X先生对西方文学发展的贡献被过分夸大了。

4. 高级经理人在报酬上的差距反映了公司各个部门之间的工作方式。如果这个差距较大，它激励的是部门之间的竞争和个人的表现；如果这个差距较小，它激励的是部门之间的合作和集体的表现。3M公司各个部门之间是以合作的方式工作的，所以_____

   将以下哪项陈述作为上述论证的结论最为恰当？

A. 3M 公司的高级经理人在报酬上的差距较大。
B. 以合作的方式工作能共享一些资源和信息。
C. 3M 公司的高级经理人在报酬上的差距较小。
D. 以竞争的方式工作能提高各个部门的工作效率。
E. 3M 公司的高级经理人很可能在报酬上的差距较小。

5. 人类中的智力缺陷者，无论经过怎样的培训和教育，也无法达到智力正常者所能达到的智力水平；同时，新生婴儿如果没有外界的刺激，尤其是人类社会的环境刺激，也同样达不到人类的正常智力水平，甚至还会退化为智力缺陷者。

   以下哪项作为上面这段叙述的结论最为恰当？
   A. 人的智力是由遗传决定的。
   B. 在环境刺激接近的条件下，人的智力直接取决于遗传的质量。
   C. 人的智力主要受环境因素的制约。
   D. 遗传和环境的共同作用决定了人的智力状况的优劣。
   E. 社会环境和自然地理环境都会对人的智力产生长远的影响。

6. 环境学家十分关注保护濒临灭绝的动物的高昂费用，提出应通过评估各种濒临灭绝的动物对人类的价值，以决定保护哪些动物。此法实际不可行，因为，预言一种动物未来的价值是不可能的，评价对人类现在作出间接但很重要贡献的动物的价值也是不可能的。

   以下哪项是作者的主要论点？
   A. 保护没有价值的濒临灭绝的动物比保护有潜在价值的动物更重要。
   B. 尽管保护所有濒临灭绝的动物是必须的，但在经济上是不可行的。
   C. 由于判断动物对人类价值高低的方法并不完善，在此基础上做出的决定也不可靠。
   D. 保护对人类有直接价值的动物远比保护有间接价值的动物重要。
   E. 要评估濒临灭绝的动物对人类是否重要是不可能的。

7. 在过去的三年里，13 至 16 岁的少年中驾驶或乘坐大马力摩托车时因事故受伤或死亡的人数持续增加。这些大马力摩托车对 16 岁以下的少年来说实在是太难对付了，即使他们这个年龄中那些训练有素的骑手都缺乏灵活控制它们的能力。

   上述这段话看起来最像是要通过一个法律来禁止：
   A. 16 岁以下的少年驾驶大马力摩托车。
   B. 13 至 16 岁的少年驾驶大马力摩托车。
   C. 13 岁以下的少年驾驶大马力摩托车。
   D. 16 岁以下的少年拥有大马力摩托车。
   E. 16 岁以下的少年乘坐大马力摩托车。

8. 在大型游乐公园里，现场表演是刻意用来引导人群流动的。午餐时间的表演是为了减轻公园餐馆的压力；傍晚时间的表演则有一个完全不同的目的：鼓励参观者留下来吃晚餐。表面上不同时间的表演有不同的目的，但这背后，却有一个统一的潜在目标，即＿＿＿＿＿＿＿

   以下哪项作为本段短文的结束语最为恰当？
   A. 尽可能地减少各游览点的排队人数。

B. 吸引更多的人来看现场表演，以增加利润。

C. 最大限度地避免由于游客出入公园而引起的交通阻塞。

D. 在尽可能多的时间里最大限度地发挥餐馆的作用。

E. 尽可能地招徕顾客，希望他们再次来公园游览。

9. 小朱与小王在讨论有关用手习惯的问题。

　　小朱：在当今 85 岁到 90 岁的人中，你很难找到左撇子。

　　小王：在 70 年前，小孩用左手吃饭和写字就要挨打，所以被迫改用右手。

　　小王对小朱的回答能够加强下面哪个论断？

A. 天生的右撇子有生存优势，所以长寿。

B. 用手习惯是遗传优势与社会压力的共同产物。

C. 逼迫一个人改变用手习惯是可以办到的，也是无害的。

D. 在过去的不同时代人们对用左手还是用右手存在着不同的社会态度。

E. 小时候养成的良好习惯可以受用终身，而小时候的不良习惯也会影响终生。

10. 一国丧失过量表土，需进口更多的粮食，这就增加了其他国家土壤的压力；一国大气污染，导致邻国受到酸雨的危害；一国二氧化碳排放过多，造成全球变暖、海平面上升，几乎可以危及所有的国家和地区。

　　下述哪项最能概括上文的主要观点？

A. 环境危机已影响到国与国之间的关系，可能引起国际争端。

B. 经济的快速发展必然导致环境污染的加剧，先污染、后治理是一条规律。

C. 在治理环境污染问题上，发达国家愿意承担更多的责任和义务。

D. 环境问题已成为区域性、国际性问题，解决环境问题是人类面临的共同任务。

E. 各国在环境污染治理方面要量力而行。

答案详解

1. B

【解析】概括结论题。

题干通过一个例证，证明并非只有高级生物才能改变环境以利于自己的生存，故 B 项为正确选项。

A 项和 C 项不能作为结论，因为浮游生物的例子，只是为了证明论点的论据，而不是论点。

2. B

【解析】概括结论题。

题干中的信息：

①发挥 K 市在发展高科技产业中的作用→H 镇要吸引外来居民→改建火车站。

②人们更愿意选择在坐火车便利的地方居住。

题干由 2 个论据，证明改建火车站的必要性，故 B 项为正确选项。

A 项，虽然能被题干推出，但以偏概全，只涉及题干信息①。

C 项，虽然能被题干推出，但以偏概全，只涉及题干信息②。

D 项，无关选项。

E项，虽然能被题干推出，但以偏概全，只涉及题干信息①。

3. E

【解析】概括结论题。

题干信息：

①X先生一直被誉为19世纪西方世界的文学大师。

②他从前辈文学巨匠得到的受益却被评论家们忽略了。

③X先生从未写出真正的不朽巨著。

④他广为人知的作品无论在风格上还是表达上均有较大的缺陷。

A项，"他从前辈文学巨匠得到的受益却被评论家们忽略了"，不代表他自己没有承认受惠于他的前辈，不能得出。

B项，题干没有涉及"当代的评论家们"是否"重新评论X先生的作品"。

C项，从前辈处受益，不代表"仿效前辈，缺乏创新"，推理过度。

D项，题干说的是"X先生"，D项说的是"作家"，不当扩展。

E项，注意题干中的"但是"，题干"X先生一直被誉为19世纪西方世界的文学大师"后面加"但是"，对"但是"前面的内容进行了反驳，故E项最为准确。

4. E

【解析】概括结论题。

题干：

①高级经理人在报酬上的差距较大，激励的是部门之间的竞争和个人的表现。

②高级经理人在报酬上的差距较小，激励的是部门之间的合作和集体的表现。

③3M公司各个部门之间是以合作的方式工作的。

由题干②、③可知，3M公司的高级经理人很可能在报酬上的差距较小，故E项正确。

A项，显然不对，如果高级经理人在报酬上的差距较大，应该是以竞争的方式工作。

B项，出现了新内容，不能作为题干结论。

C项，推理过度，因为"高级经理人在报酬上的差距较小"会激励部门之间的合作，并不表明"部门之间的合作"一定是因为"高级经理人在报酬上的差距较小"。

D项，前提说的是以合作的方式工作，结论却说"以竞争的方式工作"，显然不对。

E项，如果是以合作的方式工作，很可能3M公司的高级经理人在报酬上的差距较小，可以作为结论。

5. D

【解析】概括结论题。

题干中有以下信息：

①人类中的智力缺陷者，无论经过怎样的培训和教育，也无法达到智力正常者所能达到的智力水平；这说明人的智力受遗传因素影响。

②新生婴儿如果没有外界的刺激，尤其是人类社会的环境刺激，也同样达不到人类的正常智力水平；这说明人的智力受环境因素影响。

故D项作为结论最为恰当。

A项，只涉及遗传因素；B、C项，题干没有提及；E项，只涉及环境因素。

6. C

【解析】概括结论题。

题干的论据：预言一种动物未来的价值是不可能的。

题干的结论："通过评估各种濒临灭绝的动物对人类的价值，以决定保护哪些动物"，这一措施不可行。

C项对题干的论据和结论进行了总结：由于判断动物对人类价值高低的方法并不完善，在此基础上作出的决定也不可靠。

7. A

【解析】概括结论题（找目的）。

题干：①13至16岁的少年中驾驶或乘坐大马力摩托车时因事故受伤或死亡的人数持续增加。②16岁以下的少年难以驾驭大马力摩托车。

由以上论据，可以总结出一个结论：应禁止16岁以下的少年驾驶大马力摩托车，故选A项。

B项不妥，虽然论据①只涉及13至16岁的少年，但是论据②表明"16岁以下"的少年都难以驾驭大马力摩托车。

C项，"13岁以下"的少年驾驶大马力摩托车，年龄与题干不同。

D项，16岁以下的少年"拥有"大马力摩托车，题干没有涉及。

E项，干扰项，如果此项是题干的论点，那么题干中的论据②就显得没有意义。

8. D

【解析】概括结论题（找目的）。

题干所谈的是公园餐馆的使用问题。在午餐时间里，由于进餐馆的人太多，超过了餐馆的接待能力，所以，需要用现场表演进行分流；但在傍晚时间里，由于公园里的人数一般会有所减少，这会影响到餐馆就餐的人数，降低餐馆的使用效率，所以，公园就采取现场表演的方式来吸引游客留下来吃晚餐。公园的做法实际上是从最大限度地发挥餐馆的作用出发的。故D项正确。

9. B

【解析】概括结论题。

小王：在70年前，小孩用左手吃饭和写字就要挨打，所以被迫改用右手。

说明除了遗传因素外，后天的社会因素也会改变用手习惯，B项正确。

A项，无关选项。

C项，前半句正确，但后半句的"无害"，小王没有表述。

D项，是否有"不同"的社会态度，从小王的话中无法看出来，也许当时社会一致认为不应该有左撇子。

E项，左右撇子与是否是"良好习惯"无关，小王也没提到是否"受用终身"。

10. D

【解析】概括结论题。

题干实际描述了三个论据，均说明了一国的环境问题，会对其他国家造成影响，故D项，解决环境问题是人类面临的共同任务，最为准确。

微模考7 ▶ 推论题

（共30题，每题2分，限时60分钟）　　　你的得分是_____

1. 根据韩国当地媒体10月9日的报道：用于市场主流的PC100规格的64MB－DRAM的8M×8内存元件，10月8日在美国现货市场的交易价格已跌至15.99～17.30美元，但前一个交易日的交易价格为16.99～18.38美元，一天内跌幅近1美元；而与台湾地震发生后曾经达到的最高价格21.46美元相比，已经下跌了约4美元。
   以下哪项与题干内容有矛盾？
   A. 台湾是生产这类元件的重要地区。
   B. 美国是该元件的重要交易市场。
   C. 若两人购买的数量相同，10月8日的购买者一定比10月7日的购买者省钱。
   D. 韩国很可能是该元件的重要输出国或输入国，所以特别关心该元件的国际市场价格。
   E. 该元件是计算机中的重要器件，供应商对市场的行情是很敏感的。

2. 据《科学日报》消息，1998年5月，瑞典科学家在有关领域的研究中首次提出，一种对防治老年痴呆症有特殊功效的微量元素，只有在未经加工的加勒比椰果中才能提取。
   如果《科学日报》的上述消息是真实的，那么以下哪项不可能是真实的？
   Ⅰ．1997年4月，芬兰科学家在相关领域的研究中提出过，对防治老年痴呆症有特殊功效的微量元素，除了未经加工的加勒比椰果，不可能在其他对象中提取。
   Ⅱ．荷兰科学家在相关领域的研究中证明，在未经加工的加勒比椰果中，并不能提取对防治老年痴呆症有特殊功效的微量元素，这种微量元素可以在某些深海微生物中提取。
   Ⅲ．著名的苏格兰医生查理博士在相关的研究领域中证明，该微量元素对防治老年痴呆症并没有特殊功效。
   A. 仅Ⅰ。
   B. 仅Ⅱ。
   C. 仅Ⅲ。
   D. 仅Ⅱ和Ⅲ。
   E. Ⅰ、Ⅱ和Ⅲ。

3. 某电脑公司正在研制可揣摩用户情绪的电脑。这种被称为"智能个人助理"的新装置主要通过分析用户敲击键盘的模式，来判断其心情是好是坏，还可通过不断监测用户的活动，逐渐琢磨出其好恶，能在使用者紧张或烦躁时自动减少其所浏览的电子邮件或网站的数量。
   以下哪项最不可能是这种计算机提供的功能？
   A. 在使用者连续使用计算机超过两个小时后，屏幕会显示"长时间看屏幕对眼睛有害，请您休息几分钟"。
   B. 在深夜时间，使用者击键的速度逐渐变慢时，计算机便得知主人已经疲劳，会播出孩子招呼爸爸睡觉的喊话。
   C. 在使用者经常出现习惯性拼写错误时，比如南方人难以分清"z"和"zh"，计算机可以自动加以更正，减轻主人的烦躁心理。
   D. 在使用者利用国际网络查找资料时，计算机可以根据主人的喜好，把常用的站点放在最显眼的地方，尽可能让主人多看一些。

E. 在使用者心情烦躁时，计算机可以通过人机传递的信息觉察到，并及时放一段主人最喜欢的音乐。

4~5题基于以下题干：

  P：任何在高速公路上运行的交通工具的时速必须超过60公里。

  Q：自行车的最高时速是20公里。

  R：我的汽车只有逢双日才被允许在高速公路上驾驶。

  S：今天是5月18日。

4. 如果上述断定都是真的，则下面哪项断定也一定是真的？

  Ⅰ．自行车不被允许在高速公路上行驶。

  Ⅱ．今天我的汽车仍然可能不被允许在高速公路上行驶。

  Ⅲ．如果我的汽车的时速超过60公里，则当日肯定是逢双日。

  A. Ⅰ、Ⅱ和Ⅲ。 B. 仅Ⅰ。 C. 仅Ⅰ和Ⅱ。

  D. 仅Ⅰ和Ⅲ。 E. 仅Ⅱ和Ⅲ。

5. 假设只有高速公路才有最低时速限制，则从上述断定加上以下哪项条件可合理地得出结论：如果我的汽车正在行驶的话，时速不必超过60公里？

  A. Q改为"自行车的最高时速可达每小时60公里"。

  B. P改为"任何在高速公路上运行的交通工具的时速必须超过每小时70公里"。

  C. R改为"我的汽车在高速公路上驾驶不受单双日限制"。

  D. S改为"今天是5月20日"。

  E. S改为"今天是5月19日"。

6. 任何方法都是有缺陷的。在母语非英语的外国学生中，如何公正合理地选拔合格的考生？对于美国这样一个每年要吸收大量外国留学生的国家来说，目前实行的托福考试恐怕是所有带缺陷的方法中最好的方法了。

  以下各项关于托福考试及其考生的断定都符合上述议论的含义，除了：

  A. 大多数考生的实际水平与他们的考分是基本相符的。

  B. 存在低考分的考生，他们有较高的实际水平。

  C. 高分低能或低分高能现象的产生，是实施考试中操作失误所致。

  D. 存在高分的考生，他们并无相应的实际水平。

  E. 对美国来说，目前恐怕没有比托福考试更能使人满意的方法来测试外国考生的英语能力。

7. 随着心脏病成为人类的第一杀手，人体血液中的胆固醇含量越来越引起人们的重视。一个人血液中的胆固醇含量越高，患致命的心脏病的风险也就越大。至少有三个因素会影响人的血液中的胆固醇含量，它们是抽烟、饮酒和运动。

  如果上述断定为真，则以下哪项一定为真？

  Ⅰ．某些生活方式的改变，会影响一个人患致命的心脏病的风险。

  Ⅱ．如果一个人血液中的胆固醇含量不高，那么他患致命的心脏病的风险也不高。

  Ⅲ．血液中的胆固醇含量高是造成当今人类死亡的主要原因。

A. 仅Ⅰ。 B. 仅Ⅱ。 C. 仅Ⅰ和Ⅱ。
D. 仅Ⅰ和Ⅲ。 E. Ⅰ、Ⅱ和Ⅲ。

8. 我国计算机网络事业发展很快。据中国互联网络信息中心（CNNIC）的一项统计显示，截至1999年6月30日，我国上网用户人数约400万，其中使用专线上网的用户人数约为144万，使用拨号上网的用户人数约为324万。

   根据以上统计数据，最可能推出以下哪项判断有误？

   A. 考虑到我国有12亿多的人口，与先进国家相比，我国上网的人数还是少得可怜。
   B. 专线上网与拨号上网的用户之和超过了上网用户的总数，这不能用四舍五入引起的误差来解释。
   C. 用专线上网的用户中，多数也选用拨号上网，可能是从家里用拨号上网更方便。
   D. 由于专线上网的设备能力不足，在使用拨号上网的用户中，仅有少数用户有使用专线上网的机会。
   E. 从1994年到1999年的五年间，我国上网用户的平均年增长率在50％以上。

9. 在黑、蓝、黄、白四种由深至浅排列的涂料中，一种涂料只能被它自身或者比它颜色更深的涂料所覆盖。

   若上述断定为真，则以下哪一项确切地概括了能被蓝色覆盖的颜色？

   Ⅰ. 这种颜色不是蓝色。
   Ⅱ. 这种颜色不是黑色。
   Ⅲ. 这种颜色不如蓝色深。

   A. 仅Ⅰ。 B. 仅Ⅱ。 C. 仅Ⅲ。
   D. 仅Ⅰ和Ⅱ。 E. Ⅰ、Ⅱ和Ⅲ。

10. 用蒸馏麦芽渣提取的酒精作为汽油的替代品进入市场，使得粮食市场和能源市场发生了前所未有的直接联系。到1995年，谷物作为酒精的价值已经超过了作为粮食的价值。西方国家已经或正在考虑用从谷物中提取的酒精来替代一部分进口石油。

    如果上述断定为真，则对于那些已经用从谷物中提取的酒精来替代一部分进口石油的西方国家，以下哪项最可能是1995年后进口石油价格下跌的后果？

    A. 一些谷物从能源市场转入粮食市场。 B. 一些谷物从粮食市场转入能源市场。
    C. 谷物的价格面临下跌的压力。 D. 谷物的价格出现上浮。
    E. 国产石油的销量大增。

11. 赞扬一个历史学家对具体历史事件阐述的准确性，就如同是在赞扬一个建筑师在完成一项宏伟建筑物时使用了合格的水泥、钢筋和砖瓦，而不是赞扬一个建筑材料供应商提供了合格的水泥、钢筋和砖瓦。

    以下哪项最为恰当地概括了题干所要表达的意思？

    A. 合格的建筑材料对于完成一项宏伟的建筑是不可缺少的。
    B. 准确地把握具体的历史事件，对于科学地阐述历史发展的规律是不可缺少的。
    C. 建筑材料供应商和建筑师不同，他的任务仅是提供合格的建筑材料。
    D. 就如同一个建筑师一样，一个历史学家的成就，不可能脱离其他领域的研究成果。

E. 一个历史学家必须准确地阐述具体的历史事件，但这并不是他的主要任务。

12. 1998年度的统计显示，对中国人的健康威胁最大的三种慢性病，按其在总人口中的发病率排列，依次是乙型肝炎、关节炎和高血压。其中，关节炎和高血压的发病率随着年龄的增长而增加，而乙型肝炎在各个年龄段的发病率没有明显的不同。中国人口的平均年龄，在1998年至2010年之间，将呈明显上升态势而逐步进入老龄化社会。

    依据题干提供的信息，能最为恰当地推出以下哪项结论？

    A. 到2010年，发病率最高的将是关节炎。
    B. 到2010年，发病率最高的将仍是乙型肝炎。
    C. 在1998年至2010年之间，乙型肝炎患者的平均年龄将增大。
    D. 到2010年，乙型肝炎患者的数量将少于1998年。
    E. 到2010年，乙型肝炎的老年患者将多于非老年患者。

13. 某公司一项对员工工作效率的调查测试显示，办公室中白领人员的平均工作效率和室内气温有直接关系。夏季，当气温高于30℃时，无法达到完成最低工作指标的平均工作效率；而在此温度线之下，气温越低，平均工作效率越高，只要不低于22℃；冬季，当气温低于5℃时，无法达到完成最低工作指标的平均工作效率；而在此温度线之上，气温越高，平均工作效率越高，只要不高于15℃。另外，调查测试显示，车间中蓝领工人的平均工作效率和车间中的气温没有直接关系，只要气温不低于5℃，不高于30℃。

    从上述断定，推出以下哪项结论最为恰当？

    A. 在车间中安装的空调设备是一种浪费。
    B. 在车间中，如果气温低于5℃，则气温越低，工作效率越低。
    C. 在春秋两季，办公室白领人员的工作效率最高时的室内气温在15℃～22℃之间。
    D. 在夏季，办公室白领人员在室内气温32℃时的平均工作效率，低于在气温31℃时。
    E. 在冬季，当室内气温为15℃时，办公室白领人员的平均工作效率最高。

14. 各品种的葡萄中都存在着一种化学物质，这种物质能有效地减少人血液中的胆固醇。这种物质也存在于各类红酒和葡萄汁中，但白酒中不存在。红酒和葡萄汁都是用完整的葡萄做原料制作的；白酒除了用粮食做原料外，也用水果做原料，但和红酒不同，白酒在用水果做原料时，必须除去其表皮。

    以上信息最能支持以下哪项结论？

    A. 用作制酒的葡萄的表皮都是红色的。
    B. 经常喝白酒会增加血液中的胆固醇。
    C. 食用葡萄本身比饮用由葡萄制作的红酒或葡萄汁更有利于减少血液中的胆固醇。
    D. 能有效地减少血液中胆固醇的化学物质，只存在于葡萄之中，不存在于粮食作物之中。
    E. 能有效地减少血液中胆固醇的化学物质，只存在于葡萄的表皮之中，而不存在于葡萄的其他部分中。

15. 第二次世界大战末期，生育期的妇女数目创纪录得低，然而几乎20年后，她们的孩子的数目创纪录得高。在1957年平均每个家庭有3.72个孩子。现在战后婴儿的数目创纪录得低，在1983年平均每个家庭有1.79个孩子，比1957年少两个并且甚至低于2.11个的人口自然淘汰率。

问：从上面的叙述中可以推导出什么？
A. 在出生率高的时候，一定有相对大量的妇女在她们的生育期。
B. 影响出生率最重要的因素是该国是否参加一场战争。
C. 除非有极其特殊的环境，否则出生率将不低于人口的自然淘汰率的水平。
D. 对于出生率低的时候，一定有相对少的妇女在她们的生育期。
E. 出生率不与生育期妇女的数目成正比。

16. 在试飞新设计的超轻型飞机时，经验丰富的老飞行员似乎比新手碰到了更多的麻烦。有经验的飞行员已经习惯了驾驶重型飞机，当他们驾驶超轻型飞机时，总是会忘记驾驶要则的提示而忽视风速的影响。

 以下哪项作为题干蕴涵的结论最为恰当？
A. 重型飞机比超轻型飞机在风中更易于驾驶。
B. 超轻型飞机的安全性不如重型飞机。
C. 风速对重型飞机的飞行不会产生影响。
D. 飞行员新手在驾驶重型飞机时不会忽视风速的影响。
E. 新飞行员比老飞行员对超轻型飞机更为熟悉。

17. 在美国纽约，有这样一种有趣的现象。每天晚上，总有几个时刻，城市的用水量突然增大。经过观察，这几个时刻都是热门电视节目间隔中插播大段广告的时间。而用水量的激增是人们同时去洗手间的缘故。

 以下哪项作为从上述现象中推出的结论最为合理？
A. 电视节目广告要短小，零碎地插在电视节目中才会有效。
B. 电视台对于热门节目中插播的广告费用要提高，否则竞争就更为激烈。
C. 热门的电视节目后插广告不如在冷门些的电视节目后插广告效果好。
D. 在热门的电视节目中插广告，需要向自来水公司缴纳一定的费用，补偿用水激增对设备的损害。
E. 现代生活中人们普遍不喜欢电视节目中大段广告的插入。

18. 如果一个儿童体重与身高的比值超过本地区80%的儿童的水平，就称其为肥胖儿。根据历年的调查结果，15年来，临江市的肥胖儿的数量一直在稳定增长。

 如果以上断定为真，则以下哪项也必为真？
A. 临江市每一个肥胖儿的体重都超过全市儿童的平均体重。
B. 15年来，临江市的儿童体育锻炼越来越不足。
C. 临江市的非肥胖儿的数量15年来不断增长。
D. 15年来，临江市体重不足标准体重的儿童数量不断下降。
E. 临江市每一个肥胖儿的体重与身高的比值都超过全市儿童的平均值。

19～20题基于以下题干：

 张小珍：在我国，90%的人所认识的人中都有失业者，这真是个令人震惊的事实。
 王大为：我不认为您所说的现象有令人震惊之处。其实，就5%这样可接受的失业率来讲，每20个人中就有1个人失业。在这种情况下，如果一个人所认识的人超过50个，那么，其中就很可能有1个或更多的失业者。

19. 根据王大为的断定能得出以下哪个结论？
    A. 90%的人都认识失业者的事实并不表明失业率高到不可被接受。
    B. 超过5%的失业率是一个社会所不能接受的。
    C. 如果我国的失业率不低于5%，那么就不可能90%的人所认识的人中都包括失业者。
    D. 在我国，90%的人所认识的人不超过50个。
    E. 我国目前的失业率不可能高于5%。

20. 以下哪项最可能是王大为的论断所假设的？
    A. 失业率很少超过社会能接受的限度。
    B. 张小珍所引述的统计数据是准确的。
    C. 失业通常并不集中在社会联系闭塞的区域。
    D. 认识失业者的人通常超过总人口的90%。
    E. 失业者比就业者具有更多的社会联系。

21. 有一种通过寄生方式来繁衍后代的黄蜂，它能够在适合自己后代寄生的各种昆虫的大小不同的虫卵中，注入恰好数量的自己的卵。如果它在宿主的卵中注入的卵过多，它的幼虫就会在互相竞争中因为得不到足够的空间和营养而死亡；如果它在宿主的卵中注入的卵过少，宿主卵中的多余营养部分就会腐败，这又会导致它的幼虫的死亡。
    如果上述断定是真的，则以下哪项有关断定也一定是真的？
    Ⅰ．上述黄蜂的寄生繁衍机制中，包括它准确区分宿主虫卵大小的能力。
    Ⅱ．在虫卵较大的昆虫聚集区出现的上述黄蜂比在虫卵较小的昆虫聚集区多。
    Ⅲ．黄蜂注入过多的虫卵比注入过少的虫卵更易引起寄生幼虫的死亡。
    A. 仅Ⅰ。　　　　　　B. 仅Ⅱ。　　　　　　C. 仅Ⅲ。
    D. 仅Ⅰ和Ⅱ。　　　　E. Ⅰ、Ⅱ和Ⅲ。

22. 一项关于21世纪初我国就业情况的报告预测，在2002年至2007年之间，首次就业人员数量增加最多的是低收入的行业。但是，在整个就业人口中，低收入行业所占的比例并不会增加，有所增加的是高收入的行业所占的比例。
    从以上预测所做的断定中，最可能得出以下哪项结论？
    A. 在2002年，低收入行业的就业人员要多于高收入行业。
    B. 到2007年，高收入行业的就业人员要多于低收入行业。
    C. 到2007年，中等收入行业的就业人员在整个就业人员中所占的比例将有所减少。
    D. 相当数量的2002年在低收入行业就业的人员，到2007年将进入高收入行业。
    E. 在2002年至2007年之间，低收入行业的经营实体的增长率，将大于此期间整个就业人员的增长率。

23. 清朝雍正年间，市面上流通的铸币，其金属构成是铜六铅四，即六成为铜，四成为铅。不少商人出以利计，纷纷融币取铜，使得市面上的铸币严重匮乏，不少地方出现以物易物。但朝廷征于市民的赋税，须以铸币缴纳，不得代以实物或银子。市民只得以银子向官吏购兑铸币用以纳税，不少官吏因此大发了一笔。这种情况，雍正之前的明、清两朝历代从未出现过。

从以上陈述，可推出以下哪项结论？

Ⅰ．上述铸币中所含铜的价值要高于该铸币的面值。

Ⅱ．上述用银子购兑铸币的交易中，不少并不按朝廷规定的比价成交。

Ⅲ．雍正以前明、清两朝历代，铸币的铜含量，均在六成以下。

A. 仅Ⅰ。 B. 仅Ⅱ。 C. 仅Ⅲ。

D. 仅Ⅰ和Ⅱ。 E. Ⅰ、Ⅱ和Ⅲ。

24. 随着人才竞争的日益激烈，市场上出现了一种"挖人公司"，其业务是为客户招募所需的人才，包括从其他的公司中"挖人"。"挖人公司"自然不得同时帮助其他公司从自己的雇主处挖人，一个"挖人公司"的成功率越高，雇用它的公司也就越多。

上述断定最能支持以下哪项结论？

A. 一个"挖人公司"的成功率越高，能成为其"挖人"目标的公司就越少。

B. 为了有利于"挖进"人才同时又确保自己的人才不被"挖走"，雇主的最佳策略是雇用只为自己服务的"挖人公司"。

C. 为了有利于"挖进"人才同时又确保自己的人才不被"挖走"，雇主的最佳策略是提高雇员的工资。

D. 为了保护自己的人才不被挖走，一个公司不应雇用"挖人公司"从别的公司挖人。

E. "挖人公司"的运作是一种不正当的人才竞争方式。

25. W病毒是一种严重危害谷物生长的病毒，每年要造成谷物的大量减产。W病毒分为三种：W1、W2和W3。科学家们发现，把一种从W1中提取的基因，植入易受感染的谷物基因中，可以使该谷物产生对W1的抗体，这样处理的谷物会在W2和W3中，同时产生对其中一种病毒的抗体，但严重减弱对另一种病毒的抵抗力。科学家证实，这种方法能大大减少谷物因病毒危害造成的损失。

从上述断定最可能得出以下哪项结论？

A. 在三种W病毒中，不存在一种病毒，其对谷物的危害性，比其余两种病毒的危害性加在一起还大。

B. 在W2和W3两种病毒中，不存在一种病毒，其对谷物的危害性，比其余两种病毒的危害性加在一起还大。

C. W1对谷物的危害性，比W2和W3的危害性加在一起还大。

D. W2和W3对谷物具有相同的危害性。

E. W2和W3对谷物具有不同的危害性。

26. 一份犯罪调研报告揭示，某市近三年来的严重刑事犯罪案件60%皆为已记录在案的350名惯犯所为。报告同时揭示，半数以上的严重刑事犯罪案件的作案者同时是吸毒者。

如果上述断定都是真的，并且同时考虑到事实上一个惯犯可能作案多起，那么下述哪项断定是真的？

A. 350名惯犯中可能没有吸毒者。 B. 350名惯犯中一定有吸毒者。

C. 350名惯犯中大多数是吸毒者。 D. 吸毒者中大多数在350名惯犯中。

E. 吸毒是造成严重刑事犯罪的主要原因。

27. 某本科专业按如下原则选拔特别奖学金的候选人。

将本专业的同学按德育情况排列名次，均分为上、中、下三个等级（即三个等级的人数相等，下同），候选人在德育方面的表现必须为上等。

将本专业的同学按学习成绩排列名次，均分为优、良、中、差四个等级，候选人的学习成绩必须为优。

将本专业的同学按身体状况排列名次，均分为好与差两个等级，候选人的身体状况必须为好。

假设该专业共有 36 名本科学生，则除了以下哪项外，其余都可能是这次选拔的结果？

A. 恰好有四个学生被选为候选人。　　B. 只有两个学生被选为候选人。

C. 没有学生被选为候选人。　　D. 候选人数多于本专业学生的 1/4。

E. 候选人数少于本专业学生的 1/3。

28. 员工诚实的个人品质，对于一个企业来说至关重要。一种新型的商用测谎器，可以有效地帮助企业聘用诚实的员工。著名的 QQQ 公司在一次对 300 名应聘者面试时使用了测谎器，结果完全有理由让人相信它的有效功能。当被问及是否知道法国经济学家道尔时，有 1/3 的应聘者回答知道；当被问及是否知道比利时的卡达特公司时，有 1/5 的人回答知道。但事实上这个经济学家和公司都是不存在的，测试结果证明：该测谎器的准确率是 100%。

如果上述断定为真，并且测谎器测试的结果是：上述应聘者中撒谎的人数不多于 160 人，则以下哪项关于该项测试的断定一定为真？

Ⅰ. 应聘者只被问了上述两个问题。

Ⅱ. 没有一个应聘者在回答上述两个问题时都撒了谎。

Ⅲ. 测谎器测定的未撒谎的人数不多于 200 人。

A. 仅Ⅰ。　　B. 仅Ⅱ。　　C. 仅Ⅲ。

D. Ⅰ、Ⅱ和Ⅲ。　　E. Ⅰ、Ⅱ和Ⅲ都不是。

29. 烟斗和雪茄比香烟对健康的危害明显要小。吸香烟的人如果戒烟的话，则可以免除对健康的危害，但是如果改吸烟斗或雪茄的话，对健康的危害和以前差不多。

如果以上断定为真，则以下哪项断定最不可能为真？

A. 香烟对所有吸香烟者健康的危害基本相同。

B. 烟斗和雪茄对所有吸烟斗或雪茄者健康的危害基本相同。

C. 同时吸香烟、烟斗和雪茄所受到的健康危害，不大于只吸香烟。

D. 吸烟斗和雪茄的人戒烟后如果改吸香烟，则所受到的健康危害比以前大。

E. 烟斗比雪茄对健康的危害要大。

30. 法官：原告提出的所有证据，不足以说明被告的行为已构成犯罪。

如果法官的上述断定为真，则以下哪项相关断定也一定为真？

Ⅰ. 原告提出的证据中，至少没包括这样一个证据，有了它，足以断定被告有罪。

Ⅱ. 原告提出的证据中，至少没包括这样一个证据，没有它，不足以断定被告有罪。

Ⅲ. 原告提出的证据中，至少有一个与事实不符。

A. 仅Ⅰ。　　B. 仅Ⅱ。　　C. 仅Ⅲ。

D. 仅Ⅰ和Ⅱ。　　E. Ⅰ、Ⅱ和Ⅲ。

微模考7 ▶ 答案详解

1. C

【解析】推论题。

题干中，10月7日的价格为16.99～18.38美元，10月8日的价格为15.99～17.30美元，所以，在10月8日购买的价格可能比10月7日高(如10月8日以17.30美元购买，10月7日以17美元购买)，与C项矛盾。

2. A

【解析】推论题。

《科学日报》的下列消息为真：1998年5月，瑞典科学家在有关领域的研究中首次提出，一种对防治老年痴呆症有特殊功效的微量元素，只有在未经加工的加勒比椰果中才能提取。

"上述消息"为真，说明的确有瑞典科学家在有关领域的研究中首次提出了此观点，因此，不可能在更早的时间有科学家提出相同的观点，Ⅰ项不可能为真。

但是"上述消息为真"，只说明的确有瑞典科学家提出此观点，但是，这种观点未必正确，故Ⅱ、Ⅲ项的真假无法确定。

3. A

【解析】推论题。

题干中的电脑，通过分析用户的行为，揣摩用户情绪。

A项，不涉及用户情绪；其余各项均涉及用户情绪。故选A项。

4. C

【解析】推论题。

题干有以下信息：

P：高速公路→超过60公里，等价于：¬超过60公里→¬高速公路。

Q：自行车→不超过20公里，可得：自行车→¬超过60公里。

R：我的汽车在高速公路→双日。

S：今天是5月18日。

Ⅰ项，由Q、P得：自行车→¬超过60公里→¬高速公路，此项为真。

Ⅱ项，由R知，"双日"后无箭头指向，故我的汽车在双日有可能被允许也有可能不被允许在高速公路上行驶，所以，虽然今天是双日，但是我的汽车可能不被允许在高速公路上行驶，此项为真。

Ⅲ项，由P知，"超过60公里"后无箭头指向，故此项可真可假。

5. E

【解析】隐含三段论。

由：最低时速限制→高速公路，等价于：¬高速公路→¬最低时速限制。

故：要得出"时速不必超过60公里"，只需断定我的汽车不在高速公路上行驶即可。

E项,今天是5月19日,由R知,今天我的汽车不被允许在高速公路上行驶,故时速不必超过60公里,E项正确。

6. C

【解析】推论题。

题干有以下断定：

①任何方法都是有缺陷的。

②托福考试恐怕是"公正合理地选拔合格的考生"的最好方法。

③托福考试带缺陷。

A、E项,符合断定②。

B、D项,符合断定③。

C项,不符合题干。

7. A

【解析】推论题。

Ⅰ项,正确,因为题干中表达了至少有三种生活方式会影响一个人患致命的心脏病的风险：抽烟、饮酒和运动。

Ⅱ项,不正确,由"胆固醇含量高→患致命的心脏病的风险大",无法推出"┐胆固醇含量高→┐患致命的心脏病的风险大"。

Ⅲ项,推理过度,"心脏病"是人类的第一大杀手,不代表"血液中的胆固醇含量高"是当今人类死亡的主要原因。

8. C

【解析】数字推理题。

题干中,由于专线上网和拨号上网的用户之和大于上网总用户,说明两类上网用户有重合,即,有人既用专线上网,也用拨号上网。

故：同时使用两种方式上网的用户数量为：144+324-400=68(万);

两种方式都用的网民占专线上网的网民数量的比例为：68/144≈47%,只占不到一半,所以,C项说专线上网用户中,多数使用拨号上网,并不正确。

E项,干扰项。E项内容题干未涉及,故无法由题干推出是否有误。

9. B

【解析】推论题。

Ⅰ项,不准确,有可能是蓝色。

Ⅱ项,准确,只有黑色不可被蓝色覆盖,即,不是黑色的都可以被蓝色覆盖。

Ⅲ项,不准确,有可能是蓝色。

10. C

【解析】推论题。

对于那些已经用从谷物中提取的酒精来替代一部分进口石油的西方国家,石油价格下跌,可能会引起作为石油替代品的酒精价格下跌,若酒精价格下跌,那么,可能会导致酒精的原料谷物的价格下跌,故C项为真。

当酒精价格的下跌幅度大到使得谷物作为酒精的价值低于作为粮食的价值，才会发生 A 项所断定的"一些谷物从能源市场转入粮食市场"，否则，这种现象不会发生。因此，A 项虽然也有可能，但可能性不如 C 项大。

其余各项都不可能是 1995 年后进口石油下跌的后果。

11. E

【解析】类比型推论题。

题干使用类比论证：

"赞扬一个建筑师在完成一项宏伟建筑物时使用了合格的水泥、钢筋和砖瓦，而不是赞扬一个建筑材料供应商提供了合格的水泥、钢筋和砖瓦"，"水泥、钢筋和砖瓦"只是建筑师完成自己工作时使用的条件，而不是建筑师的主要任务。

题干旨在说明："对于具体历史事件阐述的准确性"只是历史学家完成自己工作时使用的条件，而不是历史学家的主要任务。故 E 项正确。

12. C

【解析】推论题。

由题干，乙型肝炎在各个年龄段的发病率没有明显的不同。

又由：中国人口的平均年龄，在 1998 年至 2010 年之间，将呈明显上升态势而逐步进入老龄化社会。

说明：乙型肝炎患者的平均年龄将增大。C 项是合理的推论。

13. E

【解析】推论题。

A 项，不恰当，车间中，气温低于 5℃，高于 30℃时，对蓝领工人的工作效率有影响。

B 项，推理过度，题干没有说明气温低于 5℃时，气温与工作效率的关系。

C 项，主观臆断，题干中的论证没有涉及春秋两季。

D 项，推理过度，题干没有说明气温高于 30℃时，气温与工作效率的关系。

E 项，正确的推论，由题干：冬季"气温越高，平均工作效率越高，只要不高于 15℃"，说明室内温度为 15℃时，办公室白领人员的平均工作效率最高。

14. E

【解析】求异法型推论题。

题干使用求异法：

红酒：用完整的葡萄做原料，含有减少人血液中的胆固醇的化学物质。

白酒：用去皮的葡萄做原料，不含减少人血液中的胆固醇的化学物质。

所以，能有效地减少血液中胆固醇的化学物质，只存在于葡萄的表皮之中。

15. E

【解析】推论题。

题干中有以下信息：

①第二次世界大战末期，生育期的妇女数目创纪录得低，然而几乎 20 年后，她们的孩子的数目创纪录得高。

②在1957年平均每个家庭有3.72个孩子。

③在1983年平均每个家庭有1.79个孩子。

1957年出生的孩子，在1983年时，正好处于生育期，因此，这个时候的生育期妇女应远大于第二次世界大战末期，但是平均每个家庭拥有的孩子更少，即在生育期妇女数量大大增加的情况下，出生率反而大大下降了。因此，E项正确。

A项，与以上分析矛盾。

B项，强加因果，题干讨论的是生育期妇女数量和出生率的关系，并未讨论出生率与战争的关系。

C项，无关选项，题干并未提及是否有极其特殊的环境。

D项，与题干信息矛盾，1983年生育期妇女较多，但是出生率很低。

16. A

【解析】概括结论题。

题干：有经验的飞行员已经习惯了驾驶重型飞机，当他们驾驶超轻型飞机时，总是会忘记驾驶要则的提示而忽视风速的影响。

这说明重型飞机比超轻型飞机在风中更易于驾驶，即A项。

C项，风速对重型飞机的飞行"不会产生影响"是推理过度，只需要"影响较小"即可。

17. E

【解析】概括结论题。

题干：热门电视节目间隔中插播大段广告的时间，人们会同时去洗手间，导致城市的用水量突然增大。

A项，推理过度，广告要短小才会有效，即：广告若不短小，则一定无效。

B项，无关选项，题干的论证与竞争是否激烈无关。

C项，无关选项，题干的论证与广告是否在冷门节目后插播更加有效无关。

D项，无关选项，题干并无需要补偿自来水公司的信息。

E项，正确，广告时间大家都去洗手间，说明大家不喜欢看广告。

18. C

【解析】数字型推论题。

题干有以下两组信息：

①如果一个儿童体重与身高的比值超过本地区80%的儿童的水平，就称其为肥胖儿。

②15年来，临江市的肥胖儿的数量一直在稳定增长。

由题干信息①知，肥胖儿数量＝儿童总数×20%。

由题干信息②知，肥胖儿数量稳定增长，说明儿童总数稳定增长。

又有：非肥胖儿数量＝儿童总数×80%，故非肥胖儿数量稳定增长，C项正确。

19. A

【解析】概括结论题。

张小珍的论点：在我国，90%的人所认识的人中都有失业者，这真是个令人震惊的事实。

王大为的论据：①5%的失业率是可接受的；②按5%的失业率计算，每20个人中就有1个人失业；③在这种情况下，如果一个人所认识的人超过 50 个，那么，其中就很可能有 1 个或更多的失业者。

王大为认为在 5% 的失业率下，就会出现"90% 的人都认识失业者"的现象，而 5% 的这个失业率是可以接受的，故 A 项为恰当的结论。

20. C

【解析】假设题。

C 项，必须假设，否则，如果失业者集中在社会联系闭塞的区域，人们通常只认识少数几个人，这里面居然就有失业者，那说明失业率就很高了，王大为的论证就无法成立了。因此，此项必须假设。

其余各项均无须假设。

21. A

【解析】措施目的型推论题。

题干：某类黄蜂能够在适合自己后代寄生的各种昆虫的大小不同的虫卵中，注入恰好数量的自己的卵。

Ⅰ项，必然为真，此项说明措施可行，否则，如果此类黄蜂不能准确区分宿主虫卵大小，它就无法注入恰好数量的卵。

Ⅱ项，不一定为真，因为完全可能虫卵较大的昆虫数量比虫卵较小的昆虫数量少得多，这样，上述黄蜂就会相对集中在虫卵较小的昆虫聚集区。

Ⅲ项，题干不涉及注入过多和过少的卵的比较，显然此项不一定为真。

22. D

【解析】数字型推论题。

由题干可知：在 2002 年至 2007 年之间，首次就业人员数量增加最多的是低收入行业。如果原就业人员的就业状况基本不变，那么在整个就业人口中，低收入行业所占的比例应有明显增加。但是，题干又断定，此期间，在整个就业人口中，低收入行业所占的比例并不会增加，有所增加的是高收入行业所占的比例。对此，一个合理的解释是：相当数量的 2002 年在低收入行业就业的人员，到 2007 年将进入高收入行业。故 D 项正确。

23. D

【解析】推论题。

Ⅰ项，必然为真，否则，商人融币取铜就无利可图。

Ⅱ项，必然为真，否则，如果上述银子购兑铸币的交易，都能严格按朝廷规定的比价成交，就不会有官吏通过上述交易大发一笔。

Ⅲ项，不一定为真，雍正之前的明、清两朝历代从未出现过题干中的现象的原因很多，例如：有严刑酷法，使商人和官员不敢徇私舞弊等，未必是铸币的铜含量均在六成以下的原因。

24. A

【解析】概括结论题。

题干：一个"挖人公司"的成功率越高，雇用它的公司也就越多；"挖人公司"不得同时帮助其他公司从自己的雇主处挖人。

A项，由题干可知，一个"挖人公司"的成功率越高，其雇主越多，即不能作为其"挖人"目标的公司就越多，能够成为"挖人"目标的公司就越少，故A项正确。

B、C项，题干的论证未涉及"雇主的最佳策略"。

D项，是否从其他公司挖人，与自己公司的人是否被挖，没有直接关系。

E项，题干的论证未涉及这种人才竞争方式是否"不正当"。

25. B

【解析】概括结论题。

题干：有W1抗体的谷物，会同时产生对W2和W3病毒其中一种的抗体，严重减弱对另一种病毒的抵抗力→此方法可减少谷物因病毒危害造成的损失。

A项，推理过度，因为如果W1的危害性，比其余两种病毒的危害性加在一起还大，题干的陈述仍然成立。

B项，必然为真，否则，如果W2和W3的其中一种病毒，比另外两种病毒的危害性加在一起还要大，那么，即使增加了对另外两种病毒的抵抗力，因为严重削弱了对危害最大的病毒的抵抗力，那么仍会造成谷物减产。

其余各项显然不必然为真。

26. A

【解析】数字型推论题。

题干：①严重刑事犯罪案件60%皆为已记录在案的350名惯犯所为。

②半数以上的严重刑事犯罪案件的作案者同时是吸毒者。

题干中第一个比例的基数是"案件"，第二个比例的基数是"作案者"。所以"惯犯"和"吸毒者"的关系不能准确判断，选带"可能"的A项。

例如：一共有1 000件案件，其中的600件由350名惯犯作案，而且这350名惯犯都不吸毒。另外400件案件由另外400名非惯犯作案，且他们都吸毒。这个例子符合A项。

27. D

【解析】推论题。

由题干中的第2个标准可知：候选人的学习成绩为优的占四分之一，又因为候选人的学习成绩必须为优，说明候选人人数不能多于本专业学生的四分之一，故D项不可能是这次选拔的结果。其余各项均有可能是这次选拔的结果。

28. C

【解析】推论题。

根据题干信息可知：第一个问题有1/3的人说谎，即100人。第二个问题有1/5的人说谎，即60人。

因此，如果撒谎问题完全不重叠的话撒谎者最多有100+60=160(人)。

若第二个问题的撒谎者在第一个问题上都撒谎了，则撒谎者最少有100人。

故撒谎者的数量范围为[100，160]，未撒谎者的数量范围为[140，200]。

故Ⅱ项可真可假，Ⅲ项必为真。

由题干无法确定问了几个问题，故Ⅰ项可真可假。

29. B

【解析】推论题。

由题干可知：烟斗和雪茄对只吸烟斗和雪茄的人的危害，小于戒香烟后改吸烟斗和雪茄的人的危害。因此，B项不可能为真。

其余各项均有可能为真。

30. A

【解析】推论题。

法官：原告提出的所有证据，不足以说明被告的行为已构成犯罪。

Ⅰ项，必然为真。假设Ⅰ项为假，即原告提出的证据中，包括这样一个证据，有了它，足以断定被告有罪，则法官的断定就不成立。所以Ⅰ项必然为真。（取非法）

Ⅱ项，不必然为真。假设Ⅱ项为假，即原告提出的证据中，包括这样一个证据，"没有它→不足以断定被告有罪"，根据箭头指向原则，如果有了它，也不足以说明原告有罪，则法官的断定仍有可能为真。

Ⅲ项，不必然为真。假设Ⅲ项为假，即所有的证据均与事实相符，也不足以说明被告的行为已构成犯罪，则法官的断定仍可能为真。

第 8 章 评论题

评论题概述

评论题是联考中的重点题型，它是对题干中论证成立与否、使用何种逻辑技法的判断。需要回答以下几个问题：题干中的论证是否成立？成立的话，成立的原因是什么？不成立的话，错在哪里？题干中的论证用了什么样的逻辑技法？用什么样的方式可以使题干中的论证成立或不成立？如果题干涉及两个人的争论，那么争论双方的争论焦点是什么？

评论题的常见提问方式如下：
"以下哪项最为恰当地指出了题干论证中的漏洞？"
"以下哪项对上述论证的评价最为恰当？"
"以下哪项最为恰当地概括了上述论证方法？"
"以下哪项最为恰当地概括了反方的反驳策略？"
"回答以下哪个问题对评价以上陈述最有帮助？"
"以下哪项最为恰当地概括了张教授和李研究员争论的焦点？"

题型 30 评论逻辑漏洞

母题技巧

评论逻辑漏洞与削弱题有类似之处，但比削弱题更难，它要求考生不仅要找到逻辑漏洞，还要说明这是一个什么样的漏洞。逻辑漏洞一般是常见逻辑谬误，但因为逻辑考试大纲不要求考生掌握逻辑术语，所以选项在描述这些逻辑漏洞时，会回避这些谬误的术语，用其他语言来描述这些术语。 所以，考生在平时训练时，不仅要找到正确的选项，还要了解每个选项描述的是何种逻辑谬误，以熟悉真题的描述方式。

常见的逻辑谬误有：

不当类比、自相矛盾、模棱两不可、非黑即白、偷换概念、转移论题、以偏概全、循环论证、因果倒置、不当假设、推不出（论据不充分、虚假论据、必要条件与充分条件混用、推理形式不正确等）、诉诸权威、诉诸人身、诉诸众人、诉诸情感、诉诸无知、整体与个体性质误用、数字型谬误等。

【注意】漏洞评论题，题干中的论证可能是没有漏洞的。

母题精练

1. 甲、乙两人就"人的有意识的活动是否都是有目的的"这一论题展开辩论。甲认为，人有意识的活动都是有目的的，乙持相反的观点。为证明自己观点的正确性，乙说："我现在就可以有意识却无目的地举起我的手。"

    乙的证明犯了下述哪项错误？

    A. 模棱两可。　　　　　　B. 两不可。　　　　　　C. 自相矛盾。

    D. 以偏概全。　　　　　　E. 论据不足。

2. 在一次聚会上，10个吃了水果色拉的人中，有5个人很快出现了明显的不适。吃剩下的色拉立刻被送去检验。检验的结果不能肯定其中存在超标的有害细菌。因此，食用水果色拉不是造成食用者不适的原因。

    如果上述检验结果是可信的，则以下哪项对上述论证的评价最为恰当？

    A. 题干的论证是成立的。

    B. 题干的论证有漏洞，因为它把事件的原因，当作该事件的结果。

    C. 题干的论证有漏洞，因为它没有考虑到这种可能性：那些吃了水果色拉后没有很快出现不适的人，过了不久也出现了不适。

    D. 题干的论证有漏洞，因为它没有充分利用一个有力的论据：为什么有的水果色拉食用者没有出现不适？

    E. 题干的论证有漏洞，因为它把缺少证据证明某种情况存在，当作有充分证据证明某种情况不存在。

3. 张珊：雄孔雀的羽毛主要是吸引雌孔雀的。但问题是：为什么拥有一身漂亮羽毛的雄孔雀能在求偶中具有竞争的优势呢？

    李思：这不难解释，因为雌孔雀更愿意与拥有漂亮羽毛的雄孔雀为偶。

    以下哪项陈述准确地概括了李思应答中的错误？

    A. 把属于人类的典型特征归属于动物。

    B. 把所要解释的现象本身作为对这一现象的一种解释。

    C. 基于少数个例得出一般性的结论。

    D. 所使用的一个关键概念的含义未和问题中的保持一致。

    E. 忽略了两个统计相关的现象之间不一定有因果关系。

4. 古希腊有人论证说：探究是不可能进行的，因为一个人既不能探究他所知道的，也不能探究他所不知道的。他不能探究他所知道的，因为他知道它，无须再探究；他不能探究他所不知道的，因为他不知道他要探究的东西是什么。

    以下哪项最为准确地指出了该论证的逻辑漏洞？

    A. 虚假预设：或者你知道你所探究的，或者你不知道你所探究的。

    B. 循环论证：把所要论证的结论预先安置在前提中。

    C. 强词夺理：理性上黔驴技穷，只好胡搅蛮缠。

    D. 歧义性谬误：其中"知道"有两种不同含义：知道被探究问题的答案是什么，知道所要探究的问题是什么。

E. 自相矛盾：一个人对一件事情或者知道或者不知道，题干同时否定了双方。

5. 很多科学家的职业行为只是为了提高他们的职业能力，做出更好的成绩，改善他们的个人状况，对于真理的追求则被置于次要地位。因此，科学家共同体的行为也是为了改善该共同体的状况，纯粹出于偶然，该共同体才会去追求真理。

   以下哪项最为准确地指出了上述论证中的谬误？

   A. 该论证涉嫌贬低科学家的道德品质。

   B. 从很多科学家具有某种品质，不合理地推出科学家共同体也有该品质。

   C. 毫无理由地假定，个人职业能力的提高不会提高其发现真理的效率。

   D. 从多数科学家具有某种品质，不合理地推出每一位科学家都有该品质。

   E. 不当地假定，集体具有的性质，集体中的个体也具有。

6. 午夜时分，小约翰安静地坐着。他非常希望此时是早晨，这样他就可以出去踢足球了。他平心静气，祈祷太阳早点升起来。在他祈祷的时候，天慢慢变亮了。他继续祈祷。太阳逐渐冒出地平线，升上天空。小约翰想了想所发生的事情，得出这样的结论：如果他祈祷的话，他就能够把寒冷而孤寂的夜晚变成温暖而明朗的白天。他为自己感到自豪。

   以下哪项陈述最为恰当地指明了小约翰推理中的缺陷？

   A. 小约翰只是个孩子，他懂得很少很少。

   B. 太阳环绕地球运转，不管他祈祷还是不祈祷。

   C. 一件事情在他祈祷之后发生，并不意味着因为他祈祷而发生。

   D. 他有什么证据表明：如果他不祈祷，该事情就不会发生？

   E. 太阳东升西落，是因为地球的自转而不是因为小约翰的祈祷。

7. 从 20 世纪 80 年代末到 20 世纪 90 年代初，在 5 年时间内中科院 7 个研究所和北京大学共有 134 名在职人员死亡。有人搜集这一数据后得出结论：中关村知识分子的平均死亡年龄为 53.34 岁，低于北京 1990 年人均期望寿命 73 岁，比 10 年前调查的 58.52 岁也低出了 5.18 岁。

   下面哪一项最为准确地指出了该统计推理的谬误？

   A. 实际情况是 143 名在职人员死亡，样本数据不可靠。

   B. 样本规模过小，应加上中关村其他科研机构和大学在职人员死亡情况的资料。

   C. 这相当于在调查大学生平均死亡年龄是 22 岁后，得出惊人结论：具有大学文化程度的人比其他人的平均寿命少 50 多岁。

   D. 该统计推理没有在中关村知识分子中间作类型区分。

   E. 该统计没有说明调查者是谁。

8. 张伟的所有课外作业都得了优，如果她的学期论文也得到优，即使不做课堂报告，她也能通过考试。不幸的是，她的学期论文没有得到优，所以她要想通过考试，就不得不做课堂报告了。

   上述论证中的推理是有缺陷的，因为该论证_____。

   A. 忽略了这种可能性：如果张伟不得不做课堂报告，那么她的学期论文就没有得到优。

   B. 没有考虑到这种可能性：有的学生学期论文得了优，却没有通过考试。

   C. 忽视了这种可能性：张伟的学期论文必须得到优，否则就要做课堂报告。

D. 依赖未确证的假设：如果张伟的学期论文得不到优，她不做课堂报告就通不过考试。

E. 不当地假设：张伟会通过考试。

9. 顾颉刚先生认为，《周易》卦爻辞中记载了商代到西周初叶的人物和事迹，如高宗伐鬼方、帝乙归妹等，并据此推定《周易》卦爻辞的著作年代应当在西周初叶。《周易》卦爻辞中记载的这些人物和事迹已被近年来出土的文献资料所证实，所以，顾先生的推定是可靠的。

以下哪项陈述最为准确地描述了上述论证的缺陷？

A. 卦爻辞中记载的人物和事迹大多数都是古老的传说。

B. 论证中的论据并不能确定著作年代的下限。

C. 传说中的人物和事迹不能成为证明著作年代的证据。

D. 论证只是依赖权威者的言辞来支持其结论。

E. 《周易》卦爻辞的著作年代无人知晓。

10. 假如我和你辩论，我们之间能够分出真假对错吗？我和你都不知道，而所有其他的人都有成见，我们请谁来评判？请与你观点相同的人来评判。他既然与你观点相同，怎么能评判？请与我观点相同的人来评判，他既然与我观点相同，怎么能评判？请与你我观点都不相同的人来评判，他既然与你我的观点都不相同，怎么能评判？所以，"辩无胜"。

下面哪一项最为准确地描述了上述论证的缺陷？

A. 上述论证忽视了有超出辩论者和评论者之外的实施标准和逻辑标准。

B. 上述论证有"混淆概念"的逻辑错误。

C. 上述论证中的理由不真实，并且相互不一致。

D. 上述论证犯有"文不对题"的逻辑错误。

E. 上述论证犯有"循环论证"的逻辑错误。

答案详解

1. C

【解析】评论逻辑漏洞。

乙：为证明自己观点的正确性，乙说："我现在就可以有意识却无目的地举起我的手。"

乙的行为实际上是有目的性的，嘴上却说自己无目的，犯了自相矛盾的逻辑错误。

2. E

【解析】评论逻辑漏洞。

题干：不能肯定水果色拉中存在超标的有害细菌→食用水果色拉不是造成食用者不适的原因。

题干犯了诉诸无知的逻辑错误，即把不存在证据证明某种结论不成立，当作此结论不成立的证据，故E项评价正确。

3. B

【解析】评论逻辑漏洞。

张珊的问题是拥有一身漂亮羽毛的雄孔雀为什么更讨雌孔雀喜欢。李思说这是因为雌孔雀喜欢拥有一身漂亮羽毛的雄孔雀。所以李思犯了循环论证的逻辑错误，故选B项。

第8章　评论题

4. D

【解析】评论逻辑漏洞。

题干中，他不能探究他"所不知道的"，因为他"不知道他要探究的东西是什么"，第一个不知道，是指不知道问题的答案；第二个不知道，是指他不知道探究的问题本身。D项对此做了恰当的概括，故D项正确。

5. B

【解析】评论逻辑漏洞。

题干：很多科学家的职业行为是为了改善个人状况，对于真理的追求则被置于次要地位——证明→科学家共同体的行为也是为了改善该共同体的状况，纯粹出于偶然，该共同体才会去追求真理。

题干认为个体具有的性质，整体也同样具有(合成谬误)。故B项评价准确。

6. C

【解析】评论逻辑漏洞。

题干中的论据：在他祈祷的时候，天慢慢变亮了。

题干中的论点：如果他祈祷的话，他就能够把寒冷而孤寂的夜晚变成温暖而明朗的白天。

C项恰当地指出了小约翰推理中的漏洞，"天亮"在"祈祷"之后发生，并不意味着"祈祷"是"天亮"的原因，小约翰犯了"以先后为因果"的逻辑错误。

E项虽然符合事实，但不是小约翰推理中的逻辑缺陷。

7. C

【解析】评论逻辑漏洞。

题干：在5年时间内中科院7个研究所和北京大学共有134名"在职人员"死亡——证明→中关村"知识分子"的平均死亡年龄为53.34岁。

题干将"7个研究所和北京大学共有134名在职人员"与"知识分子"混为一谈。

C项，将"大学生"与"具有大学文化程度的人"混为一谈，和题干犯了同样的错误。

B项，指出题干的样本过少，但这并不是题干的主要逻辑错误。

8. D

【解析】评论逻辑漏洞。

题干的前提：学期论文得优→通过考试。

题干的结论：通过考试→学期论文得优∨做课堂报告。

题干的结论等价于：¬学期论文得优∧¬做课堂报告→¬通过考试，故D项评价正确。

其余选项均不正确。

9. B

【解析】评论逻辑漏洞。

题干：《周易》卦爻辞中记载了商代到西周初叶的人物和事迹——证明→《周易》卦爻辞的著作年代应当在西周初叶。

A、C项，不准确，由题干可知，卦爻辞中记载的人物和事迹是被文献资料所证实的，并非是传说。

B项，准确，《周易》卦爻辞中记载了商代到西周初叶的人物和事迹，只能说明《周易》的著作年代等于或晚于西周初叶，但无法确定具体年代，即无法确定下限。

D项，不准确，题干的论据是"出土的文献资料"，而诉诸权威是用权威的观点来证明自己的观点，因此，题干不是诉诸权威。

E项，诉诸无知。

10. A

【解析】评论逻辑漏洞。

题干认为"辩无胜"，理由是依据辩论者和评论者的标准，都无法分辨谁胜谁负，但是，<u>评论辩论胜负的标准不是个人的主观观点，而是有客观的实施标准和逻辑标准</u>，故 A 项正确。

题型 31 评论逻辑技法

母题技巧

逻辑技法题，<u>主要考查论证和反驳的方法，如归纳论证、类比论证、选言证法、归谬法、例证法、举反例等。</u>可能会涉及逻辑谬误。

母题精练

1. 某种观点认为，到21世纪初，和发达国家相比，发展中国家将有更多的人死于艾滋病。其根据是：据统计，艾滋病病毒感染者人数在发达国家趋于稳定或略有下降，在发展中国家却持续快速发展；到21世纪初，估计全球的艾滋病病毒感染者将达到 4 000 万至 1.1 亿人，其中，60% 将集中在发展中国家。这一观点缺乏充分的说服力。因为，同样权威的统计数据表明，发达国家的艾滋病感染者从感染到发病的平均时间要大大短于发展中国家，而从发病到死亡的平均时间只有发展中国家的1/2。

以下哪项最为恰当地概括了上述反驳所使用的方法？

A. 对"论敌"的理论动机提出质疑。

B. 指出"论敌"把两个相近的概念当作同一个概念来使用。

C. 对"论敌"的论据的真实性提出质疑。

D. 提出一个反例来否定"论敌"的一般性结论。

E. 指出"论敌"在论证中没有明确、具体的时间范围。

2. 一般人总会这样认为，既然人工智能这门新兴学科是以模拟人的思维为目标的，那么就应该深入地研究人思维的生理机制和心理机制。其实，这种看法很可能误导这门新兴学科。如果说，飞机发明的最早灵感是来自于鸟的飞行原理的话，那么，现代飞机从发明、设计、制造到不断改进，没有哪一项是基于对鸟的研究之上的。

上述议论，最可能把人工智能的研究比作以下哪项？

A. 对鸟的飞行原理的研究。
B. 对鸟的飞行的模拟。
C. 对人思维的生理机制和心理机制的研究。
D. 飞机的设计、制造。
E. 飞机的不断改进。

3. 王刚：据确认，超过80%的海洛因吸食者都有吸食大麻的历史。这样的数据似乎表明，吸食大麻将确定无疑地导致吸食海洛因。

李燕：或许吸食大麻确实会导致吸食海洛因，但引用你提到的统计数据去证实这一点却是荒谬的，因为在吸食海洛因的人中100%都有喝水的历史。

在回应王刚的论述时，李燕使用了以下哪一个论证技巧？

A. 提供一个例子表明，并非诱使吸食海洛因的任何东西都是不安全的。
B. 对仅仅基于统计数据而确立因果关系的做法提出质疑。
C. 提供证据表明王刚用来支持他的结论的统计数据不准确。
D. 通过表明王刚的论证将导致一个明显错误的结论来表明他的论证是有缺陷的。
E. 说明王刚的论证原因和结果倒置。

4. 记者："您是央视《百家讲坛》中最受欢迎的演讲者之一，人们称您为国学大师、学术超男，对这两个称呼，您更喜欢哪一个？"教授："我不是国学大师，也不是学术超男，只是一个文化传播者。"

教授在回答记者的问题时使用了以下哪项陈述所表达的策略？

A. 将一个多重问题拆成单一问题，分而答之。
B. 摆脱非此即彼的困境而选择另一种恰当的回答。
C. 通过重述问题的预设来回避对问题的回答。
D. 通过回答另一个有趣的问题而答非所问。
E. 指出记者的提问自相矛盾。

5. 托马斯·潘恩在《常识》一书中讨论了君主制和世袭制是否合理的问题。对于那些相信世袭制度合理的人，潘恩追问并回答道，最初的国王是如何产生的呢？只有3种可能——或者通过抽签，或者通过选举，或者通过篡权。如果第一位国王是通过抽签或选举产生的，这就为以后的国王们奠定了先例，从而否定了世袭的做法；如果第一位国王的王位是篡权得到的，那谁也不会如此大胆，竟敢为王位的世袭加以辩护。

以下哪一项最好地描述了潘恩的论证所使用的技巧？

A. 通过表明一个命题与某个已确立为真的命题矛盾，来论证前者不成立。
B. 通过一个命题能推出假的结论，来论证这个命题不成立。
C. 通过表明所有可能的解释都推出同一个命题，来论证这个命题成立。
D. 通过排除所有其他可能的解释，来论证剩余的那个解释是成立的。
E. 消除不相干因素，找到一个共同特征，从而证明该特征与研究事件之间有因果关系。

6. 诸如"善良""棒极了"一类的语词，能引起人们积极的反应；而"邪恶""恶心"之类的语词，则能引起人们消极的反应。最近的心理学实验表明：许多无意义的语词也能引起人们积极或消极的反应。这说明，人们对语词的反应不仅受语词意思的影响，而且受语词发音的影响。

"许多无意义的语词能引起人们积极或消极的反应",这一论断在上述论证中起到了以下哪种作用?
  A. 它是一个前提,用来支持"所有的语词都能引起人们积极或消极的反应"这个结论。
  B. 它是一个结论,支持该结论的唯一证据就是声称人们对语词的反应只受语词的意思和发音的影响。
  C. 它是一个结论,该结论部分地得到了"有意义的语词能引起人们积极或消极的反应"的支持。
  D. 它是一个前提,用来支持"人们对语词的反应不仅受语词意思的影响,而且受语词发音的影响"这个结论。
  E. 它作为唯一的证据证明"所有的语词都能引起人们积极或消极的反应"。

7. 软饮料制造商:我们的新型儿童软饮料力比咖增加了钙的含量。由于钙对形成健康的骨骼非常重要,所以经常饮用力比咖会使孩子更加健康。

   消费者代表:但力比咖中同时含有大量的糖分,经常食用大量的糖是不利于健康的,尤其是对孩子。

   在对软饮料制造商的回应中,消费者代表做了下列哪一项?
   A. 对制造商宣称的钙元素在儿童饮食中的营养价值提出质疑。
   B. 争论说如果对制造商引用的证据加以正确地考虑,会得出完全相反的结论。
   C. 暗示产品制造商通常对该产品的营养价值毫不关心。
   D. 怀疑某种物质是否在适度食用时有利于健康,而过度食用时则对健康有害。
   E. 举出其他事实以向制造商所做的结论提出质疑。

8. 对6位罕见癌症的病人的研究表明,虽然他们生活在该县的不同地方,有很多不相同的病史、饮食爱好和个人习惯——其中2人抽烟,2人饮酒——但他们都是一家生产除草剂和杀虫剂的工厂的员工。由此可得出结论:接触该工厂生产的化学品很可能是他们患癌症的原因。

   以下哪一项最为准确地概括了题干中的推理方法?
   A. 通过找出事物之间的差异而得出一个一般性结论。
   B. 消除不相干因素,找出一个共同特征,由此断定该特征与所研究事件有因果联系。
   C. 根据6个病人的经历得出一个一般性结论。
   D. 所提供的信息允许把一般性断言应用于一个特例。
   E. 排除由其他因素导致所研究事件的可能,由此断定存在一种原因导致了该现象。

9. 张珊:尽管都知道吸烟有害健康,但国家并没有禁烟法规。在家里我可以自由地吸烟,但在飞机上却被禁止吸烟。这规定实际上侵犯了我吸烟的权利。

   李思:在飞机或其他公共场合禁止吸烟,就是一种有限制的禁烟法规。这样的规定之所以必要,是因为你在家里吸烟只影响你自己或少数人,但在飞机上吸烟影响公众。

   张珊:如果吸烟影响公众就应当禁止,那么,国家应当无限制地禁止吸烟,而不是有限制地例如只在飞机上禁止吸烟。因为中国烟民数量世界第一,目前已达3.5亿,比美国总人口还多,这本身就是一个大公众。

   以下哪项最为恰当地概括了李思所运用的论证方法?
   A. 给出一个定义。　　　　　B. 进行一种类比。　　　　　C. 导出某种矛盾。
   D. 指出某种区别。　　　　　E. 质疑某个假设。

答案详解

1. B

【解析】评论逻辑技法。

题干中的"某种观点"认为：艾滋病病毒感染者人数在发达国家趋于稳定或略有下降，在发展中国家却持续快速发展；到21世纪初，估计全球的艾滋病病毒感染者将达到4 000万至1.1亿人，其中，60%将集中在发展中国家——证明→到21世纪初，和发达国家相比，发展中国家将有更多的人死于艾滋病。

论据中涉及的是"艾滋病病毒感染者人数"，但其结论说的是"死于艾滋病"，犯了偷换概念的逻辑错误。故B项正确。

2. D

【解析】评论逻辑技法。

题干：飞机的发明、设计、制造和改进并非基于对鸟的研究，因此，人工智能的研究也不应基于对人思维的生理机制和心理机制的研究。

所以题干把对人思维的生理机制和心理机制的研究，比作对鸟的研究；把人工智能的研究，比作飞机的发明、设计、制造和改进。

D项和E项都和题干的上述类比相关，但是，题干中有"现代飞机从发明、设计、制造到不断改进"，而不仅仅是"改进"，所以D项比E项更加恰当。

3. D

【解析】评论逻辑技法。

李燕构造了一个和对方类似的论证"吸食海洛因的人中100%都有喝水的历史"，这一论证将得出一个荒谬的结论"喝水会导致吸食海洛因"，因此，李燕使用的是归谬法，即D项正确。

4. B

【解析】评论逻辑技法。

记者的提问犯了非黑即白的逻辑错误，要求教授在两个反对的选项（即国学大师和学术超男）里面必须选择一个。教授跳出了这一困境，做了另外一个回答（即文化传播者），故B项正确。

5. C

【解析】评论逻辑技法。

题干：

抽签∨选举∨篡权；

抽签∨选举→君主制和世袭制不合理；

篡权→君主制和世袭制不合理；

因此，君主制和世袭制不合理。

所以，题干的论证方法是：通过表明所有可能的解释都推出同一个命题，来论证这个命题成立，即C项。

6. D

【解析】评论逻辑技法。

论据：

①"善良""棒极了"一类的语词，能引起人们积极的反应。

②"邪恶""恶心"之类的语词，则能引起人们消极的反应。

③许多无意义的语词也能引起人们积极或消极的反应。

论点：人们对语词的反应不仅受语词意思的影响，而且受语词发音的影响。

显然，"许多无意义的语词也能引起人们积极或消极的反应"是作为论据（前提）用来支持结论"人们对语词的反应不仅受语词意思的影响，而且受语词发音的影响"的，故 D 项正确。

7. E

【解析】评论逻辑技法。

制造商：力比咖饮料中增加了钙的含量，钙对形成健康的骨骼很重要 —→ 经常饮用力比咖会使孩子更加健康。
证明

消费者：力比咖饮料中含有大量的糖分，这对孩子的健康是不利的。

消费者提出一个反面论据，反驳了制造商的论点，故 E 项正确。

8. B

【解析】评论逻辑技法。

题干：6 位罕见癌症的病人都是一家生产除草剂和杀虫剂的工厂的员工，因此，接触该工厂生产的化学品很可能是他们患癌症的原因。

可见，题干找到了 6 位病人的共同特征，从而推断他们患癌症的原因，即使用求同法，B 项正确。

A 项，求异法，不正确。

C 项，题干的结论仅针对这 6 位病人，而非"一般性结论"，不正确。

D 项，演绎论证（由一般到特殊），不正确。

E 项，剩余法，不正确。

9. D

【解析】评论逻辑技法。

张珊：在家里我可以自由地吸烟，但在飞机上却被禁止吸烟。

李思：在家里吸烟影响自己或少数人，但在飞机上吸烟影响公众。

A 项，下定义，不恰当。

B 项，作类比，不恰当。

C 项，导出矛盾，不恰当。

D 项，指出了在家里吸烟和在飞机上吸烟的区别，评价恰当。

E 项，质疑假设，不恰当。

题型 32 争论焦点题

母题技巧

争论焦点题的四大解题原则：

（1）差异原则。

争论的焦点必须是二者观点不同的地方，即有差异的地方。

（2）双方表态原则。

争论的焦点必须是双方均明确表态的地方。如果一方对一个观点表态，另外一方对此观点没有表态，则不是争论的焦点。

（3）论点优先原则。

论据服务于论点，所以当反方质疑对方论据时，往往是为了说明对方论点不成立，这时争论的焦点一般是双方的论点不同。在双方论点相同时，质疑对方论据，争论的焦点才是论据。

（4）举例部分无焦点原则。

使用例证法或者举反例时，例子一般不是争论的焦点。

母题精练

1. 吴大成教授：各国的国情和传统不同，但是对于谋杀和其他严重刑事犯罪实施死刑，至少是大多数人都可以接受的。公开宣判和执行死刑可以有效地阻止恶性刑事案件的发生，它所带来的正面影响比可能存在的负面影响肯定要大得多，这是社会自我保护的一种必要机制。

   史密斯教授：我不能接受您的见解。因为在我看来，对于十恶不赦的罪犯来说，终身监禁是比死刑更严厉的惩罚，而一般的民众往往以为只有死刑才是最严厉的。

   以下哪项是对上述对话的最恰当的评价？

   A. 两人对各国的国情和传统有不同的理解。
   B. 两人对什么是最严厉的刑事惩罚有不同的理解。
   C. 两人对执行死刑的目的有不同的理解。
   D. 两人对产生恶性刑事案件的原因有不同的理解。
   E. 两人对是否大多数人都接受死刑有不同的理解。

2. 赵亮：和古代奥运会不同，现代奥运会允许专业运动员和业余运动员一起比赛。专业运动员一般都有业余运动员所缺少的物质和技术资源，特别是有些专业运动员是由国家直接培养的，这使得专业运动员和业余运动员之间的比赛事实上不平等。因此，允许专业运动员参加比赛违反奥运会的平等原则，不符合奥林匹克精神。

   王宜：现代奥运会的精神是向更高的体育竞赛纪录冲击，不管此种纪录是专业运动员还是业余运动员创造的。因此，不允许专业运动员参加奥林匹克比赛是没有道理的。

以下哪项最为恰当地概括了两人的争论焦点？

A. 允许专业运动员和业余运动员一起参加比赛是否违反平等原则？

B. 专业运动员和业余运动员是否拥有同样的物质和技术资源？

C. 现代奥运会的目标是否为冲击更高的体育竞赛纪录？

D. 允许专业运动员和业余运动员一起参加比赛是否违反奥林匹克精神？

E. 专业运动员是否应该由国家直接培养？

3. 陈先生：未经许可侵入别人的电脑，就好像开偷来的汽车撞伤了人，这些都是犯罪行为。但后者性质更严重，因为它既侵占了有形财产，又造成了人身伤害；而前者只是在虚拟世界中捣乱。

林女士：我不同意，例如，非法侵入医院的电脑，有可能扰乱医疗数据，甚至危及病人的生命。因此，非法侵入电脑同样会造成人身伤害。

以下哪项最为准确地概括了两人争论的焦点？

A. 非法侵入别人的电脑和开偷来的汽车是否同样会危及人的生命？

B. 非法侵入别人的电脑和开偷来的汽车伤人是否都构成犯罪？

C. 非法侵入别人的电脑和开偷来的汽车伤人是否是同样性质的犯罪？

D. 非法侵入别人的电脑的犯罪性质是否和开偷来的汽车伤人一样的严重？

E. 是否只有侵占有形财产才构成犯罪？

4. 司机：有经验的司机完全有能力并习惯以每小时 120 公里的速度在高速公路上安全行驶。因此，高速公路上的最高时速不应由 120 公里改为现在的 110 公里，因为这既会不必要地降低高速公路的使用效率，也会使一些有经验的司机违反交规。

交警：每个司机都可以在法律规定的速度内行驶，只要他愿意。因此，把对最高时速的修改说成是某些违规行为的原因，是不能成立的。

以下哪项最为准确地概括了上述司机和交警争论的焦点？

A. 上述对高速公路最高时速的修改是否必要？

B. 有经验的司机是否有能力以每小时 120 公里的速度在高速公路上安全行驶？

C. 上述对高速公路最高时速的修改是否一定会使一些有经验的司机违反交规？

D. 上述对高速公路最高时速的修改实施后，有经验的司机是否会在合法的时速内行驶？

E. 上述对高速公路最高时速的修改，是否会降低高速公路的使用效率？

5. 张教授：和谐的本质是多样性的统一。自然界是和谐的，例如没有两片树叶是完全相同的。因此，克隆人是破坏社会和谐的一种潜在危险。

李研究员：你设想的那种危险是不现实的。因为一个人和他的克隆复制品完全相同的仅仅是遗传基因。克隆人在成长和受教育的过程中，必然在外形、个性和人生目标等诸方面形成自己的不同特点。如果说克隆人有可能破坏社会和谐的话，我看一个现实危险是，有人可能把他的克隆复制品当作自己的活"器官银行"。

以下哪项最为恰当地概括了张教授和李研究员争论的焦点？

A. 克隆人是否会破坏社会的和谐？

B. 一个人和他的克隆复制品的遗传基因是否可能不同？

C. 一个人和他的克隆复制品是否完全相同？

D. 和谐的本质是否为多样性的统一？

E. 是否可能有人把他的克隆复制品当作自己的活"器官银行"？

6. 伦理学家：汽车卖钱，完全是商品；小说和电影也卖钱，但不完全是商品。目前一些完全商品化的很有影响的小说和电影，不停地向读者和观众展示一些有道德缺陷的人所做的一些有道德缺陷的事。受众特别是其中的年轻人会因此认为，这些有道德缺陷的人才是正常人，而主流价值观是不可信的说教。毫无疑问，这样的文艺作品对目前社会日益严重的道德问题有不可推卸的责任。

作家：如果目前社会确实存在日益严重的道德问题，要对此负责的也不应是小说或电影。小说或电影只是展示读者或观众想看的东西，至于想看还是不想看，有道德缺陷还是合乎情理，正常还是不正常，完全由观众自己决定，这有什么错？对作品限制过多，违背了文学艺术发展的规律。

以下哪项对上述争论的焦点问题的概括最为恰当？

A. 目前社会是否存在严重的道德问题？

B. 是否应当无节制地在小说或电影中展示有道德缺陷的人所做的有道德缺陷的事？

C. 对小说或电影给以不必要的限制是否违背文学艺术发展的规律？

D. 一些小说或电影是否应当对社会的道德问题负责？

E. 主流价值观是不是不可信的说教？

答案详解

1. C

【解析】争论焦点题。

吴大成认为：公开宣判和执行死刑可以有效地阻止恶性刑事案件的发生。

史密斯认为：执行死刑或者终身监禁的目的应该是给十恶不赦的罪犯以最严厉的惩罚。

由题干，不难得出结论：吴大成认为执行死刑的目的是有效地阻止恶性刑事案件的发生，而史密斯认为执行死刑的目的是给十恶不赦的罪犯以最严厉的惩罚。两人对执行死刑的目的有不同的理解。因此，C项的评价最为恰当。

A项，只有吴大成表态，史密斯没有表态。

B项，只有史密斯表态，吴大成没有表态。

D项，二人都没有提及。

E项，只有吴大成表态，史密斯没有表态。

所以，以上四项均不是争论的焦点。

2. D

【解析】争论焦点题。

赵亮的观点：允许专业运动员参加比赛违反奥运会的平等原则，不符合奥林匹克精神。

王宜反驳了赵亮的观点，提出：现代奥运会的精神是向更高的体育竞赛纪录冲击，不允许专业运动员参加奥林匹克比赛是没有道理的。

因此，两人的争论焦点是：允许专业运动员参加奥运会是否违反奥林匹克精神，故 D 项正确。

A、B、C、E 项，均违反双方表态原则。

3. D

【解析】争论焦点题。

陈先生：非法侵入别人的电脑只是在虚拟世界中捣乱，开偷来的汽车撞伤人既侵占有形资产，又造成人身伤害 ——证明——> 后者性质更严重。

林女士：非法侵入电脑同样会造成人身伤害 ——证明——> 我不同意你的观点（后者性质不是更严重）。

因此，两个人的争论焦点是，非法侵入别人的电脑的犯罪性质是否和开偷来的汽车伤人一样的严重，D 项正确。

A 项，在两人论点不相同的情况下，根据论点优先原则应该选对论点的争论，但是此项只涉及两人的论据。

B 项，两人观点相同，违反双方差异原则。

C 项，无关选项，两人讨论的是犯罪的严重程度，而不是性质。比如杀人和强奸并不是相同性质的犯罪，但都是严重的犯罪。

E 项，无关选项，两人均未对此表态。

4. C

【解析】争论焦点题。

司机：①有经验的司机完全有能力并习惯以每小时 120 公里的速度在高速公路上安全行驶；②降速会降低高速公路的使用效率；③降速会使一些有经验的司机违反交规 ——证明——> 不应把高速公路上的最高时速由 120 公里改为现在的 110 公里。

交警：每个司机都可以在法律规定的速度内行驶，只要他愿意 ——证明——> 降速不会使司机违规。

交警反驳的是司机的论据③，司机认为降速导致违规，交警认为不会，所以 C 项最为准确。

5. C

【解析】争论焦点题。

张教授：和谐的本质是多样性的统一，因此，克隆人的"相同"破坏了社会的和谐。

李研究员：一个人和他的克隆复制品完全相同的仅仅是遗传基因，在其他方面有自己的"不同"特点。如果克隆人可能破坏社会和谐的话，是因为有人会把克隆人当作自己的活"器官银行"。

张教授认为一个人和他的克隆人是相同的，李研究员则认为不同，所以两人的争论焦点是，一个人和他的克隆复制品是否完全相同，故 C 项恰当。

A 项，不是焦点，因为两人都认为克隆人可能破坏社会和谐，只是两人的理由不同，违反双方差异原则。

B 项，不是焦点，两人都认为遗传基因是相同的，违反双方差异原则。

D 项，"和谐的本质是多样性的统一"仅仅是张教授的论据，不是他的论点，而且李研究员没有对此表态，违反双方表态原则。

E 项，不是焦点，张教授没有涉及此项，违反双方表态原则。

第 8 章 评论题

6. D

【解析】争论焦点题。

伦理学家：有的小说和电影让受众认为有道德缺陷的才是正常人——证明→小说或电影对目前社会日益严重的道德问题有不可推卸的责任。

作家：小说或电影只是展示，是否看或者是否正常由读者决定——证明→小说或电影不应该对目前社会确实存在的日益严重的道德问题负责。

显然二者争论的焦点是一些小说或电影是否应当对社会的道德问题负责，故 D 项正确。

A 项，违反双方差异原则。

B 项，作家对此没有涉及，违反双方表态原则。

C 项，伦理学家对此没有涉及，违反双方表态原则。

E 项，作家对此没有涉及，违反双方表态原则。

题型 33 评价题

母题技巧

有的题目，题干给出一个可能成立也可能不成立的论证，问"回答以下哪个问题对评价以上论证最有帮助？"或者"为了评价上述论证，回答以下哪个问题最不重要？"这类题目，老吕称为评价题。

我们要找到一个对题干的论证起正反两方面作用的选项，即正着说可以支持题干，反着说又能削弱题干的选项。可见，这类题目的本质还是支持题和削弱题。

常用建立对比实验的方法。

母题精练

1. 要么采取紧缩的财政政策，要么采取扩张的财政政策，由于紧缩的财政政策会导致更多的人下岗，所以，必须采取扩张的财政政策。

以下哪一个问题，对评论上述论证最重要？

A. 紧缩的财政政策是否还有其他不利影响？
B. 既不是紧缩的也不是扩张的财政政策是否存在？
C. 扩张的财政政策能否使就业率有大幅度的提高？
D. 扩张的财政政策是否能导致其他不利后果？
E. 扩张的财政政策是否有助于提高职工的平均工资？

2. 随着年龄的增长，人体对卡路里的日需求量逐渐减少，而对维生素和微量元素的需求却日趋增多。因此，为了摄取足够的维生素和微量元素，老年人应当服用一些补充维生素和微量元素的食物。

为了对上述断定作出评价，回答以下哪个问题最重要？

A. 对老年人来说，人体对卡路里的日需求量的减少幅度，是否小于维生素和微量元素需求量的增加幅度？

B. 保健品中的维生素和微量元素，是否比日常食品中的维生素和微量元素更易被人体吸收？

C. 缺乏维生素和微量元素所造成的后果，对老年人是否比对年轻人更严重？

D. 一般地说，年轻人的日常食品中的维生素和微量元素含量，是否较多地超过人体的实际需要？

E. 保健品是否会产生危害健康的副作用？

3. 林教授是河北人，考试时，他总是把满分给河北籍的学生。例如，上学期他教的班上只有张贝贝和李元元得了满分，她们都是河北籍的学生。

为了检验上述论证的有效性，最有可能提出以下哪个问题？

A. 林教授和张贝贝、李元元之间到底有没有特殊的亲戚关系？

B. 林教授为什么更愿意把满分给河北籍的学生？

C. 林教授给满分的学生中是否曾有非河北籍的学生？

D. 张贝贝和李元元的实际考试水平是否与她们的得分相符？

E. 林教授平日的一贯工作表现如何？

4. 有网络媒体报道称，让水稻听感恩歌《大悲咒》能增产15%。福建省良山村连续三季的水稻种植结果证实，听《大悲咒》不仅增产了15%，水稻颗粒还更加饱满。有农业专家表示，音乐不仅有助于植物对营养物质的吸收、传输和转化，还能达到驱虫的效果。

以下哪一个问题的回答对评估上述报道的真实性最不相关？

A. 听《大悲咒》的水稻与不听《大悲咒》的水稻的其他生长条件是否完全相同？

B. 该方法是否具有大面积推广的可行性？

C. 专家能否解释为什么《大悲咒》对水稻的生长有益而对害虫的生长无益？

D. 专家的解释是否具有可靠的理论支持？

E. 听《大悲咒》的水稻与不听《大悲咒》的水稻的田间管理是否完全相同？

5. 我国博士研究生中女生的比例近年来有显著的增长。说明这一结论的一组数据是：2000年，报考博士研究生的女性考生的录取比例是30%；而2004年这一比例上升为45%。另外，这两年报考博士研究生的考生中男女的比例基本不变。

为了评价上述论证，对2000年和2004年的以下哪项数据进行比较最为重要？

A. 报考博士研究生的男性考生的录取比例。　　B. 报考博士研究生的考生的总数。

C. 报考博士研究生的女性考生的总数。　　　　D. 报考博士研究生的男性考生的总数。

E. 报考博士研究生的考生中理工科的比例。

6~7题基于以下题干：

以下是在一场关于"人工流产是否合理"的辩论中正反方辩手的发言。

正方：反方辩友反对人工流产最基本的根据是珍视人的生命。人的生命自然要珍视，但是反方辩友显然不会反对，有时为了人类更高的整体性、长远性利益，不得不牺牲部分人的生命，例如在正义战争中我们见到的那样。让我再举一个例子，我们为什么不把法定的汽车时速限制为不

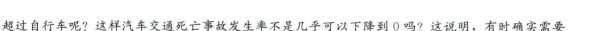

超过自行车呢？这样汽车交通死亡事故发生率不是几乎可以下降到 0 吗？这说明，有时确实需要以生命的数量为代价来换取生命的质量。

反方：对方辩友把人工流产和交通死亡事故做以上的类比是毫无意义的。因为不可能有人会做这样的交通立法。设想一下，如果汽车行驶得和自行车一样慢，那还要汽车干什么？对方辩友，你愿意我们的社会再回到没有汽车的时代？

6. 以下哪项最为确切地评价了反方的言论？
   A. 他的发言有力地反驳了正方的论证。
   B. 他的发言实际上支持了正方的论证。
   C. 他的发言有力地支持了反人工流产的立场。
   D. 他的发言完全地离开了正方阐述的论题。
   E. 他的发言是对正方的人身攻击而不是对正方论证的评价。

7. 正方的论证预设了以下哪项？
   Ⅰ. 保护人的生命并不是社会的目的。
   Ⅱ. 人类注意的焦点问题并不是人类自身的生命。
   Ⅲ. 以人类生命的数量为代价换取人类生命的质量是可以由社会准确把握的。
   A. 仅仅Ⅰ。　　　　　　　　B. 仅仅Ⅱ。　　　　　　　　C. 仅仅Ⅲ。
   D. 仅仅Ⅰ和Ⅱ。　　　　　　E. Ⅰ、Ⅱ和Ⅲ。

8. 有人认为，鸡蛋黄的黄色跟鸡所吃的绿色植物性饲料有关。为了验证这个结论，下面哪种实验方法最可靠？
   A. 选择一只优良品种的蛋鸡进行实验。
   B. 化验比较植物性饲料和非植物性饲料的营养成分。
   C. 选择品种和等级完全相同的蛋鸡，一半喂食植物性饲料，一半喂食非植物性饲料。
   D. 对同一批蛋鸡逐渐增加或减少植物性饲料的比例。
   E. 选出不同品种的蛋鸡，喂同样的植物性饲料。

答案详解

1. D

【解析】评价题。

题干：紧缩∨扩张，紧缩会导致下岗，所以扩张。

题干认为，紧缩的财政政策有不利后果，因此要采取扩张的财政政策，那么就要看一下扩张的财政政策有没有其他不利后果甚至是更严重的不利后果，故选 D 项。

B 项，如果存在"既不是紧缩的也不是扩张的财政政策"，我们还要知道这样的政策是否有效，才能更好地评价是否应该使用"扩张的财政政策"，因此 B 项不如 D 项好。

其余各项均为无关选项。

2. D

【解析】原因＋措施＋目的型评价题。

题干：随着年龄的增长，人体对维生素和微量元素的需求日趋增多 —导致→ 老年人应当服用一些补充维生素和微量元素的食物 —以求→ 摄取足够的维生素和微量元素。

A 项，无关选项，题干中的论证不涉及对卡路里与维生素、微量元素的比较关系。

B 项，无关选项，题干中的论证不涉及保健品和日常食品的比较关系。

C 项，无关选项，题干中的论证不涉及年轻人和老年人的比较关系。

D 项，重要，如果年轻时维生素和微量元素的摄入量超过实际需求，那么年长时即使需求增加，可能也仅需保持以前的摄入量，无须特意补充，否则，就要补充一些。

E 项，是不是有副作用与是不是需要补充维生素和微量元素无关。

3. C

【解析】评价题。

题干：上学期林教授只给了两个河北籍的学生满分 —证明→ 他总是把满分给河北籍的学生。

A、B 项，无关选项。

C 项，如果他给满分的学生中，没有非河北籍的学生，则上述论证成立；否则，上述论证不成立，故此项为正确选项。

D 项，干扰项，此项希望确定的是张贝贝和李元元两人是否应该得满分，但是，题干的论证只涉及林教授"总是把满分给河北籍的学生"，至于这么做是否合理，这些学生是否应该得满分，没有作断定。

E 项，无关选项。

4. B

【解析】评价题。

网络媒体报道称：让水稻听感恩歌《大悲咒》能增产 15%。

农业专家表示：音乐不仅有助于植物对营养物质的吸收、传输和转化，还能达到驱虫的效果。

A 项、E 项，使用求异法判断网络媒体的报道是否真实，与题干相关。

C 项、D 项，与农业专家的话是否真实有关。

B 项，肯定了题干报道的真实性，追问此报道中的方法是否能够得到推广，与评估上述报道的真实性最不相关，故选 B 项。

5. A

【解析】评价题。

题干中的前提：

①2000 年，报考博士研究生的女性考生的录取比例是 30%；而 2004 年这一比例上升为 45%。

②这两年报考博士研究生的考生中男女的比例基本不变。

题干中的结论：博士研究生中女生的比例近年来有显著的增长。

上述论证是否成立，取决于报考博士研究生的男性考生的录取比例。如果男性考生的录取比例也显著上升，则削弱题干；反之，则支持题干。故 A 项最为重要。

B、C、D 项，仅涉及数量，不知道录取的比例，对题干中的结论没有影响。

E 项，"理工科"的情况是无关选项。

6. B

【解析】评价题。

正方采用类比论证：①可以为了人类更高的整体性利益、长远性利益牺牲部分人的生命；②不能为了降低汽车交通死亡事故发生率至0，而让汽车和自行车一个行驶速度——证明→不应反对人工流产。

反方的言论实际上确认了并不能因为汽车存在风险而取消汽车，支持正方的论据②。所以，反方的发言实际上支持了正方的论证，B项正确。

7. C

【解析】假设题。

Ⅰ项，并非正方预设，正方仅仅认定可以通过牺牲少数人的生命来换取人类整体的利益，并未预设保护人的生命并不是社会的目的。

Ⅱ项，并非正方预设。人类注意的焦点问题是人类自身的生命，并不排斥正方说为了维护人类整体的利益，而牺牲少部分人的生命。

Ⅲ项，是正方预设，正方认为可以通过牺牲少部分人的生命来换取人类整体的利益，即假设了这种措施具有可行性，即可以准确把握其中尺度。

8. C

【解析】评价题。

题干：鸡蛋黄的黄色跟鸡所吃的绿色植物性饲料有关。

通过求异法，建立一个对比实验即可：选择品种和等级完全相同的蛋鸡，一半喂食植物性饲料，一半喂食非植物性饲料，故C项正确。

A项，不知实验方法，无法判断是否科学。

B项，比较的是饲料间的差别，但无法确定这些差别是否会导致鸡蛋的差别。

D项，增加或减少植物性饲料的比例，能起到证明或削弱题干中结论的作用，但是不如C项。

E项，此项确定的是相同的植物性饲料对不同品种的蛋鸡的影响，不能判断题干的结论。

微模考 8 ▶ 评论题

（共 30 题，每题 2 分，限时 60 分钟）　　　　你的得分是_____

1. 有一家电力公司，靠着建造发电量较大、效率较高的电厂以及刺激该地区用电量这两种方法，已经使得利润大为增加，并能够向消费者提供价格低廉的电力。为了维持这种兴旺的局面，该公司计划以一座新电厂来取代一座旧电厂，而新电厂的发电量是该公司原有电厂的 3 倍。
   下面哪一项不在该公司的上述计划考虑之内？
   A. 该公司供电地区的电力供应量未来将会增加。
   B. 新建电厂的开支额度不能超过提高经营效率或扩大规模带来的收益水平。
   C. 拟议中的新电厂完全能够提高整个公司的效益。
   D. 新电厂的安全措施设计将与原来的旧电厂一样。
   E. 发电量增加两倍不会有什么技术上的障碍。

2. "人多力量大""众人拾柴火焰高"等，这些名言证明了人口的增加是有利于社会发展的。
   上述推断的主要缺陷在于：
   A. "人多力量大"肯定了人力资源的作用，是重视人才的表现。
   B. 不同的人对社会的贡献是不一样的，应当指明主要应增加哪一类人口。
   C. 名言并非真理，不能由名言简单地证明上述结论。
   D. 人口越少，消耗掉的社会资源就越少。
   E. 人口越多，带来的社会问题就越多。

3. 改革开放以后的中国社会，白领阶层以其得体入时的穿着、斯文潇洒的举止，在城市中逐渐形成一种新的时尚。张金力穿着十分得体，举止也很斯文，一定是白领阶层中的一员。
   下列哪项陈述最为准确地指出了上述判断在逻辑上的缺陷？
   A. 有些白领阶层的人穿着也很普通，举止并不潇洒。
   B. 有些穿着得体、举止斯文的人并非从事令人羡慕的白领工作。
   C. 穿着和举止是人的爱好、习惯，也与工作性质有一定关系。
   D. 张金力的穿着、举止受社会时尚的影响很大。
   E. 白领阶层的工作性质决定了他们应当穿着得体、举止斯文。

4. 人们已经认识到，除了人以外，一些高级生物不仅能适应环境，而且能改变环境以利于自己的生存。其实，这种特性很普遍。例如，一些低级浮游生物会产生一种气体，这种气体在大气层中转化为硫酸盐颗粒，这些颗粒使水蒸气浓缩而形成云。事实上，海洋上空的云层的形成很大程度上依赖于这种颗粒。较厚的云层意味着较多的阳光被遮挡，意味着地球吸收较少的热量。因此，这些低级浮游生物使地球变得凉爽，而这有利于它们的生存，当然也有利于人类。
   以下哪项最为准确地概括了上述议论所运用的方法？
   A. 基于一般性的见解说明一个具体的事例。
   B. 运用一个反例来反驳一个一般性的见解。

C. 运用一个具体事例来补充推广一个一般性的见解。

D. 运用一个具体事例来论证一个一般性的见解。

E. 对某种现象进行分析，并对这种现象产生的条件及其意义进行一般性的概括。

5～6题基于以下题干：

　　李工程师：在日本，肺癌病人的平均生存年限（即从确诊至死亡的年限）是9年，而在亚洲的其他国家，肺癌病人的平均生存年限只有4年。因此，日本在延长肺癌病人生命方面的医疗水平要高于亚洲的其他国家。

　　张研究员：你的论证缺乏充分的说服力。因为日本人的自我保健意识总体上高于其他的亚洲人，因此，日本肺癌患者的早期确诊率要高于亚洲其他国家。

5. 张研究员的反驳，基于以下哪项假设？

Ⅰ. 肺癌患者的自我保健意识对于其疾病的早期确诊起到重要作用。

Ⅱ. 肺癌的早期确诊对延长患者的生存年限起到重要作用。

Ⅲ. 对肺癌的早期确诊技术是衡量防治肺癌医疗水平的一个重要方面。

A. 仅Ⅰ。
B. 仅Ⅱ。
C. 仅Ⅲ。
D. 仅Ⅰ和Ⅱ。
E. Ⅰ、Ⅱ和Ⅲ。

6. 以下哪项如果为真，则能最为有力地指出李工程师论证中的漏洞？

A. 亚洲一些发展中国家的肺癌患者是死于由肺癌引起的并发症。

B. 日本人的平均寿命不仅居亚洲之首，而且居世界之首。

C. 日本的胰腺癌病人的平均生存年限是5年，接近于亚洲的平均水平。

D. 日本医疗技术的发展，很大程度上得益于对中医的研究和引进。

E. 一个数大大高于某些数的平均数，不意味着这个数高于这些数中的每个数。

7. 研究人员发现，每天食用五份以上的山药、玉米、胡萝卜、洋葱或其他类似蔬菜可以降低患胰腺癌的风险。他们调查了2 230名受访者，其中有532名胰腺癌患者，然后对癌症患者食用的农产品加以分类，并询问他们其他的生活习惯，比如总体饮食和吸烟情况，将其与另外1 701人的生活习惯作比较。结果发现，每天至少食用五份蔬菜的人患胰腺癌的概率是每天食用两份以下蔬菜的人的一半。

以下哪一项办法最有助于证明上述研究结论的可靠性？

A. 查明在以肉食为主、很少食用以上蔬菜的群体中胰腺癌患者的比例有多大。

B. 研究胰腺癌患者中有哪些临床表现及其治疗方法。

C. 尽可能让胰腺癌患者生活愉快，以延长他们的寿命。

D. 通过实验室研究，查明上述蔬菜中含有哪些成分。

E. 分析胰腺癌患者的年龄结构。

8. 大学图书馆管理员说：直到三年前，校外人员还能免费使用图书馆，后来因经费减少，校外人员每年须付100元才能使用我馆。但是，仍然有150个校外人员没有付钱，因此，如果我们雇用一名保安去辨别校外人员，并保障所有校外人员均按要求缴费，图书馆的收益将增加。

要判断图书馆管理员的话是否正确，必须首先知道下列哪一个选项？

A. 每年使用图书馆的校内人员数。
B. 今年图书馆的费用预算。

C. 图书馆是否安装了电脑查询系统。　　　　　D. 三年前图书馆经费降低了多少。

E. 雇用一名保安一年的开支。

9. 一般人总是这样认为，既然人工智能这门新兴学科以模拟人的思维为目标，那么，就应该深入地研究人的思维的生理机制。其实，这种看法很可能误导这门新兴学科。如果说，飞机发明的最早灵感可能是来自鸟的飞行原理的话，那么，现代飞机从发明、设计、制造到不断改进，没有哪一项是基于对鸟的研究之上的。

题干是用类比的方法来论证自己的观点，以下哪项是题干中所做的类比？

Ⅰ．把对人思维的模拟，比作对鸟飞行的模拟。

Ⅱ．把对人工智能的研究，比作飞机的设计、制造。

Ⅲ．把飞机的飞行，比作鸟的飞行。

A. 仅Ⅰ。　　　　　　　　B. 仅Ⅱ。　　　　　　　　C. 仅Ⅲ。

D. 仅Ⅰ和Ⅱ。　　　　　　E. Ⅰ、Ⅱ和Ⅲ。

10. 商业伦理调查员：XYZ钱币交易所一直误导它的客户说，它的一些钱币是很稀有的。实际上那些钱币是比较常见而且很容易得到的。

XYZ钱币交易所：这太可笑了。XYZ钱币交易所是世界上最大的几个钱币交易所之一。我们销售的钱币是经过一家国际认证的公司鉴定的，并且有钱币经销的执照。

XYZ钱币交易所的回答显得很没有说服力，因为它_____

以下哪项作为上文的后继最为恰当？

A. 故意夸大了商业伦理调查员的论述，使其显得不可信。

B. 指责商业伦理调查员有偏见，但不能提供足够的证据来证实他的指责。

C. 没能证实其他钱币交易所不能鉴定他们所卖的钱币。

D. 列出了XYZ钱币交易所的优势，但没有对商业伦理调查员的问题作出回答。

E. 没有对"非常稀少"这一意思含混的词作出解释。

11. 和上一个十年相比，近十年吸烟者中肺癌患者的比例下降10%。据分析，这种结果有两个明显的原因：第一，近十年中高档品牌的香烟都带有过滤嘴，这有效地阻止了香烟中有害物质的吸入；第二，和上一个十年相比，近十年吸烟人数大约下降了10%。

以下哪项对上述分析的评价最为恰当？

A. 上述分析不存在逻辑漏洞。

B. 上述分析依据的数据有误，因为吸烟者中肺癌患者下降的比例，不可能正好等于吸烟人数下降的比例。

C. 上述分析缺乏说服力，因为显然存在吸带有过滤嘴香烟的肺癌患者。

D. 上述分析存在漏洞，这种漏洞和以下分析中的类似：和去年相比，今年京都大学录取的来自西部的新生的比例上升了10%。据分析，这有两个原因：第一，西部地区的中等教育水平逐年提高；第二，今年西部地区的考生比去年增加了10%。

E. 上述分析存在漏洞，这种漏洞和以下分析中的类似：人们对航行的恐惧完全是一种心理障碍。统计说明，空难死亡率不到机动车事故死亡率的1%。随着机动车数量的大幅度上升，航空旅行相对地将变得更为安全。

12~13题基于以下题干：

以下是在一场关于"安乐死是否应合法化"的辩论中正反方辩手的发言。

正方：反方辩友反对"安乐死合法化"的根据主要是在什么条件下方可实施安乐死的标准不易掌握，这可能会给医疗事故甚至谋杀造成机会，使一些本来可以挽救的生命失去最后的机会。诚然，这样的风险是存在的，但是我们怎么能设想干任何事都排除所有风险呢？让我提出一个问题，我们为什么不把法定的汽车时速限制为不超过自行车，这样汽车交通死亡事故发生率不是几乎可以下降到 0 吗？

反方：对方辩友把安乐死和交通死亡事故作以上的类比是毫无意义的。因为不可能有人会做这样的交通立法。设想一下，如果汽车行驶得和自行车一样慢，那还要汽车干什么？对方辩友，你愿意我们的社会再回到没有汽车的时代？

12. 以下哪项最为确切地评价了反方的言论？

   A. 他的发言实际上支持了正方的论证。
   B. 他的发言有力地反驳了正方的论证。
   C. 他的发言有力地支持了反安乐死的立场。
   D. 他的发言完全离开了正方阐述的论题。
   E. 他的发言是对正方的人身攻击而不是对正方论证的评价。

13. 正方的论证预设了以下哪项？

   Ⅰ. 实施安乐死带来的好处比可能产生的风险损失总体上说要大得多。
   Ⅱ. 尽可能地延长病人的生命并不是医疗事业的绝对宗旨。
   Ⅲ. 总有一天医疗方面可以准确无误地把握何时方可实施安乐死的标准。

   A. 仅Ⅰ。 B. 仅Ⅱ。 C. 仅Ⅲ。
   D. Ⅰ和Ⅱ。 E. Ⅰ、Ⅱ和Ⅲ。

14. 萨沙：在法庭上，应该禁止将笔迹分析作为评价一个人性格的证据，笔迹分析家所谓的证据习惯性地夸大他们的分析结果的可靠性。

    格瑞高里：你说得很对，目前使用笔迹分析作为证据确实存在问题。这个问题的存在仅仅是因为没有许可委员会来制订专业标准，以此来阻止不负责任的笔迹分析家作出夸大其实的声明。然而，当这样的委员会被创立以后，那些持许可证的从业者的笔迹分析结果就可以作为合法的法庭工具来评价一个人的性格。

    格瑞高里在应答萨沙的论述时，用了下面哪一项？

    A. 他忽视为支持萨沙的建议而引用的证据。
    B. 他通过限定某一原则使用的范畴来为该原则辩护。
    C. 他从具体的证据中抽象出一个普遍性的原则。
    D. 他在萨沙的论述中发现了一个自相矛盾的陈述。
    E. 他揭示出萨沙的论述自身表明了一个不受欢迎的，并且是他的论述所批评的特征。

15~16题基于以下题干：

小李：如果在视觉上不能辨别艺术复制品和真品之间的差异，那么复制品就应该和真品的价值一样。因为如果两件艺术品在视觉上无差异，那么它们就有相同的品质。要是它们有相同的品质，它们的价格就应该相等。

小王：你对艺术了解得太少啦！即使某人做了一件精致的复制品，并且在视觉上难以把这件复制品与真品区别开来，由于这件复制品和真品产生于不同的年代，不能算有同样的品质。现代人重塑的兵马俑再逼真，也不能与秦陵的兵马俑相提并论。

15. 以下哪项是小李和小王的分歧之所在？
    A. 到底能不能用视觉来区分复制品和真品？
    B. 一件复制品是不是比真品的价值高？
    C. 是不是把一件复制品误认为真品？
    D. 一件复制品是不是和真品有同样的时代背景？
    E. 首创性是否是一件艺术品所体现的宝贵品质？

16. 小王用下列哪项方法驳斥小李的论证？
    A. 攻击小李的一个假设，这个假设认为：一件艺术品的价格表明它的价值。
    B. 提出一个观点，这个观点削弱对方的一个断言，它是对方得出结论的基础。
    C. 对小李的一个断言提出质疑，这个断言是：在视觉上难以把一件精致的复制品和真品区别开来。
    D. 给出确认小李不能判断一件艺术品品质的理由，这个理由是小李对艺术品的鉴赏还缺乏经验。
    E. 提出一个标准，依据这个标准，可判定两件艺术品是否可从视觉上加以区别。

17～18题基于以下题干：

史密斯：根据《国际珍稀动物保护条例》的规定，杂种动物不属于该条例的保护对象。《国际珍稀动物保护条例》的保护对象中，包括赤狼。而最新的基因研究技术发现，一直被认为是纯种物种的赤狼实际上是山狗与灰狼的杂交种。由于赤狼明显需要被保护，所以条例应当修改，使其也保护杂种动物。

张大中：您的观点不能成立。因为，如果赤狼确实是山狗与灰狼的杂交种的话，那么，即使现有的赤狼灭绝了，仍然可以通过山狗与灰狼的杂交来重新获得它。

17. 以下哪项最为确切地概括了张大中与史密斯争论的焦点？
    A. 赤狼是否为山狗与灰狼的杂交种？
    B. 《国际珍稀动物保护条例》的保护对象中，是否应当包括赤狼？
    C. 《国际珍稀动物保护条例》的保护对象中，是否应当包括杂种动物？
    D. 山狗与灰狼是否都是纯种物种？
    E. 目前赤狼是否有灭绝的危险？

18. 以下哪项最可能是张大中的反驳所假设的？
    A. 目前用于鉴别某种动物是否为杂种的技术是可靠的。
    B. 所有现存杂种动物都是现存纯种动物杂交的后代。
    C. 山狗与灰狼都是纯种动物。
    D. 《国际珍稀动物保护条例》执行效果良好。
    E. 赤狼并不是山狗与灰狼的杂交种。

19. 据一项统计显示，在婚后的 13 年中，妇女的体重平均增加了 15 公斤，男子的体重平均增加了 12 公斤。因此，结婚是人变得肥胖的重要原因。

    为了对上述论证作出评价，回答以下哪个问题最为重要？

    A. 为什么这项统计要选择 13 年这个时间段作为依据？为什么不选择其他时间段，例如为什么不是 12 年或 14 年？

    B. 在上述统计中，有没有婚后体重减轻的人？如果有的话，占多大的比例？

    C. 在被统计的对象中，男女各占多少比例？

    D. 这项统计的对象，是平均体重较重的北方人，还是平均体重较轻的南方人？如果二者都有的话，各占多少比例？

    E. 在上述 13 年中，处于相同年龄段的单身男女的体重增减状况是怎样的？

20. 人们对于搭乘航班的恐惧其实是毫无道理的。据统计，仅 1995 年，全世界死于地面交通事故的人数超出 80 万，而在自 1990 年至 1999 年的 10 年间，全世界平均每年死于空难的还不到 500 人，而在这 10 年间，我国平均每年死于空难的还不到 25 人。

    为了评价上述论证的正确性，回答以下哪个问题最为重要？

    A. 在上述 10 年间，我国平均每年有多少人死于地面交通事故？

    B. 在上述 10 年间，我国平均每年有多少人加入地面交通，有多少人加入航运？

    C. 在上述 10 年间，全世界平均每年有多少人加入地面交通，有多少人加入航运？

    D. 在上述 10 年间，1995 年全世界死于地面交通事故的人数是否是最高的？

    E. 在上述 10 年间，哪一年死于空难的人数最多？人数是多少？

21. 在北欧一个称为古堡的城镇的郊外，有一个不乏凶禽猛兽的天然猎场。每年秋季吸引了来自世界各地富于冒险精神的狩猎者。一个秋季下来，古堡镇的居民发现，他们之中在此期间在马路边散步时被汽车撞伤的人的数量，比在狩猎时受到野兽意外伤害的人数多出了两倍！因此，对于古堡镇的居民来说，在狩猎季节，待在猎场中比在马路边散步更安全。

    为了要评价上述结论的可信程度，最可能提出以下哪个问题？

    A. 在这个秋季，古堡镇有多少数量的居民去猎场狩猎？

    B. 在这个秋季，古堡镇有多少比例的居民去猎场狩猎？

    C. 古堡镇的交通安全记录在周边的几个城镇中是否是最差的？

    D. 来自世界各地的狩猎者在这个季节中有多少比例的人在狩猎时意外受伤？

    E. 古堡镇的居民中有多少好猎手？

22. 自 2003 年 B 市取消强制婚前检查后，该市的婚前检查率从 10 年前的接近 100% 降至 2011 年的 7%，成为全国倒数第一。与此同时，该市的新生儿出生缺陷发生率上升了一倍。由此可见，取消强制婚前检查制度导致了新生儿出生缺陷率的上升。

    对以下各项问题的回答都与评价上述论证相关，除了：

    A. 近十年来该市的生存环境（空气和水的质量等）是否受到破坏？

    B. 近十年来在该市育龄人群中，熬夜、长时间上网等不健康的生活方式是否大量增加？

    C. 近十年来该市妇女是否推迟生育，高龄孕妇的比例是否有较大提高？

    D. 近十年来该市流动人口的数量是增加还是减少了？

E. 近十年来该市妊娠期妇女进行孕检的比例是增加还是减少了？

23. 在产品检验中，误检包括两种情况：一是把不合格产品定为合格；二是把合格产品定为不合格。有甲、乙两个产品检验系统，它们依据的是不同的原理，但共同之处在于：第一，它们都能检测出所有送检的不合格产品；第二，都仍有恰好3％的误检率；第三，不存在一个产品，会被两个系统都误检。现在把这两个系统合并为一个系统，使得被该系统测定为不合格的产品，包括且只包括两个系统分别工作时都测定的不合格的产品。可以得出结论：这样的产品检验系统的误检率为零。

以下哪项最为恰当地评价了上述推理？

A. 上述推理是必然性的，即如果前提为真，则结论一定为真。

B. 上述推理很强，但不是必然性的，即如果前提为真，则为结论提供了很强的证据，但附加的信息仍可能削弱该论证。

C. 上述推理很弱，前提尽管与结论相关，但最多只为结论提供了不充分的根据。

D. 上述推理的前提中包含矛盾。

E. 该推理不能成立，因为它把某事件发生的必要条件的根据，当作充分条件的根据。

24. 世界上第一辆自行车是在1817年发明的。自行车出现后只流行了很短一段时间就销声匿迹了，直到1860年才重新出现。为什么会出现这种情况？只有当一项新技术与社会的价值观念相一致时该技术才会被接受。所以，1817年到1860年期间社会价值观一定发生了某种变化。

以上论证中的推理是有缺陷的，因为该论证：

A. 忽视了对自行车重新被接受的其他可能的解释。

B. 提出了一个与该论证的结论关系不大的问题。

C. 错误地认为自行车在1860年重新出现表明它被真正地接受了。

D. 没有给出合理的说明就认定流行并不意味着真正的接受。

E. 把需要论证的结论当作这一结论的论据。

25. 在一次商业谈判中，甲方总经理说："根据以往贵公司履行合同的情况，有的产品不具备合同规定的要求，我公司因此蒙受了损失，希望以后不要再出现类似的情况。"乙方总经理说："在履行合同中出现有不符合要求的产品，按合同规定可退回或要求赔偿，贵公司当时既不退回产品，又不要求赔偿，这究竟是怎么回事？"

以下哪一项正确地判断了乙方总经理问句的实质？

A. 甲方企图要乙方赔偿上次合同的损失，这是难以答应的。

B. 甲方说有的产品不符合要求，却没有证据。

C. 甲方可能是因为怕麻烦，没有追究乙方的违约行为。

D. 乙方虽有不符合要求的产品，甲方照顾乙方面子，就不提出了。

E. 甲方为了在这次谈判中讨价还价，故意指责乙方以往有违约行为。

26. 商家为了推销商品，经常以"买一赠一"的广告来招徕顾客。

以下哪项最能说明这种推销方式的实质？

A. 商家最喜欢这种推销方式。
B. 顾客最喜欢这种推销方式。
C. 这是一种亏本的推销方式。
D. 这是一种耐用商品的推销方式。

E. 这是一种以偷换概念的方法推销商品的手段。

27～29题基于以下题干：

李工程师：一项权威性的调查数据显示，在医疗技术和设施最先进的美国，婴儿最低死亡率在世界上只占第17位。这使我得出结论，先进的医疗技术和设施，对于人类生命和健康所起的保护作用，对成人要比对婴儿显著得多。

张研究员：我不能同意您的论证。事实上，一个国家所具有的先进的医疗技术和设施，并不是每个人都能均等地享受的。较之医疗技术和设施而言，较高的婴儿死亡率更可能是低收入的结果。

27. 以下哪项最为恰当地概括了张研究员反驳李工程师所使用的方法？

　　A. 对他的论据的真实性提出质疑。

　　B. 对他的结论的真实性提出质疑。

　　C. 对他援引的数据提出另一种解释。

　　D. 暗指他的数据会导致产生一个相反的结论。

　　E. 指出他偷换了一个关键性的概念。

28. 张研究员的反驳基于以下哪项假设？

　　Ⅰ. 在美国，享受先进的医疗技术和设施，需要一定的经济条件。

　　Ⅱ. 在美国，存在着明显的贫富差别。

　　Ⅲ. 在美国，先进的医疗技术和设施，主要用于成人的保健和治疗。

　　A. 仅Ⅰ。　　　　　　　　B. 仅Ⅱ。　　　　　　　　C. 仅Ⅲ。

　　D. 仅Ⅰ和Ⅱ。　　　　　　E. Ⅰ、Ⅱ和Ⅲ。

29. 以下哪项如果为真，能最有力地削弱张研究员的反驳？

　　A. 美国的人均寿命占世界第二。

　　B. 全世界的百岁老人中，美国人占了30%。

　　C. 美国的婴儿死亡率呈逐年下降趋势。

　　D. 美国用于医疗新技术开发的投资占世界之最。

　　E. 一般地说，拯救婴儿免于死亡的医疗要求高于成人。

30. 在经历了全球范围的股市暴跌的冲击以后，T国政府宣称，它所经历的这场股市暴跌的冲击，是由最近国内一些企业过快的非国有化造成的。

以下哪项如果事实上是可操作的，最有利于评价T国政府的上述宣称？

　　A. 在宏观和微观两个层面上，对T国一些企业最近的非国有化进程的正面影响和负面影响进行对比。

　　B. 把T国受这场股市暴跌的冲击程度，和那些经济情况和T国类似，但最近没有实行企业非国有化的国家所受到的冲击程度进行对比。

　　C. 把T国受这场股市暴跌的冲击程度，和那些经济情况和T国有很大差异，但最近同样实行了企业非国有化的国家所受到的冲击程度进行对比。

　　D. 计算出在这场股市风波中T国的个体企业的平均亏损值。

　　E. 运用经济计量方法预测T国的下一次股市风波的时间。

微模考8 ▶ 答案详解

1. D

【解析】评价题。

题干：建设发电量是原来3倍的新电厂来取代旧电厂 ——以求→ 维持利润增加、价格低廉的兴旺局面。

A项，因为新电厂的发电量是旧电厂的3倍，因此A项显然在公司的计划考虑之内。

B、C项，符合"利润"增加的目的，在公司的计划考虑之内。

D项，安全问题是否和原来的旧电厂相同，题干没有涉及，选D项。

E项，计划要实施，必须有可行性，故E项必须考虑。

2. C

【解析】评论逻辑漏洞。

题干的论据："人多力量大""众人拾柴火焰高"等名言。

题干的结论：人口的增加有利于社会发展。

A项，支持了题干。

B项，本项论证的是增加"哪一类"人口的问题，而不是"是否"增加人口的问题，与题干不相关。

C项，正确，指出了题干的论证缺陷。名言并非真理，不一定是正确的。

D、E项，削弱题干，但并没有指出题干的论证缺陷。

3. B

【解析】评论逻辑漏洞。

题干：白领穿着得体、举止斯文，所以，穿着得体、举止斯文的是白领。

B项，有人穿着得体、举止斯文但不是白领，与题干的结论矛盾，指出了题干的论证缺陷。

A项，说明题干的前提有漏洞，也可以削弱题干，但是，仅仅是反驳论证，并不属于其论证过程中的缺陷，因此不如B项恰当。

其余各项显然不妥。

4. C

【解析】评论逻辑技法。

题干先提出一个一般性的见解：高级生物可以改变环境，而后又通过一个例子论证了低级生物也可以改变环境，补充了前面的一般性见解。

故C项正确。

5. D

【解析】假设题。

李工程师：日本在延长肺癌病人生命方面的医疗水平要高于亚洲的其他国家。

张研究员：日本人的自我保健意识总体上高于其他的亚洲人 ——导致→ 日本肺癌患者的早期确

诊率要高于亚洲其他国家——证明→并非"日本在延长肺癌病人生命方面的医疗水平要高于亚洲的其他国家"。

Ⅰ项，必须假设，建立"自我保健意识"与"早期确诊"的因果联系，因果相关。

Ⅱ项，必须假设，建立"早期确诊"与"延长肺癌病人生存年限"的因果联系，因果相关。

Ⅲ项，不必假设，此项如果为真，则张研究员的论证支持了李工程师的结论。

6. E

【解析】评论逻辑漏洞。

李工程师：在日本，肺癌病人的平均生存年限是9年，而在亚洲的其他国家，肺癌病人的平均生存年限只有4年——证明→日本在延长肺癌病人生命方面的医疗水平要高于亚洲的其他国家。

李工程师论证中的前提是：亚洲其他国家的"平均生存年限"，结论是："高于亚洲其他国家"。高于一组对象的平均值，不代表高于这组对象的每个个体值。故E项最为准确。

7. A

【解析】评价题。

题干：每天至少食用五份蔬菜的人患胰腺癌的概率是每天食用两份以下蔬菜的人的一半——证明→每天食用五份蔬菜可以降低患胰腺癌的风险。

A项，在以肉食为主、很少食用以上蔬菜的群体中胰腺癌患者的比例若高，则支持题干，反之则削弱题干，故选A项。

B、C、D、E项都与食用蔬菜和患胰腺癌无关。

8. E

【解析】评价题。

题干：雇用一名保安去辨别校外人员，并保障所有校外人员均按要求缴费，图书馆的收益将增加。

收益是否增加，要判断新增收益与支出的关系，所以，需要知道的是雇用保安的开支，故E项正确。

9. D

【解析】评论逻辑技法（类比）。

题干采用类比论证：

飞机模拟鸟的飞行，飞机的改进不是基于对鸟的研究；

人工智能模拟人的思维；
——————————————
所以，人工智能的发展不应该深入地研究人的思维。

Ⅰ项，是研究对象的类比。

Ⅱ项，是研究方法的类比。

Ⅲ项，不是类比对象，是类比双方中的一方。

10. D

【解析】评论逻辑漏洞。

XYZ钱币交易所对商业伦理调查员的反驳，并没有涉及"钱币是否稀有"的问题，与商业伦理调查员的论证无关，故选D项。

11. E

【解析】评论逻辑漏洞。

题干：

①近十年中高档品牌的香烟都带有过滤嘴，这有效地阻止了香烟中有害物质的吸入。

②和上一个十年相比，近十年吸烟人数大约下降了 10% —证明→ 近十年吸烟者中肺癌患者的比例下降 10%。

$$吸烟者中肺癌患者的比例 = \frac{吸烟者中肺癌患者的人数}{吸烟者总人数} \times 100\%。$$

所以，吸烟者的总人数下降，不足以推出吸烟者中肺癌患者的比例上升或下降，忽略了分子的影响。

D 项，京都大学西部新生的比例 $=\dfrac{该校录取的西部新生数}{该校新生总数}$。所以，此项中的两个原因都会使得该式子的分子"该校录取的西部新生数"增大，从而使得这个比例增大。故该项没有逻辑漏洞。

E 项的评价准确，因为：

$$机动车事故死亡率 = \frac{机动车事故死亡数}{机动车总数} \times 100\%。$$

所以，机动车总数的上升，不足以推出机动车事故死亡率的上升或下降，从而也不足以推出航空将变得更为安全。

12. A

【解析】评价题。

正方采用类比论证：

①汽车：有风险，但不应该将汽车时速限制为不超过自行车以排除汽车交通死亡事故风险；

②安乐死：有风险；

所以，不应该反对安乐死以排除安乐死的风险。

反方：如果汽车行驶得和自行车一样慢，那么汽车就毫无意义。

反方的观点正好支持了正方的论据①，不应该将汽车时速限制为不超过自行车。

13. D

【解析】假设题。

Ⅰ 项，必须假设，正方认为实施安乐死虽然有风险，但是不能禁止安乐死，说明他认为实施安乐死利大于弊。

Ⅱ 项，必须假设，否则，如果医疗事业的绝对宗旨是尽可能地延长病人的生命，那么安乐死就不应该被允许。

Ⅲ 项，不必假设，正方讨论的正是在"不能准确把握实施安乐死的标准"的情况下，是否应该执行安乐死，所以此项不必假设。

14. B

【解析】争论型评论题。

萨沙：夸大分析结果的可靠性 $\xrightarrow{\text{证明}}$ 不应将笔迹分析作为评价一个人性格的证据。

格瑞高里：结果不可靠仅因为无专业标准，因此可通过制订专业标准来解决该问题。

格瑞高里承认对方指出的问题，但认为这一问题，是可以通过成立机构、限制不合理的行为来解决，因此，笔迹分析结果还是可以作为证据使用的。因此，B项正确。

15. E

【解析】争论焦点题。

小李：复制品和真品在视觉上无差异→有相同的品质→价格应该相等。

小王：复制品和真品在视觉上无差异的艺术品，由于产生于不同的年代，也不能算有相同的品质。

即两个人的争论焦点是：复制品和真品是否具有相同的品质。但答案里面并无此选项，仔细分析可知，年代是小王得出观点的理由，而年代体现的正是首创性，故选E项。

A项，二人都认为有可能有复制品和真品在视觉上难以区分，不符合双方差异原则。

B项，小李认为复制品和真品的价格应该相同，小王不认同此观点，可见二者均不认为复制品的价格应该比真品"价值高"，此项不符合二人的观点。

C项，二人讨论的显然不是把复制品误认为真品的问题。

D项，小王认为真品和复制品的年代不同，而小李对此没有发表看法，不符合双方表态原则。

16. B

【解析】小李得出复制品和真品的价值应该相同的理由是二者的品质相同，而小王认为二者的品质不同，反驳了小李得出结论的基础，故B项正确。

17. C

【解析】争论焦点题。

史密斯：《条例》的保护对象中，应当包括杂种动物。其根据是：《条例》的保护对象中，包括赤狼。赤狼是杂种动物。既然赤狼明显需要被保护，所以，杂种动物需要被保护。

张大中：《条例》的保护对象中，不应当包括杂种动物。其根据是：如果某种杂种动物物种灭绝的话，可以通过动物的杂交来重新获得它。

因此，两人争论的焦点是：《条例》的保护对象中，是否应当包括杂种动物。

18. B

【解析】假设题。

A项，不必假设，因为张大中的论证不涉及杂种动物的鉴别，只是说"假如"是杂种动物的话应该怎样。

B项，必须假设，否则，如果有的杂种动物不是现存纯种动物杂交的后代，那么，此种杂种动物一旦灭绝，就不能通过杂交来重新获得它，张大中反驳的根据就不能成立。

C、D、E项，显然不是必要的假设。

19. E

【解析】评价题。

题干：在婚后的 13 年中，妇女的体重平均增加了 15 公斤，男子的体重平均增加了 12 公斤 $\xrightarrow{\text{证明}}$ 结婚是人变得肥胖的重要原因。

E 项，如果在上述 13 年中，处于相同年龄段的单身男女的体重增加程度也是相当的，则削弱题干；若这些人的体重没有相当增加，则支持题干。因此，E 项对于评价题干中的论证最为重要。

20. C

【解析】评价题。

题干：每年死于空难的人数少于死于地面交通的人数 $\xrightarrow{\text{证明}}$ 搭乘航班安全。

要判断地面交通和航班哪个更安全，衡量标准应该是死亡率，而不是死亡人数。

$$死亡率 = \frac{死亡人数}{交通参与人数} \times 100\%。$$

所以，回答 C 项的问题对于评价题干论证的正确性最为重要。

21. B

【解析】评价题。

题干：在马路边散步时被汽车撞伤的人的数量，比在狩猎时受到野兽意外伤害的人数多出了两倍 $\xrightarrow{\text{证明}}$ 对于古堡镇的居民来说，在狩猎季节，待在猎场中比在马路边散步更安全。

要判断在哪里更安全，衡量标准应该是受伤害率，而不是受伤害人数。

$$受伤害率 = \frac{受伤害人数}{总人数} \times 100\%。$$

所以，回答 B 项的问题对于评价题干论证的正确性最为重要。

D 项是无关选项，因为题干论证的主体是"古堡镇的居民"。

22. D

【解析】评价题。

题干：B 市取消强制婚前检查制度 $\xrightarrow{\text{导致}}$ 婚前检查率从 10 年前的接近 100% 降至 2011 年的 7% $\xrightarrow{\text{导致}}$ 该市新生儿出生缺陷率的上升。

A 项，与题干的论证相关，如果生存环境受到破坏，新生儿出生缺陷率可能上升，另有他因削弱题干；反之，则支持题干。

B 项，与题干的论证相关，如果该市育龄人群中不健康的生活方式大量增加，新生儿出生缺陷率可能上升，另有他因削弱题干；反之，则支持题干。

C 项，与题干的论证相关，如果高龄孕妇的比例有较大提高，新生儿出生缺陷率可能上升，另有他因削弱题干；反之，则支持题干。

D 项，无关选项，流动人口的多少并不影响新生儿的健康。

E 项，与题干的论证相关，如果孕检的比例降低，新生儿出生缺陷率可能上升，另有他因削弱题干；反之，则支持题干。

23. A

【解析】评论逻辑漏洞。

一批产品，只有两类：不合格品、合格品。

由题干知：甲、乙系统，均能检测出所有不合格品，故不合格品不存在误检；

对于合格品，对于甲、乙系统来说，都有3%的误检率，但由题干知：不存在一个产品，会被两个系统都误检，所以，甲系统误检为不合格的产品，若经乙系统检验，则被测定为合格，同理，乙系统误检为不合格的产品，若经甲系统检验，则被测定为合格。

又由题干，甲乙组合系统测定为不合格的产品，包括且只包括两个系统分别工作时都测定的不合格产品，所以合格品不会被误检。

综上，不合格品和合格品均不会被误检，该系统误检率为零，题干中的推理为真。

24. A

【解析】评论逻辑漏洞。

题干：只有当一项新技术与社会的价值观念相一致时该技术才会被接受 ——证明→ 1817年到1860年间社会价值观发生了某种变化 ——导致→ 自行车在1817年出现后只流行了很短一段时间就销声匿迹了，直到1860年才重新出现。

由题干的论据可知：一项新技术被接受→该技术与社会的价值观念相一致。

等价于：该技术与社会的价值观念不一致→一项新技术不被接受。

所以，一项新技术不被接受，不能推出"该技术与社会的价值观念不一致"，也可能是其他原因(另有他因)，故A项恰当地指出了题干中的推理缺陷。

25. E

【解析】评论题。

甲方：乙方有的产品不具备合同规定的要求。

乙方：不符合要求的产品，按合同规定可退回或要求赔偿，贵公司当时既不退回产品，又不要求赔偿，这究竟是怎么回事？

将乙方的观点符号化：不合要求→退回∨要求赔偿＝¬（退回∨要求赔偿）→合要求。

所以，乙方认为甲方为了谈判，故意说乙方有的产品不合要求，故选E项。

A、B项不妥，因为这场对话是商业谈判中针对下次合作的讨价还价，不是为了解决上次的产品问题。

C、D项都承认有不合格产品的事实，对乙方不利，不是乙方谈判的目的。

26. E

【解析】评论逻辑漏洞。

"买一赠一"常见于两种情况：①买一件价格较高的产品，赠送一件价格较低的产品，则前一个"一"和后一个"一"并非相同概念，偷换概念。②买一件产品，赠送一件相同的产品。表面上看，顾客占了一件产品的便宜，但实质上，顾客是花这一笔钱买了两件产品，第二件产品本质上也是买的，并不是赠的，偷换概念。故E项正确。

27. C

【解析】评论逻辑技法。

A项，不成立，因为张研究员的论证建立在李工程师的数据基础上，并没有对李工程师的论据提出质疑。

B项，不成立，因为李工程师的结论是：先进的医疗技术和设施，对于人类生命和健康所起的保护作用，对成人要比对婴儿显著得多。张研究员在反驳中并没有对这一结论提出质疑，而只是指出，一个国家所具有的先进的医疗技术和设施，并不是每个人都能均等地享受的。

C项，成立，张研究员的反驳是对李工程师援引的数据提出了另一种解释，即低收入使得一些美国的穷人难以让他们的婴儿享受先进的医疗而导致了较高的婴儿死亡率。

D项，不成立，因为与李工程师所论证的相反的结论是，先进的医疗技术和设施，对于人类生命和健康所起的保护作用，对婴儿要比对成人显著得多，张研究员的论证显然不会得出这一结论。

E项，不成立，李工程师并没有偷换概念。

28. D

【解析】假设题。

张研究员：收入低 —导致→ 不是每个人都能均等地享受先进的医疗技术和设施 —导致→ 较高的婴儿死亡率。

其论证有两个假设：①有人收入低（前提为真）；②享受先进的医疗技术和设施需要一定的经济条件（因果相关）。故Ⅰ项和Ⅱ项必须假设。

Ⅲ项显然不能假设。

29. A

【解析】因果型削弱题。

A项，削弱张研究员，因为如果张研究员的解释是成立的，那么被迫无法享受先进医疗的，就会不仅是贫穷的婴儿，还包括贫穷的成年人，这样，不仅婴儿死亡率会相对较高，成年人死亡率也会同样如此，这会使得美国人均寿命在世界上变得相对较低，而A项断定美国的人均寿命居世界第二，这就对张研究员的解释提出了有力的质疑。

B项，支持李工程师，但不能削弱张研究员。

C项，不能削弱。

D项，无关选项。

E项，如果拯救婴儿免于死亡的医疗要求高于成人，那么由于穷人无法使用更好的医疗设备，会导致穷人家的婴儿的死亡率更高，支持张研究员。

30. B

【解析】评价题。

T国政府：国内一些企业过快的非国有化 —导致→ 该国受到全球范围的股市暴跌的冲击。

B项，建立对照组，通过求异法可知，若没有实行企业非国有化的国家也受到了同样的冲击，则削弱题干；若没有实行企业非国有化的国家没有受到冲击，则支持题干的结论。因此，B项对于正确评价T国政府的宣称最为有利。

A项和C项虽然也进行了对比，但是求异法的原理为：有因时有果，无因时无果；对照组必须一个有"因"，一个无"因"，而这个"因"，应该是题干中的原因，A、C项的对照组的对照双方不是题干中的"因"。

D、E项，无关选项。

第 9 章　结构相似题

结构相似题概述

结构相似题就是要求考生分析题干的推理结构，找出五个选项中推理结构与题干最相似的选项。题干涉及的内容可能是形式逻辑的，也可能是论证逻辑的。

结构相似题的常见提问方式如下：
"以下哪项的推理结构和题干的推理结构最为类似？"
"以下哪项论证和题干的错误最为相似？"

题型 34　形式逻辑型结构相似题

母题技巧

形式逻辑型结构相似题，是对形式逻辑知识的综合考查，需要全面掌握形式逻辑的基础知识。

（1）解题步骤。

①读题干，寻找有没有简单命题或者复言命题的关键词，如果有的话，则判断为形式逻辑型结构相似题。

②写出题干的推理结构，如有必要，将其符号化。

③依次对照选项，找出推理结构与题干相同的选项。

（2）注意事项。

题干中的推理可能是正确的，也可能是错误的。如果题干的推理正确，则选项应该选正确的；如果题干的推理错误，则选项应该选和题干犯了相同错误的。

母题精练

1. 中华腾飞，系于企业；企业腾飞，系于企业家。因此，中国经济的腾飞迫切需要大批优秀的企业家。

下面哪一种逻辑推理方法与上述推理方法相同？

A. 红盒中装蓝球，蓝盒中装绿球。因此，红盒中不可能装绿球。

B. 新技术增加产品的科技含量，科技含量增加产品的价值，科技含量低的产品价值低。
C. 生产力决定生产关系，生产关系决定上层建筑，上层建筑又反作用于生产关系。
D. 优秀的学习成绩来自勤奋，勤奋需要意志支撑。因此，要取得好的成绩必须具有坚忍的意志。
E. 王军霞的优异成绩来自她个人的努力，也来自教练对她的培养。

2. 科学不是宗教，宗教都主张信仰，所以主张信仰都不科学。
  以下哪项的推理结构和题干的推理结构一致？
  A. 所有渴望成功的人都必须努力工作，我不渴望成功，所以我不必努力工作。
  B. 商品都有使用价值，空气当然有使用价值，所以空气当然是商品。
  C. 不刻苦学习的人都成不了技术骨干，小张是刻苦学习的人，所以小张能成为技术骨干。
  D. 台湾人不是北京人，北京人都说汉语，所以说汉语的人都不是台湾人。
  E. 犯罪行为都是违法行为，违法行为都应受到社会的谴责，所以应受到社会谴责的行为都是犯罪行为。

3. 李华的好朋友不可能喜欢赵敏，刘丽不喜欢赵敏，所以，刘丽是李华的好朋友。
  以下哪项中的推理与上述论证中的最为相似？
  A. 考上研的同学不会去找工作，李白考上研了，所以，李白不会去找工作。
  B. 会打篮球的男生不会是单身，李大壮不是单身，所以，李大壮会打篮球。
  C. 吃过午饭的人不会去吃自助餐，大东去吃自助餐了，所以，大东没吃午饭。
  D. 春天打过流感疫苗的人不会在这次流行感冒中被传染，小明在春季打过流感疫苗，所以，小明这次没有被传染。
  E. 携带宠物的人不能进入酒店，张辉带了一只猫，所以，张辉没有在酒店。

4. 只要上班期间工作认真，就能获得好职员奖。张芳芳获得了好职员奖，所以，张芳芳在上班期间一定是工作认真的。
  以下哪项与上述论证方式最为相似？
  A. 如果每天锻炼身体，就能打好篮球。李明没有每天锻炼身体，所以，李明篮球打得不好。
  B. 李明每天锻炼身体，但是篮球打得不好，所以，每天锻炼身体不一定篮球打得好。
  C. 每天锻炼身体，就可以打好篮球。李明篮球打得好，所以，李明一定每天锻炼身体。
  D. 每天锻炼身体，就可以打好篮球。李明没有打好篮球，所以，李明一定没有每天锻炼身体。
  E. 只有每天锻炼身体，才能打好篮球。李明篮球打得好，所以，李明一定每天锻炼身体。

5. 如果学校的财务部门没有人上班，我们的支票就不能入账。我们的支票不能入账，因此，学校的财务部门没有人上班。
  以下哪项的推理结构和题干的推理结构最为相似？
  A. 如果太阳神队主场是在雨中与对手激战，就一定会赢。现在太阳神队主场输了，看来一定不是在雨中进行的比赛。
  B. 如果太阳晒得厉害，李明就不去游泳。今天太阳晒得果然厉害，因此可以断定，李明一定没有去游泳。
  C. 所有的学生都可以参加这一次的决赛，除非没有通过资格赛的测试。这个学生不能参加决赛，因此他一定没有通过资格赛的测试。

D. 倘若是妈妈做的菜，菜里面就一定会放红辣椒。菜里面果然有红辣椒，看来，是妈妈做的菜。

E. 如果没有特别的原因，公司一般不批准职员们的事假申请。公司批准了职员陈小鹏的事假申请，看来其中一定有一些特别的原因。

答案详解

1. D

【解析】形式逻辑型结构相似题。

题干：中华腾飞→企业腾飞；企业腾飞→企业家。因此，中华腾飞→企业家。

D项，成绩→勤奋；勤奋→意志。因此，成绩→意志。与题干相同。

2. D

【解析】形式逻辑型结构相似题。

题干：A→¬B，B→C，所以C→¬A。

A项，A→B，C→¬A，所以C→¬B，与题干不一致。

B项，A→B，C→B，所以C→A，与题干不一致。

C项，¬A→¬B，C→A，所以C→B，与题干不一致。

D项，A→¬B，B→C，所以C→¬A，与题干一致。

E项，A→B，B→C，所以C→A，与题干不一致。

3. B

【解析】形式逻辑型结构相似题。

题干：李华的好朋友→¬喜欢赵敏，刘丽→¬喜欢赵敏，所以，刘丽→李华的好朋友。

形式化为：A→¬B，C→¬B，所以，C→A。

A项，A→¬B，C→A，所以，C→¬B，与题干不同。

B项，A→¬B，C→¬B，所以，C→A，与题干相同。

C项，A→¬B，C→B，所以，C→¬A，与题干不同。

D项，A→¬B，C→A，所以，C→B，与题干不同。

E项，A→¬B，C→A，所以，C→¬B，与题干不同。

4. C

【解析】形式逻辑型结构相似题。

题干：工作认真→好职员奖。好职员奖，所以，工作认真。

形式化：A→B。B，所以，A。

A项，A→B。¬A，所以，¬B。与题干不同。

B项，A∧¬B，所以，A，不一定B。与题干不同。

C项，A→B。B，所以，A。与题干相同。

D项，A→B。¬B，所以，¬A。与题干不同。

E项，A←B。B，所以，A。与题干不同。

故正确答案为C项。

5. D

【解析】形式逻辑型结构相似题。

题干：没人上班→不能入账，不能入账→没人上班。即 A→B，B→A。

A项，雨→赢，┐赢→┐雨，与题干不同。

B项，晒得厉害→不去游泳，晒得厉害，所以，不去游泳，与题干不同。

C项，通过资格赛→参加决赛，┐参加决赛→┐通过资格赛，与题干不同。

D项，妈妈做的菜→红辣椒，红辣椒→妈妈做的菜，与题干相同。

E项，┐特别原因→┐批准事假，批准事假→特别原因，与题干不同。

题型 35 论证逻辑型结构相似题

母题技巧

论证逻辑型结构相似题，是对论证、谬误、求因果五法、归纳类比等各种论证逻辑知识的综合考查。

解题步骤：

①读题干，寻找有没有简单命题或者复言命题的关键词，如果没有，则判断为论证逻辑型结构相似题。

②找到题干的论证方式或谬误。

③依次对照选项，找出论证结构与题干相同的选项，或者犯了与题干相同谬误的选项。

母题精练

1. 农科院最近研制了一种高效杀虫剂，通过飞机喷撒，能够大面积地杀死农田中的害虫。这种杀虫剂的特殊配方虽然能保护鸟类免受其害，但无法保护有益昆虫。因此，这种杀虫剂在杀死害虫的同时，也杀死了农田中的各种益虫。

以下哪项产品的特点，和题干中的杀虫剂最为类似？

A. 一种新型战斗机，它所装有的特殊电子仪器使得飞行员能对视野之外的目标发起有效攻击。这种电子仪器能区分客机和战斗机，但不能同样准确地区分不同的战斗机。因此，当它在对视野之外的目标发起有效攻击时，有可能误击友机。

B. 一种带有特殊回音强立体声效果的组合音响，它能使其主人在欣赏它的时候倍感兴奋和刺激，但往往同时使左邻右舍不得安宁。

C. 一部经典的中国文学名著，它真实地再现了中国封建社会中晚期的历史，但是，不同立场的读者从中得出了不同的见解和结论。

D. 一种新投入市场的感冒药，它能迅速消除患者的感冒症状，但也会使服药者在一段时间中昏昏欲睡。

E. 一种新推出的电脑杀毒软件，它能随机监视并杀除入侵病毒，并在必要时会自动提醒使用者升级，但是，它同时降低了电脑的运作速度。

2. 警察发现，每一个政治不稳定事件都有某个人作为幕后策划者。所以，所有政治不稳定事件都是由同一个人策划的。

下面哪一个推理中的错误与上述推理的错误完全相同？

A. 所有中国公民都有一个身份证号码，所以，每个中国公民都有唯一的身份证号码。

B. 任一自然数都小于某个自然数，所以，所有自然数都小于同一个自然数。

C. 在余婕的生命历程中，每一时刻后面都跟着另一时刻，所以，她的生命不会终结。

D. 每个亚洲国家的电话号码都有一个区号，所以，亚洲必定有与其电话号码一样多的区号。

E. 每个医生都属于某些科室，所以，所有的医生都属于某些科室。

3. 有5名日本侵华时期被抓到日本的原中国劳工起诉日本一家公司，要求赔偿损失。2007年日本最高法院在终审判决中声称，根据《中日联合声明》，中国人的个人索赔权已被放弃，因此驳回中国劳工的诉讼请求。查阅1972年签署的《中日联合声明》是这样写的："中华人民共和国政府宣布：为了中日人民的友好，放弃对日本国的战争赔偿要求。"

以下哪一项与日本最高法院的论证方法相同？

A. 王英会说英语，王英是中国人，所以，中国人会说英语。

B. 教育部规定，高校不得从事股票投资，所以，北京大学的张教授不能购买股票。

C. 中国奥委会是国际奥委会的成员，Y先生是中国奥委会的委员，所以，Y先生是国际奥委会的委员。

D. 我校运动会是全校的运动会，奥运会是全世界的运动会；我校学生都必须参加校运会开幕式，所以，全世界的人都必须参加奥运会开幕式。

E. 中国人都是黄皮肤，小明是中国人，所以小明是黄皮肤。

4. 海拔越高，空气越稀薄。因为西宁的海拔高于西安，因此，西宁的空气比西安的空气稀薄。

以下哪项中的推理与题干的最为类似？

A. 一个人的年龄越大，他就变得越成熟。老张的年龄比他的儿子大，因此，老张比他的儿子成熟。

B. 一棵树的年头越长，它的年轮越多。老张院子中槐树的年头比老李家的槐树年头长，因此，老张家的槐树比老李家的槐树年轮多。

C. 今年马拉松冠军的成绩比前年好。张华是今年的马拉松冠军，因此，他今年的马拉松成绩比他前年的好。

D. 在竞争激烈的市场上，产品质量越高并且广告投入越多，产品需求就越大。甲公司投入的广告费比乙公司的多，因此，对甲公司产品的需求量比对乙公司产品的需求量大。

E. 一种语言的词汇量越大，越难学。英语比意大利语难学，因此，英语的词汇量比意大利语大。

答案详解

1. A

【解析】论证逻辑型结构相似题。

题干：杀虫剂可以区分鸟类和昆虫，所以不会杀死鸟类，但不能区分益虫与害虫，因此，会误杀益虫。

A项，一种新型战斗机所装有的特殊电子仪器可以区分客机和战斗机，所以不会误伤客机，但不能区分友机与敌机，因此，会误伤友机，与题干相同。

其余各项均与题干不同。

2. B

【解析】论证逻辑型结构相似题。

题干：每一个政治不稳定事件都有"某个"人作为幕后策划者，无法推出，所有政治不稳定事件都是由"同一个"人策划的。

B项，任一自然数都小于"某个"自然数，无法推出，所有自然数都小于"同一个"自然数，与题干相同，正确。

其余各项显然均与题干不同。

3. B

【解析】论证逻辑型结构相似题。

日本最高法院：中国放弃了对日本国的战争赔偿要求，所以中国人的个人索赔权已被放弃。

日本最高法院误认为整体（中国）具有的属性个体（中国人）也同样具有。

B项，误认为"高校"具有的属性"北京大学的张教授"也同样具有，与题干相同。

其余各项的论证方法显然与题干不同。

4. B

【解析】论证逻辑型结构相似题。

题干：海拔越高，空气越稀薄。因为西宁的海拔高于西安，因此，西宁的空气比西安的空气稀薄。

"海拔越高，空气越稀薄"对于任何城市来说都是成立的，因此，题干的论证正确。

A项，对于不同的人来说，年龄与成熟度未必正相关，比如有人二十岁就有四五十岁的成熟度，有的人四五十岁还跟小孩似的，故此项不正确。

B项，"树的年头越长，年轮越多"对于任何树木来说都是成立的，故此项正确。

C项，张华今年的成绩未必比他前年好，此项不正确。

D项，广告费仅是影响产品需求的一个因素，故此项不正确。

E项，混淆了两个指标之间的因果顺序。

微模考9 ▶ 结构相似题

（共 15 题，每题 2 分，限时 30 分钟）　　　　你的得分是_____

1. 只有在适当的温度下，鸡蛋才能孵出小鸡来。现在，鸡蛋已经孵出了小鸡，可见温度是适当的。
   下述哪个推理结构与上述推理在形式上是相同的？
   A. 如果物体间发生摩擦，那么物体就会生热。物体间已经发生了摩擦，所以物体必然要生热。
   B. 只有年满 18 岁的公民才有选举权。赵某已有选举权，因此，他一定年满 18 岁了。
   C. 公民都有劳动的权利。张明是公民，因此，他有劳动的权利。
   D. 我国《刑法》规定：致人重伤的处三年以上七年以下有期徒刑。被告已致人重伤，因此，他应被处三年以上七年以下有期徒刑。
   E. 只有侵害的对象是公共财物，才构成贪污罪。张某侵害的对象不是公共财物，因此，他的行为不构成贪污罪。

2. 一切有利于生产力发展的方针政策都是符合人民根本利益的，改革开放有利于生产力的发展，所以改革开放是符合人民根本利益的。
   以下哪种推理方式与上面的这段论述最为相似？
   A. 一切行动听指挥是一支队伍能够战无不胜的纪律保证。所以，一个企业、一个地区要发展，必须提倡令行禁止、服从大局。
   B. 经过对最近六个月销售的健身器跟踪调查，没有发现一台因质量问题而退货或返修。因此，可以说这批健身器的质量是合格的。
   C. 如果某种产品超过了市场需求，就可能出现滞销现象。"卓群"领带的供应量大大超过了市场需求，因此，一定会出现滞销现象。
   D. 凡是超越代理人权限所签的合同都是无效的。这份房地产建设合同是超越代理人权限签订的，所以它是无效的。
   E. 我们对一部分实行产权明晰化的企业进行调查，发现企业通过明晰产权都提高了经济效益，没有发现反例。因此我们认为，凡是实行产权明晰化的企业都能提高经济效益。

3. 法制的健全或者执政者强有力的社会控制能力，是维持一个国家社会稳定必不可少的条件。Y 国社会稳定但法制尚不健全。因此，Y 国的执政者具有强有力的社会控制能力。
   以下哪项的论证方式和题干的最为类似？
   A. 一部影视作品，要想有高的收视率或票房价值，作品本身的质量和必要的包装、宣传缺一不可。电影《青楼月》上映以来票房价值不佳但实际上质量堪称上乘。因此，它缺少必要的广告宣传和媒介炒作。
   B. 必须有超常业绩或者 30 年以上服务于本公司的工龄的雇员，才有资格获得 X 公司本年度的特殊津贴。黄先生获得了本年度的特殊津贴但在本公司仅供职 5 年，因此他一定有超常业绩。

C. 如果既经营无方又铺张浪费，则一个企业将严重亏损。Z公司虽经营无方但并没有严重亏损，这说明它至少没有铺张浪费。

D. 一个罪犯要实施犯罪，必须既有作案动机，又有作案时间。在某案中，W先生有作案动机但无作案时间。因此，W先生不是该案的作案者。

E. 一个论证不能成立，当且仅当，或者它的论据虚假，或者它的推理错误。J女士在科学年会上关于她的发现之科学价值的论证尽管逻辑严密，推理无误，但还是被认定不能成立。因此，她的论证中至少有部分论据虚假。

4. 小光和小明是一对孪生兄弟，刚上小学一年级。一次，他们的爸爸带他们去密云水库游玩，看到了野鸭子。小光说："野鸭子吃小鱼。"小明说："野鸭子吃小虾。"哥俩说着说着就争论起来，非要爸爸给评评理。爸爸知道他们俩说的都不错，但没有直接回答他们的问题，而是用例子来进行比喻。说完后，哥俩都服气了。
以下哪项最可能是爸爸讲给儿子们听的话？

A. 一个人的爱好是会变化的。爸爸小时候很爱吃糖，你奶奶管也管不住。到现在，你让我吃我都不吃。

B. 什么事儿都有两面性。咱们家养了猫，耗子就没了。但是，如果猫身上长了跳蚤也是很讨厌的。

C. 动物有时也通人性。有时主人喂它某种饲料，吃得很好；若是陌生人喂，怎么也不吃。

D. 你们兄弟俩的爱好几乎一样，只是对饮料的爱好不同。一个喜欢可乐，一个喜欢雪碧。你妈妈就不在乎，可乐、雪碧都行。

E. 野鸭子和家里饲养的鸭子是有区别的。虽然人工饲养的鸭子是由野鸭子进化来的，但据说已经有几千年的历史了。

5. 对冲基金每年提供给它的投资者的回报从来都不少于25%。因此，如果这个基金每年最多只能给我们20%的回报的话，它就一定不是一个对冲基金。
以下哪项的推理方法与上文相同？

A. 好的演员从来都不会因为自己的一点进步而沾沾自喜，谦虚的黄升一直注意不以点滴的成功而自傲，看来，黄升就是个好演员。

B. 移动电话的话费一般比普通电话的话费贵。如果移动电话和普通电话都在身边时，我们选择了普通电话，那就体现了节约的美德。

C. 如果一个公司在遇到像亚洲金融危机这样的挑战的时候还能够保持良好的增长势头，那么在危机过后就会更红火。秉东电信公司今年在金融危机中没有退步，所以明年会更旺。

D. 一个成熟的学校在一批老教授离开自己的工作岗位后，应当有一批年轻的学术人才脱颖而出，勇挑大梁。华成大学去年一批老教授退休后，大批年轻骨干纷纷外流，一时间群龙无首，看来华成大学还算不上是一个成熟的学校。

E. 练习武功有恒心的人一定会每天早上五点起床，练上半小时。今天武钢早上五点起床后，一口气练了一个小时，我看武钢是个练武功有恒心的好小伙子。

6. 一个产品要想稳固地占领市场，产品本身的质量和产品的售后服务二者缺一不可。空谷牌冰箱质量不错，但售后服务跟不上，因此，很难长期稳固地占领市场。

以下哪项的推理结构和题干的最为类似？

A. 德才兼备是一个领导干部尽职胜任的必要条件。李主任富于才干但疏于品德，因此，他难以尽职胜任。

B. 如果天气晴朗并且风速在三级以下，跳伞训练场将对外开放。今天的天气晴朗但风速在三级以上，所以跳伞场不会对外开放。

C. 必须有超常业绩或者教龄在30年以上的教师，才有资格获得教育部颁发的特殊津贴。张教授获得了教育部颁发的特殊津贴但教龄只有15年，因此，他一定有超常业绩。

D. 如果不深入研究广告制作的规律，则所制作的广告知名度和信任度不可兼得。空谷牌冰箱的广告既有知名度又有信任度，因此，这一广告的制作者肯定深入研究了广告制作的规律。

E. 一个罪犯要作案，必须既有作案动机又有作案时间。李某既有作案动机又有作案时间，因此，李某肯定是作案的罪犯。

7. 所有名词都是实词，动词不是名词，所以动词不是实词。

以下哪项推理与上述推理在结构上最为相似？

A. 凡细粮都不是高产作物。因为凡薯类都是高产作物，凡细粮不是薯类。

B. 先进学生都是遵守纪律的，有些先进学生是大学生，所以大学生都是遵守纪律的。

C. 铝是金属，又因为金属都是导电的，因此铝是导电的。

D. 虚词不能独立充当句法成分，介词是虚词，所以介词不能独立充当句法成分。

E. 实词能独立充当句法成分，连词不能独立充当句法成分，所以连词不是实词。

8. 要选修数理逻辑课，必须已修普通逻辑课，并对数学感兴趣。有些学生虽然对数学感兴趣，但并没修过普通逻辑课，因此，有些对数学感兴趣的学生不能选修数理逻辑课。

以下哪项的逻辑结构与题干的最为类似？

A. 据学校规定，要获得本年度的特设奖学金，必须来自贫困地区，并且成绩优秀。有些本年度特设奖学金的获得者成绩优秀，但并非来自贫困地区，因此，学校评选本年度奖学金的规定并没有得到很好地执行。

B. 一本书要畅销，必须既有可读性，又经过精心地包装。有些畅销书可读性并不大，因此，有些畅销书主要是靠包装。

C. 任何缺乏经常保养的汽车在使用了几年之后都需要维修。有些汽车用了很长时间以后还不需要维修，因此，有些汽车经常得到保养。

D. 高级写字楼要值得投资，必须设计新颖，或者能提供大量的办公用地。有些新写字楼虽然设计新颖，但不能提供大量的办公用地，因此，有些新写字楼不值得投资。

E. 为初学的骑士训练的马必须强健而且温驯。有些马强健但并不温驯，因此，有些强健的马并不适合于初学的骑手。

9. 甲：什么是生命？

乙：生命是有机体的新陈代谢。

甲：什么是有机体？

乙：有机体是有生命的个体。

以下哪项与上述的对话最为类似？

A. 甲：什么是真理？
   乙：真理是符合实际的认识。
   甲：什么是认识？
   乙：认识是人脑对外界的反应。

B. 甲：什么是逻辑学？
   乙：逻辑学是研究思维形式结构规律的科学。
   甲：什么是思维形式结构的规律？
   乙：思维形式结构的规律是逻辑规律。

C. 甲：什么是家庭？
   乙：家庭是以婚姻、血缘或收养关系为基础的社会群体。
   甲：什么是社会群体？
   乙：社会群体是在一定社会关系基础上建立起来的社会单位。

D. 甲：什么是命题？
   乙：命题是用语句表达的判断。
   甲：什么是判断？
   乙：判断是对事物有所判定的思维形式。

E. 甲：什么是人？
   乙：人是有思想的动物。
   甲：什么是动物？
   乙：动物是生物的一部分。

10. 某对外营业游泳池更衣室的入口处贴着一张启事，称"凡穿拖鞋进入泳池者，罚款五至十元"。某顾客问："根据有关法规，罚款规定的制定和实施，必须由专门机构进行，你们怎么可以随便罚款呢？"工作人员回答："罚款本身不是目的。目的是通过罚款，来教育那些缺乏公德意识的人，保证泳池的卫生。"

上述对话中工作人员所犯的逻辑错误，与以下哪项中出现的最为类似？

A. 管理员："每个进入泳池的同志必须戴上泳帽，没有泳帽的到售票处购买。"某顾客："泳池中的那两位同志怎么没戴泳帽？"管理员："那是本池的工作人员。"

B. 市民："专家同志，你们制定的市民文明公约共15条60款，内容太多，不易记忆，可否精简，以便直接起到警示的作用。"专家："这次市民文明公约，是在市政府的直接领导下，组织专家组，在广泛听取市民意见的基础上制定的，是领导、专家、群众三结合的产物。"

C. 甲：什么是战争？
   乙：战争是两次和平之间的间歇。
   甲：什么是和平？
   乙：和平是两次战争之间的间歇。

D. 甲：为了使我国早日步入发达国家之列，应该加速发展私人汽车工业。
   乙：为什么？
   甲：因为发达国家私人都有汽车。

E. 甲：一样东西，如果你没有失去，就意味着你仍然拥有。是这样吗？

　　乙：是的。

　　甲：你并没有失去尾巴。是这样吗？

　　乙：是的。

　　甲：因此，你必须承认，你仍然有尾巴。

11. 李娜说，作为一个科学家，她知道没有一个科学家喜欢朦胧诗，而绝大多数科学家都擅长逻辑思维。因此，至少有些喜欢朦胧诗的人不擅长逻辑思维。

以下哪项的推理结构和题干的推理结构最为类似？

A. 余静说，作为一个生物学家，他知道所有的有袋动物都不产卵，而绝大多数有袋动物都产在澳大利亚。因此，至少有些澳大利亚动物不产卵。

B. 方华说，作为父亲，他知道没有父亲会希望孩子在临睡前吃零食，而绝大多数父亲都是成年人。因此，至少有些希望孩子临睡前吃零食的人是孩子。

C. 王唯说，作为一个品酒专家，他知道，陶瓷容器中的陈年酒的质量，都不如木桶中的陈年酒，而绝大多数中国陈年酒都装在陶瓷容器中。因此，中国陈年酒的质量至少不如装在木桶中的法国陈年酒。

D. 林宜说，作为一个摄影师，他知道，没有彩色照片的清晰度能超过最好的黑白照片，而绝大多数风景照片都是彩色照片。因此，至少有些风景照片的清晰度不如最好的黑白照片。

E. 张杰说，作为一个商人，他知道，没有商人不想发财。因为绝大多数商人都是守法的，因此，至少有些守法的人并不想发财。

12. 某出版社近年来出版物的错字率较前几年有明显的增加，引起了读者的不满和有关部门的批评，这主要是由于该出版社大量引进非专业编辑。当然，近年来出版物的大量增加也是一个重要原因。

上述议论中的漏洞，也类似地出现在以下哪项中？

Ⅰ．美国航空公司近两年来的投诉比率比前几年有明显下降。这主要是由于该航空公司在裁员整顿的基础上有效地提高了服务质量。当然，"9·11"事件后航班乘客数量的锐减也是一个重要原因。

Ⅱ．统计数字表明：近年来我国心血管病的死亡率，即由心血管病导致的死亡在整个死亡人数中的比例，较以前有明显增加，这主要是由于随着经济的发展，我国民众的饮食结构和生活方式发生了容易诱发心血管病的不良变化。当然，由于心血管病主要是老年病，因此，我国人口中的老龄人口比例增大也是一个重要原因。

Ⅲ．S市今年的高考录取率比去年增加了15%，这主要是由于各中学狠抓了教育质量。当然，另一个重要原因是，该市今年参加高考的人数比去年增加了20%。

A. 仅Ⅰ。　　　　　　　　B. 仅Ⅱ。　　　　　　　　C. 仅Ⅲ。

D. 仅Ⅰ和Ⅲ。　　　　　　E. Ⅰ、Ⅱ和Ⅲ。

13. 逻辑学博士后：政客宣称人们投许诺减税的候选人的选票的事情表明人们想要一个比现在的政府提供更少服务的政府。如果按这样的推理思路来讲，那么在晚会上喝很多酒的人就是为了想在第二天早上出现头痛的症状。

下面哪一项可以替代上面关于人们喝很多酒的语句而不损害逻辑学博士后的推理力度？

A. 花超过他们的支付能力的钱购买某件物品的人们就是想要这件物品。

B. 想找到和现在的工作不同的工作的人就是压根不想工作。

C. 想购买新车的人就是想拥有由制造厂家担保的汽车。

D. 在工作日早上，决定在床上额外多待一会的人就是想随后为了准时到达工作地点而急匆匆赶路。

E. 买彩票的人就是为了获得赢得彩票而带来的经济上的自由。

14. 标准抗生素通常只含有一种活性成分，而草本抗菌药物却含有多种。因此，草本药物在对抗新的抗药菌时，比标准抗生素更有可能维持其效用。对菌株来说，它对草本药物产生抗性的难度，就像厨师难以做出一道能同时满足几十位客人口味的菜肴一样，而做出一道满足一位客人口味的菜肴则容易得多。

以下哪项中的推理方式与上述论证中的最相似？

A. 如果你在银行有大量存款，你的购买力就会很强。如果你的购买力很强，你就会幸福。所以，如果你在银行有大量存款，你就会幸福。

B. 足月出生的婴儿在出生后所具有的某种本能反应到2个月时就会消失，这个婴儿已经3个月了，还有这种本能反应。所以，这个婴儿不是足月出生的。

C. 根据规模大小的不同，超市可能需要1至3个保安来防止偷窃。如果哪个超市决定用3个保安，那么它肯定是个大超市。

D. 电流通过导线如同水流通过管道。由于大口径的管道比小口径的管道输送的流量大，所以，较粗的导线比较细的导线输送的电量大。

E. 如果今天天气晴朗，我就去打球，我今天没有去打球，所以今天下雨了。

15. 诡辩者：因为6大于4，并且6小于8，所以6既是大的又是小的。

以下哪一项中的推理方式与上述诡辩者的推理最为相似？

A. 因为老子比孟子更有智慧，所以老子对善的看法比孟子对善的看法更好。

B. 因为张青在健康时喝通化葡萄酒是甜的，而在生病时喝通化葡萄酒是酸的，所以通化葡萄酒既是甜的又是酸的。

C. 因为赵丰比李同高，并且赵丰比王磊矮，所以赵丰既是高的又是矮的。

D. 因为一根木棍在通常情况下看是直的，而在水中看是弯的，所以这根木棍既是直的又是弯的。

E. 因为有人觉得姚晨漂亮，有人觉得姚晨难看，所以姚晨既漂亮又难看。

微模考 9 ▶ 答案详解

1. **B**

   【解析】形式逻辑型结构相似题。

   题干：只有 A，才 B。因为 B，所以 A。

   看前半句的关键词"只有，才"，确定在 B、E 项中有一个为正确答案。

   B 项，只有 A，才 B。因为 B，所以 A，与题干相同。

   E 项，只有 A，才 B。因为￢A，所以￢B，与题干不同。

2. **D**

   【解析】形式逻辑型结构相似题。

   题干：利于生产力发展→符合人民根本利益，改革开放→利于生产力发展，所以，改革开放→符合人民根本利益。

   D 项，超越代理人权限→无效，房地产建设合同→超越代理人权限，所以，房地产建设合同→无效，与题干相同。

   C 项，与题干不同，因为前提是"可能出现滞销现象"，结论是"一定出现滞销现象"。

3. **B**

   【解析】形式逻辑型结构相似题。

   题干：法制健全∨社会控制能力←社会稳定；社会稳定∧￢法制健全→社会控制能力。

   即：A∨B←C；C∧￢A→B。

   A 项，高的收视率∨高的票房→质量∧宣传；￢高的票房∧质量→￢宣传，与题干不同。

   B 项，超常业绩∨30 年以上工龄←特殊津贴；特殊津贴∧￢30 年以上工龄→超常业绩，与题干相同。

   C 项，经营无方∧铺张浪费→亏损；经营无方∧￢亏损→￢铺张浪费，与题干不同。

   D 项，犯罪→作案动机∧作案时间；作案动机∧作案时间→￢犯罪，与题干不同。

   E 项，论证不能成立←→论据虚假∨推理错误；推理无误∧论证不能成立→论据虚假，与题干不同。

4. **D**

   【解析】论证逻辑型结构相似题。

   题干中，"野鸭子吃小鱼"和"野鸭子吃小虾"都有可能，也可能有野鸭子"既吃小鱼又吃小虾"。故 D 项为真。

5. **D**

   【解析】形式逻辑型结构相似题。

   题干：对冲基金→25%，￢25%→￢对冲基金；即：A→B，￢B→￢A。

   D 项的推理方法与题干相同。

6. A

【解析】形式逻辑型结构相似题。

题干：占领→质量∧售后；质量∧¬售后→¬占领。

A项，胜任→德∧才；才∧¬德→¬胜任，与题干相同。

其余各项的推理结构均与题干不同。

注意：B项，"三级以下"的负命题是"三级或三级以上"，因此与题干不同。

7. A

【解析】形式逻辑型结构相似题。

题干的结构为：名词→实词，动词→¬名词，所以，动词→¬实词。

A项，薯类→高产，细粮→¬薯类，所以，细粮→¬高产，与题干相同。

B项，先进→守纪律，有的先进→大学生，所以，大学生→守纪律，与题干不同。

C项，铝→金属，金属→导电，所以，铝→导电，与题干不同。

D项，虚词→¬独立充当句法成分，介词→虚词，所以，介词→¬独立充当句法成分，与题干不同。

E项，实词→独立充当句法成分，连词→¬独立充当句法成分，所以，连词→¬实词，与题干不同。

8. E

【解析】形式逻辑型结构相似题。

题干：修数理逻辑→已修普通逻辑∧对数学感兴趣。有的学生：对数学感兴趣∧¬修普通逻辑→¬修数理逻辑。

符号化：A→B∧C。有的对象：C∧¬B→¬A。

A项，特设奖学金(A)→贫困(B)∧优秀(C)。有的对象：优秀(C)∧¬贫困(¬B)→规定并没有得到很好地执行(D)。

B项，畅销(A)→可读(B)∧包装(C)。有的对象：¬可读(¬B)→包装(C)。

C项，缺乏保养(A)→需要维修(B)。有的对象：¬需要维修(¬B)→保养(¬A)。

D项，值得投资(A)→设计新颖(B)∨大量办公用地(C)。有的对象：设计新颖(B)∧¬大量办公用地(¬C)→¬值得投资(¬A)。

E项，初学(A)→强健(C)∧温驯(B)。有的对象：强健(C)∧¬温驯(¬B)→¬初学(¬A)，与题干相同。

9. B

【解析】论证逻辑型结构相似题。

题干中的对话犯了循环定义的逻辑错误，即用"有机体"定义"生命"，又用"生命"定义"有机体"。

B项，用"思维形式结构的规律"定义"逻辑"，又用"逻辑"定义"思维形式结构的规律"，也犯了循环定义的逻辑错误，与题干相同。

其余各项均没有犯循环定义的逻辑错误。

微模考9 答案详解

10. B

【解析】论证逻辑型结构相似题。

题干中，顾客询问的是游泳池的工作人员是否有资格罚款，而工作人员回答的是罚款的目的，犯了 转移论题 的逻辑错误。

A项，管理员要求每个进入泳池的同志必须戴上泳帽，又允许工作人员不戴泳帽，自相矛盾。
B项，市民建议精简文明公约，专家说的是市民公约是如何制定的，转移论题，与题干相似。
C项，犯了循环定义的逻辑错误。
D项，犯了因果倒置的逻辑错误。
E项，失去尾巴的隐含假设是原本有尾巴，如果我本来就没有尾巴的话，这个提问就是错的，因此犯了不当假设的逻辑错误。

11. B

【解析】形式逻辑型结构相似题。

题干：没有一个科学家(A)喜欢朦胧诗(B)，绝大多数科学家(A)都擅长逻辑思维(C)，因此，有些喜欢朦胧诗(B)的人不擅长逻辑思维(¬C)；

符号化：没有 A 是 B，绝大多数 A 是 C，因此，有的 B 不是 C。

B项，没有父亲(A)会希望孩子在临睡前吃零食(B)，绝大多数父亲(A)都是成年人(C)，因此，至少有些希望孩子临睡前吃零食(B)的人是孩子(不是成年人)(¬C)。与题干的推理结构相同。

12. D

【解析】论证逻辑型结构相似题。

题干：错字率增加的原因：①引进非专业编辑；②出版物的大量增加。原因①是合理的，但原因②不合理，因为错字率是错误字数与总字数之比，与总字数的多少无关。

Ⅰ项，与题干错误相同，投诉率是投诉人数与总人数之比，与总人数无关。
Ⅱ项，两个原因都是合理的。
Ⅲ项，与题干错误相同，录取率是录取人数与总人数之比，与总人数无关。

13. D

【解析】论证逻辑型结构相似题。

题干：喝酒是为了头痛。

D项，睡觉是为了急匆匆赶路，与题干中的推理结构最为相似。

14. D

【解析】论证逻辑型结构相似题。

题干采用类比的方法进行论证，将草本药物和标准抗生素对新的抗药菌的效用类比为厨师对客人口味的满足。

D项，将电流通过导线类比为水流通过管道，与题干的推理方式相同。
其余选项显然与题干的推理方式不同。

15. C

【解析】形式逻辑型结构相似题。

题干：6大于4，并且6小于8，所以6既是大的又是小的。

C项，赵丰比李同高(赵＞李)，并且赵丰比王磊矮(赵＜王)，所以赵丰既是高的又是矮的(既是大的又是小的)，与题干的推理方式最为相似。

第三部分 综合推理

本部分思维导图

注意：具体题型变化详见《老吕逻辑要点精编》(母题篇)。

第 10 章 综合推理

综合推理题概述

综合推理涉及方位判断、数量关系、匹配关系等，有的题目也会涉及一些形式逻辑知识。综合推理是难度较大的题，题干信息多，逻辑关系复杂，解题浪费时间，得分率较低。

综合推理做题方法：

(1) 请背熟老吕总结的综合推理做题技巧。
(2) 请做大量的题目以提高解题效率。

题型 36 排序题

母题技巧

排序题是综合推理中的一种简单题型。题干给出一组对象的大小关系，从中推出具体的排序。

（1）常采用以下步骤：
①转化为不等式。
②将能串联的不等式串联，不能串联的放一边。
③判断选项的正确性。

（2）优先考虑选项排除法。

母题精练

1. 某市经济委员会准备选四家企业给予表彰，并给予一些优惠政策。从企业的经济效益来看，A、B 两个企业比 C、D 两个企业好。

   据此，再加上以下哪项可推出"E 企业比 D 企业的经济效益好"的结论？

   A. E 企业的经济效益比 C 企业好。　　　　B. B 企业的经济效益比 A 企业好。
   C. E 企业的经济效益比 B 企业差。　　　　D. A 企业的经济效益比 B 企业差。
   E. E 企业的经济效益比 A 企业好。

2. 甘蓝比菠菜更有营养。但是，因为绿芥蓝比莴苣更有营养，所以甘蓝比莴苣更有营养。

以下各项，作为新的前提分别加入题干的前提中，都能使题干的推理成立，除了：

A. 甘蓝与绿芥蓝同样有营养。　　　　　　　B. 菠菜比莴苣更有营养。

C. 菠菜比绿芥蓝更有营养。　　　　　　　　D. 菠菜与绿芥蓝同样有营养。

E. 绿芥蓝比甘蓝更有营养。

3. 有 A、B、C、D 四个有实力的排球队进行循环赛（每个队与其他队各比赛一场），比赛结果：B 队输掉一场，C 队比 B 队少赢一场，而 B 队又比 D 队少赢一场。

关于 A 队的名次，下列哪项正确？

A. 第一名。　　　　　　　B. 第二名。　　　　　　　C. 第三名。

D. 第四名。　　　　　　　E. 条件不足，不能断定。

4. 甲、乙、丙、丁、戊分别住在同一个小区的 1、2、3、4、5 号房子内。现已知：

(1)甲与乙不是邻居。

(2)乙的房号比丁小。

(3)丙住的房号是双数。

(4)甲的房号比戊大 3。

根据上述条件，丁所住的房号是：

A. 1 号。　　　B. 2 号。　　　C. 3 号。　　　D. 4 号。　　　E. 5 号。

5~7 题基于以下题干：

有六位学者 F、G、J、L、M 和 N，将在一次逻辑会议上演讲。演讲按下列条件排定次序：

(1)每位演讲者只讲一次，并且在同一时间只有一位演讲者。

(2)三位演讲者在午餐前发言，另三位在午餐后发言。

(3)G 一定在午餐前发言。

(4)仅有一位发言者处在 M 和 N 之间。

(5)F 在第一位或第三位发言。

5. 如果 J 是第一位演讲者，那么谁一定是第二位演讲者？

A. F。　　　B. G。　　　C. L。　　　D. M。　　　E. N。

6. 如果 J 是第四位演讲者，那么谁一定是第三位演讲者？

A. F 或 M。　　　B. G 或 L。　　　C. L 或 N。　　　D. M 或 N。　　　E. F 或 G。

7. 如果 L 在午餐前发言并且 M 不是第六位发言者，则紧随 M 之后的发言者一定是：

A. F。　　　B. G。　　　C. J。　　　D. M。　　　E. N。

8~12 题基于以下题干：

一家仓库有 6 间库房，按从 1 到 6 的顺序排列。有 6 种货物 F、G、L、M、P、T，每一间库房恰好储存 6 种货物中的一种，不同种类的货物不能存入同一间库房。储存货物时还须满足以下条件：

(1)储存 G 的库房号比储存 L 的库房号大。

(2)储存 L 的库房号比储存 T 的库房号大。

(3)储存 P 的库房号比储存 F 的库房号大。

(4)储存 T 的库房紧挨着储存 P 的库房。

8. 以下哪项可以准确地标示出 1 至 3 号库房中储存的货物?

   A. F、M、T。 B. G、M、F。 C. M、L、F。

   D. M、T、F。 E. F、T、L。

9. 以下哪一种货物不能储存在 4 号库房中?

   A. L。 B. G。 C. M。 D. P。 E. T。

10. 如果储存 M 的库房与储存 G 的库房之间恰好有一间库房,那么,可以准确地确定几间库房中所存货物的种类?

    A. 2 间。 B. 3 间。 C. 4 间。 D. 5 间。 E. 6 间。

11. 以下哪间库房中可能储存货物 L?

    A. 1 号库房。 B. 2 号库房。 C. 3 号库房。

    D. 5 号库房。 E. 6 号库房。

12. 以下哪项必然为假?

    A. 储存 F 的库房紧挨着储存 M 的库房。

    B. 储存 G 的库房紧挨着储存 M 的库房。

    C. 储存 P 的库房紧挨着储存 L 的库房。

    D. 储存 L 的库房紧挨着储存 F 的库房。

    E. 储存 T 的库房紧挨着储存 L 的库房。

答案详解

1. E

   【解析】排序题。

   题干:A、B 两个企业比 C、D 两个企业的经济效益好。

   B、D 两项没有涉及 E 企业,排除。

   A 项,E 比 C 好,因为不知道 C 和 D 之间的关系,所以无法判断 E 和 D 的关系。

   C 项,E 比 B 差,无法判断 E 和 D 的关系。

   E 项,E 比 A 好,又由题干信息可知 A 比 D 好,故有 E 比 D 好,正确。

2. E

   【解析】排序题。

   题干:甘蓝>菠菜。绿芥蓝>莴苣,所以,甘蓝>莴苣。

   A 项,甘蓝=绿芥蓝>莴苣,成立。

   B 项,甘蓝>菠菜>莴苣,成立。

   C 项,甘蓝>菠菜>绿芥蓝>莴苣,成立。

   D 项,甘蓝>菠菜=绿芥蓝>莴苣,成立。

   E 项,绿芥蓝>甘蓝,又由题干知,绿芥蓝>莴苣,所以无法判断甘蓝与莴苣的关系。

3. D

   【解析】排序题。

   由题干可知:

第 10 章　综合推理

B 队：输 1 场，赢 2 场。
C 队：比 B 队少赢 1 场，即输 2 场，赢 1 场。
D 队：B 队比 D 队少赢 1 场（即 D 队比 B 队多赢 1 场），即输 0 场，赢 3 场。
一共进行了 $C_4^2=6$(场)比赛，所以应该共有 6 个胜场和 6 个负场。
B、C、D 队一共赢了 6 场，输了 3 场，故 A 队输了 3 场，是第四名。

4. C

【解析】排序题。

根据条件(4)可知，甲只能住在 4 号或 5 号。

若甲住在 4 号，则戊住在 1 号；由条件(3)可知，丙住在 2 号；再由条件(2)可知，乙只能住在 3 号，且与甲相邻，与条件(1)矛盾，故甲不住在 4 号。

故甲住在 5 号，戊住在 2 号；由条件(3)可知，丙住在 4 号；又由乙的房号比丁小，故乙住在 1 号，丁住在 3 号。

5. B

【解析】排序题。

如果 J 是第一位演讲者，由条件(5)知，F 是第三位演讲者。再由条件(2)、(3)知，G 是第二位演讲者。

6. D

【解析】排序题。

由条件(4)知，M 和 N 只可能位于第一、三位，或第二、四位，或第三、五位，或第四、六位。

因为 J 在第四位，故排除第二、四位和第四、六位这两种可能。

由条件(5)知，F 在第一位或第三位，故排除第一、三位这种可能。

故 M 和 N 只能在第三、五位。故第三位可能是 M 或 N。

7. C

【解析】排序题。

由条件(3)、(5)知，G、F 在午餐前发言，又知 L 在午餐前发言，故 J、M、N 在午餐后发言。

由条件(4)知，J 在第五位发言，又由"M 不是第六位"知，M 只能是第四位。

故，M 之后的发言者是 J。

8. A

【解析】先将题干信息化为不等式：L<G；T<L；F<P；T、P 相邻。

串联之后可得 F<T<L<G，P 在 T 的左边或者右边。因此，G 和 L 不可能在 1 至 3 号库房中，所以 B、C、E 项必然错误。由串联之后的不等式可知，货物 F 的库房号必然小于 T，因此，D 项也错误。故正确答案为 A 项。

9. B

【解析】由 F<T<L<G，且 P 在 T 的左边或者右边，可知库房号比 G 小的至少有 4 种货物，即 L、T、P、F。因此，G 不可能在 4 号库房中。故正确答案为 B 项。

10. C

【解析】根据上题串联之后的结果，若 M 与 G 之间恰好有一间库房，则必然 M 紧接在 L 之前，即储存 M、L、G 的分别为 4、5、6 号库房。因为 P 和 T 的顺序不定且紧邻，则 F 必然在 1 号

365

库房。所以可以确定4种货物的库房。故正确答案为C项。

11. D

【解析】根据上题串联之后的结果，库房号小于L的至少有T、P、F三个，因此L的库房号必然大于3。又因为L的库房号小于G，所以L的库房号小于6。故正确答案为D项。

12. D

【解析】根据上题串联之后的结果，L和F之间至少间隔T和P，因此D项必然为假。

题型 37 方位题

母题技巧

方位题是综合推理中的一类重要题型。题干给出一组对象的方位关系，从中推出具体的位置。

解题技巧：

①相邻问题可使用"捆绑法"。

②东南西北可使用平面直角坐标系来表示。

③可用表格表示方位关系。

④常用选项排除法。

母题精练

1. 在夏夜星空的某一区域，有7颗明亮的星星：A星、B星、C星、D星、E星、F星、G星，它们由北至南排列成一条直线，同时发现：

(1) C星与E星相邻。

(2) B星和F星相邻。

(3) F星与C星相邻。

(4) G星与位于最南侧的那颗星相邻。

据此推断，7颗星由北至南的顺序可以是以下哪项？

A. D星、B星、C星、A星、E星、F星、G星。

B. A星、F星、B星、C星、E星、G星、D星。

C. D星、B星、F星、E星、C星、G星、A星。

D. A星、E星、C星、F星、B星、G星、D星。

E. E星、C星、A星、B星、F星、G星、D星。

2~3题基于以下题干：

有6位经济分析师张、王、李、赵、孙、刘，坐在环绕圆桌连续等距排放的6张椅子上分析一种经济现象。每张椅子只坐1人，6张椅子的顺序编号依次为1、2、3、4、5、6。其中：

(1)刘和赵相邻。

(2)王和赵相邻或者王和李相邻。

(3)张和李不相邻。

(4)如果孙和刘相邻,则孙和李不相邻。

2. 如果王和刘相邻,那么以下哪两位也一定是相邻的?
   A. 张和孙。　　B. 王和赵。　　C. 王和孙。　　D. 李和刘。　　E. 孙和赵。

3. 如果赵和李相邻,那么张可能和哪两位相邻?
   A. 王和李。　　B. 王和刘。　　C. 赵和刘。　　D. 孙和刘。　　E. 李和赵。

答案详解

1. D

【解析】方位题。

使用选项排除法:

根据题干信息"(1)C星与E星相邻",可排除A项。

根据题干信息"(3)F星与C星相邻",可排除B、C、E项。

故D项正确。

2. A

【解析】方位题。

因为"王和刘相邻",根据条件(1)可知,刘和王、赵相邻,即王和赵不相邻。

根据条件(2)可知,王和李相邻,即王和刘、李相邻。

根据条件(3)可知,张和李不相邻,因此李与孙、王相邻。

因此,张和赵、孙相邻。

如图所示:

故A项正确。

3. D

【解析】方位题。

因为"赵和李相邻",根据条件(1)可知,赵和刘、李相邻。

根据条件(2)可知,王和李相邻。

剩余的张和孙的位置不定,因此,张可能与王、孙相邻,也可能与孙、刘相邻。

如图所示:

故 D 项正确。

题型 38 数字推理题

母题技巧

从某种意义上说,数学本身就是逻辑,数学中的概念、性质、法则、公式都是遵循逻辑推理规律的。联考综合将数学、逻辑、写作合为同一张试卷进行考查,也是因为这三者之间存在一些共同的规律性,即逻辑法则。

很多同学解此类题时,把数学和逻辑割裂开来。其实,有很多数字型推理题,用数学的方法求解会更简单。正如邓小平所说:"不管白猫还是黑猫,抓住老鼠就是好猫。"

在逻辑考试中,常考的公式有:

(1) 比例。

(2) 增长率。
$$现值 = 原值 \times (1 + 增长率)^n;$$
$$b = a \times (1 + x)^n.$$

(3) 不等式。
$$a > b, b > c \Rightarrow a > b > c;$$
$$a > b, c > d \Rightarrow a + c > b + d.$$

(4) 平均值。
$$\bar{x} = \frac{x_1 + x_2 + \cdots + x_n}{n}.$$

(5) 利润率。
$$利润率 = \frac{利润}{成本} \times 100\% = \frac{收入 - 成本}{成本} \times 100\%.$$

(6) 数量过半。

若有两组对象数量过半,则这两组对象一定有重合。

(7) 日期与星期。

计算日期与星期的关系,或者计算某一天是星期几等。

(8) 集合问题。

集合问题也可以认为是概念之间的关系（从属、交叉、全异、全同等）。给出一个概念的整体和部分的数量关系，求别的数量关系；或者描述一组对象的情况，判断最多有几人、最少有几人等。

例如：

总人数＝男人＋女人；

总投资＝外资＋内资。

母题精练

1. 去年 MBA 入学考试的五门课程中，王海天和李素云只有数学成绩相同，其他科目的成绩互有高低，但所有课程的分数都在 60 分以上。在录取时只能比较他们的总成绩了。

   下列哪项如果为真，能够使你判断出王海天的总成绩高于李素云？

   A. 王海天的最低分是数学，而李素云的最低分是英语。

   B. 王海天的最高分比李素云的最高分高。

   C. 王海天的最低分比李素云的最低分高。

   D. 王海天的最低分比李素云的两门课分别的成绩高。

   E. 王海天的最低分比李素云的平均成绩高。

2. 如果一个用电单位的日均耗电量超过所在地区 80% 用电单位的水平，则称其为该地区的用电超标单位。近三年来，湖州地区的用电超标单位的数量逐年明显增加。

   如果以上断定为真，并且湖州地区的非单位用电忽略不计，则以下哪项断定也必定为真？

   Ⅰ．近三年来，湖州地区不超标的用电单位的数量逐年明显增加。

   Ⅱ．近三年来，湖州地区日均耗电量逐年明显增加。

   Ⅲ．今年湖州地区任一用电超标单位的日均耗电量都高于全地区的日均耗电量。

   A. 仅Ⅰ。 B. 仅Ⅱ。 C. 仅Ⅲ。

   D. 仅Ⅱ和Ⅲ。 E. Ⅰ、Ⅱ和Ⅲ。

3. 以下各项结论都是根据 1998 年年度西单繁星商厦各个职能部门收到的雇员报销单据综合得出的，在此项综合统计做完后，有的职能部门又收到了雇员补交上来的报销单据。

   以下哪项结论不可能被补交报销单据这一新的事实所推翻？

   A. 超级市场部仅有 14 个雇员交了报销单据，报销了至少 8 700 元。

   B. 公关部最多只有 3 个雇员交了报销单据，报销总额不多于 2 600 元。

   C. 后勤部至少有 8 个雇员交了报销单据，报销总额为 5 234 元。

   D. 会计部至少有 4 个雇员交了报销单据，报销了至少 2 500 元。

   E. 总经理事务部至少有 7 个雇员交了报销单据，报销额不比后勤部多。

4. 在国庆 50 周年仪仗队的训练营地，某连队一百多个战士在练习不同队形的转换。如果他们排成五列人数相等的横队，只剩下连长在队伍前面喊口令；如果他们排成七列这样的横队，只有连长仍然可以在前面领队；如果他们排成八列横队，就可以有两人作为领队了。在全营排练时，营长要求他们排成三列横队。

以下哪项是最可能出现的情况？

A. 该连队官兵正好排成三列横队。

B. 除了连长外，正好排成三列横队。

C. 排成了整齐的三列横队，另有两人作为全营的领队。

D. 排成了整齐的三列横队，其中有一人是其他连队的。

E. 排成了三列横队，连长在队外喊口令，但营长临时排在队中。

5. 所有持有当代商厦购物优惠卡的顾客，同时持有双安商厦的购物优惠卡。今年国庆，当代商厦和双安商厦同时给持有本商厦的购物优惠卡的顾客的半数，赠送了价值100元的购物奖券。结果，上述同时持有两个商厦的购物优惠卡的顾客，都收到了这样的购物奖券。

如果上述断定是真的，则以下哪项断定也一定为真？

Ⅰ. 所有持有双安商厦的购物优惠卡的顾客，也同时持有当代商厦的购物优惠卡。

Ⅱ. 今年国庆，没有一个持有上述购物优惠卡的顾客分别收到两个商厦的购物奖券。

Ⅲ. 持有双安商厦的购物优惠卡的顾客中，至多有一半收到当代商厦的购物奖券。

A. 仅Ⅰ。　　　　　　　　B. 仅Ⅱ。　　　　　　　　C. 仅Ⅲ。

D. 仅Ⅰ和Ⅱ。　　　　　　E. Ⅰ、Ⅱ和Ⅲ。

6. 某研究所对该所上年度研究成果的统计显示：在该所所有的研究人员中，没有两个人发表的论文的数量完全相同；没有人恰好发表了10篇论文；没有人发表的论文的数量等于或超过全所研究人员的数量。

如果上述统计是真实的，则以下哪项断定也一定是真实的？

Ⅰ. 该所研究人员中，有人上年度没有发表1篇论文。

Ⅱ. 该所研究人员的数量，不少于3人。

Ⅲ. 该所研究人员的数量，不多于10人。

A. 仅Ⅰ和Ⅱ。　　　　　　B. 仅Ⅰ和Ⅲ。　　　　　　C. 仅Ⅰ。

D. Ⅰ、Ⅱ和Ⅲ。　　　　　E. Ⅰ、Ⅱ和Ⅲ都不一定是真实的。

7. 左撇子的人比右撇子的人更容易患某些免疫失调症，例如，过敏。然而，左撇子也有优于右撇子的地方，例如，左撇子更擅长由右脑半球执行的工作。而人的数学推理的工作一般是由右脑半球执行的。

从上述断定能推出以下哪个结论？

Ⅰ. 患有过敏或其他免疫失调症的人中，左撇子比右撇子多。

Ⅱ. 在所有数学推理能力强的人中左撇子的比例，高于所有推理能力弱的人中左撇子的比例。

Ⅲ. 在所有左撇子的人中，数学推理能力强的比例，高于数学推理能力弱的比例。

A. 仅Ⅰ。　　　　　　　　B. 仅Ⅱ。　　　　　　　　C. 仅Ⅲ。

D. 仅Ⅰ和Ⅲ。　　　　　　E. Ⅰ、Ⅱ和Ⅲ。

8. 在2000年，世界范围的造纸业所用的鲜纸浆（即直接从植物纤维制成的纸浆）是回收纸浆（从废纸制成的纸浆）的2倍。造纸业的分析人员指出，到2010年，世界造纸业所用的回收纸浆将不少于鲜纸浆，而鲜纸浆的使用量也将比2000年持续上升。

如果上面提供的信息均为真，并且分析人员的预测也是正确的，那么可以得出以下哪个结论？

Ⅰ．在2010年，造纸业所用的回收纸浆至少是2000年的2倍。

Ⅱ．在2010年，造纸业所用的总的纸浆至少是2000年的2倍。

Ⅲ．造纸业在2010年造的只含鲜纸浆的纸将会比2000年少。

A. 仅Ⅰ。 B. 仅Ⅱ。 C. 仅Ⅲ。

D. 仅Ⅰ和Ⅱ。 E. Ⅰ、Ⅱ和Ⅲ。

9. 老吕弟子班学员中南方学生多于北方学生，MPAcc考生多于MBA考生。

如果上述断定是真的，则以下哪项关于弟子班学员的断定也一定是真的？

Ⅰ．北方的MPAcc考生多于北方的MBA考生。

Ⅱ．南方的MBA考生多于北方的MBA考生。

Ⅲ．南方的MPAcc考生多于北方的MBA考生。

A. 只有Ⅰ和Ⅱ。 B. 只有Ⅲ。 C. 只有Ⅱ和Ⅲ。

D. Ⅰ、Ⅱ和Ⅲ。 E. Ⅰ、Ⅱ和Ⅲ都不一定是真的。

10. 在H国2000年进行的人口普查中，婚姻状况分为四种：未婚、已婚、离婚和丧偶。其中，已婚分为正常婚姻和分居；分居分为合法分居和非法分居，非法分居指分居者与人非法同居，非法同居指无婚姻关系的异性之间的同居。普查显示，非法同居的分居者中，女性比男性多100万。

如果上述断定及相应的数据为真，并且上述非法同居者都为H国本国人，则以下哪项有关H国的断定也必定为真？

Ⅰ．与分居者非法同居的未婚、离婚或丧偶者中，男性多于女性。

Ⅱ．与分居者非法同居的人中，男性多于女性。

Ⅲ．与分居者非法同居的分居者中，男性多于女性。

A. 仅Ⅰ。 B. 仅Ⅱ。 C. 仅Ⅲ。

D. 仅Ⅰ和Ⅱ。 E. Ⅰ、Ⅱ和Ⅲ。

11. 某公司的销售部有五名工作人员，其中有两名本科专业是市场营销，两名本科专业是计算机，有一名本科专业是物理学。又知道五人中有两名女士，她们的本科专业背景不同。

根据上面所述，以下哪项论断最可能为真？

A. 该销售部有两名男士是来自不同本科专业的。

B. 该销售部的一名女士一定是计算机本科专业毕业的。

C. 该销售部三名男士来自不同的本科专业，女士也来自不同的本科专业。

D. 该销售部至多有一名男士是市场营销专业毕业的。

E. 该销售部本科专业为物理学的一定是男士，不是女士。

12. 去年春江市的汽车月销售量一直保持稳定。在这一年中，"宏达"车的月销售量较前年翻了一番，它在春江市的汽车市场上所占的销售份额也有相应的增长。今年一开始，尾气排放新标准开始在春江市实施。在该标准实施的头三个月中，虽然"宏达"车在春江市的月销售量仍然保持在去年年底达到的水平，但在春江市的汽车市场上所占的销售份额明显下降。

如果上述断定为真,则以下哪项不可能为真?

A. 在实施尾气排放新标准的头三个月中,除了"宏达"车以外,所有品牌的汽车在春江市的月销售量都明显下降。

B. 在实施尾气排放新标准之前的三个月中,除了"宏达"车以外,所有品牌的汽车销售量在春江市汽车市场所占的份额明显下降。

C. 如果汽车尾气排放新标准不实施,"宏达"车在春江市汽车市场上所占的销售份额会比题干所断定的情况更低。

D. 如果汽车尾气排放新标准继续实施,春江市的汽车月销售总量将会出现下降。

E. 由于实施了汽车尾气排放新标准,在春江市销售的每辆"宏达"汽车的平均利润有所上升。

13. 群英和志城都是经营微型计算机的公司。它们是电子一条街上的两颗高科技新星。为了在微型计算机市场方面与几家国际大公司较量,群英公司和志城公司在加强管理、降低成本、提高质量和改善服务几方面实行了有效的措施,1998 年的微机销售量比 1997 年分别增加了 15 万台和 12 万台,令国际大公司也不敢小看它们。

根据以上事实,最能得出下面哪项结论?

A. 在 1998 年群英公司与志城公司的微机销售量超过了国外公司在中国的微机销售量。

B. 在 1998 年群英公司和志城公司用降价倾销的策略扩大了市场份额。

C. 在 1998 年群英公司的微机销售量的增长率超过志城公司的增长率。

D. 在价格、质量相似的条件下,中国的许多消费者更喜欢买进口电脑。

E. 在 1998 年群英公司的市场份额增长量超过了志城公司的市场份额增长量。

14. 和十年前相比,苏格兰人的年人均食物摄入量增加了大约 80 公斤。这部分地区因为和十年前相比,15 至 64 岁年龄段的人口所占的比例有了显著提高。

从以上叙述能得出以下哪项结论?

A. 目前苏格兰人口的半数以上处于 15 至 64 岁的年龄段。

B. 十年来,苏格兰人口有了很大增长。

C. 15 岁以下儿童的平均食物摄入量要多于 65 岁以上的老人。

D. 十年前苏格兰 15 岁以下儿童的数量要多于 64 岁以上的老人。

E. 15 至 64 岁年龄段的人平均摄入的食物量要多于儿童或老人。

15. 最近南方某保健医院进行了为期 10 周的减肥试验,参加者平均减肥 9 公斤。男性参加者平均减肥 13 公斤,女性参加者平均减肥 7 公斤。医生将男女减肥差异归结为男性参加者减肥前体重比女性参加者重。

从上文可推出以下哪个结论?

A. 女性参加者减肥前体重都比男性参加者轻。 B. 所有参加者体重均下降。

C. 女性参加者比男性参加者多。 D. 男性参加者比女性参加者多。

E. 男性参加者减肥后体重都比女性参加者轻。

16. 某记者在报道中指出:速冻食品业方兴未艾。食品专家预测,未来十年内,世界速冻食品消费量将占全部食品消费量的 60%。进入 20 世纪 90 年代以来,我国的肉类、水产品、蔬菜类年产量达 1.4 亿吨,如果其中 60% 加工成速冻食品,其市场规模无疑是十分巨大的。而 1995

年全国速冻食品仅为 220 万吨，离理想规模相去甚远。

根据以上资料，可以推理出的最有可能的结论是：

A. 该记者爱吃速冻食品。

B. 速冻食品大发展的良机已经过去。

C. 我国速冻食品消费量还不到全部食品消费量的 5%。

D. 我国速冻食品消费量已占全部食品消费量的 60%。

E. 双职工家庭经常购买速冻食品。

17. 桌上放着红桃、黑桃和梅花三种牌，共 20 张，下列判断一定正确的是：

①桌上至少有一种花色的牌少于 6 张。

②桌上至少有一种花色的牌多于 6 张。

③桌上任意两种牌的总数将不超过 19 张。

A. 只有①。   B. ①、②。   C. ①、③。

D. ②、③。   E. ①、②、③。

18. 一个盒子里共有 100 个分别涂有红、黄、绿三种颜色的球。

张三说："盒子里至少有一种颜色的球少于 33 个。"

李四说："盒子里至少有一种颜色的球不少于 34 个。"

王五说："盒子里任意两种颜色的球的总数不会超过 99 个。"

以下哪项论断是正确的？

A. 张三和李四的说法正确，王五的说法不正确。

B. 李四和王五的说法正确，张三的说法不正确。

C. 王五和张三的说法正确，李四的说法不正确。

D. 张三、李四和王五的说法都不正确。

E. 张三、李四和王五的说法都正确。

答案详解

1. E

【解析】数字推理题（平均值）。

E 项，王海天的最低分比李素云的平均成绩高，所以王海天的每门课程都比李素云的平均成绩高，那么王海天的平均成绩一定高于李素云，当然在总成绩上也高于李素云。

其余各项都不能确定王海天的总成绩高于李素云。

2. A

【解析】数字型推论题。

题干：①如果一个用电单位的日均耗电量超过所在地区 80% 用电单位的水平，则称其为该地区的用电超标单位。

②近三年来，湖州地区的用电超标单位的数量逐年明显增加。

Ⅰ项，必然为真。理由如下：

根据题干①可知：总用户的前 20% 称为用电超标单位，即有：

用电超标单位数量＝用电单位总数×20％。

由题干②知，用电超标单位数量增加，说明用电单位总数增加。

又由：**用电不超标单位数量＝用电单位总数×80％**，故用电不超标单位数量增加。

Ⅱ项，不一定为真。用电单位数量增加，因为不知道每个单位的平均用电量情况，所以用电总量未必增加。

Ⅲ项，不一定为真。**例如**：假设该地区共 10 个用电单位，前 2 名为用电超标单位，其中一个日均用电 1 000 万度，另一个日均用电 2 万度；其余 8 个单位为用电不超标单位，日均用电均为 1 万度；显然，整个地区的日均用电量大于第二个用电超标单位。

3. D

【解析】数字推理题(至多至少问题)。

A 项，雇员补交的报销单据，使交了报销单据的雇员数量可能会超过"14 个"，可被推翻。

B 项，两个数据均有可能被雇员补交的报销单据推翻。

C 项，雇员补交的报销单据，可能会推翻本项的"总额为 5 234 元"。

D 项，两个数据前都有"至少"两个字，即使补交了报销单据，仍满足"至少"，不可能被推翻。

E 项，雇员补交的报销单据，可能会推翻本项的"报销额不比后勤部多"。

4. B

【解析】数字推理题(倍数问题)。

设共有 x 人，又由有一百多个战士，可知 $100<x<200$。

排成五、七列横队，余连长一人，可知 $x-1$ 是 5 和 7 的倍数，即是 35 的倍数。

又由 $100<x<200$，可知：$x=35\times3+1=106$ 或 $x=35\times4+1=141$ 或 $x=35\times5+1=176$。

又由排成八列横队，余 2 人，可知 $x-2$ 是 8 的倍数，故 $x=106$。

$106=35\times3+1$，故排成三列横队训练，刚好余一人。

5. C

【解析】数字推理题。

由题干可知，所有持有当代商厦购物优惠卡的顾客，同时持有双安商厦的购物优惠卡。这说明，持双安商厦购物优惠卡的顾客人数不会少于持有当代商厦购物优惠卡的顾客人数。如果持有双安商厦购物优惠卡的顾客中，有超过一半的人收到当代商厦的购物奖券，这说明收到当代商厦购物奖券的人数，超过了持有当代商厦购物优惠卡顾客人数的半数，这和题干的条件矛盾。因此，Ⅲ项的断定一定为真。Ⅰ项和Ⅱ项都不一定是真的。这两者的关系是，如果Ⅰ项是真的，则Ⅱ项是真的；因为Ⅰ项不一定是真的，所以Ⅱ项也不一定是真的，即两者都不一定是真的。

6. B

【解析】数字推理题。

题干的统计结论有三个：

①没有两个人发表的论文的数量完全相同。

②没有人恰好发表了 10 篇论文。

③没有人发表的论文的数量等于或超过全所研究人员的数量。

设全所研究人员的数量为 n，则由①和③可得：全所研究人员发表论文的数量必定分别为 0，1，2，…，$n-1$，因此，Ⅰ项成立。

由②可知：该所研究人员的数量不多于10人；否则，如果该所研究人员的数量多于10人，则有人恰好发表了10篇论文，与②矛盾。因此，Ⅲ项成立。

Ⅱ项不成立。例如，如果该所研究人员的数量是2人，其中一人未发表论文，另一人发表了1篇论文，题干的三个结论可同时满足。

7. B

【解析】数字型推论题。

题干中有以下信息：

①左撇子的人比右撇子的人更容易患某些免疫失调症，例如，过敏。

②左撇子也有优于右撇子的地方，例如，左撇子更擅长由右脑半球执行的工作。

③人的数学推理的工作一般是由右脑半球执行的。

Ⅰ项，不能从题干中推出，因为由题干信息①可知，左撇子的人中有更高比例的人患某些免疫失调症，但是，得这些病的人中，是不是左撇子比右撇子多，还要看所有人中左撇子和右撇子的总数，例如："彝族人比汉族人更会唱歌"，推不出"擅长唱歌的人中，彝族人比汉族人多"。

Ⅱ项，由题干信息②、③可知，左撇子更擅长数学推理能力，即左撇子中数学推理能力强的比例，大于右撇子中数学推理能力强的比例，因此，在所有数学推理能力强的人中左撇子的比例，高于所有推理能力弱的人中左撇子的比例。Ⅱ项为真。

不妨假设一共有1 000名左撇子，其中有100名数学推理能力强；假设一共有4 000名右撇子，其中有100名数学推理能力强。则共有200名数学推理能力强的人，其中有100名是左撇子，占比50%；共有4 800名数学推理能力不强的人，其中有900名左撇子，占比约19%。

Ⅲ项，不能从题干中推出，因为题干信息只涉及左撇子和右撇子的比较，不涉及左撇子中擅长和不擅长数学推理的人的比较。

8. A

【解析】数字型推论题。

题干中有以下信息：

①2000年，鲜纸浆是回收纸浆的2倍。

②2010年，回收纸浆将不少于鲜纸浆。

③2010年，鲜纸浆的使用量将比2000年持续上升。

Ⅰ项，必然为真，理由如下：

由题干信息③、①可知，2010年的鲜纸浆使用量≥2000年的回收纸浆使用量的2倍；

由题干信息②可知，2010年的回收纸浆使用量≥2010年鲜纸浆的使用量；

故有：2010年的回收纸浆使用量≥2000年的回收纸浆使用量的2倍。

Ⅱ项，不一定为真，理由如下：

假设2000年鲜纸浆的使用量是1个单位，回收纸浆是0.5个单位；到2010年，鲜纸浆的使用量是1.1个单位，回收纸浆是1.2个单位。这一假设符合题干的所有条件，但2010年纸浆总量少于2000年的2倍。

Ⅲ项，不一定为真，由题干信息无法确定2010年以及2000年所造的纸中，有多少是只含鲜纸浆的纸。

9. B

【解析】数字推理题。

设南方 MPAcc 考生为 x 人，南方 MBA 考生为 y 人，北方 MPAcc 考生为 m 人，北方 MBA 考生为 n 人，得下表：

地区 \ 专业	南方	北方
MPAcc	x	m
MBA	y	n

根据题意有：

$$\begin{cases} x+y>m+n, \\ x+m>y+n. \end{cases}$$

两式相加可得：$2x+y+m>2n+y+m$，得 $x>n$。

故，南方的 MPAcc 考生多于北方的 MBA 考生，即Ⅲ项为真。由题干无法断定Ⅰ项和Ⅱ项的真假，故可真可假。

10. D

【解析】数字型推论题。

根据题干可知，非法同居者的情况如下表：

男 \ 女	已婚男(分居男)	非婚男(未婚、离婚或丧偶)
已婚女(分居女)	a	b
非婚女(未婚、离婚或丧偶)	c	d

题干："非法同居的分居者中，女性比男性多100万"，即 $a+b>a+c$。

可得：$b>c$。

Ⅰ项，与分居者非法同居的未婚、离婚或丧偶者中，男性多于女性，即 $b>c$，成立。

Ⅱ项，与分居者非法同居的人中，男性多于女性，即 $a+b>a+c$，成立。

Ⅲ项，与分居者非法同居的分居者中，男性和女性均为 a，故此项错误。

11. A

【解析】数量关系＋匹配。

题干有以下论断：

①五人中有两名市场营销专业，两名计算机专业，一名物理学专业。

②五人中有两名女士，且她们的专业不同。

由题干可以推出三种情况：若两名女士分别是市场营销和计算机专业的，则三名男士分属三个不同的专业；若两名女士分别是市场营销和物理学专业的，则三名男士中有两名是计算机专业的，另一名是市场营销专业的；若两名女士分别是计算机和物理学专业的，则三名男士中有两名是市场营销专业的，另一名是计算机专业的，故 A 项正确。

第10章 综合推理

12. A

【解析】数字推理题。

题干：在尾气排放新标准实施的头三个月中，"宏达"车在春江市的月销售量仍然保持在去年年底达到的水平，但在春江市的汽车市场上所占的销售份额明显下降。

$$市场份额 = \frac{本品牌销售额}{所有品牌销售额} \times 100\%。$$

结论：宏达的销售额没变，但市场占有率下降，说明这三个月中，其他品牌的销售额上升。

A项，与上述结论矛盾，不可能为真。

B项，在实施尾气排放新标准"之前的三个月"的情况，题干没有提及，可真可假。

其余各项，题干均没有提及，可真可假。

13. E

【解析】数字推理题。

题干：群英公司和志城公司在加强管理、降低成本、提高质量和改善服务几方面实行了有效的措施，1998年的微机销售量比1997年分别增加了15万台和12万台，令国际大公司也不敢小看它们。

A项，题干中没有涉及与国外公司的销售量进行比较的信息，无法确定真假。

B项，题干中的两个公司采取了四方面的措施，而不仅仅是"降价倾销"。

C项，不必然为真，因为增长率 = $\frac{增长量}{原销量} \times 100\%$，只知道增长量，不知道原来的销售量，无法判断增长率。

D项，题干中无此信息。

E项，必然为真，因为市场份额增长率 = $\frac{本公司销售增长量}{市场总销量} \times 100\%$，群英公司和志城公司处于同一市场，即市场总销量是固定的，所以，群英公司的销量增长量更大，则其市场份额的增长量也更大。

14. E

【解析】数字推理题。

题干：15至64岁年龄段的人口所占的比例有了显著提高 ——导致→ 苏格兰人的年人均食物摄入量增加了大约80公斤。

由题干显然可以推出：15至64岁年龄段的人口人均食物摄入量大于其他人群，故E项正确。

15. C

【解析】数字推理题。

设参加减肥试验的男性有 x 人，女性有 y 人，则有：

$$9(x+y) = 13x + 7y。$$

整理得：$\frac{x}{y} = \frac{1}{2}$，故女性参加者比男性参加者多。

16. C

【解析】推论题。

记者的报道中有以下信息：

①食品专家预测，未来十年内，世界速冻食品消费量将占全部食品消费量的60%。

②进入20世纪90年代以来，我国的肉类、水产品、蔬菜类年产量达1.4亿吨。

③1995年全国速冻食品仅为220万吨。

A项，无关选项，题干没有提及。

B项，与题干信息矛盾。

C项，我国速冻食品消费量在全部食品消费量中所占的比例为 $\frac{220\,万}{1.4\,亿} \approx 1.57\%$，故此项为真。

D项，显然为假。

E项，无关选项，题干没有提及。

17. D

【解析】数字推理题。

①不一定正确，比如三种花色的牌的张数可以为6、7、7。

②一定正确，否则牌的总数不足20张。

③一定正确，否则牌的总数大于20张。

故D项正确。

18. B

【解析】数字推理题。

张三的话不一定为真，如红色球33个、黄色球33个、绿色球34个，就推翻了张三的结论。

李四的话一定为真，否则，若三种颜色的球都少于34个，最多有99个球，与题干中共有100个球不符。

王五的话一定为真，否则，若两种颜色的球的数量超过99个，则盒子里只能有两种颜色的球，与题干中共有三种颜色的球不符。

题型 39 简单匹配题

母题技巧

简单匹配题的选项看起来像一组词语的排列组合，这类题多数都可以使用选项排除法。

母题精练

1. 妈妈要带两个女儿去参加一个晚会，女儿在选择并搭配衣服。家中有蓝色短袖衫、粉色长袖衫、绿色短裙和白色长裙各一件。妈妈不喜欢女儿穿长袖配短裙。

以下哪种是妈妈不喜欢的穿衣方案？

A. 姐姐穿粉色衫，妹妹穿短裙。
B. 姐姐穿蓝色衫，妹妹穿短裙。

C. 姐姐穿长裙，妹妹穿短袖衫。 D. 妹妹穿长袖衫和白色裙。

E. 姐姐穿蓝色衫和绿色裙。

2. 曙光机械厂、华业机械厂、祥瑞机械厂都在新宁市辖区。它们既是同一工业局下属的兄弟厂，也是市场竞争对手。在市场需求的五种机械产品中，曙光机械厂擅长生产产品1、产品2和产品4，华业机械厂擅长生产产品2、产品3和产品5，祥瑞机械厂擅长生产产品3和产品5。如果两个厂生产同样的产品，一方面是规模不经济，另一方面是会产生恶性内部竞争。如果一个厂生产三种产品，在人力和设备上也有问题。为了发挥好地区经济合作的优势，工业局召集三个厂的领导对各自的生产产品作了协调，作出了满意的决策。

以下哪项最可能是这几个厂的产品选择方案？

A. 曙光机械厂生产产品1和产品5，华业机械厂只生产产品2。

B. 曙光机械厂生产产品1和产品2，华业机械厂生产产品3和产品5。

C. 华业机械厂生产产品2和产品3，祥瑞机械厂只生产产品4。

D. 华业机械厂生产产品2和产品5，祥瑞机械厂生产产品3和产品4。

E. 祥瑞机械厂生产产品3和产品5，华业机械厂只生产产品2。

3. 甲、乙、丙三名学生参加一次考试，试题一共10道，每道题都是判断题，每题10分，判断正确得10分，判断错误得零分，满分100分。他们的答题情况如下：

试题 学生	1	2	3	4	5	6	7	8	9	10
甲	×	√	√	√	×	√	×	×	√	×
乙	×	×	√	√	√	×	√	√	×	×
丙	√	×	√	×	√	√	×	×	√	√

考试成绩公布后，三个人都是70分，由此可以推出，1～10题的正确答案是：

A. ×、×、√、√、√、×、√、×、√、×。

B. ×、×、√、√、√、√、×、√、×、×。

C. ×、×、√、√、√、√、×、×、√、×。

D. ×、×、√、√、√、√、×、×、×、×。

E. ×、×、√、√、√、√、×、×、√、×。

4. 甜甜、平平、南南、大表姐、东东、小考六人中有人要去参加老吕粉丝见面会。已知：

(1)甜甜、平平两人中至少去一人。

(2)甜甜、大表姐不能一起去。

(3)甜甜、东东、小考三人中有两人去。

(4)平平、南南两人都去或都不去。

(5)南南、大表姐两人中去一人。

(6)若大表姐不去，则东东也不去。

下面哪项符合题干中的人员配备要求？

A. 南南、大表姐、东东三个人去。 B. 东东、小考两个人去。

C. 平平、大表姐、小考三个人去。 D. 甜甜、平平、南南、小考四个人去。

E. 六个人都去。

5. 王太太带着孩子们参加了赴日旅游团，导游好奇地问他们家有几个孩子，三个孩子争先恐后地抢着回答。第一个孩子说："我有两个哥哥，两个妹妹。"第二个说："我有三个妹妹，一个哥哥。"第三个说："我有一个妹妹，三个哥哥。"

根据三个孩子的回答，以下哪项为真？

A. 王太太家有六个孩子，顺序是：儿子、儿子、女儿、儿子、女儿、女儿。
B. 王太太家有六个孩子，顺序是：儿子、儿子、儿子、女儿、女儿、女儿。
C. 王太太家有六个孩子，顺序是：女儿、儿子、儿子、儿子、女儿、女儿。
D. 王太太家有六个孩子，顺序是：儿子、儿子、女儿、女儿、女儿、儿子。
E. 王太太家有五个孩子，顺序是：儿子、儿子、女儿、儿子、女儿。

6. 张山、李思、王武三个男同学各有一个妹妹，六个人一起进行男女混合双打羽毛球赛。比赛规定，兄妹两人不能搭伴。已知：

第一盘对局的情况是：张山和冬雨对王武和唯唯。

第二盘对局的情况是：王武和春春对张山和李思的妹妹。

请根据题干的条件，确定以下哪项为真？

A. 张山和春春、李思和唯唯、王武和冬雨各是兄妹。
B. 张山和唯唯、李思和春春、王武和冬雨各是兄妹。
C. 张山和冬雨、李思和唯唯、王武和春春各是兄妹。
D. 张山和春春、李思和冬雨、王武和唯唯各是兄妹。
E. 张山和唯唯、李思和冬雨、王武和春春各是兄妹。

📋 答案详解

1. B

【解析】简单匹配题。

妈妈不喜欢女儿穿长袖配短裙，即：粉色长袖衫与绿色短裙不能一起穿。

A项和C项，姐姐穿粉色长袖衫、白色长裙，妹妹穿蓝色短袖衫、绿色短裙，符合妈妈的要求。

B项，姐姐穿蓝色短袖衫、白色长裙，妹妹穿粉色长袖衫、绿色短裙，不符合妈妈的要求。

D项和E项，姐姐穿蓝色短袖衫、绿色短裙，妹妹穿粉色长袖衫、白色长裙，符合妈妈的要求。

2. E

【解析】简单匹配题。

题干有以下判断：

①曙光机械厂擅长生产产品1、产品2和产品4。

②华业机械厂擅长生产产品2、产品3和产品5。

③祥瑞机械厂擅长生产产品3和产品5。

④不能有两个厂生产同样的产品。

⑤不能一个厂生产三种产品。

A项，不是满意的决策，由①知，曙光机械厂不擅长生产产品5。

B项，不是满意的决策，由③知，祥瑞机械厂擅长生产产品3和产品5，无论安排其生产产品3还是产品5，都会使祥瑞机械厂和华业机械厂生产的产品重复，违反条件④。

C项，不是满意的决策，由③知，祥瑞机械厂不擅长生产产品4。

D项，不是满意的决策，由③知，祥瑞机械厂不擅长生产产品4。

E项，与以上5个条件都不矛盾，可能是满意的决策。

3. B

【解析】简单匹配题。

用选项排除法：

若A项为真，则甲第2、5、6、7题答错，只得60分，排除。

若C项为真，则甲第2、5、7、8题答错，只得60分，排除。

若D项为真，则甲第2、4、5、7、8题答错，只得50分，排除。

若E项为真，则甲第2、5题答错，得80分，排除。

故B项正确。

4. D

【解析】简单匹配题。

选项排除法：

A项不满足条件(1)、(3)、(4)、(5)；B项不满足条件(1)、(5)、(6)；C项不满足条件(3)、(4)；E项不满足条件(2)、(3)、(5)。故正确答案为D项。

5. A

【解析】简单匹配题。

选项排除法：

A项，满足题干全部条件。

B项，不满足题干中第一个孩子说的话。

C项，不满足题干中第二个孩子说的话。

D项，不满足题干中第三个孩子说的话。

E项，题干中三个孩子说的话都不满足。

6. A

【解析】简单匹配题。

由第一盘对局的情况可知：张山的妹妹不是冬雨，王武的妹妹不是唯唯。

由第二盘对局的情况可知：王武的妹妹不是春春，李思的妹妹也不是春春。

因此，王武的妹妹是冬雨。故李思的妹妹不是冬雨，也不是春春，只能是唯唯。

综上可知，张山的妹妹是春春。

题型 40 复杂匹配与题组

> **母题技巧**
>
> 复杂匹配题常用以下方法:
>
> （1）表格法。
>
> 两组元素的匹配，推荐使用表格法。
>
> （2）连线法。
>
> 三组或三组以上元素的匹配，推荐使用连线法。使用连线法时，实线表示有对应关系，虚线表示无对应关系，无法确定有没有对应关系时不画线。
>
> （3）重复元素分析法。
>
> 有一些题目，逻辑关系复杂，要寻找突破口进行分析。重复元素往往是最重要的突破口，可以把重复元素当作桥梁，建立起元素之间的关系。
>
> （4）假设法。
>
> 根据题干信息进行简单的假设归谬，看是否出现矛盾。做假设时，要重点考虑重复次数最多的信息和没有重复的信息。

母题精练

1. 某宿舍住着四位研究生，分别是四川人、安徽人、河北人和北京人。他们分别在中文、国政和法律三个系就学。其中：

    Ⅰ. 北京籍研究生单独在国政系。

    Ⅱ. 河北籍研究生不在中文系。

    Ⅲ. 四川籍研究生和另外某个研究生同在一个系。

    Ⅳ. 安徽籍研究生不和四川籍研究生同在一个系。

    由以上条件可以推出四川籍研究生所在的系为哪个系？

    A. 中文系。　　　　　　B. 国政系。　　　　　　C. 法律系。

    D. 中文系或法律系。　　E. 无法确定。

2. 小杨、小方和小孙，一位是经理，一位是教师，一位是医生。小孙比医生年龄大，小杨和教师不同岁，教师比小方年龄小。

    根据上述资料可以推理出的结论是：

    A. 小杨是经理，小方是教师，小孙是医生。

    B. 小杨是教师，小方是经理，小孙是医生。

    C. 小杨是教师，小方是医生，小孙是经理。

    D. 小杨是医生，小方是经理，小孙是教师。

E. 小杨是医生，小方是教师，小孙是经理。

3～4题基于以下题干：

  李浩、王鸣和张翔是同班同学，住在同一个宿舍。其中，一个是湖南人，一个是重庆人，一个是辽宁人。李浩和重庆人不同岁，张翔的年龄比辽宁人小，重庆人比王鸣年龄大。

3. 根据题干所述，可以推出以下哪项结论？

  A. 李浩是湖南人，王鸣是重庆人，张翔是辽宁人。

  B. 李浩是重庆人，王鸣是湖南人，张翔是辽宁人。

  C. 李浩是重庆人，王鸣是辽宁人，张翔是湖南人。

  D. 李浩是辽宁人，王鸣是湖南人，张翔是重庆人。

  E. 李浩是辽宁人，王鸣是重庆人，张翔是湖南人。

4. 根据题干所述，以下哪项是关于他们三人的年龄顺序（由大到小）的正确表述？

  A. 李浩、王鸣、张翔。   B. 李浩、张翔、王鸣。

  C. 王鸣、李浩、张翔。   D. 张翔、李浩、王鸣。

  E. 张翔、王鸣、李浩。

5. 三位美丽的姑娘王铁锤、小卷毛和赵大宝到帝都旅游，她们每人为自己选购了一件心爱的礼物。她们分别到大悦城、王府井和国贸购买了香水、戒指和项链。已知：

  (1)王铁锤没到国贸去购买项链。

  (2)小卷毛没有购买大悦城的任何商品。

  (3)购买香水的那个姑娘没有到王府井去。

  (4)购买项链的并非小卷毛。

  (5)只有国贸卖项链。

  根据以上已知条件，可以推断以下哪项为真？

  A. 小卷毛在大悦城买的东西。   B. 小卷毛买的是项链。

  C. 赵大宝在王府井买的东西。   D. 王铁锤买的是香水。

  E. 王铁锤在王府井买的东西。

6～7题基于以下题干：

  3位考生小汉子、大个子和小妮子年龄不同且均在20～22岁之间。某天，他们三人在不同地点各捡到了三张纸币，面额为10元、50元和100元。已知：

  ①小妮子捡到的钱比另外两人中的一人在动物园中捡到的钱面值大。

  ②小妮子的年龄比在动物园捡到钱的人年龄小。

  ③小汉子捡到的钱面值最大，且不是在植物园捡到的。

  ④21岁的考生的捡钱地点是园博园。

6. 下面关于10元的捡到者或捡到地点的说法正确的一项是：

  A. 园博园。   B. 动物园。   C. 植物园。

  D. 小妮子。   E. 小汉子。

7. 关于3位考生的说法正确的一项是：

   A. 小妮子，21岁，50元，园博园。　　B. 大个子，22岁，10元，植物园。

   C. 小妮子，20岁，10元，植物园。　　D. 小汉子，21岁，100元，动物园。

   E. 大个子，22岁，10元，动物园。

8～9题基于以下题干：

美剧《权力的游戏》中，每个人都属于某个家族，每个家族只崇拜以下五个图腾之一：熊、狼、鹿、狮、龙。这个社会的婚姻关系遵守以下法则：

崇拜同一个图腾的男女可以结婚。

崇拜狼的男子可以娶崇拜鹿或狮的女子。

崇拜狼的女子可以嫁崇拜狮或龙的男子。

崇拜狮的男子可以娶崇拜龙的女子。

父亲与儿子崇拜的图腾相同。

母亲与女儿崇拜的图腾相同。

8. 崇拜以下哪项图腾的男子一定可以娶崇拜龙的女子？

   A. 狼或狮。　　B. 狮或鹿。　　C. 龙或鹿。

   D. 狮或龙。　　E. 狼或龙。

9. 如果某男子崇拜的图腾是狼，则他妹妹崇拜的图腾最可能是：

   A. 狼、龙或鹿。　　B. 狼、龙或狮。　　C. 狼、鹿或熊。

   D. 狼、熊或狮。　　E. 狼、鹿或狮。

10～11题基于以下题干：

一位医生为病人列出运动项目。从P、Q、R、S、T、U、V、W中选择，病人每天必须做五个不同的练习。除了第一天以外，任一天的练习中，有且只有三个练习必须与前一天的相同。每天的运动安排必须符合下列条件：

(1)P入选则V不入选。

(2)Q入选则T入选，且T安排在Q之后。

(3)R入选则V入选，且V安排在R之后。

(4)第五个位置一定是S或U。

10. 下列哪一项在任意一天符合条件的安排中一定正确？

    A. P不能安排在第三位。　　B. Q不能安排在第三位。

    C. T不能安排在第三位。　　D. R不能安排在第四位。

    E. U不能安排在第二位。

11. 假如病人选择第一天的练习中有R、W，则下列哪一项可以是其他三个练习？

    A. P、T、U。　　B. Q、S、V。　　C. Q、T、V。

    D. T、S、V。　　E. V、Q、P。

12～14题基于以下题干：

张、李、王和刘四位教授要担任E、F、G、H、I、J、K这七位研究生的导师。每位研究生都是跟随一位导师；每位教授最多带两位研究生。研究生中，J和K是硕士生，其余是博士生。E、F和J是男生，其余是女生。同时，以下条件必须满足：

(1) 张教授只带男研究生。

(2) 李教授只带一名研究生。

(3) 如果某位教授带一名硕士生，则必须带与这位硕士生性别相同的博士生。

12. 根据上面的条件，可以推断以下哪项肯定为真？

   A. 李教授担任 F 的导师。 B. 刘教授担任 G 的导师。
   C. 张教授担任 J 的导师。 D. 张教授担任 E 的导师。
   E. 王教授担任 H 的导师。

13. 以下每名研究生都可以由李教授带，除了哪一位？

   A. E。 B. G。 C. I。
   D. K。 E. F。

14. 根据题干，可以推断以下哪项肯定为真？

   A. 王教授至少担任一名女研究生的导师。
   B. 王教授至少担任一名硕士研究生的导师。
   C. 刘教授至少担任一名男研究生的导师。
   D. 李教授至少担任一名硕士研究生的导师。
   E. 王教授至少担任一名男研究生的导师。

15～17 题基于以下题干：

六个城市的位置如图所示：

城市 1	城市 2
城市 3	城市 4
城市 5	城市 6

在这六个城市所覆盖的区域中，有4所医院、2座监狱和2所大学。这8个单位的位置须满足以下条件：

(1) 没有一个单位跨不同的城市。

(2) 没有一个城市有2座监狱，也没有一个城市有2所大学。

(3) 没有一个城市中既有监狱又有大学。

(4) 每座监狱位于至少有1所医院的城市。

(5) 有大学的2个城市没有共同的边界。

(6) 城市3有1所大学，城市6有1座监狱。

15. 以下哪项可能为真？

   A. 城市 5 有 1 所大学。 B. 城市 6 有 1 所大学。
   C. 城市 2 有 1 座监狱。 D. 城市 3 有 2 所医院。
   E. 城市 6 没有医院。

16. 如果每个城市都至少拥有上述 8 个单位中的一个单位，则以下哪项一定为真？
    A. 城市 1 有 1 座监狱。　　　　　　　　B. 城市 2 有 1 所医院。
    C. 城市 3 有 1 所医院。　　　　　　　　D. 城市 4 有 1 所医院。
    E. 城市 5 有 1 座监狱。

17. 以下哪个城市中的医院一定少于 3 所？
    A. 城市 1。　　B. 城市 2。　　C. 城市 4。　　D. 城市 5。　　E. 城市 6。

答案详解

1. C

【解析】复杂匹配题。

由Ⅰ、Ⅱ项知，①河北籍研究生在法律系。

由Ⅰ项知，四川籍研究生不在国政系，只能在中文系或者法律系。

假设四川籍研究生在中文系，由Ⅲ项知，还有一名研究生在中文系，由Ⅰ项和①知，这名研究生不是北京籍和河北籍，故只能是安徽籍，与Ⅳ项矛盾，所以四川籍研究生不在中文系。

故，四川籍研究生只能在法律系。

2. D

【解析】排序＋匹配题。

由"小杨和教师不同岁"可知，小杨不是教师；由"教师比小方年龄小"可知，小方不是教师；故小孙是教师。所以，正确答案为 D 项。

3. D

【解析】排序＋匹配题。

由"李浩和重庆人不同岁""重庆人比王鸣年龄大"可知，李浩和王鸣都不是重庆人，故张翔是重庆人。

张翔的年龄比王鸣大，并且比辽宁人小，因此，王鸣不是辽宁人，所以王鸣是湖南人。

故，李浩是辽宁人。

4. B

【解析】排序题。

由上题的分析可知：三人的年龄顺序（由大到小）依次是：李浩、张翔、王鸣。

5. D

【解析】匹配题。

由(1)、(4)、(5)可知，赵大宝在国贸买的项链，另外两人没去国贸。

由(2)可知，小卷毛在王府井买的东西。

由(3)可知，小卷毛购买的不是香水，而是戒指。

综上所述，王铁锤在大悦城买的香水，小卷毛在王府井买的戒指，赵大宝在国贸买的项链。

故正确答案为 D 项。

第 10 章 综合推理

6. B

【解析】多元匹配题＋排序题。

根据①、②、③可知，小汉子捡到的是 100 元，小妮子捡到的是 50 元，大个子在动物园捡到的是 10 元。故正确答案为 B 项。

7. E

【解析】多元匹配题。

由上题可知，大个子在动物园捡到的是 10 元；

由③可知，小汉子在园博园捡到的是 100 元；

由④可知，小汉子今年 21 岁；

由②可知，大个子 22 岁，小妮子 20 岁。

综上可知，小汉子今年 21 岁，在园博园捡到 100 元；大个子今年 22 岁，在动物园捡到 10 元；小妮子今年 20 岁，在植物园捡到 50 元。

故 E 项正确。

8. D

【解析】形式逻辑＋匹配。

题干中有以下信息：

①崇拜同一个图腾的男女可以结婚。

②崇拜狼的男子可以娶崇拜鹿或狮的女子。

③崇拜狼的女子可以嫁崇拜狮或龙的男子。

④崇拜狮的男子可以娶崇拜龙的女子。

⑤父亲与儿子崇拜的图腾相同。

⑥母亲与女儿崇拜的图腾相同。

由题干信息①知，崇拜龙的男子可以娶崇拜龙的女子；再由题干信息④可知，崇拜狮的男子可以娶崇拜龙的女子；故崇拜狮或龙的男子一定可以娶崇拜龙的女子，即 D 项正确。

9. E

【解析】形式逻辑＋匹配。

由题干信息⑤知，该男子的父亲崇拜狼；又由题干信息①、②可知，该男子的母亲崇拜狼、鹿或狮；又由题干信息⑥知，他妹妹崇拜狼、鹿或狮。故正确答案为 E 项。

10. D

【解析】形式逻辑＋排序题。

题干已知下列信息：

(1) P→￢V。

(2) Q→T，T 在 Q 之后。

(3) R→V，V 在 R 之后。

(4) S5∨U5。

D 项，采用反证法，若 R 安排在第四位，根据题干信息(3)可知，V 只能安排在第五位，则与题干信息(4)矛盾,故 R 不能安排在第四位。

其余各项采用反证法后均不与题干矛盾。

故 D 项正确。

11. D

【解析】形式逻辑+排序题。

A 项,根据题干信息(1)、(3)可得,R→V→¬P,与题干矛盾。

B 项,根据题干信息(2)可得,Q→T,此项没有 T,故与题干矛盾。

C 项,与题干信息(4)矛盾。

D 项,与题干不矛盾,可以为真。

E 项,与题干信息(4)矛盾。

故 D 项正确。

12. C

【解析】匹配+数量关系题。

若 C 项为假,则 J 由其他教授带,则根据条件(3),可知其他教授还要带一名与 J 性别相同的博士生。而男研究生仅有三名,故张教授仅能带一名研究生。再结合条件(2)和题干条件"每位教授最多带两位研究生",可知最终会有一位研究生没有导师,与题干条件"每位研究生都是跟随一位导师"不符。故 C 项必然为真。

其余各项均不必然为真。

13. D

【解析】匹配+数量关系题。

由于 K 是女硕士生,根据条件(3)可知,故若李教授带 K,则李教授需要再带一名女博士。根据条件(2)可知,李教授只带一名研究生,矛盾。故 K 不能由李教授带。

14. A

【解析】匹配+数量关系题。

若 A 项为假,则王教授带 2 名男研究生,则张教授仅能带 1 名男研究生,则剩余 4 名女研究生需要李教授和刘教授带,由于"每位教授最多带两位研究生",故李教授和刘教授需分别带两位女研究生,违反题干条件"李教授只带一名研究生"。

15. D

【解析】方位+数量关系+匹配题。

根据条件(5)可知,除城市 3 外,另外一所大学在城市 2 或者城市 6。

根据条件(6)和(3)可知,城市 6 不可能有大学(排除 B 项),因此,城市 2 有大学。

再由条件(3)得:城市 2 不可能有监狱,排除 C 项。

由条件(4)和(6)可知,城市 6 有医院,排除 E 项。

A 项,与条件(5)矛盾,排除。

故 D 项可能为真。

16. D

【解析】方位＋数量关系＋匹配题。

若D项为假，则根据条件(4)可知，城市4没有监狱；又因为城市4没有大学，故城市4没有任何单位，与题干条件矛盾，故D项必然为真。

17. B

【解析】方位＋数量关系＋匹配题。

若城市2的医院不少于3所，则由城市6必然有1所医院可知，另一个有监狱的城市没有医院，违反题干条件(4)。故城市2的医院必然少于3所。

微模考 10（上） ▶ 综合推理卷 1

（共 30 题，每题 2 分，限时 60 分钟）　　　你的得分是 _____

1. 有四个外表看起来没有区别的小球，它们的重量可能有所不同。取一个天平，将甲、乙归为一组，丙、丁归为另一组，分别放在天平的两边，天平是基本平衡的。将乙和丁对调一下，甲、丁一边明显要比乙、丙一边重得多。可奇怪的是，我们在天平的一边放上甲、丙，而另一边刚放上乙，还没有来得及放上丁时，天平就压向了乙一边。
   请你判断，这四个球由重到轻的顺序是什么？
   A. 丁、乙、甲、丙。　　　　　　　　　　B. 丁、乙、丙、甲。
   C. 乙、丙、丁、甲。　　　　　　　　　　D. 乙、甲、丁、丙。
   E. 乙、丁、甲、丙。

2. 就工厂的在岗职工规模看，A、B 两厂都比 C、D 两厂规模大。
   再加上以下哪项条件，可断定 E 厂的在岗职工比 D 厂的在岗职工人数多？
   A. E 厂的在岗职工比 A 厂的在岗职工人数多。
   B. A 厂的在岗职工比 B 厂的在岗职工人数少。
   C. E 厂的在岗职工比 B 厂的在岗职工人数少。
   D. B 厂的在岗职工比 A 厂的在岗职工人数多。
   E. C 厂的在岗职工比 E 厂的在岗职工人数少。

3. 以下各项结论都是东方理工学院学生处根据各个系收到的 1997 至 1998 学年年度奖助学金申请表综合得出的。在此项综合统计做出后，因为落实灾区政策，有的系又收到了一些学生补交上来的申请表。
   以下哪项结论最不可能被补交奖助学金申请表的新事实所推翻？
   A. 汽车系仅有 14 名学生交申请表，总申请金额至少有 5 700 元。
   B. 物理系最多有 7 名学生交申请表，总申请金额为 2 800 元。
   C. 数学系共有 8 名学生交申请表，总申请金额等于 3 000 元。
   D. 化学系至少有 5 名学生交申请表，总申请金额多于 2 000 元。
   E. 生物系至少有 7 名学生交申请表，总申请金额不会多于汽车系。

4. 北京市为缓解交通压力实行机动车辆限行政策，每辆机动车周一到周五都要限行一天，周末不限行。某公司有 A、B、C、D、E 五辆车，保证每天至少有四辆车可以上路行驶。已知：E 车周四限行，B 车昨天限行，从今天算起，A、C 两车连续四天都能上路行驶，E 车明天可以上路。
   如果以上陈述为真，则以下哪项也一定为真？
   A. 今天是周四。　　　　　B. 今天是周五。　　　　　C. 今天是周六。
   D. A 车周三限行。　　　　E. C 车周五限行。

5~6题基于以下题干：

现要从九名候选人中选出七人组成一个委员会。九名候选人中有四人是P党成员，其中二男二女；有三人是Q党成员，其中二男一女；剩余两人是R党成员，其中一男一女。委员会选举的规则是：

(1)至少要选出三名女性为委员会成员。

(2)任何一个党派当选的委员会成员不能多于三人。

5. 如果P党的两名男性候选人当选为委员会委员，则下列哪一项必定为真？
   A. 当选委员中男性比女性多。
   B. 当选委员中女性比男性多。
   C. 当选委员中P党成员比Q党多。
   D. 当选委员中Q党成员比R党多。
   E. 当选委员中女性比Q党成员多。

6. 如果当选委员中Q党成员比P党多，则下列哪一项可以是真的？
   A. R党的那名男性候选人没有当选为委员会委员。
   B. R党的那名女性候选人没有当选为委员会委员。
   C. P党的那两名男性候选人当选为委员会委员。
   D. 所有女性候选人都当选为委员会委员。
   E. 所有男性候选人都当选为委员会委员。

7~8题基于以下题干：

骑士队夺冠后举行了盛大的花车游行。花车上有M、N、O、P四个人，他们分别扮演一位超级英雄。已知：

①"超人"靠在N后面。
②扮演"钢铁侠"的人在O的前面某个位置。
③在2号位置的人扮演"闪电侠"。
④O穿成"蝙蝠侠"的样子。
⑤M在3号位置。

7. 下列关于N的说法正确的一项是：
   A. 在3号位置。
   B. 扮演超人。
   C. 在2号位置。
   D. 在4号位置。
   E. 扮演蝙蝠侠。

8. 四个人可能的情况是：
   A. 1号，O，"钢铁侠"。
   B. 2号，N，"超人"。
   C. 3号，M，"超人"。
   D. 4号，O，"钢铁侠"。
   E. 3号，P，"超人"。

9~10题基于以下题干：

一桌宴席的所有凉菜上齐后，热菜共有7个。其中，3个川菜：K、L、M；3个粤菜：Q、N、P；一个鲁菜：X。每次只上一个热菜，上菜的顺序必须符合下列条件：

(1)不能连续上川菜，也不能连续上粤菜。

(2)除非第三个上Q，否则P不能在Q之前上。

(3)P必须在X之前上。

(4)M必须在K之前上,K必须在N之前上。

9. 如果第四个上X,则以下哪一项陈述必然为真?

   A. 第三个上Q。
   B. 第一个上Q。
   C. 第三个上M。
   D. 第二个上M。
   E. 第一个上M。

10. 如果第三个上M,则以下哪一项陈述可能为真?

    A. 第五个上X。
    B. 第一个上Q。
    C. 第四个上K。
    D. 第六个上L。
    E. 第一个上P。

11. 赛马场上参赛的五匹骏马陆续到达终点。已知:

    (1)"赤兔"比"暴风"速度慢。
    (2)"飞雪"和"追风"的排名相邻。
    (3)"闪电"跑得比"赤兔"快,但它不是冠军。
    (4)"追风"比"赤兔"速度慢,但它不是最后一名。
    根据以上条件,可以推断哪一匹骏马是第三名?

    A. 赤兔。
    B. 飞雪。
    C. 追风。
    D. 闪电。
    E. 暴风。

12. 方宁、王宜和余涌,一个是江西人,一个是安徽人,一个是上海人,余涌的年龄比上海人大,方宁和安徽人不同岁,安徽人比王宜年龄小。
    根据上述断定,以下结论都不可能被推出,除了:

    A. 方宁是江西人,王宜是安徽人,余涌是上海人。
    B. 方宁是安徽人,王宜是江西人,余涌是上海人。
    C. 方宁是安徽人,王宜是上海人,余涌是江西人。
    D. 方宁是上海人,王宜是江西人,余涌是安徽人。
    E. 方宁是江西人,王宜是上海人,余涌是安徽人。

13~14题基于以下题干:

三位高中生赵、钱、孙和三位初中生张、王、李共同参加一个课外学习小组。可选修的课程有:文学、经济、历史和物理。已知:

赵选修的是文学或经济。

王选修物理。

如果一门课程没有任何一个高中生选修,那么任何一个初中生也不能选修该课程。

如果一门课程没有任何一个初中生选修,那么任何一个高中生也不能选修该课程。

一个学生只能选修一门课程。

13. 如果上述断定为真,且钱选修历史,则以下哪项一定为真?

    A. 孙选修物理。
    B. 赵选修文学。
    C. 张选修经济。
    D. 李选修历史。
    E. 赵选修经济。

14. 如果题干的断定为真,且有人选修经济,则选修经济的学生中不可能同时包含:

    A. 赵和钱。
    B. 钱和孙。
    C. 孙和张。
    D. 孙和李。
    E. 张和李。

15. 某地有两个奇怪的村庄,张庄的人在星期一、三、五说谎,李村的人在星期二、四、六说谎。在其他日子他们说实话。一天,外地的王从明来到这里,见到两个人,分别向他们提出关于日期的问题。两个人都说:"前天是我说谎的日子。"

    如果被问的两个人分别来自张庄和李村,则以下哪项判断最可能为真?

    A. 这一天是星期五或星期日。　　　B. 这一天是星期二或星期四。
    C. 这一天是星期一或星期三。　　　D. 这一天是星期四或星期五。
    E. 这一天是星期三或星期六。

16. 如果比较全日制学生的数量,东江大学的学生数是西海大学学生数的70%;如果比较学生总数量(全日制学生加上成人教育学生),则东江大学的学生数是西海大学的120%。

    由上文最能推出以下哪项结论?

    A. 东江大学比西海大学更注重教学质量。
    B. 东江大学的成人教育学生数占总学生数的比例比西海大学的高。
    C. 西海大学的成人教育学生数比全日制学生数多。
    D. 东江大学的成人教育学生数比西海大学的少。
    E. 东江大学的全日制学生数比成人教育学生数多。

17. 有人养了一些兔子。别人问他有多少只雌兔?多少只雄兔?他答:在他所养的兔子中,每一只雄兔的雌性同伴比它的雄性同伴少一只;而每一只雌兔的雄性同伴比它的雌性同伴的两倍少两只。

    根据上述回答,可以判断他养了多少只雌兔?多少只雄兔?

    A. 8只雄兔,6只雌兔。　　　　　B. 10只雄兔,8只雌兔。
    C. 12只雄兔,10只雌兔。　　　　D. 14只雄兔,8只雌兔。
    E. 14只雄兔,12只雌兔。

18. 以下是一份统计材料中的两个统计数据:

    第一个数据:到1999年年底为止,"希望之星工程"所收到捐款总额的82%,来自国内200家年盈利1亿元以上的大中型企业。

    第二个数据:到1999年年底为止,"希望之星工程"所收到捐款总额的25%来自民营企业,这些民营企业中,五分之四从事服装或餐饮业。

    如果上述统计数据是准确的,则以下哪项一定是真的?

    A. 上述统计中,"希望之星工程"所收到的捐款总额不包括来自民间的私人捐款。
    B. 上述200家年盈利1亿元以上的大中型企业中,不少于一家从事服装或餐饮业。
    C. 在捐助"希望之星工程"的企业中,非民营企业的数量要大于民营企业。
    D. 民营企业的主要经营项目是服装或餐饮。
    E. 有的向"希望之星工程"捐款的民营企业的年盈利在1亿元以上。

19. 某机关要精简机构,计划减员25%,撤销三个机构,这三个机构的人数正好占全机关的25%。计划实施后,上述三个机构被撤销,全机关实际减员15%。在此过程中,机关内部人员有所调动,但全机关只有减员没有增员。

    如果上述断定为真,则以下哪项也一定为真?

Ⅰ. 上述计划实施后，有的机构调入新成员。

Ⅱ. 上述计划实施后，没有一个机构，调入的新成员的总数，超出机关总人数的10%。

Ⅲ. 上述计划实施后，被撤销机构中的留任人员，不超过机关原总人数的10%。

A. 仅Ⅰ。 B. 仅Ⅱ。 C. 仅Ⅲ。
D. 仅Ⅰ和Ⅱ。 E. Ⅰ、Ⅱ和Ⅲ。

20. 在超市购物后，张林把七件商品放在超市的传送带上，肉松后面紧跟着蛋糕，酸奶后面接着放的是饼干，可口可乐汽水紧跟在水果汁后面，方便面后面紧跟着酸奶，肉松和饼干之间有两件商品，方便面和水果汁之间有两件商品，最后放上去的是一块蛋糕。

如果以上陈述为真，那么以下哪项也为真？

Ⅰ. 水果汁在倒数第三的位置上。

Ⅱ. 酸奶放在第二的位置上。

Ⅲ. 可口可乐汽水放在中间。

A. 仅Ⅰ。 B. 仅Ⅱ。 C. 仅Ⅲ。
D. 仅Ⅰ和Ⅱ。 E. Ⅰ、Ⅱ和Ⅲ。

21. 某厨艺大赛，要求厨师制作热菜、凉菜各一项，结果评定为"上品""中品""下品"3种。如果甲厨师每项结果不低于乙厨师，且至少有一项比乙厨师高，则称"甲厨师比乙厨师技艺高"。现有厨师若干，他们之中没有一个比另一个技艺高，并且没有任意两人的热菜评定结果一样，凉菜评定结果也一样的。

满足上述条件的厨师最多能有几人？

A. 2人。 B. 3人。 C. 6人。
D. 9人。 E. 无法确定。

22. 有四位商人分别是北京人、山东人、上海人和重庆人。他们做的生意分别是餐饮、服装和珠宝。其中：

(1) 重庆人单独做服装。

(2) 上海人不做餐饮。

(3) 北京人和另外某人同做一种生意。

(4) 山东人不和北京人同做一种生意。

(5) 每个人只做一种生意。

以上条件可以推出北京人所做的生意是：

A. 餐饮。 B. 服装。 C. 珠宝。
D. 和上海人不做同一种生意。 E. 无法确定。

23. 某公司招聘的新职员必须通过三个方面的测试：(1)业务能力；(2)综合技能；(3)心理素质。在前去应聘的方超、钱雪、张梅、李平四个人中，每个人都只有一项测试未通过，其中，李平、钱雪、张梅都通过了第一项，方超、李平都通过了第二项，未通过第三项的只有李平、钱雪之中的一人。

如果以上陈述都是真的，则下面的断定正确的是：

A. 李平未通过第三项测试，方超未通过第一项测试。

B. 李平和张梅都通过了第三项测试。

C. 方超和钱雪都通过了第二项测试。

D. 方超、钱雪、张梅和李平都通过了第一项测试。

E. 方超和张梅都通过了第二项测试。

24. 唯唯作为女性嘉宾参加了某电视台举办的相亲节目，她择偶的条件是：高个子、相貌英俊、博士。在老吕、老吴、老李、老王4位男性嘉宾中，只有1位符合她所要求的全部条件。已知：

(1) 4位男性嘉宾中，有3位高个子，2位博士，1位长相英俊。

(2) 老吕和老吴都是博士。

(3) 老王和老李身高相同。

(4) 老李和老吕并非都是高个子。

谁符合唯唯要求的全部条件？

A. 老吕。　　　　　　　B. 老吴。　　　　　　　C. 老李。

D. 老王。　　　　　　　E. 无法确定。

25. 学校组织教师旅游，4个老教师老赵、老钱、老孙、老李和4个年轻教师小赵、小钱、小孙、小李一起参加。在旅馆里，他们8人住4个房间，满足以下条件：

Ⅰ. 每个房间住一老一少。

Ⅱ. 同姓人不住同一个房间。

Ⅲ. 如果老孙不和小李住一个房间，则老钱也不和小孙住一个房间。

Ⅳ. 老李不和小赵住一个房间。

那么以下哪种安排是不符合条件的？

A. 老钱和小孙住一个房间。　　　　　　B. 老赵和小钱住一个房间。

C. 老孙和小李住一个房间。　　　　　　D. 老孙和小钱住一个房间。

E. 老赵不和小李住一个房间。

26~30题基于以下题干：

一个柜台出售大、中、小三种型号的衬衫，每种衬衫只有红、黄、蓝三种颜色。小张在这一柜台买了3件衬衫。

型号和颜色相同的衬衫称为一样的衬衫；小张买的衬衫都不一样，并且没有都买大号和小号的衬衫，即如果买了大号，则没买小号。该柜台小号红衬衫和大号蓝衬衫断货。

26. 以下哪项一定为假？

A. 小张买的衬衫中，2件是小号，2件是红色。

B. 小张买的衬衫中，2件是中号，2件是红色。

C. 小张买的衬衫中，2件是大号，2件是红色。

D. 小张买的衬衫中，2件是小号，1件是黄色，1件是蓝色。

E. 小张买的衬衫中，1件是中号，1件是蓝色。

27. 如果小张买了1件小号蓝衬衫，则以下哪项一定为假？

A. 小张买了2件蓝衬衫。　　　　B. 小张买了2件红衬衫。

C. 小张买了2件黄衬衫。 D. 小张买了2件小号衬衫。

E. 小张买了1件红衬衫。

28. 如果小张没买中号黄衬衫，则以下哪项一定为真？

    A. 小张买了中号红衬衫或小号蓝衬衫。

    B. 小张买了中号红衬衫或中号蓝衬衫。

    C. 小张买了大号红衬衫或小号蓝衬衫。

    D. 小张买了大号红衬衫或中号红衬衫。

    E. 小张买了大号蓝衬衫或小号红衬衫。

29. 如果小张恰好买了1件中号衬衫，并且所买衬衫的颜色都不同，则以下哪项不可能是小张所买的？

    A. 1件中号红衬衫。 B. 1件中号黄衬衫。

    C. 1件中号蓝衬衫。 D. 1件大号红衬衫。

    E. 1件小号黄衬衫。

30. 如果大号红衬衫和小号蓝衬衫都断货，则以下哪项一定是小张所买的衬衫？

    A. 1件红衬衫。 B. 1件中号黄衬衫。

    C. 1件大号衬衫或1件小号衬衫。 D. 1件中号红衬衫或1件中号蓝衬衫。

    E. 2件大号红衬衫。

微模考 10（上） ▶ 答案详解

1. A

【解析】综合推理（排序题）。

由题干可知：

①甲＋乙＝丙＋丁；②甲＋丁＞丙＋乙；③乙＞甲＋丙。

②－①得：丁－乙＞乙－丁，得，丁＞乙。

由①得：④丙＋丁＝甲＋乙，②－④得：甲－丙＞丙－甲，得，甲＞丙。

故有：丁＞乙＞甲＞丙。

2. A

【解析】综合推理（排序题）。

由题干可知：A＞D，B＞D。

A项，E＞A，又因为A＞D，故必有E＞D。

3. D

【解析】综合推理题。

学生补交申请表，会增加申请学生的数量和所申请的总金额。

D项断定化学系至少有5名学生交申请表，总申请金额多于2 000元，这一结论不可能被补交奖助学金申请表的新事实所推翻。

4. A

【解析】综合推理题。

题干有以下信息：

①每辆机动车周一到周五都要限行一天，周末不限行。

②A、B、C、D、E五辆车每天至少有四辆车可以上路行驶。

③E车周四限行。

④B车昨天限行。

⑤从今天算起，A、C两车连续四天都能上路行驶。

⑥E车明天可以上路。

如果今天是周一，则B车周日限行，与题干信息①矛盾，排除。

如果今天是周二，由题干信息⑤知，A、C可在周二、三、四、五上路，则A、C周一限行，与题干信息②矛盾，排除。

如果今天是周三，由题干信息⑥知，E车周四可以上路，与题干信息③矛盾，排除。

如果今天是周四，无矛盾。

如果今天是周五，由题干信息④知，B车周四限行，结合题干信息③可知，B、E两车周四限行，与题干信息②矛盾，排除。

如果今天是周六，由题干信息④知，B车周五限行（A、C不能周五限行），由题干信息③E车周四限行(A、C不能周四限行)，又由题干信息⑤从今天算起，A、C两车连续四天都能上路行驶，即周六、日、一、二可上路，故A、C只能周三同时限行，与题干信息②矛盾，排除。

如果今天是周日，由题干信息④知，B车周六限行，与题干信息①矛盾，排除。

故今天只能是周四，A项正确。

5. A

【解析】综合推理题。

由条件(1)知，至少有3名女性当选，又由Q党和R党候选人中共有2名女性，所以P党的2名女性至少1名当选。又由本题题干知，P党的2名男性当选，再由(2)知，P党只能有1名女性当选，故共有3名女性当选，有4名男性当选，故A项必定为真。

6. D

【解析】综合推理题。

如果当选委员中Q党成员比P党多，由于题干已知有7名候选人，故P党2人入选，Q党3人入选，R党2人入选，排除A、B项。

根据条件(1)，因为Q党和R党共有2名女性，故P党入选为委员会委员的有1名男性、1名女性或者2名女性，排除C、E项。

故D项正确。

7. C

【解析】综合推理题。

根据题干信息可得下表：

	1	2	3	4
名			M	
角色		闪电侠		

由①知，N不在4号位置；由⑤知，N不在3号位置。

由①和③知，N不在1号位置，故N在2号位置。故C项正确。

8. C

【解析】综合推理题。

由上题可知，N在2号位置扮演闪电侠，再由①和⑤知，M在3号位置扮演超人，可得下表：

	1	2	3	4
名		N	M	
角色		闪电侠	超人	

根据②可知，O在4号位置扮演蝙蝠侠，P在1号位置扮演钢铁侠。至此，可确定4人的角色和位置。

故C项为真。

9. D

【解析】综合推理题。

根据题干信息可得下表：

1	2	3	4	5	6	7
			X			

根据条件(4)可知，顺序为 M 先于 K 先于 N。

根据条件(1)可知，M 和 K 之间至少要间隔一道菜，故 M 必须在前三个上。

根据条件(3)可知，P 必须在前三个上。

若 P 比 Q 早，根据条件(2)可知，Q 在第三个上；根据条件(1)可知，M 必须位于 P 和 Q 之间，即 M 第二个上。

若 P 比 Q 晚，那么前三个上的是 P、Q、M，根据条件(1)可知，前三个上的顺序为 Q、M、P，即 M 还是应当第二个上。

故 D 项正确。

10. A

【解析】综合推理题。

由题意，可得下表：

1	2	3	4	5	6	7
		M				

因为 M 第三个上，根据条件(1)可知，K 不能在第四个上，故排除 C 项。

根据条件(2)可知，因为 M 第三个上，所以 P 在 Q 之后上，故排除 E 项。

根据条件(3)可知，顺序为 Q 先于 P 先于 X。

根据条件(4)可知，顺序为 M 先于 K 先于 N。

根据条件(1)可知，P 在 M 之后，那么 M 之前为 Q、L，M 之后为 X、P、K、N。

根据条件(1)可知，L 第一个上，Q 第二个上，故排除 B 项和 D 项。

故 A 项正确。

11. A

【解析】综合推理题。

将题干信息形式化：

(1)赤兔＜暴风。

(2)飞雪与追风相邻。

(3)闪电＞赤兔，但闪电不是冠军。

(4)赤兔＞追风，但追风不是最后一名。

故闪电＞赤兔＞追风，暴风＞赤兔。

由"追风不是最后一名"可知，飞雪是最后一名，则追风是第四名。

由"闪电不是冠军"可知，暴风＞闪电＞赤兔＞追风＞飞雪。

故 A 项正确。

12. D

【解析】综合推理题。

由"方宁和安徽人不同岁，安徽人比王宜年龄小"，可知方宁和王宜都不是安徽人，故余涌是安徽人（重复元素分析法）。

由"余涌的年龄比上海人大""安徽人（余涌）比王宜年龄小"，可知王宜不是上海人，所以王宜是江西人。故方宁是上海人。

13. A

【解析】综合推理题。

题干有以下断定：

①三位高中生：赵、钱、孙，三位初中生：张、王、李。

②有四门课程可选修：文学、经济、历史和物理。

③赵选修的是文学或经济。

④王选修物理。

⑤无高中生选→无初中生选＝初中生选→高中生选。

⑥无初中生选→无高中生选＝高中生选→初中生选。

⑦一个学生只能选修一门课程。

由⑤、⑥可知：高中生选←→初中生选。

由④知，初中生王选修物理，则一定有一个高中生选修物理，即：⑧赵、钱或孙选修物理。

又由题干可知，钱选修历史，由③知赵选修的是文学或经济，由⑦知钱和赵均不能选修物理，故孙选修物理，A项正确。

14. B

【解析】综合推理题。

由上题中⑧可知，赵、钱或孙中至少有一人选修物理；又由③知，赵选修文学或经济，即赵不能选修物理；所以钱或孙中至少有一人选修物理，不可能同时选修经济。

15. C

【解析】综合推理题。

由题干可知张庄和李村的人真假话情况如下表：

星期 村庄	星期一	星期二	星期三	星期四	星期五	星期六	星期日
张庄	谎话	真话	谎话	真话	谎话	真话	真话
李村	真话	谎话	真话	谎话	真话	谎话	真话

在这一天，他们两个人都说"前天是我说谎的日子"，说明在这一天说真话的人，在前天说的是谎话，在这一天说谎话的人，在前天说的是真话。结合上表可知，这一天只能是星期一。"星期一"为真，可以得"星期一"或"星期三"为真，故C项为真。

16. B

【解析】比例题。

由题干可知：东全日÷西全日＝70%；东总数÷西总数＝120%。

$$\frac{东全}{东总} \div \frac{西全}{西总} = \frac{7}{12}。$$

即东江大学全日制学生数量占总学生数量的比例比西海大学的低。

即东江大学成人教育学生数量占总学生数量的比例比西海大学的高，故 B 项正确。

17. A

【解析】计算题。

设雄兔的数量为 x，雌兔的数量为 y，则由条件，每一只雄兔的雌性同伴比它的雄性同伴少一只，即：

$$(x-1)-y=1。$$

每一只雌兔的雄性同伴比它的雌性同伴的两倍少两只，即：

$$2(y-1)-x=2。$$

联立两个方程可得：$x=8$，$y=6$。

18. E

【解析】数字型推论题。

由题干，$82\%+25\%=107\%$，大于 100%。说明"年盈利 1 亿元以上的大中型企业"与"民营企业"有重合，故 E 项必为真。

19. A

【解析】数字型推论题。

题干：

①撤销三个机构，这三个机构的人数正好占全机关的 25%。

②全机关实际减员 15%。

③机关内部人员有所调动，但全机关只有减员没有增员。

Ⅰ项，为真，否则，撤销的三个机构就使全机关减员 25% 了，与实际减员 15% 矛盾。

Ⅱ项，不一定为真，比如某部门调入的新成员的总数，超出机关总人数的 10%，但同时可以将本部门的老成员调入其他部门。

Ⅲ项，不一定为真，被撤销机构中的留任人员可以超过机关原总人数的 10%，因为别的部门可能也存在减员。

20. B

【解析】题干：①肉松——蛋糕；②酸奶——饼干；③水果汁——可口可乐；④方便面——酸奶；⑤肉松和饼干之间有两件商品；⑥方便面和水果汁之间有两件商品；⑦最后是蛋糕。

由题干②、④知，方便面——酸奶——饼干。

由题干①、⑦知，肉松在第六位，蛋糕在第七位，所以，肉松在饼干之后。

由题干⑤、③知，肉松和饼干中间的两件商品是：水果汁——可口可乐。

所以，正确的排序是：方便面——酸奶——饼干——水果汁——可口可乐——肉松——蛋糕。

综上，Ⅱ项正确，Ⅰ、Ⅲ项不正确。

21. B

【解析】数字推理题。

首先，没有任意两人的热菜、凉菜评定结果都一样，也就是说每个人的热菜、凉菜评定结果都不一样。因为如果热菜、凉菜的评定结果有一项一样，另一项不一样的话，两个人就能分出高下了。

其次，不但每个人的热菜、凉菜评定结果都不一样，还得凉、热菜各有一个比别人好，一个比别人差。所以不可能有人的热菜、凉菜都得上品，或者都得下品。否则，一定能够分出高下。

最后，下表显示了人数最多的1种可能：

成绩＼厨师	厨师1	厨师2	厨师3
上品	热菜	凉菜	
中品			凉菜、热菜
下品	凉菜	热菜	

故，最多只可能有3个厨师。

22. C

【解析】匹配题。

根据(1)、(2)可知，上海人不做服装，不做餐饮，即上海人做珠宝。

根据(1)、(3)、(4)可知，北京人不能和重庆人、山东人同做一种生意，即北京人和上海人同做一种生意，即珠宝，故C项正确。

23. A

【解析】匹配题。

题干条件可列表如下：

职员＼测试	业务能力	综合技能	心理素质
方超		√	√
钱雪	√		
张梅	√		√
李平	√	√	

由于每人仅有一项测试未通过，可知：方超未通过第一项测试，张梅未通过第二项测试，李平未通过第三项测试。

24. B

【解析】综合推理题。

已知4位男性嘉宾中，只2位博士，又知老吕和老吴都是博士，故老李和老王不是博士，排除老李和老王。

已知4位男性嘉宾中，有3位高个子，又知老王和老李身高相同，再结合(4)知老王和老李都是高个子。

由(4)知，老李是高个子→老吕不是高个子，排除老吕。

故老吴符合唯唯的全部择偶条件。

25. A

【解析】形式逻辑＋匹配。

假设 A 项为真，由Ⅲ逆否得：老孙和小李住一个房间。

又由Ⅳ可知，老李不和小赵住一个房间，故小赵只能和老赵住一个房间，与Ⅱ矛盾。故 A 项不符合条件。

其余各项均与题干条件不矛盾，可能为真。

26. A

【解析】将题干信息整理如下：

①小号衬衫有黄、蓝两种颜色；中号衬衫有三种颜色；大号衬衫有红、黄两种颜色。

②任意 2 件衬衫的型号和颜色至少有一个不同。

③一共需要购买 3 件衬衫。

④大号和小号衬衫不可同时存在。

根据题干信息①、③、④可知，购买的 3 件衬衫中至少存在 1 件中号衬衫。

选项 A，若有 2 件小号，2 件红色，说明至少有 1 件小号红色衬衫，由题干信息①可知小号衬衫并无红色，因此，红色衬衫不可能有 2 件。A 项必定为假。

其余各项均有可能为真。

27. B

【解析】由题干信息①可知，小号衬衫并无红色；又由题干信息④可知，不可购买大号衬衫。因此，购买的 3 件衬衫中红色的衬衫只可能是 1 件中号衬衫，故 B 项一定为假。

28. B

【解析】由题干信息①、③、④可知，至少购买 1 件中号衬衫。因此若没有购买黄色中号衬衫，那么至少购买蓝色或者红色中号衬衫中的一件，故 B 项一定为真。

29. B

【解析】因为恰好买了 1 件中号衬衫，则另外两件均为大号或者均为小号衬衫。根据题干信息①可知，大号和小号衬衫均只有两种颜色且均有黄色。为保证 3 件衬衫的颜色不同，不可能出现黄色中号衬衫，故 B 项正确。

30. D

【解析】由题干信息①可知，大号和小号衬衫均只剩下黄色。由此可知至少购买两件中号衬衫，又因为中号衬衫一共只有三种颜色，所以 D 项必然为真。

微模考 10（下） ▶ 综合推理卷 2

（共 30 题，每题 2 分，限时 60 分钟）　　你的得分是 _____

1. 某省每个企业按月向省政府上报新雇用和解雇的人数，省政府把各企业的两类数据分别相加，并按月向社会公布企业新获得（包括重新获得）和失去工作的总人数。上个月大成服装厂上报新雇用 30 人、解雇 26 人，政府向社会公布企业新获得工作和失去工作的总人数分别为 15 000 人和 12 000 人。

   如果上述断定为真，并且相关数据都是准确的，则以下哪项也一定为真？

   Ⅰ．大成服装厂上个月职工增员 4 人。

   Ⅱ．该省上个月企业职工增员 3 000 人。

   Ⅲ．该省上个月有 12 000 名企业职工失业。

   A. 只有Ⅰ。　　　　　　　B. 只有Ⅱ。　　　　　　　C. 只有Ⅲ。

   D. 只有Ⅰ和Ⅱ。　　　　　E. Ⅰ、Ⅱ和Ⅲ。

2. 某厂质量检验科对五个生产小组的产品质量进行检查，其结果如下：丁组的产品合格率高于丙组；乙组不合格产品中完全报废的产品比戊组多；甲组的产品合格率最低；丙组与乙组的产品合格率相同。

   根据以上信息，以下哪项必然为真？

   A. 丁组与戊组的产品合格率相同。

   B. 甲组的产品中完全报废的较多。

   C. 丁组的产品合格率最高。

   D. 乙组的产品合格率低于丁组。

   E. 丙组的产品中完全报废的最多。

3. 在世界田径锦标赛 3 000 米决赛中，始终跑在最前面的甲、乙、丙三人中，一个是美国选手，一个是德国选手，一个是肯尼亚选手，比赛结束后得知：

   (1)甲的成绩比德国选手的成绩好。

   (2)肯尼亚选手的成绩比乙的成绩差。

   (3)丙称赞肯尼亚选手发挥出色。

   以下哪一项肯定为真？

   A. 甲、乙、丙依次为肯尼亚选手、德国选手和美国选手。

   B. 肯尼亚选手是冠军，美国选手是亚军，德国选手是第三名。

   C. 甲、乙、丙依次为肯尼亚选手、美国选手和德国选手。

   D. 美国选手是冠军，德国选手是亚军，肯尼亚选手是第三名。

   E. 甲、乙、丙依次为美国选手、德国选手和肯尼亚选手。

4. 陈娜和杨玲一起上了五门课，但其中只有一门课她俩的成绩相同——金融市场，她们每门课的成绩都在 60~100 分之间。

以下哪项如果为真，可以断定陈娜的总成绩高于杨玲？

A. 陈娜的某科成绩高于杨玲的任何一科。

B. 杨玲的最高成绩低于陈娜的最高成绩。

C. 陈娜有三门课的成绩比杨玲的高。

D. 陈娜的金融市场这门课的成绩最低，而杨玲的金融市场这门课的成绩最高。

E. 陈娜的最高成绩和杨玲的最高成绩都是经济学。

5. 某学术会议正在举行分组会议。某一组有八人出席。分组会主席问大家原来各自认识与否。结果是全组中仅有一个人认识小组中的三个人，有三个人认识小组中的两个人，有四个人认识小组中的一个人。

若以上的统计是真实的，则最能得出以下哪项结论？

A. 会议主席认识小组的人最多，其他人相互认识的少。

B. 此类学术会议是第一次召开，大家都是生面孔。

C. 有些成员所说的认识可能仅是在电视上或报告会上见过而已。

D. 虽然会议成员原来的熟人不多，但原来认识的都是至交。

E. 通过这次会议，小组成员都相互认识了，以后见面就能直呼其名了。

6. 蓝星航线上所有货轮的长度都大于 100 米，该航线上所有客轮的长度都小于 100 米。蓝星航线上的大多数轮船都是 1990 年以前下水的。金星航线上的所有货轮和客轮都是 1990 年以后下水的，其长度都小于 100 米。大通港一号码头只对上述两条航线的轮船开放，该码头设施只适用于长度小于 100 米的轮船。捷运号是最近停靠在大通港一号码头的一艘货轮。

如果上述判定为真，则以下哪项一定为真？

A. 捷运号是 1990 年以后下水的。

B. 捷运号属于蓝星航线。

C. 大通港只适于长度小于 100 米的货轮。

D. 大通港不对其他航线开放。

E. 蓝星航线上的所有轮船都早于金星航线上的轮船下水。

7. 华光高科技公司在进行人才招聘时，有小张、小李、小王、小赵、小钱 5 人入围。从学历看，这 5 人中有 2 人为硕士，3 人为博士；从年龄看，这 5 人中有 3 人小于 30 岁，2 人大于 30 岁。已知，小张、小王属于相同的年龄段，而小赵、小钱属于不同的年龄段；小李和小钱的学位相同，小王和小赵的学位不同。最后，只有一位年龄大于 30 岁的硕士应聘成功。

据此，可以推出应聘成功者是：

A. 小张。 B. 小李。 C. 小王。

D. 小赵。 E. 小钱。

8~9 题基于以下题干：

a、b、c、d、e 和 f 是两对三胞胎。已知下列条件：

①同胞兄弟姐妹之间不能进行婚配。

②同性之间不能婚配。

③在这六人中,其中,四人是男性,两人是女性。

④在两对三胞胎中,没有完全属于同性兄弟或姐妹的。

⑤a 与 d 结为夫妇。

⑥b 是 e 唯一的兄弟。

8. 在下列的双胞胎中,谁和谁不可能是兄弟姐妹关系?

 A. a 和 e。 B. c 和 f。 C. d 和 e。

 D. d 和 f。 E. f 和 e。

9. 在下列何种条件下,f 肯定为女性?

 A. a 和 e 属于同胞兄弟姐妹。

 B. e 和 f 属于同胞兄弟姐妹。

 C. d 和 e 属于同胞兄弟姐妹。

 D. c 是 d 的小姑。

 E. c 是 d 的小叔。

10~11 题基于以下题干:

  纽约时装周一件礼服的制作可能涉及 9 种原料,其中包括 3 种棉 X、Y、Z,3 种麻 L、M、N 以及 3 种毛 U、V、W。每一种可行的方案都恰好包括其中的 5 种原料,这 5 种原料的选择必须符合以下要求:

 (1)如果选用两种棉,则余下的另一种棉不能被选用。

 (2)有且只有一种麻被选用。

 (3)如果 N 不被选用,则 X 也不被选用。

 (4)如果选用 W,则不选用 X。

 (5)如果选用 M 和 U,则不选用 Y。

 (6)V 不被选用,除非 Z 和 L 都被选用。

10. 如果选用 Y,则以下哪两种原料可能被选用?

 A. V、L。 B. M、V。 C. X、M。

 D. X、L。 E. 以上都不对。

11. 以下哪项列出的 3 种原料可以共同被选用?

 A. X、L、U。 B. X、N、W。 C. Y、M、V。

 D. Y、V、W。 E. 以上都不可能。

12~13 题基于以下题干:

  奥运会比赛选手要从 8 名候选人中进行选拔,让 8 名候选人 F、G、H、J、K、L、N 和 O 参加 3 项比赛——长跑、自行车和游泳,每个人必须恰好参加一项。比赛必须遵循以下原则:

 (1)每项参加的人数不能少于 2 人,但也不能超过 3 人。

 (2)H 参加长跑。

 (3)K 和 O 都不在自行车组。

(4)K和N都不与J在同一组。

(5)G在长跑组时，N和O同在游泳组。

12. 若G和K是参加长跑的3个选手中的2个，则下列哪一项不可能是正确的？

    A. L参加自行车。　　　　　　B. F参加自行车。　　　　　　C. J参加游泳。

    D. K参加长跑。　　　　　　　E. L参加游泳。

13. 若J和O参加的项目相同，则下列哪一项不可能正确？

    A. F参加长跑。　　　　　　　B. G参加长跑。　　　　　　　C. K参加游泳。

    D. L参加游泳。　　　　　　　E. J参加游泳。

14. 在一盘纸牌游戏中，某个人的手中有这样一副牌：

    (1)正好有十三张牌。

    (2)每种花色至少有一张。

    (3)每种花色的张数不同。

    (4)红心和方块总共五张。

    (5)红心和黑桃总共六张。

    (6)属于"王牌"花色的有两张。

    红心、黑桃、方块和梅花这四种花色，哪一种是"王牌"花色？

    A. 红心。　　　　　　　　　　B. 黑桃。　　　　　　　　　　C. 方块。

    D. 梅花。　　　　　　　　　　E. 不能确定。

15. 男青年甲、乙、丙分别和女青年小赵、小陈、小高相爱。三对情侣分别养了狗、猫、鸟作为宠物。其中：

    ①丙不是小高的男友，也不是猫的主人。

    ②小赵不是乙的女友，也不是狗的主人。

    ③如果狗的主人是乙或丙，那么小高就是鸟的主人。

    ④如果小高是甲或乙的女友，那么小陈就不是狗的主人。

    根据以上条件，判断以下哪项一定为真？

    A. 小高和甲共同养猫。　　　　　　　　　B. 小陈和丙共同养鸟。

    C. 小赵和丙共同养狗。　　　　　　　　　D. 小高和乙共同养鸟。

    E. 小陈和乙共同养猫。

16. 陈莹、王辛月、李岚、饶益、刘岩松和焦文光一起去看电影。已知：

    ①李岚既不排在队伍的前端也不排在队伍的末尾。

    ②焦文光不在队伍的最后面，在她和队伍末尾之间有两个人。

    ③位于队伍末尾的不是刘岩松。

    ④饶益没有排在队伍的最前面，在他前面和后面都至少各有两个人。

    ⑤陈莹前面至少有4个人，但陈莹也不在队伍的最后面。

    根据上述条件，可以推断王辛月排在第几位？

    A. 第一。　　　　　　　　　　B. 第二。　　　　　　　　　　C. 第四。

D. 第五。 E. 第六。

17. 有4对夫妻一起报了老吕暑假集训营。他们的名字分别叫曹献承、张宁、王铁锤、李佳、智文渊、马晓、张椰子、杨晴。已知：

    (1) 曹献承结婚时，张椰子送去贺礼。

    (2) 张椰子与智文渊的发型是一样的。

    (3) 马晓的爱人是王铁锤的爱人的哥哥。

    (4) 未结婚前，马晓、李佳、张椰子曾住同一个寝室。

    (5) 王铁锤与爱人考上本科时，杨晴、李佳、张椰子的爱人前去恭喜。

    根据以上条件，判断下列哪项为真？

    A. 智文渊和李佳、张椰子和马晓、曹献承和杨晴、王铁锤和张宁各是一对夫妻。
    B. 王铁锤和张椰子、智文渊和张宁、杨晴和李佳、马晓和曹献承各是一对夫妻。
    C. 曹献承和李佳、马晓和杨晴、张椰子和张宁、智文渊和王铁锤各是一对夫妻。
    D. 曹献承和张椰子、王铁锤和智文渊、张宁和马晓、杨晴和李佳各是一对夫妻。
    E. 杨晴和张椰子、王铁锤和李佳、曹献承和马晓、张宁和智文渊各是一对夫妻。

18. 乒乓球教练组将从右手执拍的选手赵、钱、孙和左手执拍的选手甲、乙、丙、丁中选出四名队员去参加运动会。要求至少有两名右手执拍的选手，而且选出的四名队员都可以互相配对进行双打。已知钱不能与甲配对，孙不能与丙配对，乙不能与甲或丙配对。

    若孙不被选中，那么有几种不同的选法？

    A. 只有一种。 B. 两种。 C. 三种。
    D. 四种。 E. 五种。

19. 甲、乙、丙、丁四人的国籍分别是：英国、俄国、法国、日本。乙比甲高，丙最矮；英国人比俄国人高，法国人最高；日本人比丁高。

    根据以上条件，这四个人的国籍是：

    A. 甲是英国人，乙是法国人，丙是俄国人，丁是日本人。
    B. 甲是法国人，乙是日本人，丙是俄国人，丁是英国人。
    C. 甲是日本人，乙是法国人，丙是英国人，丁是俄国人。
    D. 甲是俄国人，乙是法国人，丙是日本人，丁是英国人。
    E. 甲是日本人，乙是法国人，丙是俄国人，丁是英国人。

20. 一列客车上有三位乘客：老张、老王和老孙，机车上三位工作人员老司机、小司机和乘务员恰好和这三位乘客的姓一样。

    (1) 乘客老王家住天津。

    (2) 乘客老张是一位老工人，有20年工龄。

    (3) 小司机家在北京和天津之间。

    (4) 机车上的工作人员老孙常和乘务员下棋。

    (5) 乘客之一是小司机的邻居，他也是一个老工人，工龄恰好是小司机的三倍。

    (6) 与小司机同姓的乘客家住北京。

依据上面的资料，对于机车上三个人的姓氏，下面哪项判断是正确的？
   A. 老司机姓孙，小司机姓张，乘务员姓王。
   B. 老司机姓张，小司机姓王，乘务员姓孙。
   C. 老司机姓王，小司机姓张，乘务员姓孙。
   D. 老司机姓孙，小司机姓王，乘务员姓张。
   E. 老司机姓王，小司机姓孙，乘务员姓张。

21～22题基于以下题干：

在一次全国网球比赛中，来自湖北、广东、辽宁、北京和上海五省、市的五名运动员遇到一起，他们的名字是张全蛋、牛彩霞、刘少芬、白崇凡、刘健。

(1)张全蛋只和其他两名运动员比赛过。

(2)上海运动员和其他三名运动员比赛过。

(3)牛彩霞没有和广东运动员比赛过，辽宁运动员和刘少芬比赛过。

(4)广东、辽宁和北京的三名运动员都相互比赛过。

(5)白崇凡只与一名运动员比赛过；刘健则相反，除了一名运动员外，与其他运动员都比赛过。

21. 依据以上资料，对于各位运动员来自哪个省、市，以下哪项说法成立？
    A. 刘健来自广东。 B. 张全蛋来自湖北。
    C. 白崇凡来自上海。 D. 刘少芬来自北京。
    E. 牛彩霞来自辽宁。

22. 依据题干的资料，对于各位运动员各与哪几位运动员比赛过，以下哪项说法成立？
    A. 刘健与白崇凡比赛过。 B. 张全蛋与白崇凡比赛过。
    C. 白崇凡与牛彩霞比赛过。 D. 牛彩霞与张全蛋比赛过。
    E. 刘少芬与白崇凡比赛过。

23. 某地举办了一次"我所喜欢的导演、演员"评选活动，评委要在得票最多的四位当选人中确定两对导演、演员分别获金奖和银奖。这四位当选人中，一位是上海的女演员，一位是北京的男演员，一位是重庆的女导演，一位是大连的男导演。不论在金奖还是在银奖中，评委都不希望出现男演员和女导演配对的情况。

以下哪项是评委所不希望出现的结果？
    A. 获金奖的一对中，一位是北京演员；获银奖的一对中，一位是女导演。
    B. 获金奖的一对中，一位是上海演员；获银奖的一对中，一位是女导演。
    C. 获金奖的一对中，一位是男导演；获银奖的一对中，一位是女演员。
    D. 获银奖的一对中，一位是男演员，另一位是大连导演。
    E. 获金奖的一对中，一位是上海演员，另一位是重庆导演。

24. 学校田径运动会有4个径赛项目，100米、200米、400米和800米。二班有三位男生建国、小杰、大牛和三位女生丹丹、小颖、淑珍参加。运动会规定：

(1)每个项目必须男女同时参加或同时不参加。

(2)每人只能参加一个项目。

如果建国参加的是100米或200米,大牛参加的是400米,丹丹参加的是800米,则以下哪项一定为真?

A. 小杰参加的是800米。　　　　B. 建国参加的是100米。

C. 小颖参加的是200米。　　　　D. 淑珍参加的是400米。

E. 建国参加的是200米。

25. 花坛中栽种着三个品种的花,已知:

(1)菊花右边的两种花中至少有一种是月季花。

(2)月季花左边的两种花中至少有一种是月季花。

(3)红色花左边的两种花中至少有一种是黄色的。

(4)黄色花右边的两种花中至少有一种是白色的。

如果上述断定是真实的,那么这三种花从左向右排列,下面哪项判断是正确的?

A. 黄色菊花、白色菊花、白色月季花。

B. 白色菊花、白色月季花、红色月季花。

C. 红色菊花、红色月季花、红色月季花。

D. 黄色菊花、白色月季花、红色月季花。

E. 黄色月季花、白色菊花、红色月季花。

26~30题基于以下题干:

一家食品店从周一到周日,每天都有3种商品特价销售。可供特价销售的商品包括3种蔬菜:G、H和J;3种水果:K、L和O;3种饮料:X、Y和Z。必须根据以下条件安排特价商品:

(1)每天至少有一种蔬菜特价销售,每天至少有一种水果特价销售。

(2)无论在哪天,如果J是特价销售,则L不能特价销售。

(3)无论在哪天,如果K是特价销售,则Y也必须特价销售。

(4)每一种商品在一周内特价销售的次数不能超过3天。

26. 以下哪项列出的是可以一起特价销售的商品?

A. G、J、Z。　　　　B. H、K、X。　　　　C. J、L、Y。

D. H、K、L。　　　　E. G、K、Y。

27. 如果J在星期五、星期六、星期日特价销售,K在星期一、星期二、星期三特价销售,而G只在星期四特价销售,则L可以在哪几天特价销售?

A. 仅在星期二。　　　　B. 仅在星期四。

C. 仅在星期一、星期二和星期三。　　　　D. 在这一周前4天中的任何两天。

E. 在这一周后三天中的任何两天。

28. 如果每一种水果在一周中特价销售3天,则饮料总共在这一周内可以特价销售的天数最多为:

A. 3天。　　　　B. 4天。　　　　C. 5天。

D. 6天。　　　　E. 2天。

29. 如果 H 和 Y 同时在星期一、星期二、星期三特价销售，G 和 X 同时在星期四、星期五、星期六特价销售，则星期日特价销售的商品一定包括：

A. J 和 O。 B. J 和 K。 C. J 和 L。

D. K 和 Z。 E. K 和 L。

30. 如果在某一周中恰好有 7 种商品特价销售，以下哪项关于这一周的陈述一定为真？

A. X 是本周唯一特价销售的饮料。 B. Y 是本周唯一特价销售的饮料。

C. Z 是本周唯一特价销售的饮料。 D. 至少有一天，G 和 Z 同时特价销售。

E. 本周特价销售的饮料为 Y 和 Z。

微模考 10（下） ▶ 答案详解

1. D

【解析】数字推理题。

Ⅰ项为真，大成服装厂职工增员数量＝30－26＝4(人)。

Ⅱ项为真，企业职工增员数量＝15 000－12 000＝3 000(人)。

Ⅲ项不一定为真，因为失去工作的人可能会重新就业。

2. D

【解析】排序题。

"丁组的产品合格率高于丙组"以及"丙组与乙组的产品合格率相同"可以推出：乙组的产品合格率低于丁组，则 D 项正确。

而根据题干无法得知戊组的产品合格率，故无法断定 A、C 两项的真假；也无法得知除乙组和戊组外其余各组产品中完全报废的情况，故无法断定 B、E 项的真假。故正确答案为 D 项。

3. C

【解析】匹配题。

由(2)知，乙不是肯尼亚选手。

由(3)知，丙不是肯尼亚选手。

故，甲是肯尼亚选手。

由(1)、(2)知三人的名次从高到低为：乙、肯尼亚(甲)、德国。

故乙是美国选手，丙是德国选手，名次为：乙(美国)、甲(肯尼亚)、丙(德国)，故 C 项正确。

4. D

【解析】数字推理题(平均值)。

由题干可知：陈娜和杨玲只有金融市场这门课的成绩相同，D 项，陈娜的金融市场这门课的成绩最低，而杨玲的金融市场这门课的成绩最高，说明除了金融市场这门课的成绩相同外，陈娜所有科目的成绩都比杨玲高，可以推出陈娜的总成绩高于杨玲，故 D 项正确。

5. C

【解析】数字推理题(奇数偶数)。

题干：有一个人认识小组中的三个人，有三个人认识小组中的两个人，有四个人认识小组中的一个人。

可知，全组成员认识的人的数量总和为：3＋3×2＋4×1＝13，为奇数。这说明这些成员之间的"认识"不都是相互的，有人是单方面的"认识"，如同老吕"认识"唯唯一样。故 C 项正确。

6. A

【解析】形式逻辑型推理题。

题干：

①蓝星航线上所有货轮的长度都大于 100 米。

②金星航线上所有货轮的长度都小于100米，且都是1990年以后下水的。

③大通港一号码头只对蓝星和金星航线开放。

④大通港一号码头只适用于长度小于100米的轮船。

⑤捷运号是最近停靠在大通港一号码头的一艘货轮。

由题干③、⑤知，捷运号要么属于蓝星航线，要么属于金星航线；再由题干①、②、④知，该船只可能属于金星航线；由题干②知，该船是1990年以后下水的。故A项正确。

7. D

【解析】综合推理题。

题干中有以下信息：

硕士：2人；博士：3人。

小于30岁：3人；大于30岁：2人。

应聘成功者：大于30岁，硕士。

小赵、小钱属于不同的年龄段，则一人大于30岁、一人小于30岁，而小张、小王属于相同的年龄段，故他们两人都小于30岁，排除。

小王和小赵的学位不同，则一人为硕士、一人为博士，而小李和小钱的学位相同，故他们两人只可能是博士，排除。

故应聘成功者是小赵。

8. E

【解析】综合推理题。

根据条件⑤、⑥可知，两对三胞胎的情况分别为b(男)、e(男)、a或d(女)，f、c、a或d(男)，故选E项。

9. E

【解析】综合推理题。

由条件③可知，两对三胞胎六人中有两人是女性；由上题可知，第一对三胞胎中a或d为女性，如果要确定第二对三胞胎中f为女性，则必须知道c是男性。

只有E项可以确定c为男性，故E项正确。

10. A

【解析】综合推理题。

题干已知下列信息：

①涉及9种原料，包括3种棉X、Y、Z，3种麻L、M、N以及3种毛U、V、W。

②每一种可行的方案都恰好包括其中的5种原料。

③选用两种棉→┐选用另一种棉。

④有且只有一种麻被选用。

⑤┐N→┐X。

⑥W→┐X。

⑦M∧U→┐Y。

⑧V→Z∧L。

A项，若选项为真，根据题干信息⑧可知，选用的材料为Y、V、Z、L，则与题干信息均不矛盾，故可能被选用。

B项，若选项为真，根据题干信息⑧可知，选用的材料为Y、M、V、Z、L，则与题干信息④矛盾，故不能被选用。

C项，若选项为真，根据题干信息⑤可知，选用Y、X、M、N，则与题干信息④矛盾，故不能被选用。

D项，若选项为真，根据题干信息⑤可知，选用Y、X、L、N，则与题干信息④矛盾，故不能被选用。

故A项正确。

11. D

【解析】综合推理题。

A项，若选项为真，根据题干信息⑤可知，选用X、L、U、N，则与题干信息④矛盾，因此不能被选用。

B项，与题干信息⑥矛盾，因此不能被选用。

C项，若选项为真，根据题干信息⑧可知，选用Y、M、V、Z、L，则与题干信息④矛盾，因此不能被选用。

D项，若选项为真，根据题干信息⑧可知，选用Y、W、V、Z、L，与题干信息不矛盾，可以被选用。

故D项正确。

12. C

【解析】综合推理题。

由"G和K是参加长跑的"和(2)可知，参加长跑比赛的为G、K、H。

由(5)可知，N和O参加游泳比赛。

由(4)可知，J参加自行车比赛。

F、L的参加项目不确定，故选C项。

13. B

【解析】综合推理题。

由(3)可知，O不在自行车组，故J和O要么在长跑组，要么在游泳组。

若J、O在长跑组，则O不在游泳组，由(5)逆否可知，G不在长跑组。

若J、O在游泳组，根据(4)可知，N不在游泳组；由(5)逆否可知，G不在长跑组。

两种情况下都可以确定G不在长跑组，故选B项。

14. B

【解析】综合推理题。

根据题干，假设红心的张数为x。

根据(4)可知，方块的张数为$5-x$。

根据(5)可知，黑桃的张数为 $6-x$。

根据(1)可知，梅花的张数为 $13-x-(5-x)-(6-x)=2+x$。

列表如下：

花色 红心张数	红心	方块	黑桃	梅花
$x=1$	1	4	5	3
$x=2$	2	3	4	4
$x=3$	3	2	3	5
$x=4$	4	1	2	6

根据题干(3)，排除 $x=2$ 和 $x=3$ 这两种情况；根据题干(6)，排除 $x=1$ 的情况。

故此人手中的牌为红心4张、方块1张、黑桃2张、梅花6张；"王牌"花色为黑桃。

15. E

【解析】综合推理题。

由①可知，⑤小高是甲或者乙的女友。

由④和⑤可知，⑥小陈不是狗的主人。

由②和⑥可知，⑦小高是狗的主人。

由③和⑦可知，⑧小高是甲的女友，两人是狗的主人。

由②和⑧可知，⑨小赵是丙的女友。

由①可知，⑩丙是鸟的主人，即小赵是丙的女友，两人是鸟的主人。

综上可知，小高是甲的女友，两人是狗的主人；小赵是丙的女友，两人是鸟的主人；小陈是乙的女友，两人是猫的主人。故E项正确。

16. E

【解析】排序题。

由②可知，焦文光的位置为第三；由④可知，饶益的位置为第四；由⑤可知，陈莹的位置为第五；由①可知，李岚的位置为第二；由③可知，刘岩松的位置为第一。

综上可知，王辛月的位置为第六。故E项正确。

17. C

【解析】选项排除法。

根据(4)可知，马晓、李佳、张椰子为同性，排除A项。

根据(5)可知，王铁锤和张椰子不是夫妻，排除B项。

根据(1)可知，曹献承和张椰子不是夫妻，排除D项。

根据(5)可知，杨晴和张椰子不是夫妻，排除E项。

故C项正确。

18. B

【解析】综合推理题。

题干已知下列信息：

①至少有两名右手执拍的选手。

②选出的四名队员都可以互相配对进行双打。

③钱不能与甲配对。

④孙不能与丙配对。

⑤乙不能与甲或丙配对。

根据"孙不被选中"和题干信息①可知,赵、钱必然被选中。

根据题干信息③可知,甲不被选中。

根据题干信息⑤可知,乙和丙只能有一个被选中。

因此满足条件的选法为:赵、钱、乙、丁,赵、钱、丙、丁。故B项正确。

19. E

【解析】综合推理题。

题干已知下列信息:

①乙比甲高,丙最矮。

②英国人比俄国人高,法国人最高。

③日本人比丁高。

由题干信息①、②、③可知,丙不是英国人、法国人、日本人,故丙是俄国人。

根据"法国人最高"可知,法国人不是甲、丁,故法国人是乙。

根据题干信息③可知,丁不是日本人,故甲是日本人,丁是英国人。

故E项正确。

20. A

【解析】综合推理题。

根据(1)、(3)、(5)可知,乘客老王不是小司机的邻居。

根据(2)、(5)可知,乘客老张不是小司机的邻居,即小司机的邻居是乘客老孙。

即乘客老王家住天津,乘客老孙家住北京和天津之间,那么乘客老张家住北京。

根据(6)可知,小司机姓张。

根据(4)可知,乘务员不姓孙,即乘务员姓王,老司机姓孙。

故A项正确。

21. D

【解析】匹配题。

根据(2)、(5)可知,白崇凡不是上海的;根据(4)、(5)可知,白崇凡不是广东、辽宁、北京的,故白崇凡是湖北的。

根据(3)、(4)可知,牛彩霞不是广东、辽宁、北京的,由于白崇凡是湖北的,故牛彩霞是上海的。

根据(2)、(3)可知,牛彩霞与湖北、辽宁、北京的运动员比赛过;由此,根据(1)、(4)可得,张全蛋是广东的。

根据(3)可知,刘少芬不是辽宁的,即刘少芬是北京的,故刘健是辽宁的。

故D项正确。

22. C

【解析】由上题可知,牛彩霞与湖北、辽宁、北京的运动员比赛过,由于白崇凡是湖北人,且只与一名运动员比赛过,即白崇凡只与牛彩霞比赛过,故 A、B、E 项均不正确。

由张全蛋是广东的,根据(3)可知,牛彩霞与张全蛋没有比赛过,故 D 项不正确。

故 C 项正确。

23. B

【解析】选项排除法。

B 项,一位是女导演获银奖,因为女导演不能和男演员配对,故只能和上海的女演员配对。与上海的女演员获金奖矛盾,故 B 项不可能出现。

24. A

【解析】匹配题。

由丹丹参加的是 800 米,又由(1)知,800 米有男生参加。

由建国参加的是 100 米或 200 米,大牛参加的是 400 米,故两人不参加 800 米,所以参加 800 米的男生为小杰。

故 A 项正确。

25. D

【解析】方位题。

由(1)知,左为菊花;由(4)知,左为黄色。故,左边为黄色菊花。

由(2)知,右为月季花;由(3)知,右为红色。故,右边为红色月季花。

由(1)、(2)知,中为月季花;由(3)、(4)知,中为白色。故,中间为白色月季花。

故 D 项正确。

26. E

【解析】选项排除法。

A 项与条件(1)矛盾;B 项与条件(3)矛盾;C 项与条件(2)矛盾;D 项与条件(3)矛盾。

故,正确答案为 E 项。

27. B

【解析】根据题干信息列表:

因为 J 在星期五、星期六、星期日三天特价销售,且 G 仅在星期四特价销售,因此 H 必然在前三天特价销售。又因为 K 在前三天特价销售,则 Y 也必须在前三天特价销售。因此前三天均特价销售 H、K、Y,由条件(2)可知,L 不可在后三天特价销售,因此 L 只能在第四天特价销售。

星期 商品	星期一	星期二	星期三	星期四	星期五	星期六	星期日
蔬菜	H	H	H	G	J	J	J
水果	K	K	K	L	O	O	O
饮料	Y	Y	Y				

故,正确答案为 B 项。

28. C

【解析】每种水果均特价销售3天，因此，至少有2天特价销售两种水果。由条件(1)知，每天至少特价销售一种蔬菜，又由每天仅3种商品特价销售，故至少有2天不能特价销售饮料，故，至多有5天可以特价销售饮料。

29. A

【解析】列表法，将题干信息整理为如下表格：

星期 商品	星期一	星期二	星期三	星期四	星期五	星期六	星期日
蔬菜	H	H	H	G	G	G	
水果							
饮料	Y	Y	Y	X	X	X	

由条件(1)知，每天至少特价销售一种蔬菜，故周日必然特价销售蔬菜J。又由条件(1)知，周日至少特价销售一种水果。

由条件(2)知，J→¬L，故不能特价销售水果L。

由于Y已经安排在前三天特价销售，故周日不会有Y特价销售；由条件(3)知，K→Y，等价于：¬Y→¬K，故周日不能特价销售水果K，所以只能特价销售水果O。

30. B

【解析】由条件(1)知，每天至少有一种蔬菜和一种水果特价销售；又由条件(4)知，每种商品至多特价销售3天，因此，3种水果和蔬菜必然均特价销售，可知K一定特价销售。又由条件(3)知，K→Y，故Y必然特价销售。又由一共只有7种商品特价销售，故，特价销售的饮料只能有Y。